普通高等学校计算机教育“十三五”规划教材

计算机基础与应用

王晓华　黄晓波　褚　梅　主　编
赵德方　耿红梅　王　鹏　白　璐　彭春美　副主编

中国铁道出版社有限公司
CHINA RAILWAY PUBLISHING HOUSE CO., LTD.

内 容 简 介

本书是根据教育部高等学校大学计算机基础课程教学指导委员会制定的教学大纲的要求，并参考了非计算机专业等级考试大纲编写而成的。本书针对计算机文化基础的各个知识点进行了深入浅出的讲解。全书注重知识性、技能性和实用性的结合，内容丰富、图文并茂、通俗易懂。

全书共分为8章，主要内容包括计算机基础知识、Windows 7操作系统、Word 2010文字处理、Excel 2010电子表格、PowerPoint 2010演示文稿、会声会影视频编辑、Photoshop图像处理、计算机网络与Internet。本书在介绍知识点的同时，着重强调了操作技能的训练。各章配有课后习题，供读者深入理解知识点和练习测试时使用。

本书适合作为普通高校非计算机专业学生的计算机文化基础课程教材，也可作为成人教育和各类计算机培训学校的培训教材，还可作为计算机初学者参加计算机等级考试的自学参考书。

图书在版编目（CIP）数据

计算机基础与应用/王晓华，黄晓波，褚梅主编. —北京：中国铁道出版社，2018.7（2019.8重印）
普通高等学校计算机教育“十三五”规划教材
ISBN 978-7-113-24484-2

Ⅰ.①计… Ⅱ.①王… ②黄… ③褚… Ⅲ.①电子计算机-高等学校-教材 Ⅳ.①TP3

中国版本图书馆CIP数据核字（2018）第097781号

书　　名：计算机基础与应用
作　　者：王晓华　黄晓波　褚　梅　主编

策　　划：朱荣荣　　　　读者热线：（010）63550836
责任编辑：朱荣荣　冯彩茹
封面设计：刘　颖
责任校对：张玉华
责任印制：郭向伟

出版发行：中国铁道出版社有限公司（100054，北京市西城区右安门西街8号）
网　　址：http://www.tdpress.com/51eds/
印　　刷：三河市航远印刷有限公司
版　　次：2018年7月第1版　2019年8月第2次印刷
开　　本：787 mm × 1 092 mm　1/16　印张：18.75　字数：418千
书　　号：ISBN 978-7-113-24484-2
定　　价：46.80元

前言

计算机技术的日益普及和广泛应用，对高等学校的计算机基础教学提出了越来越高的要求。为进一步推动高等学校计算机基础教学改革和内容的更新，我们编写了以“Windows 7+Office 2010+图像及视频编辑”为核心的计算机基础与应用教材。因此，本书考虑到非计算机专业教学内容可操作性、可扩展性和可选择性的特点，在编写内容的取舍上尽量做到少而精，注重基本概念的理解和掌握。

本书是一本学习计算机基础知识和掌握计算机基础操作技能的入门教材。书中内容结合了编者多年的教学经验，确保内容的新颖性、实用性和可操作性，力求为广大师生和计算机初学者提供一本内容丰富、易学易用的教材。本书共分 8 章，具体内容如下：

第 1 章介绍了计算机基础知识，包括计算机的概念、特点、分类、发展及应用，计算机的数制和信息表示方法，计算机的工作原理、组成结构及软硬件系统及计算机性能指标。

第 2 章介绍了 Windows 7 操作系统，包括 Windows 7 操作系统的基本操作和个性化设置、文件和文件夹管理、Windows 7 常用工具及帮助系统的使用。

第 3 章～第 5 章介绍了 Office 2010 的三大组件：Word 2010 文字处理、Excel 2010 电子表格和 PowerPoint 2010 演示文稿的基本操作和相关使用技巧。

第 6 章介绍了会声会影视频编辑的制作流程、编辑技巧、特效的添加及渲染输出等知识。

第 7 章介绍了 Photoshop 图像处理的基本概念、文件的创建、图层、选区、工具的使用技巧、蒙版及通道等相关知识。

第 8 章介绍计算机网络与 Internet，包括计算机网络基础知识、Internet 相关概念与主要服务、使用 Internet Explorer 浏览器、使用电子邮件服务和邮件管理客户端 Outlook 2010、网络流媒体和计算机病毒与防范措施。

本书由王晓华、黄晓波、褚梅任主编，赵德方、耿红梅、王鹏、白璐、彭春美任副主编。参加部分章节内容编写和校对工作的还有郭广楠、王丽丽、张欣、张瑜、贠永刚等。全书由王晓华和黄晓波统稿。

由于编者水平有限，书中难免存在疏漏和不足之处，敬请读者提出宝贵意见。

编　者

2018 年 3 月

目录

第1章 计算机基础知识 1

1.1 计算机概述 1
1.1.1 计算机的发展简史 1
1.1.2 计算机的主要特点 3
1.1.3 计算机的应用领域 3
1.1.4 计算机的具体分类 4
1.1.5 计算机的发展趋势 5
1.2 信息的表示与存储 6
1.2.1 数制的基本概念 6
1.2.2 数制的相互转换 7
1.2.3 计算机内的数据 9
1.2.4 计算机内的指令 10
1.2.5 计算机工作原理 10
1.3 计算机的系统组成 12
1.3.1 计算机硬件系统 13
1.3.2 计算机软件系统 17
1.3.3 主要的性能指标 18
习题 19

第2章 Windows 7 操作系统 21

2.1 Windows 7 简介 21
2.1.1 启动与退出 21
2.1.2 桌面的组成 22
2.1.3 窗口的组成 24
2.1.4 菜单的种类 26
2.1.5 对话框组成 27
2.2 Windows 7 的基本操作 29
2.2.1 桌面图标的操作 29
2.2.2 窗口的基本操作 30
2.2.3 菜单的基本操作 32
2.2.4 对话框的基本操作 33
2.2.5 任务栏的基本设置 33
2.2.6 【开始】菜单的设置 36
2.3 Windows 7 资源管理 38
2.3.1 认识文件和文件夹 38
2.3.2 Windows 7 资源管理器 40

2.3.3 Windows 7 新功能——“库” 40
2.3.4 文件和文件夹的基本操作 41
2.3.5 文件和文件夹的高级操作 50
2.4 Windows 7 的系统设置 53
2.4.1 设置个性化桌面 53
2.4.2 屏幕的显示管理 59
2.4.3 用户账户的管理 61
2.4.4 软件的设置管理 64
2.4.5 硬件的设置管理 67
2.4.6 系统的安全与维护 69
2.4.7 系统的备份与还原 70
2.5 Windows 7 的常用附件 74
2.5.1 【写字板】程序 74
2.5.2 【画图】程序 75
2.5.3 【截图工具】程序 76
2.5.4 【磁盘管理】程序 77
习题 78

第 3 章 Word 2010 文字处理 81

3.1 Word 基础知识 81
3.1.1 启动/退出 81
3.1.2 操作界面 81
3.2 文档的基本操作 84
3.2.1 创建与保存 84
3.2.2 关闭与打开 87
3.2.3 文本的输入 88
3.2.4 文本的选择 90
3.2.5 插入和删除 91
3.2.6 复制和移动 91
3.2.7 查找和替换 92
3.2.8 撤销和恢复 93
3.3 文档的页面设置 94
3.3.1 页面布局的设置 94
3.3.2 页面背景的设置 96
3.3.3 页眉/页码的插入 97
3.4 文档的基本排版 98
3.4.1 设置字符格式 98
3.4.2 设置段落格式 99
3.4.3 边框和底纹 102
3.4.4 使用格式刷 103
3.5 表格的插入设置 104
3.5.1 表格的插入方式 104
3.5.2 表格的文本编辑 105

3.5.3　表格的基本操作 105
3.5.4　表格的格式设置 108
3.5.5　表格的高级应用 111
3.6　对象元素的插入 112
3.6.1　图片的插入设置 113
3.6.2　形状的插入设置 114
3.6.3　艺术字的插入 115
3.6.4　文本框的插入 116
3.6.5　SmartArt 图形 116
3.6.6　超链接的设置 118
3.7　文档的高级操作 119
3.7.1　主题的应用 119
3.7.2　样式的设置 119
3.7.3　目录的插入 121
3.7.4　脚注与尾注 121
3.8　文档的打印输出 122
3.8.1　文档打印预览 122
3.8.2　打印指定页 123
3.8.3　打印奇偶页 123
3.8.4　打印多份文档 123
习题 123

第 4 章　Excel 2010 电子表格 126

4.1　基本概念与操作 126
4.1.1　启动/退出 126
4.1.2　操作界面 126
4.1.3　基本概念 127
4.1.4　基本操作 129
4.2　数据输入与设置 137
4.2.1　数据的输入技巧 137
4.2.2　数据的格式设置 143
4.3　公式与函数应用 149
4.3.1　公式 149
4.3.2　函数 153
4.4　数据统计与分析 155
4.4.1　数据排序 155
4.4.2　数据筛选 158
4.4.3　分类汇总 160
4.4.4　合并计算 162
4.4.5　数据分列 164
4.4.6　数据透视表 165
4.5　图表的插入应用 167
4.5.1　迷你图 167

4.5.2 图表 169
4.6 页面设置与打印 174
4.6.1 页面设置 175
4.6.2 打印输出 176
习题......180

第 5 章 PowerPoint 2010 演示文稿 182

5.1 演示文稿的基础知识 182
5.1.1 前期准备 182
5.1.2 启动/退出 183
5.1.3 操作界面 183
5.2 演示文稿的基本操作 187
5.2.1 创建与保存演示文稿 187
5.2.2 关闭与打开演示文稿 192
5.2.3 幻灯片的管理操作 193
5.3 对象元素的插入设置 195
5.3.1 外部文本导入 195
5.3.2 使用占位符 196
5.3.3 插入文本框 199
5.3.4 创建艺术字 199
5.3.5 使用图片 202
5.3.6 创建图形 203
5.3.7 SmartArt 图形 203
5.3.8 制作电子相册 205
5.4 多媒体的插入与设置 205
5.4.1 声音的插入及设置 205
5.4.2 影片的插入及设置 208
5.5 演示文稿的外观设计 209
5.5.1 主题和背景 209
5.5.2 母版的设置 212
5.6 演示文稿的动画应用 214
5.6.1 幻灯片的切换动画 214
5.6.2 添加对象动画效果 215
5.6.3 交互效果基本设置 217
5.7 幻灯片的放映与审阅 222
5.7.1 放映的前期设置 222
5.7.2 幻灯片放映预览 226
5.7.3 放映的操作控制 227
5.7.4 演示文稿的审阅 228
5.8 演示文稿的打印输出 229
5.8.1 演示文稿的保护 229
5.8.2 演示文稿的打印 230
5.8.3 演示文稿的打包 230

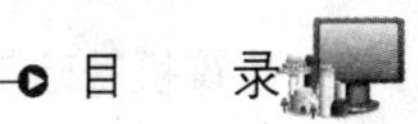

5.8.4 演示文稿的发布......232
5.8.5 视频文件的创建......232
5.8.6 其他格式的输出......232
习题......234

第6章 会声会影视频编辑......236

6.1 视频编辑的基础知识......236
6.1.1 视频的制式......236
6.1.2 视频的术语......236
6.1.3 视频的格式......238
6.2 工作界面的基本组成......239
6.2.1 初识工作界面......239
6.2.2 自定义工作界面......241
6.3 视频编辑的制作流程......242
6.3.1 常见的视频编辑制作流程......242
6.3.2 会声会影的视频编辑流程......242
6.4 视频编辑的基本操作......243
6.4.1 了解视图模式......243
6.4.2 项目基本操作......244
6.4.3 设置参数属性......246
习题......247

第7章 Photoshop 图像处理......249

7.1 图像处理的基础知识......249
7.1.1 图像的基本分类......249
7.1.2 图像的分辨率......250
7.1.3 图像的色彩模式......250
7.1.4 图像的常用格式......251
7.1.5 相关的理论概念......252
7.2 工作界面的基本组成......255
7.2.1 初识工作界面......255
7.2.2 自定义工作区......256
7.3 图像处理的基本操作......256
7.3.1 文件的基本操作......256
7.3.2 撤销的操作步骤......258
7.3.3 参考线的设置......258
7.3.4 画面尺寸调整......260
7.3.5 图像大小调整......260
习题......260

第8章 计算机网络与 Internet......263

8.1 计算机网络基础知识......263

8.1.1 计算机网络的定义 263
8.1.2 计算机网络的产生与发展 263
8.1.3 计算机网络的组成与功能 264
8.1.4 计算机网络的分类 265
8.1.5 网络传输介质与网络设备 267
8.2 Internet 基础知识 269
8.2.1 Internet 概述 269
8.2.2 TCP/IP 协议 269
8.2.3 IP 地址与域名 270
8.2.4 Internet 的服务 271
8.2.5 Internet 的接入 272
8.2.6 网络的连接与设置 274
8.3 Internet 基本应用 277
8.3.1 Web 浏览器 277
8.3.2 统一资源定位器 277
8.3.3 超文本 278
8.3.4 Internet Explorer 浏览器 278
8.3.5 E-mail 概述 280
8.3.6 Outlook 2010 280
8.3.7 发送/接收邮件 283
8.4 计算机的病毒与防治 284
习题 286

习题参考答案 288

第1章

计算机基础知识 <<<

计算机的诞生和互联网的普及应用是 20 世纪人类文明史上最伟大的成就。目前，计算机已成为人们学习、工作和生活中使用最广泛的工具之一，它正在改变着人类的生活、工作和学习方式，推动着世界经济的发展和社会的进步。学习、掌握计算机的基础知识，熟练操作使用计算机，已成为当今社会对人们基本素质的重要要求。

通过本章内容的学习，能够了解计算机的发展历程和应用领域，了解计算机的结构、工作原理、特点和分类，了解计算机的性能指标，掌握计算机中数制与信息的表示，认识和掌握计算机的硬件和软件系统，认识计算机的外围设备，掌握计算机外围设备的连接方法，为以后的学习打下良好的基础。

1.1 计算机概述

从世界上第一台计算机诞生至今已有半个多世纪，人与计算机的联系越来越密切，特别是进入 21 世纪以后，计算机工业的发展更是日新月异，随着互联网的普及和网络技术的不断发展，计算机技术渗透到了人们的工作、学习、生活、娱乐的方方面面，对人们的工作方式、生活方式和思维方式都产生了极为深远的影响。因此，学习使用计算机已成为现代社会对每一个人的基本要求，而了解和掌握必备的计算机基础知识，既是学习计算机的初级内容，也是以后深入学习计算机相关知识的基础。

1.1.1 计算机的发展简史

1946 年，世界上第一台电子数字积分计算机（Electronic Numerical Integrator And Computer，ENIAC）在美国宾夕法尼亚大学研制成功。这台计算机结构复杂、体积庞大，但功能远不及现代的一台普通微型计算机。ENIAC 的诞生宣告了电子计算机时代的到来，其意义在于奠定了计算机发展的基础，开辟了计算机科学技术的新纪元。从第一台电子计算机诞生到现在，计算机技术有了突飞猛进的发展。

1. 计算机的发展历程

人们通常根据计算机所采用电子元器件的不同将计算机的发展过程划分为电子管、晶体管、集成电路及大规模/超大规模集成电路四个阶段，分别称为第一代至第四代计算机。

① 第一代计算机（1946—1958 年）。其主要元器件是电子管，运算速度为每秒几千次到几万次，内存容量仅为 1 000～4 000 B，主要用于军事和科学研究；体积庞大、造价昂贵、速度低、存储容易小、可靠性差、不易掌握、维护困难，最具代表性的机型为

UNIVAC-I。

② 第二代计算机（1959—1964 年）。其主要元器件是晶体管，运算速度为每秒几十万次，内存容量扩大到几十万字节，应用已扩展到数据处理和事务处理；体积小、重量轻、耗电量小、速度快、可靠性高、工作稳定，最具代表性的机型为 IBM-7000 系列机。

③ 第三代计算机（1965—1971 年）。其主要元器件采用小规模集成电路（SSI）和中规模集成电路（MSI），运算速度为每秒百万次，主要用于科学计算、数据处理以及过程控制，功耗、体积、价格等进一步下降，而速度及可靠性相应提高，最具代表性的机型为 IBM-360 系列机。

④ 第四代计算机（1972 年至今）。其主要元器件采用大规模集成电路（LSI）和超大规模集成电路（VLSI），运算速度为每秒几百万次到上亿次，应用领域不断向社会各个领域渗透，体积、重量、功耗进一步减小，最具代表性的机型为 IBM4300/3080/3090/9000 系列机。

2. 我国计算机技术的发展概况

总的来说，我国的计算机事业起步晚、发展快。

1958 年 6 月我国第一台计算机诞生了，这台小型电子管数字计算机被命名为 103 机，第二年，我国第一台大型电子管数字计算机 104 机也研制成功。103/104 等系列机的出现填补了我国计算机领域的空白，为形成我国自己的计算机工业奠定了基础。

1965 年我国第一台大型晶体管计算机 109 乙型机研制成功。109 系列机运行了 15 年，有效算题时间为 10 万小时以上，在我国“两弹”试验中发挥了重要作用，被誉为“功勋机”。

1971 年我国又研制出以集成电路为重要器件的 DJS 系列计算机。1974 年 8 月，多功能小型通用数字机通过鉴定，宣告系列化计算机产品研制取得成功，这种产品生产了近千台，标志着中国计算机工业走上了系列化批量生产的道路。

在计算机专家和科技工作者的不懈努力下，1983 年 12 月我国自行研制的第一个巨型机系统——“银河”超高速电子计算机系统研制成功，它的向量运算速度为每秒钟一亿次以上，软件系统内容丰富，中国从此跨入了世界巨型电子计算机的行列。这台计算机后来被人们称为“银河 I”巨型机。

1992 年，10 亿次巨型机“银河 II”通过鉴定。1997 年，每秒 130 亿次浮点运算的“银河 III”并行巨型机研制成功。

1999 年 9 月，峰值速度达到每秒 1 117 亿次的曙光 2000-II 超级服务器问世。同年，每秒 3 840 亿次浮点运算的“神威”并行计算机研制成功并投入运行。我国成为继美国、日本之后世界上第三个具备研制高性能计算机能力的国家。

2000 年，研制成功每秒浮点运算速度 3 000 亿次的曙光 3000 超级服务器。

2002 年我国第一个自主产权的通用处理器“龙芯 1 号”研制成功。此后，在 2003 年—2007 年期间又研制成功“龙芯 2 号”的不同型号“龙芯 2B”“龙芯 2C”“龙芯 2E”“龙芯 2F”，每个芯片的性能都是前一个芯片的 3 倍，实现了通用处理器的跨越发展。

2004 年 6 月，曙光 4000A 研制成功，峰值运算速度为每秒十一万亿次，是国内计算能力最强的商品化超级计算机。中国成为继美、日之后第三个跨越了十万亿次计算机研

发、应用的国家。

2007 年我国首台采用国产高性能通用处理器芯片“龙芯 2F”和其他国产器件、设备和技术的具有自主知识产权的万亿次高性能计算机“KD-50-I”在中国科技大学研制成功，这是一台体积仅 0.89 m^3 大小的万亿次高性能计算机，成为我国高性能计算机国产化的一次重大突破。

2008 年 8 月，曙光 5000A 研制成功，以峰值速度 230 万亿次的成绩跻身世界超级计算机前十，标志着中国成为世界上即美国后第二个成功研制浮点速度在百万亿次的超级计算机。

2013 年，中国国防科技大学研制的“天河二号”超级计算机，以每秒 33.76 千万亿次的浮点运算速度，成为全球最快的超级计算机。

2016 年 6 月 20 日，在法兰克福世界超级计算机大会上，国际 TOP500 组织发布的榜单显示，“神威・太湖之光”超级计算机系统登顶榜单之首，不仅速度比“天河二号”快出近两倍，其效率也提高 3 倍。

这一系列辉煌成就标志着我国综合国力的增强，标志着我国巨型机的研制已经达到国际先进水平。

1.1.2 计算机的主要特点

作为人类智力劳动的工具，计算机具有以下特点。

① 处理速度快。现代计算机每秒钟可以运行几百万条指令，数据处理速度非常快，使过去人工需要几年或几十年完成的科学计算能在几小时或更短时间内完成。

② 计算精度高。计算机具有其他计算工具无法比拟的计算精度，目前已达到小数点后上亿位的精度。

③ 存储容量大。随着大容量的磁盘、光盘等外部存储器的发展，计算机存储容量达到海量的 PB 级。

④ 可靠性高。随着微电子技术和计算机技术的发展，现代计算机连续无故障运行时间可达几十万小时以上，具有极高的可靠性。

⑤ 自动化程度高。根据事先编制好的程序，计算机可以自动工作，无需人工干预，直至工作完成。

⑥ 适用范围广，通用性强。计算机对于不同的问题，只是执行的程序不同，因而计算机具有很强的通用性，能应用于不同的领域。

1.1.3 计算机的应用领域

计算机的应用主要分为数值计算和非数值计算两大类。信息处理、计算机辅助设计、计算机辅助教学、过程控制等均属于非数值计算，其应用领域远远大于在数值计算中的应用。计算机的主要应用领域可分以下几个方面：

1. 科学计算

科学计算也称数值计算，主要解决科学研究和工程技术中产生的大量数值计算问题，这是计算机最初的也是最重要的应用领域。

2．数据处理

数据处理又称信息处理，是指对数据进行收集、传输、存储和处理等一系列活动的总称。据统计，80%以上的计算机主要用于数据处理，这类应用决定了计算机应用领域的主导方向。目前，数据处理已广泛应用于办公自动化、企事业计算机辅助管理与决策、情报检索、图书管理、电影电视动画设计、会计电算化等各个行业。

3．过程控制

过程控制又称实时控制，是指用计算机实时采集控制对象的数据加以分析处理后，按系统要求对被控制对象进行控制。工业生产领域的过程控制是实现工业生产自动化的重要手段，利用计算机代替人对生产过程进行监视和控制，可大大提高劳动生产率。

4．计算机辅助设计和制造

计算机辅助设计（Computer Aided Design，CAD）是利用计算机系统辅助设计人员进行工程或产品设计，以实现最佳设计效果的技术。它已广泛应用于飞机、汽车、机械、电子、建筑和轻工业等设计领域。

计算机辅助制造（Computer Aided Manufacturing，CAM）是利用计算机系统进行生产设备的管理、控制和操作的过程。

将CAD、CAM和数据库技术集成在一起，实现设计生产自动化，这种技术被称为计算机集成制造系统（CIMS）。它的实现将真正做到工厂无人化。

5．人工智能

人工智能（Artificial Intelligence，AI）是计算机模拟人类的智能活动，诸如感知、判断、学习、问题求解和图像识别等。

6．网络应用

计算机技术和现代通信技术的结合构成了计算机网络。计算机网络的建立解决了一定区域范围内计算机和计算机之间的数据通信和资源共享，大大丰富了人类交流的方式，深刻影响了人类社会的发展。

1.1.4 计算机的具体分类

依照不同的标准，计算机有多种分类方法，常见的分类有以下几种：

1．按性能分类

按计算机的主要性能（如字长、存储容量、运算速度、外围设备、允许同时使用一台计算机的用户多少和价格高低），计算机可分为超级计算机、大型计算机、小型计算机、微型计算机、工作站和服务器，如表1-1所示。

表1-1 计算机按性能分类

类名	性能特点
超级计算机（巨型机）	用于气象、太空、能源和医药等领域以及战略武器研制中的复杂计算，如美国的Cray-1、Cray-2、Cray-3，我国的“银河”“曙光”机
大型计算机	用于大型企业、复杂商业管理和大型数据库系统等，如IBM4300系列

续表

类　　名	性 能 特 点
小型计算机	价格低廉，适合中小型企业使用，如 DEC 公司的 VAX 系列
微型计算机	小巧、灵活、便宜，也称个人计算机（PC），如台式机、笔记本式计算机、掌上电脑、PDA 等
工作站	应用于图像处理、计算机辅助设计以及计算机网络等领域
服务器	通过网络对外提供服务。相对于普通 PC 来说，其稳定性、安全性、性能等方面的要求更高

2. 按处理数据的类型分类

按处理数据的类型不同，可将计算机分为数字计算机、模拟计算机和混合计算机，如表 1-2 所示。

表 1-2　计算机按处理数据的类型分类

类　　名	性 能 特 点
数字计算机	处理“0”“1”表示的二进制数字。运算精度高，存储量大，通用性好
模拟计算机	处理数据是连续的，运算速度快，但精度低，通用性差
混合计算机	集以上两者特点于一身

3. 按使用范围分类

按使用范围大小，计算机可分为专用计算机和通用计算机，如表 1-3 所示。

表 1-3　计算机按使用范围分类

类　　名	性 能 特 点
专用计算机	专门为某种需求而研制，不能用作其他用途。效率高、精度高、速度快
通用计算机	适用于一般应用领域，即人们常说的“计算机”

1.1.5　计算机的发展趋势

1. 未来计算机的发展趋势

（1）巨型化

巨型化是指研制速度更快的、存储量更大的和功能强大的巨型计算机。其运算能力在每秒万亿以上、内存容量在几百吉字节以上，主要应用于天文、气象、地质和核技术、航天飞机和卫星轨道计算等尖端科学技术领域。

（2）微型化

微型化是指利用微电子技术和超大规模集成电路技术，把计算机的体积进一步缩小，价格进一步降低。计算机的微型化已成为计算机发展的重要方向，笔记本式计算机、PDA、智能手机的大量面世，即是计算机微型化的一个标志。

（3）网络化

网络技术可以更好地管理网上的资源，它把整个互联网虚拟成一体化系统，犹如一台巨型机，在这个动态变化的网络环境中，实现计算资源、存储资源、数据资源、知识资源、专家资源的全面共享，从而让用户享受可灵活控制的、智能的、协作式的信息服务，并获得前所未有的使用方便性。

（4）智能化

计算机智能化是指计算机具有模拟人的感觉和思维过程的能力。智能化的研究包括模拟识别、物形分析、自然语言的生成和理解、自动程序设计、专家系统、学习系统和智能机器人等。

2. 未来新一代的计算机

（1）量子计算机

量子计算机是一类遵循量子力学规律进行高速数学和逻辑运算、存储及处理量子信息的物理装置。量子计算机中的数据用量子位存储，存储量比普通计算机大许多，除具有高速并行处理数据的能力外，量子计算机还将对现有的保密体系、国家安全意识产生重大的冲击。

（2）光子计算机

光子计算机是利用光子取代电子进行数据运算、传输和存储。光子计算机以光子代替电子，光互连代替导线互连，光硬件代替计算机中的电子硬件，光运算代替电运算。光子计算机的并行处理能力很强，具有超高速运算速度，而且在室温下即可开展工作（超高速电子计算机只能在低温下工作）。

（3）分子计算机

分子计算机的运行是吸收分子晶体上以电荷形式存在的信息，并以更有效的方式进行组织排列，它体积小、耗电少、运算快、存储量大。目前正在研究的生物分子计算机具备能在生化环境下，甚至在生物有机体中运行，并能以其他分子形式与外部环境交换，因此它将在医疗诊治、遗传追踪和仿生工程中发挥无法替代的作用。

（4）纳米计算机

纳米计算机是用纳米技术研发的新型高性能计算机。纳米技术是从 20 世纪 80 年代初迅速发展起来的新的前沿科研领域，现在纳米技术正从微电子机械系统起步，把传感器、电动机和各种处理器都放在一个硅芯片上而构成一个系统。应用纳米技术研制的计算机内存芯片，其体积只有数百个原子大小，相当于人的头发丝直径的千分之一。

1.2 信息的表示与存储

计算机科学中的信息通常被认为是能够用计算机处理的有意义的内容或消息，它们以数据的形式出现，如数值、文字、语言、图形、图像等。

1.2.1 数制的基本概念

人们在生产实践和日常生活中创造了许多种表示数的方法，如人们常用的十进制，钟表计时中使用的六十进制等。这些数的表示规则称为数制。

使用 R 个数字符号来表示数据，按 R 进位的方法进行记数，称为 R 进位记数制，简称 R 进制。对于任意具有 n 位整数、m 位小数的 R 进制数，它们有同样的基数 R、位权 R^i（$i=-m \sim n-1$）和按权展开表示式。常用的数制有二进制、八进制、十进制和十六进制数，其各进制数的构成如表 1-4 所示。

表 1-4 各进数制构成表

进　制	基　数	数　码	逢 *N* 进一	位　权
二进制	2	0～1	逢二进一	2^i
八进制	10	0～7	逢八进一	8^i
十进制	8	0～9	逢十进一	10^i
十六进制	16	0～9 和 A～F	逢十六进一	16^i

上表中 $i=-m\sim n-1$，m 和 n 分别代表数的小数、整数部分的位数。

表 1-5 给出了上述几种进制数之间 0～15 数值的对应关系。

表 1-5 各进制之间数值的对应关系表

十　进　制	二　进　制	八　进　制	十 六 进 制
0	0	0	0
1	1	1	1
2	10	2	2
3	11	3	3
4	100	4	4
5	101	5	5
6	110	6	6
7	111	7	7
8	1000	10	8
9	1001	11	9
10	1010	12	A
11	1011	13	B
12	1100	14	C
13	1101	15	D
14	1110	16	E
15	1111	17	F

1.2.2 数制的相互转换

1. 非十进制数转换成十进制

非十进制数转换成十进制数的方法是按权展开。

例 1.1 二进制数 110.01 的基数为 2，权为 2^i（其中 i=-2～2），按权展开为：

$(110.01)_2=1\times2^2+1\times2^1+0\times2^0+0\times2^{-1}+1\times2^{-2}=(8.25)_{10}$

十六进制数 B7E 的基数为 16，权为 16^i（其中 i=0～2），按权展开为：

$(B7E)_{16}=11\times16^2+7\times16^1+14\times16^0=(2942)_{10}$

2. 十进制数转换成 *R* 进制

将十进制数转换为 *R* 进制数时，可将此数分成整数与小数两部分分别转换，然后拼接起来即可。

十进制整数转换成二进制整数的方法是“除二取余法”。具体步骤如下：

步骤 1：把十进制数除以 2 得一个商和余数，商再除以 2 又得一个商和余数……依次除下去直到商是 0 为止。

步骤 2：以最先除得的余数为最低位，最后除得的余数为最高位，从最高位到最低位依次排列，便得到这个十进制整数的等值二进制整数。

十进制小数转换成二进制采用“乘二取整数法”。具体步骤如下：

步骤 1：把十进制数乘以 2 得一个新数，若整数部分为 1，则二进制纯小数相应位为 1；若整数部分为 0，则相应位为 0。

步骤 2：从高位向低位逐次进行，直到满足精度要求或乘 2 后的小数部分是 0 为止。

例 1.2 将十进制数$(125.8125)_{10}$转换为二进制数。

先对整数部分进行转换，步骤如下： 小数部分转换成二进制数的步骤如下：

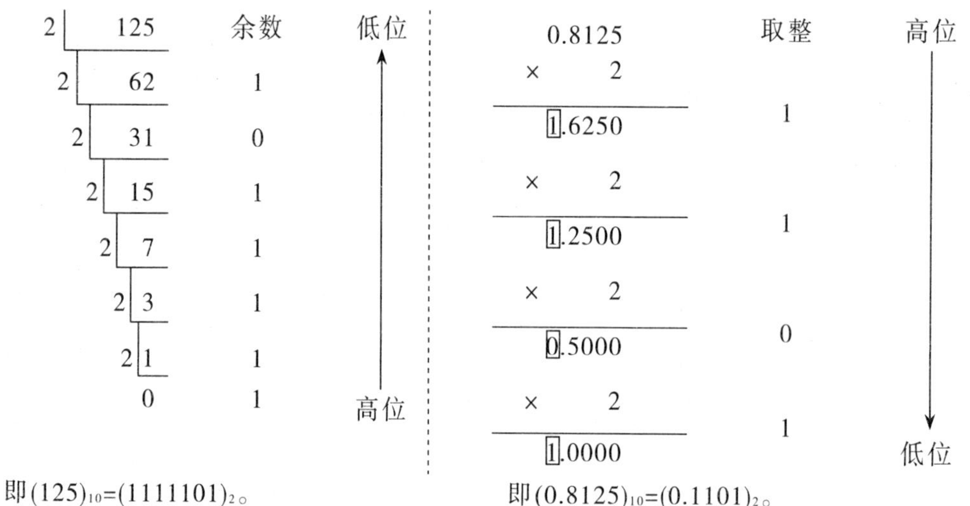

即$(125)_{10}=(1111101)_2$。 即$(0.8125)_{10}=(0.1101)_2$。

因此，转换结果为$(125.8125)_{10}=(1111101.1101)_2$。

同理，十进制转换为八进制就是整数部分采用“除八整余法”，小数部分采用“乘八取整数法”；十进制转换为十六进制整数与小数，则是整数部分采用“除十六取余法”，小数部分采用“乘十六取整法”。

例 1.3 将十进制数$(2606)_{10}$转换为十六进制数。

除数	被除数/商	余数		
16	2606	余数		低位 ↑
16	162	14	E	
16	10	2		
	0	10	A	高位

即$(2606)_{10}=(A2E)_{16}$。

3．二进制与十六进制间的转换

由于16是2的4次幂，所以可以用4位二进制数来表示1位十六进制数。

（1）十六进制数转换为二进制数

对每1位十六进制数，用与其等值的4位二进制数代替。

例 1.4 将十六进制数$(1AC0.6D)_{16}$转换为二进制数。

1	A	C	0	.	6	D
0001	1010	1100	0000	.	0110	1101

即$(1AC0.6D)_{16}=(0001\ 1010\ 1100\ 0000.\ 0110\ 1101)_2$

注意：二进制数中，整数部分最左边的零、小数部分最右边的零都是没有实际意义的，书写时可以略去。

（2）二进制数转换为十六进制数

其方法是从小数点开始，整数部分向左、小数部分向右每4位分成等1节，整数部分最高位不足4位或小数部分最低位不足4位时补“0”，然后将每节依次转换成十六进制数，再把这些二进制数连接起来即为等值十六进制数。

例 1.5 将二进制数$(10111100101.00011001101)_2$转换成十六进制数。

0101	1110	0101	.	0001	1001	1010
5	E	5	.	1	9	A

即$(0101\ 1110\ 0101.\ 0001\ 1001\ 1010)_2=(5E5.19A)_{16}$。

（3）二进制和八进制之间的转换

同理，由于8是2的3次幂，所以可以用3位二进制数来表示一位八进制数。

例 1.6 将八进制数（2731.62）$_8$转换为二进制数。

2	7	3	1	.	6	2
010	111	011	001	.	110	010

即$(2731.62)_8=(010\ 111\ 011\ 001.\ 110\ 010)_2$。

1.2.3 计算机内的数据

1．计算机数据的常用单位

在计算机内部，指令和数据都是用二进制0和1表示，因此计算机系统中信息存储、处理也都是以二进制数为基础的。下面介绍计算机内二进制数的单位。

现代计算机中存储数据是以字节作为处理单位，如一个“A”（西文字符、数字）用一个字节表示，而一个汉字和国标图形字符需用两个字节表示。但“字节”的单位表示量太小，常用KB、MB、GB和TB作为数据的存储单位。常用的二进制数的数据单位如表1-6所示。

表 1-6　常见的二进制的数据单位

单　位	名　称	含　义	说　明
bit	位	表示 1 个 0 或 1，称为 1 bit	最小的数据单位
B	字节	8 bit 为 1 B	数据处理的基本单位
KB	千字节	1 KB=1024 B=2^{10} B	适用于文件计量
MB	兆字节	1 MB=1024 KB=2^{20} B	适用于内存、光盘计量
GB	吉字节	1 GB=1024 MB=2^{30} B	适用于内存、硬盘的计量单位
TB	太字节	1 TB=1024 GB=2^{40} B	适用于硬盘的计量单位

2. 计算机数据类型

计算机使用的数据可分为两类：数值数据和字符数据（非数值数据）。在计算机中，不仅数值数据是用二进制数来表示，字符数据（如各种字符和汉字）也都用二进制数进行编码。

1.2.4　计算机内的指令

计算机指令是指能被计算机识别并执行的二进制代码，一个指令就是一组二进制代码，它规定了计算机能够完成的一个基本操作。指令通常由操作码和操作数两部分组成。

① 操作码：指明该指令要完成的操作类型或性质。例如，读取数据、运算或输出数据等。

② 操作数：指明操作对象的内容或所在存储单元地址（地址码）。操作数在大多数情况下是地址码。

计算机指令可分为数据传送指令、算术运算指令、逻辑运算指令、程序控制指令和输入/输出指令等。

计算机指令序列就是程序，是指用某种设计语言编写的指示计算机动作的一组指令（或语句）的有序集合。

1.2.5　计算机工作原理

计算机的应用领域不同，配置和性能也有很大差别，但其基本组成和工作原理都是一样的，了解计算机的工作原理是掌握计算机技术的基础。

1. 计算机设计思想

1946 年美籍匈牙利数学家冯·诺依曼提出了电子计算机设计的基本思想，奠定了现代计算机的基本结构体系。冯·诺依曼思想的基本内容是：

① 采用二进制。在计算机内部，程序和数据采用二进制代码表示。

② 存储程序控制。程序和数据存放在存储器中，即程序存储的概念。计算机执行程序时无需人工干预，能自动、连续地执行程序，并得到预期的结果。

③ 计算机的 5 个基本组成。计算机具有运算器、控制器、存储器、输入设备和输出设备 5 个基本功能部件。

根据冯·诺依曼的设计思想，现代电子计算机由运算器、控制器、存储器、输入设备和输出设备五大基本部件组成，其结构如图 1-1 所示。其工作原理是：以存储器为中

心，按照“程序存储和程序控制”的设计思想，将程序和数据都事先存放在计算机的存储器中，此后计算机在程序的控制下自动完成算术运算和逻辑运算。

（1）运算器

运算器也称算术逻辑部件（Arithmetical and Logical Unit，ALU），是执行各种运算的装置。主要功能是对二进制数码进行算术运算或逻辑运算。

（2）控制器

控制器（Control Unit，CU）是计算机神经中枢，指挥计算机各个部件自动、协调地工作。主要功能是按预定的顺序不断取出指令进行分析，然后根据指令要求向运算器、存储器等各个部件发出控制信号，让其完成指令所规定的操作。

（3）存储器

存储器（Memory）是计算机中用来存放程序和数据的部件，具备存储数据和取出数据的功能。存储数据是指向存储器里“写入”数据，取出数据是指从存储器中“读出”数据。读/写操作统称为对存储器的访问。

（4）输入设备

输入设备（Input Device）的主要作用是把准备好的数据、程序、命令及各种信号信息转变为计算机能接受的数据送入计算机。常用的输入设备有键盘、鼠标、扫描仪、光笔和话筒等。

（5）输出设备

输出设备（Output Device）的主要功能是将计算机处理的结果或工作过程按人们需要的方式输出。常用的输出设备有显示器、打印机、绘图仪和音箱等。

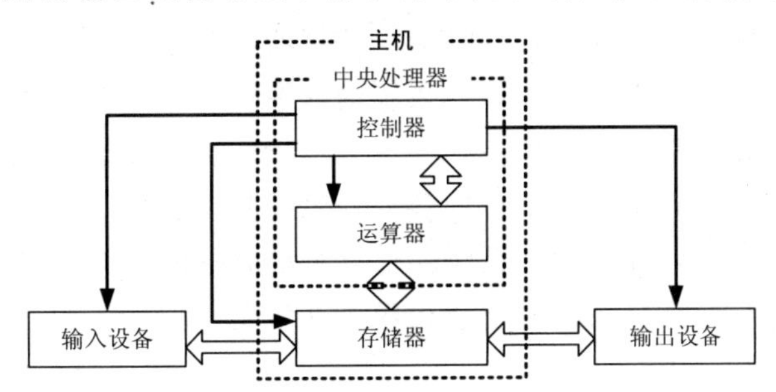

图 1-1　现代计算机工作原理示意图

2. 计算机的总线结构

计算机的结构反映了计算机各个组成部件之间的连接方式。现代的计算机普遍采用总线结构。总线是一组连接各个部件的公共通信，包括运算器、存储器、控制器和输入/输出设备之间进行信息交换和控制传递需要的全部信号。

图 1-2 所示为是微型计算机的总线结构。系统总线把 CPU、存储器、输入/输出设备连接起来，使微型计算机系统结构简洁、灵活、规范。

根据信号不同的性质，可将总线分为数据总线、地址总线、控制总线 3 部分。

（1）数据总线

数据总线是在存储器、运算器、控制器和输入/输出设备部件之间传输数据信号的公共通路。数据总线的位数是计算机的一个重要指标，它体现了传输数据的能力，通常与

CPU 的位数相对应。

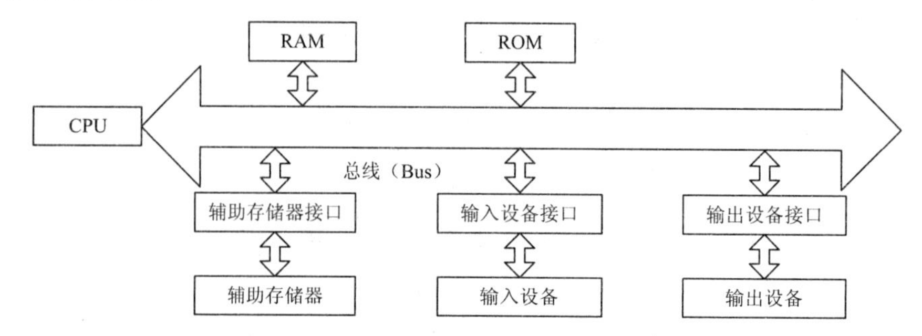

图 1-2　微型计算机总线结构示意图

（2）地址总线

地址总线是 CPU 向主存储器和输入/输出设备接口传送地址信息的公共通路。由于地址总线传输地址信息，所以地址总线的位数决定了 CPU 可以直接寻址的内存范围。

（3）控制总线

控制总线是在存储器、运算器、控制器和输入/输出部件之间传输控制信号的公共通路。

1.3　计算机的系统组成

计算机系统由硬件系统和软件系统两大部分组成。

硬件系统是指由电子部件和机电装置组成的计算机物理实体，看得见摸得着，是计算机运行的基础。硬件系统主要包括控制器、运算器、存储器、输入设备、输出设备、接口和总线等。硬件系统接受计算机软件系统的程序指令，并在程序指令的控制下完成数据输入、数据处理和结果输出等任务。

软件系统是为计算机完成工作服务的各种程序及其全部技术资料的总称。软件系统主要包括系统软件和应用软件。软件系统保证计算机硬件的功能得以充分发挥，为用户提供友好的用户界面。计算机系统的组成如图 1-3 所示。

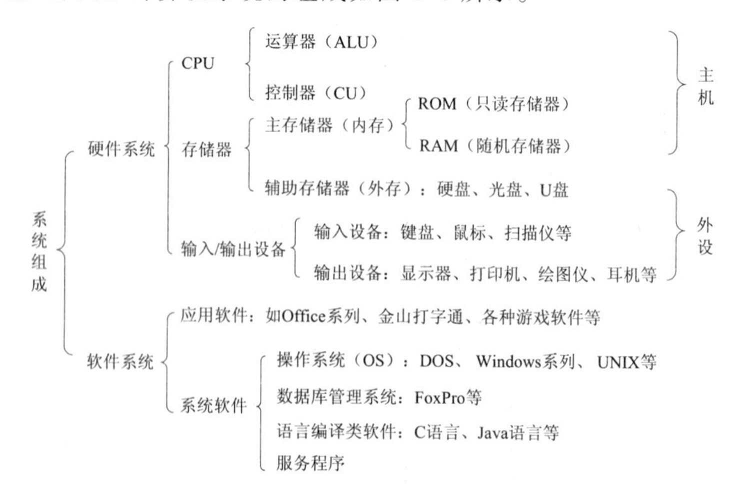

图 1-3　计算机系统组成示意图

1.3.1 计算机硬件系统

1. 中央处理器

中央处理器（Central Processing Unit，CPU）是体积小、元件集成度非常高、功能强大的芯片，它是计算机系统的核心设备，计算机所发生的全部动作都受 CPU 控制（见图 1-4）。

CPU 主要由运算器（ALU）和控制器（CU）两大部件组成，还包括若干个寄存器和高速缓冲（Cache），它们通过内部总线连接。Cache 是为了解决 CPU 与内存 RAM 速度不匹配而设计的，一般在几十千字节到几兆字节之间，存取速度高于内存 RAM。

图 1-4　中央处理器（CPU）

CPU 在计算机中的地位类似于人的大脑，CPU 性能的高低在很大程度上决定了计算机系统的优劣。CPU 的性能指标主要有主频、字长和缓存等。

2. 存储器

存储器（Memory）可分为内部存储器（简称内存储器、内存或主存）和外部存储器（又称辅助存储器，简称外存或辅存）。

（1）内存储器

内存储器是用来暂时存放处理程序、待处理的数据和运算结果的主要存储器，它直接 CPU 交换信息，故称为主存。它容量小，但存取速度快，价格比较高，由半导体集成电路构成。

内存储器又可分为只读存储器（ROM）和随机存取存储器（RAM）两种，通常意义上的“内存”指的就是随机存取存储器。内存的性能指标有存储容量、内存主频和内存的传输类型等。关于只读存储器和随机存储器的对比如表 1-7 所示。

表 1-7　只读存储器和随机存储器的对比

	只读存储器	随机存储器
特点	① 信息只能读出不能写入，且只能被 CPU 随机读取； ② 内容永久性，断电后信息不会丢失，可靠性高	① CPU 可以随时直接对其读写，当写入时，原来存储的数据被冲掉； ② 加电时信息完好，但断电后数据会消失，且无法恢复
用途	主要用来存放固定不变的控制计算机的系统程序和数据，如常驻内存的监控程序、基本 I/O 系统、各种专用设备的控制程序和有关计算机硬件的参数表等	存储当前使用的程序、数据、中间结果和与外存交换的数据
分类	① 可编程的只读存储器 PROM； ② 可擦除可编程的只读存储器 EPROM； ③ 掩膜型只读存储器 MROM	① 静态 RAM（SRAM）：集成度低、价格高、存取速度快、不需刷新； ② 动态 RAM（DRAM）：集成度高、价格低、存取速度较慢、需刷新

（2）外存储器

从计算机的工作过程来看，外存储器中的数据必须先调入内存后，CPU 才能访问。

外存储器的特点是存储容量大、价格低，所存储的数据可长时间保存，但存取速度要比内存储器慢。外存储器的种类繁多，常用的主要有硬盘、光盘和其他外部移动存储设备等，如图 1-5 所示。

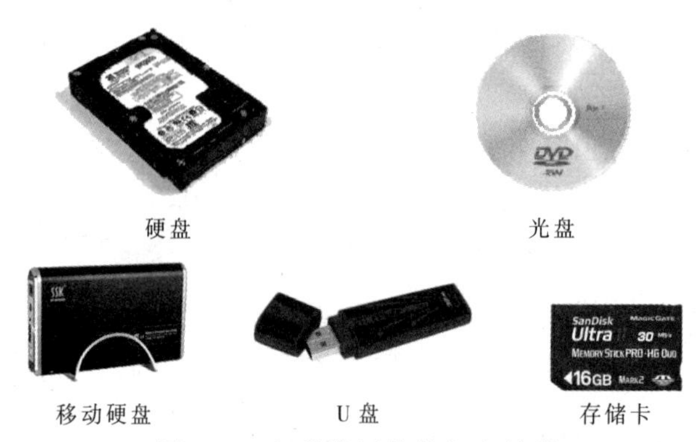

图 1-5　各种常用的外部存储器

① 硬盘（Hard Disk）。由一个或者多个铝制或者玻璃制的碟片组成，这些碟片外覆盖有铁磁性材料，因此，硬盘是一种磁存储介质，它是计算机中最主要的外部存储设备。大多数硬盘都是固定硬盘，被永久性地密封固定在硬盘驱动器中并直接安装于主机内部。比较其他存储设备，硬盘具有存取速度快、存储容量大的特点。硬盘的主要性能指标有：

a. 存储容量。硬盘容量主要以兆字节（MB）、千兆字节（GB）或太字节（TB）为单位。硬盘的容量指标还包括硬盘的单碟容量，所谓单碟容量是指硬盘单片盘片的容量，单碟容量越大，单位成本越低，平均访问时间也越短。

b. 转速（Rotational Speed）。转速是硬盘内电机主轴的旋转速度，也就是硬盘盘片在一分钟内所能完成的最大转数。转速的快慢是标示硬盘档次的重要参数之一，它是决定硬盘内部数据传输率的关键因素之一，在很大程度上直接影响到硬盘的速度。

c. 平均访问时间（Average Access Time）。平均访问时间是指磁头从起始位置到到达目标磁道位置，并且从目标磁道上找到要读写的数据扇区所需的时间。平均访问时间体现了硬盘的读写速度，包括硬盘的寻道时间和等待时间。

d. 传输速率（Data Transfer Rate）。传输速率是指硬盘读写数据的速度，单位为兆字节每秒（MB/s）。硬盘数据传输率包括内部数据传输率和外部数据传输率，内部传输率主要依赖于硬盘的旋转速度，外部数据传输率标称的是系统总线与硬盘缓冲区之间的数据传输率，它与硬盘接口类型和硬盘缓存的大小有关。Fast ATA 接口硬盘的最大外部传输率为 18.6 MB/s，而 Ultra ATA 接口的硬盘则达到 33.3 MB/s，最新的固态硬盘（SSD）的传输速率达可 1.5 GB。

e. 缓存（Cache Memory）。缓存是硬盘控制器上的一块内存芯片，具有极快的存取速度，它是硬盘内部存储和外界接口之间的缓冲器。缓存的大小与速度是直接关系到硬盘传输速率的重要因素。

② 光盘。不同于硬盘的磁存储特性，光盘是用激光进行读取的，它具有更大的单盘存储容量，理论上来说，数据保存时间也更长，但读写速度要比硬盘慢。光盘已成为多媒体计算机的重要存储设备。一张普通光盘（Compact Disc，CD）的标准容量是 660 MB，

而 DVD（Digital Versatile Disc）的容量更大，标准容量是 4.7 GB，有些 DVD 的容量可达 9.4 GB。最新的光盘种类为蓝光光盘（Blu-ray Disc，BD），容量能达到 25 GB 或 50 GB，并且存取速度远超 CD 和 DVD。

计算机中读取光盘数据的设备称为光盘驱动器，简称光驱，相应的有 CD 光驱和 DVD 光驱。应该注意的是：CD 光驱是无法读取 DVD 的，而 DVD 光驱一般都可以读取 CD。光驱的性能指标主要就是数据读取速度，通常以光驱在读取光盘时所能达到的最大光驱倍速（X 倍速）来表示，如 16X（16 倍速）、50X（50 倍速）等，目前 CD 光驱的最大速度是 56 倍速，DVD 光驱的最大速度是 48 倍速。对于 50 倍速的光驱，理论上的数据传输率应为 150×50=7 500 KB/s。

能够对光盘进行写入操作的光盘驱动器又称“刻录机”。相应的，根据可读写性，DVD 也分为 DVD-ROW（只读）、DVD-R（一次写入）和 DVD-RW（可重复擦写）三种。但是 DVD 的读写标准一直都未能统一，所以市场上还有 DVD-RAM 、DVD+R、DVD+RW 等标准，但其代表的含义是一样的。目前，普遍的 DVD 刻录机都兼容双制式（DVD±RW/DVD±R），也有支持 DVD-RW/DVD+RW/DVD-RAM 三种规格的刻录机，称为“Super Multi”刻录机。

③ 其他外部移动存储设备：常见的其他外部存储设备还有 U 盘、移动硬盘、各种数码设备的存储卡（如 SM 卡、CF 卡、XD 卡、SD 卡、MMC 卡和 SONY 记忆棒）等。

3. 输入设备

输入设备是将原始信息（数据、程序、命令及各种信号）送入计算机的设备，最常见的输入设备是键盘和鼠标。

（1）键盘（Keyboard）

键盘是最常用也是最主要的输入设备，通过键盘可以将英文字母、数字、标点符号等输入到计算机中，从而向计算机发出命令、输入数据等，如图 1-6 所示。

图 1-6 键盘

PC XT/AT 时代的键盘主要以 83 键为主并且延续了相当长的一段时间，但随着图形化操作系统的流行，取而代之的是 101 键和 104 键键盘，并占据市场的主流地位。特别是目前占据主流的多媒体 104 键键盘，它在传统的键盘基础上又增加了不少常用快捷键或音量调节装置，使计算机的操作进一步简化，对于收发电子邮件、打开浏览器软件、启动多媒体播放器等都只需要按一个特殊按键即可，同时在外形上也更趋向人体工程学设计，完善用户体验。

键盘按键布局并非是按照字母顺序排列的，目前大多数的键盘均采用了称为“QWERTY”的按键布局方式。

（2）鼠标（Mouse）

鼠标是计算机显示系统纵横坐标定位的指示器，因形似老鼠而得名“鼠标”。鼠标的使用是为了使计算机的操作更加简便，从而代替键盘输入烦琐的指令。世界上第一个鼠标出现在 1968 年，是美国科学家道格拉斯·恩格尔巴特（Douglas Englebart）制作的。

从内部结构和原理来分，鼠标可为机械鼠标、光电鼠标和无线鼠标 3 种，如图 1-7 所示。

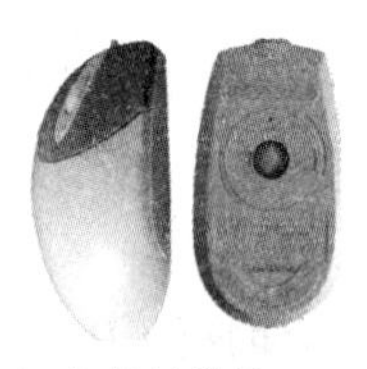
（a）机械鼠标

（b）光电鼠标

（c）无线鼠标

图 1-7　鼠标

机械鼠标主要由滚球、轮柱和光栅信号传感器组成。传感器产生的光电脉冲信号反映出鼠标在垂直和水平方向的位移变化，再通过计算机程序的处理和转换来控制屏幕上光标箭头的移动。

光电鼠标是通过检测鼠标的位移，将位移信号转换为电脉冲信号，再通过程序的处理和转换来控制屏幕上光标箭头的移动。

无线鼠标是为了适应大屏幕显示器而生产的。所谓“无线”，即没有电线连接，而是采用无线遥控，由电池对无线发射器进行供电，鼠标有自动休眠功能，有效接收范围在 10 m 左右。

（3）其他输入设备

除键盘和鼠标外，其他输入设备还包括扫描仪、条形码阅读器、光学字符阅读器（OCR）、触摸屏、手写笔、麦克风和数码照相机等。

4．输出设备

输出设备是将计算机处理和计算后所得的数据信息传送到外围设备，并转化成人们所需要的表示形式。在微机系统中，最常用的输出设备是显示器和打印机。

（1）显示器（Monitor）

常用的显示器有阴极射线管显示器（Cathode Ray Tube ，CRT）和液晶显示器（Liquid Crystal Display，LCD）两种，如图 1-8 所示。

（a）CRT 显示器

（b）LCD 显示器

图 1-8　显示器

LCD 显示器是目前的主流显示器，它的优点是机身薄，占地小，辐射小，但同时也具有色彩不够艳、可视角度不高等缺点。

CRT 显示器是应用最广泛的显示器之一，CRT 纯平显示器具有可视角度大、无坏点、色彩还原度高、色度均匀、可调节的多分辨率模式、响应时间极短等 LCD 显示器难以超越的优点，但由于外形体积大，在微机系统中已逐渐被 LCD 显示器所替代。

显示器的主要性能有像素与点距、分辨率、显示器尺寸等。

（2）打印机

打印机是计算机中常用的输出设备，它的种类和型号很多，按工作原理可分为击打式打印机和非击打式打印机两大类。

① 击打式打印机：利用机械动作，通过针的运动撞击色带，在纸上印出一列点。针式打印机属于击打式打印机，如图 1-9 所示。它的特点是结构简单、成本低，但打印速度慢，而且噪声大。

② 非击打式打印机：非击打式打印机是靠电磁的作用实现打印的。喷墨打印机（见图 1-10）、激光打印机（见图 1-11）、热敏打印机和静电打印机等都属于此类。喷墨打印机是广泛使用的非击式打印机，它的特点是无噪声，结构轻而小，印字清晰；缺点是速度慢，字迹保存性差。激光打印机的主要优点是打印速度高，每分钟可达 20 000 行以上，印字的质量高，噪声小，可适用纸张范围广泛。

图 1-9 针式打印机

图 1-10 喷墨打印机

图 1-11 激光打印机

（3）其他输出设备

其他常见的输出设备还有绘图仪、声音输出设备（音箱或耳机）、视频投影仪等。另外，还有一些设备同时集成了输入/输出两种功能，如调制解调器、光盘刻录机等。

1.3.2 计算机软件系统

计算机软件是为运行、管理和维护计算机而编制的各种程序、数据和文档的总称。软件是计算机硬件与用户之间的桥梁，是计算机系统的重要组成部分。没有软件系统的计算机则被形象地称为“裸机”。

随着计算机技术的迅速发展，计算机软件也在不断完善和发展。计算机软件系统按用途可分为系统软件和应用软件。

1. 系统软件

系统软件是一种综合管理、监控和维护计算机软硬件资源，为用户提供便利的工作环境和开发工具的大型软件，包括操作系统、数据库管理系统、语言处理系统和服务性程序等。

（1）操作系统

操作系统（Operating System，OS）是管理计算机软件和硬件资源、调度用户作业程序和处理各种中断，保证计算机各个部分协调、有效工作的软件。它是最基本、最核心的系统软件，是用户和计算机的接口，所有的应用软件和其他系统软件都必须在操作系统的支持下才能运行。

从管理计算机软硬件资源的角度来看，操作系统通常包括五大功能模块：处理机管理、存储器管理、设备管理、文件管理和作业管理。

根据功能和规模不同，操作系统可分为批处理操作系统、分时操作系统和实时操作系统等；根据同时管理的用户数不同，可分为单用户操作系统和多用户操作系统；根据同时支持的应用程序数量又分为单任务操作系统和多任务操作系统；根据提供的用户界面又可分为字符界面操作系统和图形界面操作系统等。

（2）数据库管理系统

用户通常把要处理的数据按一定的结构组织成数据库文件，再由相关数据库文件组成数据库。数据库管理系统（Database Management System，DBMS）就是对数据库完成建立、存储、筛选、排序、检索、复制、输出等一系列管理的系统软件。例如，小型数据库管理系统 FoxPro、Access 等；大型数据库管理系统 SQL Server、Oracle、Sybase、DB2 等。

（3）语言处理系统

语言处理程序介于操作系统和应用软件之间，它的功能是提供对用程序设计语言编写的应用程序进行编辑、编译、解释和连接。程序设计语言是人类和计算机进行交流的工具，按其指令代码的类型分为机器语言、汇编语言和高级语言。

大多数的应用程序都是用计算机高级语言编写的，但计算机系统并不能识别和执行高级语言命令，所以，高级语言程序必须经过相应的语言处理系统把它翻译成机器语言后才能被执行。常见的高级语言有 BASIC 语言、FORTRAN 语言、C 语言和 PASCAL 语言等。

（4）服务性程序

用于计算机的检测、故障诊断和排除的程序统称为服务性程序。例如，软件安装程序、磁盘扫描程序、故障诊断程序以及纠错程序等。

2. 应用软件

应用软件是为解决某一具体问题而编制的程序。根据服务对象的不同，可分为通用软件和专用软件两种。

（1）通用软件

为解决某一类问题所设计的软件称为通用软件。例如，办公软件（WPS、Microsoft Office 等）、辅助设计软件（AutoCAD、3ds Max 等）、杀毒软件（瑞星、360 杀毒、卡巴斯基等）、图像处理软件（Photoshop 等）。

（2）专用软件

专门适应特殊需求的软件称为专用软件。例如，单位自己组织开发的教学管理系统、人事管理系统等。

1.3.3 主要的性能指标

不同用途的计算机有不同的衡量指标，衡量计算机性能的好坏通常使用以下几项技术指标：

① 主频。主频指计算机 CPU 的时钟频率，单位是兆赫兹（MHz）或吉赫兹（GHz）。一般情况下，主频越高，计算机的运算能力就越高。

② 字长。字长是指计算机 CPU 一次能并行处理的二进制数据的位数，字长总是 8 的整数倍，如 8 位、16 位、32 位、64 位等。通常情况下，字长越长，运算精度就越高，处理能力就越强。

③ 内存容量。内存容量指计算机内存储器所能容纳信息的字节数。内存容量越大，它所能存储的数据和运行的程序就越多，程序运行的速度就越快。

④ 存取周期。存取周期指存储器进行一次完整读写操作所需要的时间，也就是存储器进行连续读写操作所允许的最短时间间隔。存取周期越短，则意味着读写的速度越快。

⑤ 运算速度。描述计算机运算速度一般用单位时间（通常用 1 s）执行机器指令的数量表示，MIPS（Million Instructions Per Second）是衡量运算速度的单位。1 MIPS 表示每秒能执行 100 万条机器指令。它是用于衡量计算机运算速度快慢的指标。

除了上述这些主要指标外，还有其他一些指标，如系统的兼容性、平均无故障时间、性能价格比、可靠性与可维护性、外围设备配置与软件配置等。

习 题

一、选择题

1. 第一台电子计算机是 1946 年在美国研制的，该机的英文缩写名是（　　）。

   A. ENIAC　　B. EDVAC　　C. EDSAC　　D. MARK-II

2. 通常人们所说的一个完整的计算机系统应包括（　　）。

   A. 主机、键盘和显示器　　B. 硬件系统和软件系统

   C. 主机和其他外围设备　　D. 系统软件和应用软件

3. 计算机之所以按人们的意志自动进行工作，最直接的原因是因为采用了（　　）。

   A. 二进制数制　　B. 高速电子元件　　C. 存储程序控制　　D. 程序设计语言

4. 微型计算机主机的主要组成部分是（　　）。

   A. 运算器和控制器　　B. CPU 和内存储器

   C. CPU 和硬盘存储器　　D. CPU、内存储器和硬盘

5. 计算机软件系统包括（　　）。

   A. 系统软件和应用软件　　B. 编译系统和应用系统

   C. 数据库管理系统和数据库　　D. 程序、相应的数据和文档

6. 微型计算机中，控制器的基本功能是（　　）。

   A. 管理计算机系统的全部软、硬件资源，合理组织计算机的工作流程，以达到充分发挥计算机资源的效率，为用户提供使用计算机的友好界面

   B. 对用户存储的文件进行管理，方便用户

   C. 执行用户输入的各类命令

   D. 为汉字操作系统提供运行基础

7. 计算机的硬件主要包括中央处理器（CPU）、存储器、输出设备和（　　）。

   A. 键盘　　B. 鼠标　　C. 输入设备　　D. 显示器

8. 下列各组设备中，完全属于外围设备的一组是（　　）。

   A. 内存储器、磁盘和打印机　　B. CPU、软盘驱动器和 RAM

   C. CPU、显示器和键盘　　D. 硬盘、软盘驱动器、键盘

9. RAM 的特点是（　　）。
   A. 断电后，存储在其内的数据将会丢失
   B. 存储在其内的数据将永久保存
   C. 用户只能读出数据，但不能随机写入数据
   D. 容量大但存取速度慢
10. 计算机存储器中，组成一个字节的二进制位数是（　　）。
    A. 4　　B. 8　　C. 16　　D. 32
11. 微型计算机硬件系统中最核心的部件是（　　）。
    A. 硬盘　　B. I/O 设备　　C. 内存储器　　D. CPU
12. 无符号二进制整数 10111 转变成十进制整数，其值是（　　）。
    A. 17　　B. 19　　C. 21　　D. 23
13. 一条计算机指令中，通常包含（　　）。
    A. 数据和字符　　B. 操作码和操作数　　C. 运算符和数据　　D. 被运算数和结果
14. KB（千字节）是度量存储器容量大小的常用单位之一，1 KB 实际等于（　　）。
    A. 1 000 个字节　　B. 1 024 个字节　　C. 1 000 个二进位　　D. 1 024 个字
15. 下列叙述中，正确的是（　　）。
    A. CPU 能直接读取硬盘上的数据
    B. CPU 能直接存取内存储器中的数据
    C. CPU 由存储器和控制器组成
    D. CPU 主要用来存储程序和数据
16. 在计算机技术指标中，MIPS 用来描述计算机的（　　）。
    A. 运算速度　　B. 时钟主频　　C. 存储容量　　D. 字长
17. 十进制数 55 转换成二进制数等于（　　）。
    A. 111111　　B. 110111　　C. 111001　　D. 111011
18. 第二代计算机采用的主要元件是（　　）。
    A. 电子管　　B. 小规模集成电路　　C. 晶体管　　D. 大规模集成电路
19. 十进制数 511 的二进制数表示（　　）。
    A. 111011101B　　B. 111111111B　　C. 100000000B　　D. 100000011B
20. 下列一组数据中最大的数是（　　）。
    A. 227O　　B. 1FFH　　C. 1010001B　　D. 789

二、简答题

1. 简述计算机的系统组成。
2. 简述计算机的工作原理。
3. 计算机存储器分为内存和外存，它们的主要区别和用途是什么？
4. 计算机的主要技术指标有哪些？分别对计算机性能有何影响？

第2章 Windows 7 操作系统

Windows 操作系统是目前个人计算机中使用最多的操作系统，Windows 7 是由微软公司于 2009 年开发并发布的，是基于 Windows NT 内核的操作系统，稳定性、兼容性和视觉效果大大增强。其目标是用户在工作中更有效地合作交流，从而提高效率，并更富于创造性。

通过本章的学习，要求了解 Windows 7 操作系统的基本界面，熟练掌握系统启动、退出、桌面、窗口、菜单以及对话框的基本操作，掌握文件与文件夹的创建、移动、复制、删除、恢复、搜索等操作。学习设置个性化的操作环境，掌握添加删除程序或硬件的操作方法。另外，了解和掌握系统提供的一些辅助工具和系统工具，学会管理和维护系统，提高计算机的性能。

2.1 Windows 7 简介

2.1.1 启动与退出

1. 启动 Windows 7 操作系统

步骤 1：依次按下显示器和主机上的电源开关，系统开始进行自检。

步骤 2：出现【欢迎】界面，选择需要登录的用户，输入登录密码，按【Enter】键，可以成功登录到 Windows 7。

2. 退出 Windows 7 操作系统

退出 Windows 7 可以通过关机、休眠、注销等操作来实现。

（1）关闭计算机

计算机的关机可分为正常关机和非正常关机两种情况。

① 正常关机。

步骤 1：关闭所有已打开的窗口，退出所有运行的程序。

步骤 2：单击【开始】按钮，从弹出的【开始】菜单中单击【关机】按钮。

步骤 3：系统自动保存相关的信息，保存完毕后主机的电源自动关闭，指示灯熄灭。

步骤 4：最后关闭显示器电源，这样就安全地关闭了计算机。

② 非正常关。用户在使用计算机的过程中有时会出现“死机”“蓝屏”“花屏”等情况，这时就无法通过【开始】菜单来关闭计算机，而需要按住主机的电源按钮不放，片刻后主机的电源就会关闭，然后再关闭显示器的电源开关。

在开机和关机过程中，一定要按顺序正确操作。开机时，先打开外设（如打印机、扫描仪等）的电源，然后打开显示器电源，最后开主机电源。关机时，要先关主机，后关显示器，而且关机之前先退出所有运行的程序，通过【开始】菜单正确关机。不要直接关掉主机电源，以防丢失数据，损坏系统。

（2）注销

Windows 7 是一个允许多用户共同使用一台计算机的操作系统，每个用户都拥有自己的工作环境。当需要退出 Windows 7 操作系统时也可以通过注销用户的方式来实现。注销操作的具体步骤如下。

步骤 1：单击【开始】按钮，从弹出的【开始】菜单中单击【关闭】按钮右边的箭头▶，然后从弹出的【关闭选项】列表中选择【注销】选项。

步骤 2：此时系统关闭当前用户操作环境中的程序和窗口，稍后弹出 Windows 7 系统的【用户登录】界面。

（3）切换用户

在【关闭选项】列表中还有【切换用户】选项，通过它也可以退出 Windows 7 系统回到【用户登录】界面。与【注销】有些相似，但执行【注销】操作后计算机关闭当前所有的工作，处于没有任务的状态等待另一个用户的重新进入。而【切换用户】可以在保留当前用户工作的同时迅速地切换到另外一个用户账户中。

（4）睡眠

睡眠是一种节能状态，睡眠仅仅是待机，当用户希望再次开始工作时，可使计算机快速恢复全功率工作（通常在几秒钟之内）。让计算机进入睡眠状态就像暂停 DVD 播放机一样，计算机会立即停止工作，并做好继续工作的准备。睡眠通常会将工作和设置保存在内存中并消耗少量的电量，屏幕和硬盘关闭了，电源不会被关闭。一般情况下，睡眠时，触动鼠标或者按键盘上的某个键就会唤醒计算机。

（5）休眠

休眠是退出 Windows 7 操作系统的另一种方法，主要为便携式计算机设计的电源节能状态。休眠时将打开的文档和程序保存到硬盘中，然后关闭计算机。当需要重新启动计算机时，只需要按机箱上的【Power】电源键将计算机从休眠状态中唤醒，休眠前的工作状态全部恢复，用户可以继续操作 Windows 7 系统。在 Windows 使用的所有节能状态中，休眠使用的电量最少。

（6）锁定

当用户有事需要暂时离开，但是计算机还在工作，若不希望让人查看或更改自己计算机的用户信息时，可以通过该功能按钮来锁定计算机。

2.1.2 桌面的组成

登录 Windows 7 系统之后，首先展现在用户面前的是桌面。桌面就像工作台，是用户组织工作、与计算机交互的场所，用户使用计算机完成的各种操作都是在桌面上完成的。

1. 桌面的组成

Windows 7 的桌面主要由桌面背景、桌面图标和任务栏 3 部分组成，如图 2-1 所示。

图 2-1 Windows 7 的桌面

（1）桌面背景

桌面背景是指 Windows 7 桌面的背景图案，又称桌布或者墙纸，用户可以根据自己的喜好更改桌面的背景图案。

（2）桌面图标

桌面图标由一个形象的图标和说明文字组成，图标作为它的标识，文字则表示它的名称或者功能。桌面图标分为两种，一种是系统图标，另一种是快捷方式图标。

（3）任务栏

任务栏是桌面最下方的水平长条，它主要由【开始】按钮、程序按钮区、通知区域和【显示桌面】按钮 4 部分组成，如图 2-2 所示。任务栏的主要功能是显示用户桌面当前打开程序窗口的对应按钮，使用按钮可以对窗口进行还原到桌面、切换以及关闭等操作。

图 2-2 Windows 7 的任务栏

①【开始】按钮。单击任务栏最左侧的【开始】按钮，即可弹出【开始】菜单。

② 程序按钮。程序按钮区放置的是已打开窗口的最小化图标按钮，单击这些图标按钮就可以在不同窗口间进行切换。用户还可以根据需要通过鼠标拖动操作重新排列任务栏上的程序按钮。

③ 通知区域。通知区域位于任务栏的右侧，通过各种小图标形象地显示计算机软硬件的重要信息，除了系统时钟、音量、网络和操作中心等一组系统图标按钮外，还包括一些正在运行的程序图标按钮。

④【显示桌面】按钮。【显示桌面】按钮位于任务栏的最右侧，单击该按钮可以将

所有打开的窗口最小化到程序按钮区中。如果希望重新显示打开的窗口，再次单击该按钮即可。

2.【开始】菜单

【开始】菜单是 Windows 7 系统中最常用的组件之一，它是计算机程序、文件夹和设置操作的重要入口，如图 2-3 所示。Windows 7 的【开始】菜单是由【固定程序】列表、【常用程序】列表、【所有程序】菜单、【启动】菜单、搜索框和【关机】按钮区几部分组成。

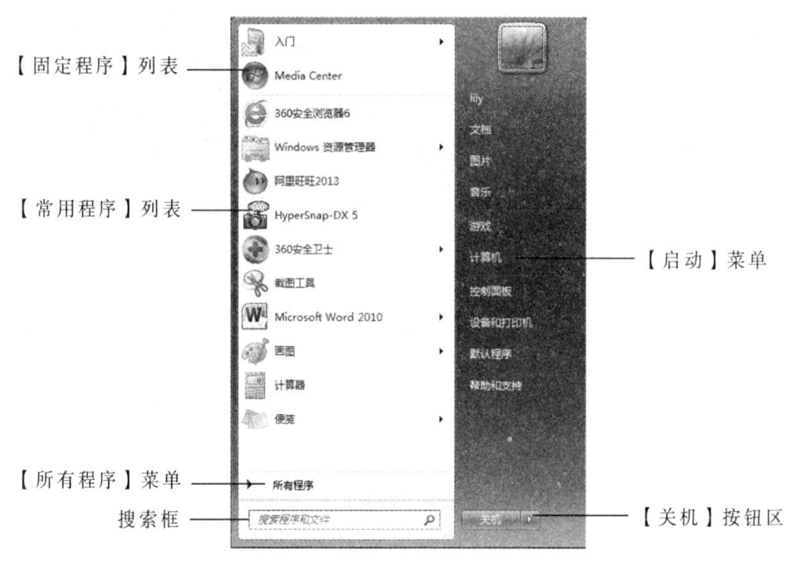

图 2-3　Windows 7 的【开始】菜单

（1）【固定程序】列表

该列表中的程序会固定地显示在【开始】菜单中，用户通过它可以快速打开其中的应用程序。此菜单中默认的固定程序只有两个，分别是【Windows Media Center】（即多媒体中心）和【入门】。

（2）【常用程序】列表

在【常用程序】列表中默认情况下只存放了 7 个常用的程序，随着对一些程序的频繁使用，在该列表中会列出 10 个最常用的应用程序。如果超过了 10 个，它们会按照使用时间的先后顺序依次替换。

（3）【所有程序】菜单

用户在【所有程序】菜单中可以找到系统中安装的所有应用程序。打开【开始】菜单，将鼠标指针移到【所有程序】选项上即可显示【所有程序】的子菜单。

2.1.3　窗口的组成

在 Windows 7 中，窗口就是在桌面上显示文件和程序内容的框架。虽然各个窗口的内容和作用不同，但其外观却大同小异。一般窗口都是由标题栏、地址栏、搜索框、菜单栏、工具栏、窗格、工作区和状态栏几部分组成，如图 2-4 所示。

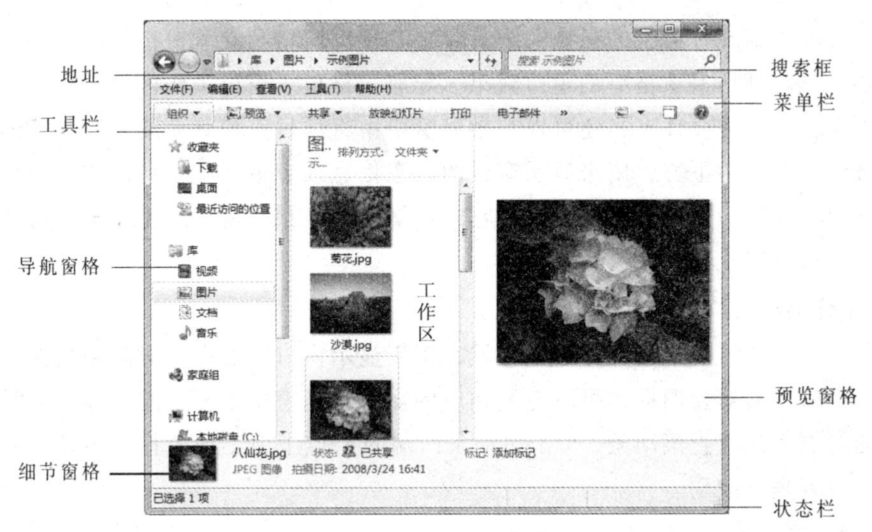

图 2-4 Windows 7 的窗口

1. 标题栏

在 Windows 7 的窗口中，标题栏只显示了控制按钮区。在控制按钮区中有 3 个控制按钮，分别为【最小化】按钮、【最大化】按钮（当前窗口最大化时，该按钮变为【向下还原】按钮）和【关闭】按钮，使用这些按钮可以对窗口进行相应的操作。

2. 地址栏

地址栏显示文件和文件夹所在的路径，通过它还可以访问因特网中的资源。

3. 搜索框

将所要查找的目标名称输入到搜索框中，按【Enter】键或者单击【搜索】按钮即可开始查找。

4. 工具栏

工具栏由常用的命令按钮完成，单击相应的按钮即可执行相应的操作。有些工具按钮（如【组织】按钮）的右侧有一个下箭头按钮，说明单击该工具按钮可以弹出下拉列表，如图 2-5 所示。

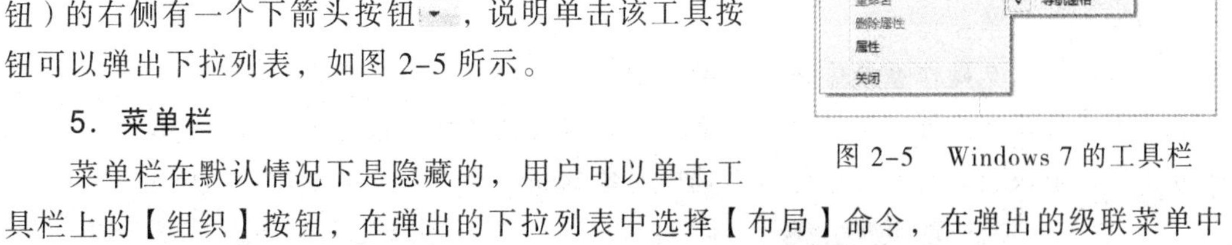

图 2-5 Windows 7 的工具栏

5. 菜单栏

菜单栏在默认情况下是隐藏的，用户可以单击工具栏上的【组织】按钮，在弹出的下拉列表中选择【布局】命令，在弹出的级联菜单中选择【菜单栏】项，即可将菜单栏显示出来，如图 2-5 所示。

菜单栏由多个包含命令的菜单组成，每个菜单又由多个菜单项组成。单击某个菜单按钮便会弹出相应的下拉菜单，用户从中可以选择相应的菜单项来完成相应的操作。

6. 窗格

Windows 7 窗口中有多种窗格类型，在【计算机】窗口中，默认显示导航窗格和细节窗格。单击工具栏上的【组织】按钮，在弹出的下拉列表中选择【布局】命令，在级联菜单中可以看到3种类型的窗格：细节窗格、预览窗格和导航窗格，如图2-5所示。

图2-4是打开所有窗格后的窗口效果。导航窗格位于窗口工作区的左侧，可以使用导航窗格查找文件或文件夹，还可以在导航窗格中将项目直接移动或复制到新的位置；细节窗口位于窗口的下方，用来显示窗口的状态信息或者被选中对象的详细信息，单击要查看选项的图标，窗口下方便会出现它的详细信息。预览窗格用于显示当前文件的大致效果，如预览图片。

7．工作区

工作区是整个窗口中最大的矩形区域，用于显示窗口中的操作对象和操作结果。另外，双击窗口中的对象图标也可以打开相应的窗口。当窗口中显示的内容太多时，就会在窗口的右侧出现垂直滚动条，单击滚动条两端的▲和▼按钮，或者拖动滚动条都可以使窗口中的内容垂直滚动。

8．状态栏

状态栏位于窗口的最下方，主要用于显示当前窗口的相关信息或被选中对象的状态信息。可以通过选择【查看】菜单→【状态栏】命令来控制状态栏的显示和隐藏。

2.1.4 菜单的种类

除了窗口外，在Windows 7操作系统中另外一个比较重要的组件就是“菜单”。在Windows 7系统中，菜单只是一种形象化的称呼，将各种命令分门别类地集合在一起就构成了菜单。

1．菜单的种类

Windows 7菜单可分为下拉菜单和快捷菜单两种。

（1）下拉菜单

为了使用起来更加方便，Windows 7将菜单集中存放在菜单栏中。选择菜单栏中的某个菜单即可弹出普通菜单，即下拉菜单，如图2-6所示。

图2-6 下拉菜单

（2）快捷菜单

在Windows 7操作系统中还有一种菜单被称为快捷菜单，用户只要在文件、文件夹、桌面空白处以及任务栏空白处等区域单击鼠标右键，即可弹出一个快捷菜单，其中包含对选中对象的一些操作命令，如图2-7所示。

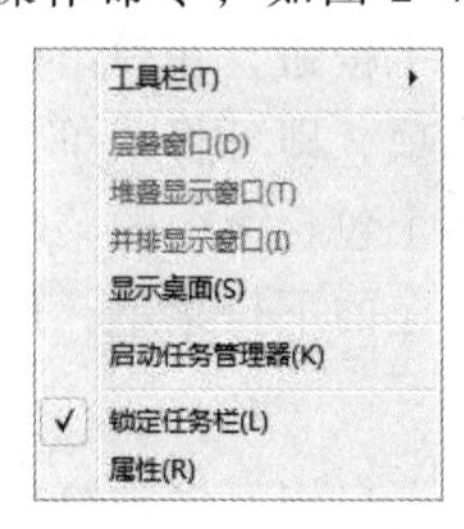

图2-7 计算机、桌面以及任务栏的快捷菜单

2. 菜单的标识符号

在 Windows 7 的菜单上有一些特殊的标识符号，它们代表着不同的含义，如图 2-8 所示。

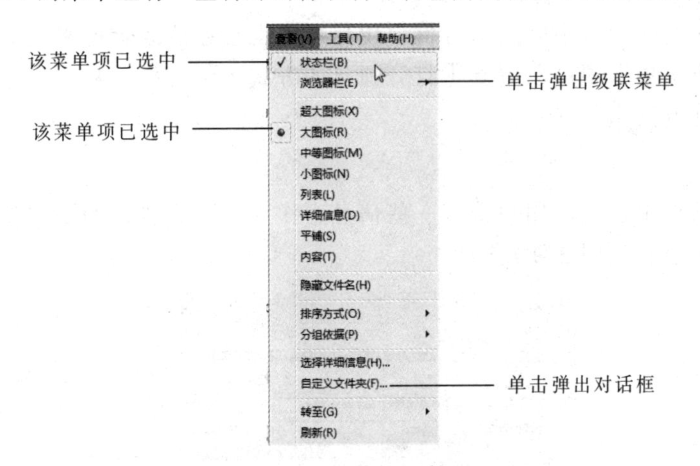

图 2-8　菜单标识符号

2.1.5　对话框组成

除了窗口、菜单之外，在 Windows 7 操作系统中还有一个比较重要的组件就是对话框。当所选择的操作需要做进一步的说明时，系统会自动弹出一个对话框。一般来说，对话框由标题栏、选项卡、组合框、文本框、列表框、下拉列表、微调框、命令按钮、单选按钮和复选框几部分组成，如图 2-9 所示。

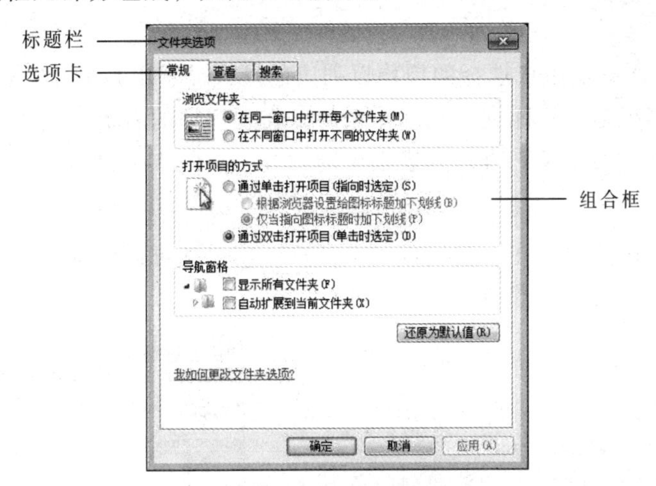

图 2-9 【文件夹选项】对话框

1. 标题栏

标题栏位于对话框的最上方，在它的左侧标明了该对话框的名称，右侧是【关闭】按钮，如图 2-9 所示。

2. 选项卡

一般情况下，标题栏的下方就是选项卡，每个对话框通常由多个选项卡组成，用户可以通过在不同选项卡之间通过切换来查看和设置相应的信息。例如,【文件夹选项】对话框由【常规】、【查看】和【搜索】3个选项卡组成，如图2-9所示。

3. 组合框

在选项卡中通常会有不同的组合框，用户可以根据这些组合框来完成一些操作。例如，在【常规】选项卡中可以看到【打开项目的方式】组合框，从中可以设置项目打开的方式，如图2-9所示。

4. 文本框

在某些对话框中会要求用户输入一些信息，作为下一步执行的必须条件，这个空白区域就称为文本框，如图2-10所示。

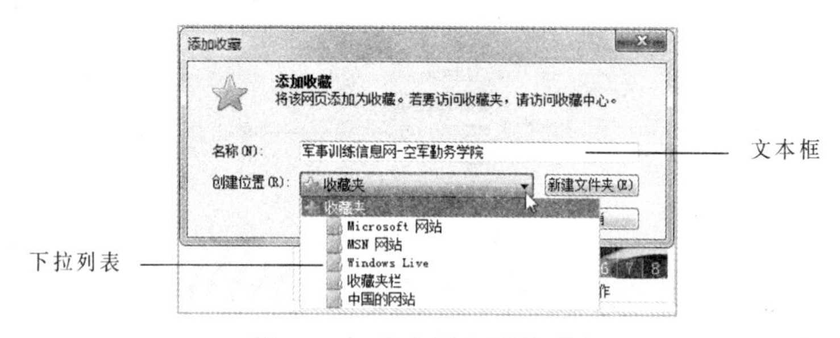

图2-10　文本框和下拉列表

5. 下拉列表

下拉列表折叠起来很像一个文本框，只不过在下拉列表的右侧有一个下箭头按钮▼。单击下箭头按钮即可将其展开，用户可以从弹出的列表中选择需要的选项，如图2-10所示。

6. 列表框

在列表框中，所有供用户选择的项均以列表的形式显示出来，用户不需要输入信息。当列表框中的内容很多，不能完全显示出来时，在列表框的右侧会出现垂直滚动条，用户可以通过拖动垂直滚动条来查看列表框中的内容，如图2-11所示。

7. 微调框

文本框与调整按钮组合在一起组成了微调框。用户既可以向其中输入数值，也可以通过调整按钮来设置需要的数值，如图2-12所示。

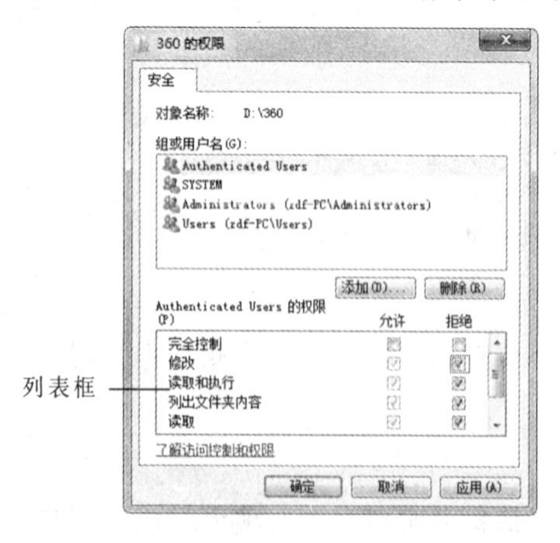

图2-11　列表框

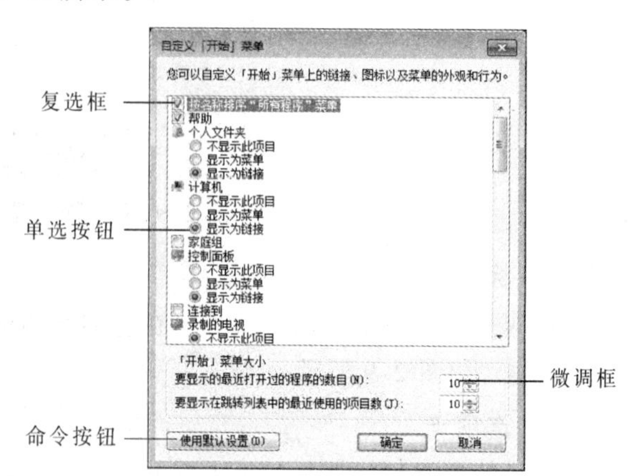

图2-12　微调框和各类按钮

8．命令按钮

命令按钮是对话框中带有文字、突出的矩形区域，常见的命令按钮有【确定】按钮、【应用】按钮和【取消】按钮等，单击相应按钮即可执行相应的命令，如图 2–12 所示。

9．单选按钮

单选按钮就是经常在组合框中出现的一个小圆圈。通常在一个组合框中会有多个单选按钮，但用户只能选择其中的某一个，通过单击就可以在选中、非选中状态之间进行切换。被选中的单选按钮中间会出现一个实心的小圆点，如图 2–12 所示。

10．复选框

复选框就是在对话框中经常出现的小正方形，与单选按钮不同的是，在一个组合框中可以同时选中多个复选框，各个复选框的功能是叠加的。当某个复选框被选中时，会出现标识，如图 2–12 所示。

2.2 Windows 7 的基本操作

2.2.1 桌面图标的操作

对计算机的所有操作都是在桌面上来完成的，桌面上放置图标的多少和类别，不仅影响桌面的整洁和美观，而且桌面也占用磁盘空间，还会影响计算机系统的运行速度，因此要经常对桌面进行整理，以提高系统运行的速度和稳定性。

1．排列桌面图标

在桌面空白处右击，从弹出的快捷菜单中选择【排序方式】命令，在其级联菜单中可以看到桌面图标的 4 种排列方式：名称、大小、项目类型和修改日期。选择需要的排列方式（如选择【名称】选项），此时桌面图标就会按照名称进行排列。

2．查看图标

用户可以根据实际情况来选择桌面图标显示的大小。在桌面空白处右击，从弹出的快捷菜单中选择【查看】命令，在其级联菜单中可以看到桌面图标的 3 种显示方式：大图标、中等图标和小图标。选择需要的显示方式（如选择【小图标】命令），此时桌面图标就会以小图标的方式显示。

3．添加桌面图标

（1）添加系统图标

默认情况下，当用户安装 Windows 7 操作系统并第一次进入系统桌面时，桌面上只有一个【回收站】图标，这个图标是系统图标，用户可以根据需要在桌面上添加显示其他的系统图标。添加系统图标的具体步骤如下：

步骤 1：在 Windows 7 桌面的空白区域右击，从弹出的快捷菜单中选择【个性化】命令，弹出图 2–13 所示的【个性化】窗口。

步骤 2：单击窗口左侧窗格中的【更改桌面图标】超链接，弹出【桌面图标设置】对话框，如图 2–14 所示。

图 2-13 【个性化】窗口

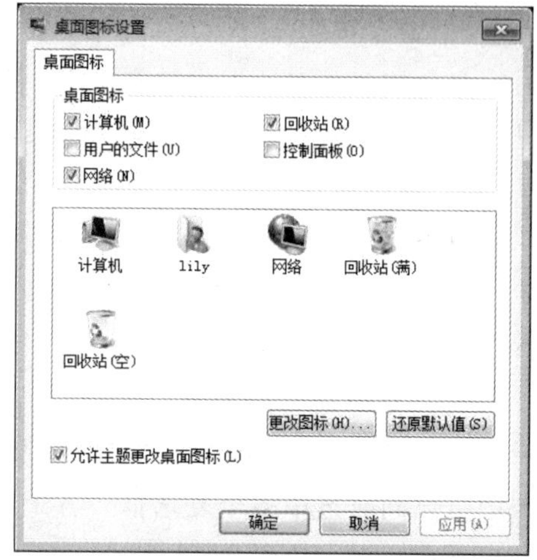

图 2-14 【桌面图标设置】对话框

步骤 3：在【桌面图标】组合框中选中相应的复选框，即可将相应的图标显示在桌面上。

（2）添加应用程序快捷方式图标

例如，要在桌面上添加 Excel 应用程序快捷方式图标有两种方式，具体操作步骤如下：

① 单击【开始】按钮，在【开始】菜单中单击【所有程序】→【Microsoft Office】→【Microsoft Excel 2010】命令，右击【Microsoft Excel 2010】命令，在弹出的快捷菜单中选择【发送到】→【桌面快捷方式】命令即可。

② 单击【开始】按钮，在【开始】菜单中单击【所有程序】→【Microsoft Office】命令，将鼠标指针移至【Microsoft Excel 2010】命令上，按住【Ctrl】键的同时将其拖动到桌面即可。

除了添加系统图标和应用程序图标之外，还可以将文件或文件夹图标添加至桌面。

4. 删除桌面图标

（1）直接删除

在桌面中选中要删除的图标，如【Microsoft Excel 2010】图标，按住鼠标左键拖动图标到【回收站】图标上，当【回收站】图标变为深色时释放鼠标。

（2）命令删除

在桌面上右击要删除的图标，如【Microsoft Excel 2010】图标，在弹出的快捷菜单中选择【删除】命令，弹出【确认快捷方式删除】对话框，单击【是】按钮即可删除。

5. 其他图标操作

在桌面空白处右击，在弹出的快捷菜单中选择【查看】命令，这时会显示【查看】的级联菜单，包含多种设置桌面图标的命令，根据需要选择设置的内容即可。

2.2.2 窗口的基本操作

熟悉窗口的基本操作对于操作计算机来说非常重要，窗口的基本操作主要包括打开窗口、关闭窗口、改变窗口大小、移动窗口以及切换窗口等操作。

1．打开窗口

在 Windows 7 系统中，打开窗口的方法有很多种，下面以打开【计算机】窗口为例进行介绍。

① 双击桌面上的【计算机】图标，即可打开【计算机】窗口。

② 右击桌面上的【计算机】图标，从弹出的快捷菜单中选择【打开】命令也可以打开【计算机】窗口。

③ 单击【开始】按钮，从弹出的【开始】菜单中选择【计算机】命令也可打开【计算机】窗口。

2．关闭窗口

当某些窗口不再使用时，应该将这些窗口及时关闭，以免占用系统资源。下面以关闭【计算机】窗口为例，介绍关闭窗口的几种常用方法。

① 单击【计算机】窗口右上角的【关闭】按钮即可关闭窗口。

② 在菜单栏中选择【文件】→【关闭】命令也可关闭窗口。

③ 在窗口标题栏的空白区域右击，从弹出的快捷菜单中选择【关闭】命令也可关闭窗口。

④ 按【Alt+F4】组合键即可快速关闭窗口。

3．改变窗口大小

在对窗口进行操作的过程中，用户可以根据需要对窗口的大小进行调整。下面以【计算机】窗口为例介绍改变窗口大小的具体方法。

（1）利用控制按钮

前面已经介绍过窗口的 3 个控制按钮，在这里可以利用【最小化】按钮和【最大化】按钮来调整窗口的大小。

① 利用【最小化】按钮。单击窗口右上角的【最小化】按钮，此时最小化的【计算机】窗口以图标按钮的形式缩放到任务栏的程序按钮区中。单击【计算机】图标按钮即可将该窗口恢复到原始的大小。

② 利用【最大化】按钮。单击【最大化】按钮即可将【计算机】窗口放大到整个屏幕大小，这样可以看到窗口中的更多内容。此时【最大化】按钮变成了【向下还原】按钮，单击该按钮即可将【计算机】窗口恢复到原始大小。

（2）手动调整窗口大小

当窗口没有处于最大化或者最小化状态时，用户可以通过手动的方式随意调整窗口的大小。需要手动改变窗口的大小时，可以将鼠标指针移至窗口四周的边框上，当指针呈双向箭头显示时，按住鼠标左键不放并拖动即可进行调整。

① 将鼠标指针移至窗口状态栏的右下角，当指针呈⇘形状显示时，按住鼠标左键拖动即可按比例改变窗口的大小。

② 将鼠标指针移至窗口右侧边框上，当指针呈⇔形状显示时，按住鼠标左键拖动即可改变窗口的宽度。

③ 将鼠标指针移至窗口的下边框上，当指针呈⇕形状显示时，按住鼠标左键拖动即

可改变窗口的高度。

4. 移动窗口

窗口的位置可以根据需要随意移动，当用户要移动窗口的位置时，只需将鼠标指针移至窗口的标题栏上，此时鼠标指针变成↖形状，然后按住鼠标左键不放并将其拖动到合适的位置再释放鼠标即可。

5. 切换窗口

虽然在 Windows 7 系统中可以同时打开多个窗口，但当前活动窗口只能有一个。因此用户在操作过程中经常需要在当前活动窗口和非活动窗口之间进行切换。切换窗口的方法有以下几种：

（1）利用【Alt+Tab】组合键

若想在众多程序窗口中快速地切换到需要的窗口，可以通过【Alt+Tab】组合键实现。如果用户的计算机支持 Aero 特效，按住【Alt+Tab】组合键，则会弹出窗口缩略图方块，如图 2-15 所示。按住【Alt】键不放，再按【Tab】键逐一挑选窗口缩略图方块，当方框移动到需要使用的窗口缩略图方块时释放按键，即可打开相应的窗口。

图 2-15　窗口缩略图方块

（2）利用【Alt+Esc】组合键

用户也可以通过【Alt+Esc】组合键在窗口之间切换。使用这种方法可以直接在各个窗口之间切换，但是不会出现窗口缩略图方块。

（3）利用程序按钮区

每运行一个程序，就会在任务栏上的程序按钮区中出现一个相应程序的图标按钮。通过单击其中的程序图标按钮，即可在各个程序窗口之间进行切换。

6. 排列窗口

窗口的排列方式有层叠窗口、堆叠显示窗口、并排显示窗口 3 种形式。右击任务栏的空白处，在弹出的快捷菜单中选择不同的窗口排列命令。例如，选择“层叠窗口”命令，即可实现窗口的层叠排列。当不需要层叠窗口时，右击任务栏的空白处，在弹出的快捷菜单中选择“撤销层叠”命令即可。

2.2.3 菜单的基本操作

Windows 7 中窗口菜单和右键快捷菜单的打开方式不同，操作方法也不尽相同。

1. 窗口菜单的打开与执行

用鼠标单击窗口菜单栏上的菜单项，会打开下拉菜单，单击下拉菜单中的命令，可以完成相关操作。

窗口菜单也可以使用【Alt+热键】的键盘操作形式实现。例如，按住【Alt】键的同时按【F】键将打开【文件】下拉菜单。打开下拉菜单之后，继续使用【Alt+热键】组合键，或者使用键盘上的方向键将光标移动到要执行的菜单命令上，再按【Enter】键，可以完成相关操作。

2. 窗口菜单的关闭

关闭窗口菜单时，可以单击菜单以外的空白处或按【Esc】键。另外，当鼠标指针直接指向另一菜单时，新的菜单打开，原来打开的菜单将会自动关闭。

3. 快捷菜单的使用

右击不同的对象将弹出不同的快捷菜单，其中所包含的命令也不相同。单击其中的某个命令，就可以执行该命令，迅速完成相关操作。

2.2.4 对话框的基本操作

对话框是在执行某些命令时弹出的，对对话框的操作是根据需要进行的。

① 打开选项卡。单击标签打开相应的选项卡。

② 输入文本。单击文本框，当文本框中出现闪烁光标，输入文字内容。

③ 选择列表项目。在列表框中的对象信息列表中，单击选择所需项目；在下拉列表框中，单击列表框右侧的下三角按钮，展开对象信息列表，在其中单击选择所需的项目。

④ 选择单选项目。在单选项目区，单击选择所需的单个项目，在单选按钮中出现单选标识 。

⑤ 选择复选项目。在复选选项区单击选择一个或多个所需的选项，在复选框中出现复选标识。

⑥ 选择微调按钮。单击文本框右侧的上、下三角标记组成的增减按钮，增加或减少文本框的数值。也可以直接单击左侧文本框输入所需的数字。

2.2.5 任务栏的基本设置

在 Windows 7 中，任务栏不但有了全新的外观，而且增加了很多令人惊叹的功能，因此 Windows 7 任务栏也被称为“超级任务栏”。

1. 设置任务栏的外观

当进入 Windows 7 系统后，系统就会自动显示任务栏，而此时的任务栏将使用系统默认设置，有时这个默认设置并不一定会适合每一位用户，有些用户为了便于自己工作或追求个性等需要对任务栏进行一些设置，如设置任务栏的外观，把任务栏放到屏幕的左侧、右侧或者顶部等。具体操作步骤如下：

在任务栏的空白区域右击，从弹出的快捷菜单中选择【属性】命令，随即弹出【任务栏和「开始」菜单属性】对话框，并自动切换到【任务栏】选项卡，在【任务栏外观】组合框中可以看到许多关于任务栏的设置项目，如图 2-16 所示。

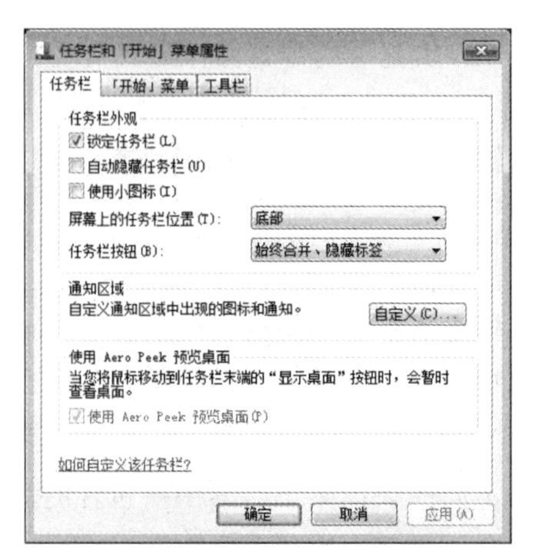

图 2-16 【任务栏和「开始」菜单属性】对话框

①【锁定任务栏】。用户在日常使用时，有时会不小心将任务栏拖动到屏幕的左侧或者右侧，有时还会将任务栏的宽度拉伸，且很难调整到原来的状态，为了避免这些情况的发生，将【锁定任务栏】这个复选框勾选上，可以锁定任务栏。

②【自动隐藏任务栏】。当用户需要的工作面积较大时，就可以隐藏屏幕下方的任务栏，这样可以让桌面显得更大一些，此时选中【自动隐藏任务栏】复选框即可。这时，若想要在桌面中显示任务栏，只需将鼠标移动到屏幕的最下方，任务栏就会自动显示出来，移开鼠标，任务栏又会自动隐藏起来。

③【使用小图标】。选中【使用小图标】复选框，确认后就可以把任务栏中的图标变小，这样可以节省任务栏的有限空间，也不会影响任务栏的其他操作。

④【屏幕上的任务栏位置】。在【屏幕上的任务栏位置】下拉列表中可以设置任务栏在桌面的上、下、左、右 4 个不同位置显示。若选择【顶部】选项，任务栏即可显示在桌面的最上方。

⑤【任务栏按钮】。在【任务栏按钮】下拉列表中可以自定义任务栏的程序按钮区中的按钮模式，3 种模式分别是"始终合并、隐藏标签""当任务栏被占满时合并"和"从不合并"。如果用户不喜欢全新的任务栏图标按钮，可以选择【从不合并】选项，单击【确定】按钮后，任务栏中的程序将会变为图标加窗口名称的传统方式。

2. 自定义通知区域

通知区域位于任务栏的右侧，除了包含系统时钟、音量、网络以及操作中心等图标外，还包含一些正在运行的程序图标。

当通知区域显示出的图标很多时，就会显得很杂乱，这时可以选择将某些图标始终保持为可见，而其他一些图标保留在溢出区。用户自定义图标在通知区域显示行为的操作步骤如下：

步骤 1：打开【任务栏和「开始」菜单属性】对话框，切换到【任务栏】选项卡，单击【通知区域】组合框中的【自定义】按钮。

步骤 2：弹出【通知区域图标】窗口，在【选择在任务栏上出现的图标和通知】列表框中列出了各个图标及其行为，每个图标都有 3 种行为，分别是"显示图标和通知"

“隐藏图标和通知”和“仅显示通知”。例如，选择【电源】选项为“隐藏图标和通知”。

步骤 3：设置完毕单击【确定】按钮，返回【任务栏和「开始」菜单属性】对话框，单击【确定】按钮，返回任务栏，可以看到该选项的图标按钮已经在通知区域消失。

步骤 4：如果用户想要查看隐藏的图标，可以单击通知区域中的【显示隐藏的图标】按钮，即可将隐藏的图标显示出来，如图 2-17 所示。单击【自定义...】超链接，即可弹出【通知区域图标】窗口。

图 2-17　通知区域自定义链接

3. 打开或关闭通知区域的系统图标

在 Windows 7 任务栏的通知区域中有 5 个系统图标，分别是【时钟】、【音量】、【网络】、【电源】和【操作中心】，用户可以根据需要将其打开或者关闭。具体的操作步骤如下：

步骤 1：按照前面介绍的方法打开【通知区域图标】窗口，单击列表框下方的【打开或关闭系统图标】超链接。

步骤 2：弹出【系统图标】窗口，在【打开或关闭系统图标】列表框中显示了 5 个系统图标及当前的行为，用户可以选择 5 个系统图标的打开或关闭行为。

步骤 3：设置完毕依次单击【确定】按钮即可。若想还原图标行为，单击窗口左下方的【还原默认图标行为】超链接即可还原。

4. 使用 Aero Peek 预览桌面

在 Windows 7 系统中提供了新的 Aero Peek 预览功能，如果用户的计算机硬件支持 Aero 特效，且打开了该特效功能，则使用 Aero Peek 预览功能时将得到非常奇妙的效果。打开【任务栏和「开始」菜单属性】对话框，选中【使用 Aero Peek 预览桌面】复选框。Aero Peek 效果下，会让选定的窗口正常显示，其他窗口则变成透明的，只留下一个个半透明边框。当用户将鼠标指针移动到任务栏右侧的【显示桌面】按钮时，所有已打开的窗口都将变成透明而暂时显示桌面内容。将鼠标指针移开【显示桌面】按钮，窗口将恢复原状。当鼠标指针指向程序按钮区中的程序按钮时，会在其上方显示窗口的缩略图，如图 2-18 所示。

图 2-18　Aero Peek 效果

5．工具栏的设置

工具栏是一行、一列或者一个按钮，表示用户可以在程序中执行的任务。用户可以将工具栏中的一些菜单项添加到任务栏中，如图 2-19 所示。

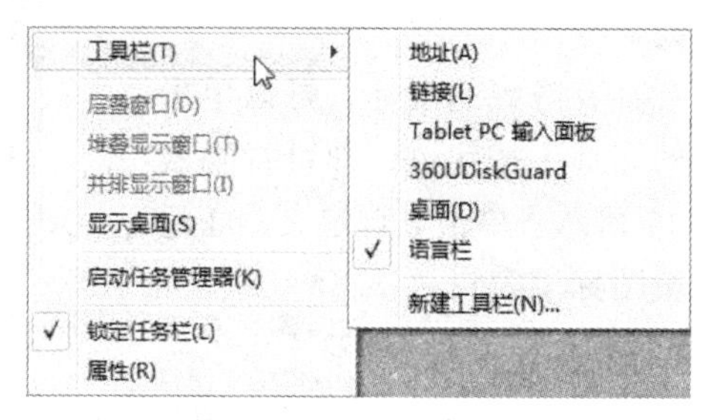

图 2-19　自定义工具栏

（1）使用任务栏右键快捷菜单

通过任务栏右键快捷菜单添加工具栏的具体步骤如下：

步骤 1：在任务栏的空白区域右击，从弹出的快捷菜单中选择【工具】命令，随之弹出其级联菜单。

步骤 2：与之前版本的 Windows 相比，在 Windows 7 中的工具栏不包括【快速启动】命令，但新增加了【Tablet PC 输入面板】命令。选择该菜单项，就会在其前面出现一个标识✓，表示当前为选中状态，此时在任务栏的通知区域中就可以看到【Tablet PC 输入面板】的图标按钮，如图 2-20 所示。

图 2-20　任务栏的通知区域

（2）使用【任务栏和[开始]菜单属性】对话框

通过【任务栏和[开始]菜单属性】对话框添加工具栏的具体步骤如下。

步骤 1：打开【任务栏和「开始」菜单属性】对话框，切换到【工具栏】选项卡。

步骤 2：选择要添加的选项，例如选中【桌面】复选框，然后单击【确定】按钮，即可将【桌面】添加到任务栏的通知区域中。

步骤 3：单击通知区域中的【桌面】右侧【查看桌面】按钮▮，即可弹出【桌面】程序链接列表，通过该链接列表可以快速访问桌面上的程序及其子程序。

2.2.6 【开始】菜单的设置

通过全新设计的【开始】菜单，用户可以快速地找到要执行的程序，完成相应的操作。为了使【开始】菜单更符合自己的使用习惯，用户可对其进行自定义设置。

1.【固定程序】列表

（1）将常用程序添加到【固定程序】列表

【固定程序】列表会固定地显示在【开始】菜单中，用户可以快速打开其中的应用程序。用户可以将一些常用的程序添加到该列表中，以方便使用。向【固定程序】列表中添加程序的具体步骤如下：

步骤 1：选择【开始】→【所有程序】→【附件】命令，右击级联菜单中的【写字板】命令，从弹出的快捷菜单中选择【附到「开始」菜单】命令。

步骤 2：单击【返回】按钮返回【开始】菜单，可以看到已经将“写字板”程序添加到【固定程序】列表中。

（2）删除【固定程序】列表中的程序

当【固定程序】列表中的程序不再使用时，可以将其删除。在【固定程序】列表中选择要删除的程序并右击，从弹出的快捷菜单中选择【从「开始」菜单解锁】命令，随即可以看到选中的程序已经从【固定程序】列表中消失。

2.【常用程序】列表

用户平常使用的一些程序都会在【常用程序】列表中显示出来，默认情况下，该列表中最多会显示 10 个常用的程序。用户可以设置在该列表中显示的程序的数目，具体的操作步骤如下：

步骤 1：在【开始】按钮上右击，从弹出的快捷菜单中选择【属性】命令，随即弹出【任务栏和「开始」菜单属性】对话框。

步骤 2：单击【自定义】按钮，弹出【自定义「开始」菜单】对话框，如图 2-21 所示。

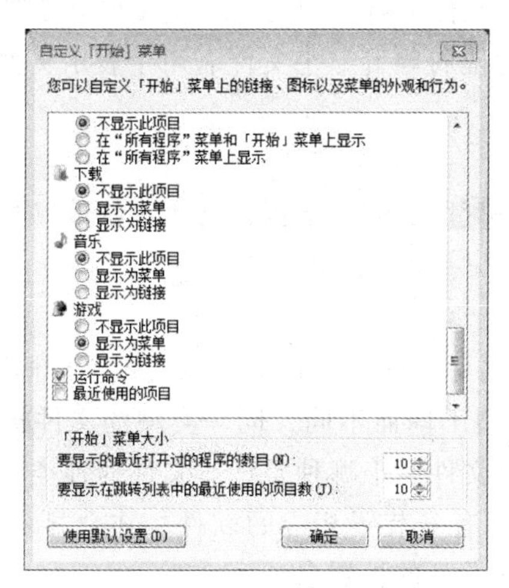

图 2-21 【自定义「开始」菜单】对话框

步骤 3：在【「开始」菜单大小】组合框中的【要显示的最近打开过的程序的数目】微调框中可以调整要显示在【常用程序】列表中的程序数目，设置完毕单击【确定】按钮，返回【任务栏和「开始」菜单属性】对话框，单击【确定】按钮即可。

此外，用户也可以删除【常用程序】列表中某个不再使用的应用程序，只需在【常用程序】列表中该应用程序上右击，从弹出的快捷菜单中选择【从列表中删除】命令即可。

3.【启动】菜单

在【开始】菜单的右侧是【启动】菜单，它列出了常用的一些项目链接，单击这些链接，即可快速地打开相应的窗口。用户可以将一些常用的项目链接添加到【启动】菜单中，也可以删除一些项目，并且可以定义项目的显示方式。具体的操作步骤如下：

步骤 1：按照前面介绍的方法打开【自定义「开始」菜单】对话框，在中间的列表框中可以定义显示在【启动】菜单中的项目链接及其显示外观等，如图 2-21 所示。

步骤 2：这里选中【音乐】选项下面的【不显示此项目】单选按钮、【游戏】选项下面的【显示为菜单】单选按钮以及【运行命令】复选框，然后单击【确定】按钮即可。

步骤 3：打开【开始】菜单，可以看到其右侧的【启动】菜单中已经将【运行】项目添加进来，并且将【音乐】项目在此菜单中删除，同时将【游戏】项目显示为菜单显示。

2.3 Windows 7 资源管理

2.3.1 认识文件和文件夹

计算机中存放的各种资源都是以文件的形式存储的，而文件又以不同的类型存放在不同的文件夹中，掌握文件和文件夹的相关知识是非常必要的。

1. 文件

文件就是计算机中各种数据信息的集合，像文档、图片、声音以及程序等都代表着计算机中的一个文件。每个文件都有文件图标、主文件名及其扩展名组成。主文件名与其扩展名之间要使用“.”分隔符隔开。主文件名用于表示文件的内容或作用，扩展名用于表明文件的类型。

（1）文件的命名规则

① 主文件名最长不得超过 256 个字符，这些字符可以是英文、汉字和数字等，但不能含有/、\、:、*、?、”、<、>、|等字符。

② 英文字母不区分大小写。

③ 每个文件都有一个名称，同一文件夹中的文件不能同名。

④ 扩展名根据文件类型不同而不同，同一类型的文件扩展名相同。一般来说用户可以通过扩展名来识别这个文件属于哪种类型。文件的种类繁多，不同文件的图标不一样，查看方式也不一样，只有安装了相应的软件，才会显示正确的图标，才能查看。表 2-1 列出了一些常见文件类型的扩展名。

表 2-1 常见文件类型的扩展名

文件类型	扩展名	文件类型	扩展名
纯文本文件	.txt	压缩文件	.rar、.zip
Word 文档	.doc、.docx	程序文件	.exe
Excel 电子表格	.xls、.xlsx	数据文件	.dat
幻灯片演示文稿	.ppt、.pptx	系统文件	.sys
声音文件	.wav	网页文件	.html、.htm
音像文件	.avi、.mp3、.rm、wma	动画文件	.swf
图像文件	.bmp、.jpg、.tif	数据库文件	.dbf、.accdb

⑤ 在查找和排列文件时可以使用通配符“?”和“*”。“?”代表文件名中的一个字符，“*”代表文件名中一个任意长的字符串。

2. 文件夹

操作系统中用于存放各种文件的容器就是文件夹，在 Windows 7 系统中，文件夹的图标为 。

(1) 文件夹的命名

文件夹的命名规则与文件的命名相同，只是文件夹没有扩展名。在同一文件夹中不能存放相同名称的文件或文件夹，但是不同的文件夹中可以存放相同名称的文件或文件夹。

(2) 文件夹的存放原则

文件夹中可以存放程序、文档以及快捷方式等各种文件。它一般采用多层次结构(树状结构)，在这种结构中每一个磁盘有一个根文件夹，它包含若干文件和子文件夹。文件夹不但可以包含文件，而且可以包含子文件夹，这样依此类推下去就可以形成多级文件夹结构。用户可以使用文件夹分门别类地存放和管理计算机中不同类型和功能的文件。使用文件夹的另一大优点就是为文件的共享和保护提供了方便。

一般情况下，每个文件夹都会对应一块磁盘空间。文件夹路径则用于指出文件夹在磁盘中的存放位置，如字体文件夹的存放路径如图 2-22 所示。

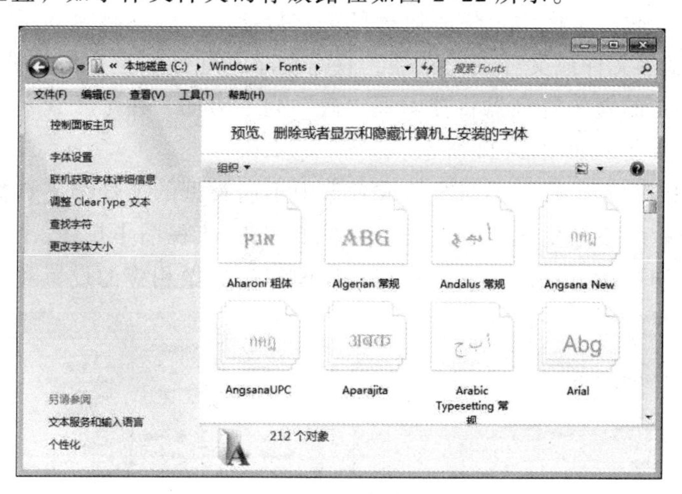

图 2-22 文件夹路径

3. 文件夹的种类

根据文件夹的性质可以将其分为标准文件夹和特殊文件夹两种。

(1) 标准文件夹

标准文件夹就是平常使用的用于存放文件和文件夹的容器，当打开标准文件夹时，它会以窗口的形式出现在屏幕上；当关闭它时，则会收缩为一个文件夹图标 。用户可以对文件夹中的对象进行移动、复制和删除等操作。

(2) 特殊文件夹

特殊文件夹是 Windows 系统所支持的另一种文件夹格式，它不会与磁盘上的某个目录相对应，特殊文件夹实质上就是应用程序，如“控制面板”“打印机”和“网络”等。

特殊文件夹不能用于存放文件和文件夹，但可以查看和操作其中的内容。

2.3.2 Windows 7 资源管理器

资源管理器是 Windows 操作系统提供的资源管理工具，是 Windows 的精华功能之一。用户可以通过资源管理器查看计算机上的所有资源，能够清晰、直观地对计算机上形形色色的文件和文件夹进行管理。Windows 7 的资源管理器界面结构与 Windows XP 有很大的不同，功能也更强，界面如图 2-23 所示。

Windows 7 资源管理器窗口左侧的列表区，将计算机资源分为收藏夹、库、家庭组、计算机和网络五大类，方便用户更好更快地组织、管理及应用资源。Windows 7 的资源管理器界面功能的设计更为周到，页面功能布局也比较合理，设有菜单栏、细节窗格、预览窗格、导航窗格等；内容更丰富，有收藏夹、库、家庭组等。有关资源管理器的操作如下：

① 资源管理器在管理方面更利于用户使用，Windows 7 默认的地址栏用“按钮”取代了传统的纯文本方式，文件夹按钮前后各有一个“小箭头”，上方目录会根据目录级别依次显示。在查看和切换文件夹时，当用户单击其中某个小箭头时，该箭头会变为向下，显示该目录下所有文件夹名称，如图 2-24 所示。单击其中任一文件夹，即可快速切换至该文件夹访问页面，方便用户快速切换目录，帮助用户轻松跳转到所需要的文件夹。

② 如需要显示文件或文件夹的路径，只需要单击地址栏空白区域即可。

③ Windows 7 的资源管理器将搜索框“搬”到了表面，在【搜索】框输入关键字可以查找文件和文件夹，如图 2-24 所示。

④ 在 Windows 7 中打开不同窗口或者选中不同类型的文件，工具栏按钮会发生变化，其中有 3 项始终不会变化，分别是【组织】按钮、【视图】按钮、【显示预览窗格】按钮。使用这 3 种按钮，可以对资源管理器界面和布局做相应的设置和更改。

图 2-23 Windows 7 的资源管理器

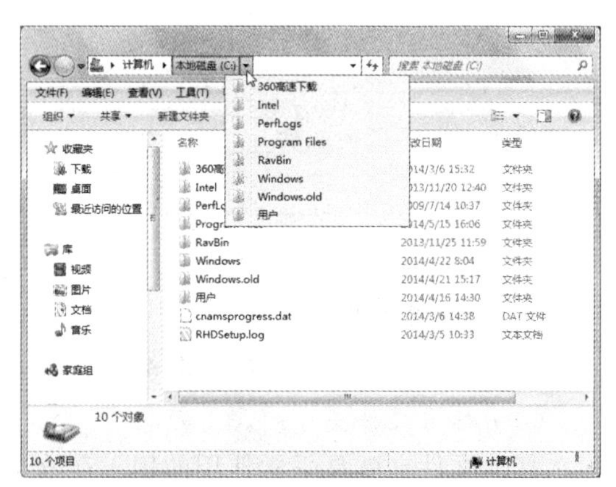

图 2-24 资源管理器的使用

2.3.3 Windows 7 新功能——“库”

通过“库”，用户可以更加便捷地查找、使用和管理分布于整个计算机或网络中的文件。“库”可以将用户资料汇集在一个位置，而无论实际存储在什么位置，如将分别位于外部硬盘驱动器、家人的计算机和自己办公笔记本电脑中的家庭相册汇集在一起。以前查找特定照片是一项很烦琐的工作，在 Windows 7 中只需创建一个库并对其命名（如“家庭照片”），然后告诉 Windows 的新库应包含的远程文件夹即可。实际上仍然处于 3 个不同位置的照片，现在可以在同一窗口中显示。Windows 7 提供了文档库、音乐库、图片库和视频库，如图 2-25 所示。但是，用户可以对其进行个性化设置，或创建自己的库。不仅如此，用户还可以对库进行快速分类和管理，如按文档类型、按图片生成日期或按音乐风格进行整理。用户还可以在家庭网络中与他人轻松共享库。

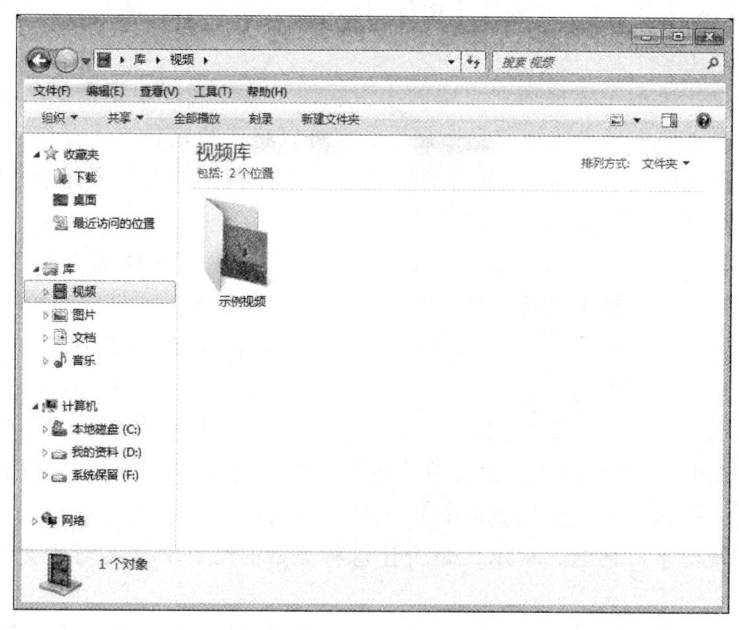

图 2-25 “库”目录

在 Windows 7 中，“库”的地位要高于“计算机”和系统预置用户个人媒体文件夹。库自身并不能作为文件夹，它只是一个抽象的组织条件，是将类型相同的文件目录归为一类。有关库的具体操作如下：

① 在目标文件夹图标上右击，在弹出的快捷菜单中的【包含到库中】子菜单中选择一项类型相同的【库】。例如将【视频】文件夹添加到【库】中的【视频】类型中。

② 如果感觉 Windows 7“库”功能的默认分类无法满足需求，可以新建一个“库”，类型由用户决定。在空白处右击，在弹出的快捷菜单中选择【新建】→【库】命令。

2.3.4 文件和文件夹的基本操作

前面已经对文件和文件夹有了基本的认识，下面介绍关于它们的一些基本操作，主要包括新建、重命名、复制、移动、删除和压缩等。

1. 文件或文件夹的显示

在 Windows 7 系统中，用户可以通过改变文件或文件夹的多种显示方式来查看文件或文件夹，从而了解文件或文件夹的属性及内容。

（1）设置单个文件或文件夹的显示方式

在 Windows 7 中，文件或文件夹有多种显示方式，通过单击窗口工具栏中的【更改您的视图】按钮可以更改文件或文件夹图标的大小和显示方式。这里以设置“Windows”文件夹的显示方式为例，具体的操作步骤如下：

步骤 1：双击“Windows”文件夹，在弹出的【Windows】文件夹窗口的工具栏中单击【更改您的视图】按钮，可以在不同的显示方式之间切换。

步骤 2：单击【更改您的视图】下拉按钮，在弹出的下拉列表中会列出 8 个视图选项，分别为【超大图标】、【大图标】、【中等图标】、【小图标】、【列表】、【详细信息】、【平铺】以及【内容】选项。

步骤 3：按住鼠标左键拖动列表中的小滑块，可以使视图根据滑块所在的选项进行切换。假设要将文件夹以“详细信息”显示，就可以将滑块定位在【详细信息】选项处，释放鼠标左键即可将“Windows”文件夹窗口中的文件和文件夹以“详细信息”来显示。

（2）设置所有文件和文件夹的显示方式

若要将所有文件和文件夹的显示方式都设置成用户喜欢的样式，如“平铺”，需要在【文件夹选项】对话框中进行设置，具体的操作步骤如下：

步骤 1：在“Windows”文件夹窗口的工具栏上单击【组织】按钮，从弹出的下拉列表中选择【文件夹和搜索选项】选项。

步骤 2：弹出【文件夹选项】对话框，切换到【查看】选项卡。

步骤 3：单击【文件夹视图】组合框中的【应用到文件夹】按钮，即可将“Windows”文件夹使用的视图显示方式应用到所有这种类型的文件夹中，然后单击【确定】按钮，弹出【文件夹视图】对话框，提示“是否让这种类型的所有文件夹与此文件夹的视图设置匹配？”。

步骤 4：单击【是】按钮，返回【文件夹选项】对话框，单击【确定】按钮完成设置。

2. 选择文件或文件夹

（1）设置选择文件或文件夹的方式

选择文件或文件夹的方式主要依赖于文件夹选项中【打开项目的方式】的设置。在资源管理器的工具栏中单击【组织】按钮，在下拉列表中选择【文件夹和搜索选项】选项，弹出【文件夹选项】对话框，如图 2-26 所示。在【常规】选项卡中，系统默认的打开项目的方式是“通过双击打开项目（单击时选定）”，是指在文件或文件夹图标上单击即可选择。如果选中“通过单击打开项目（指向时选定）”，表示只需将鼠标指针指向一个文件或文件夹便可选中。

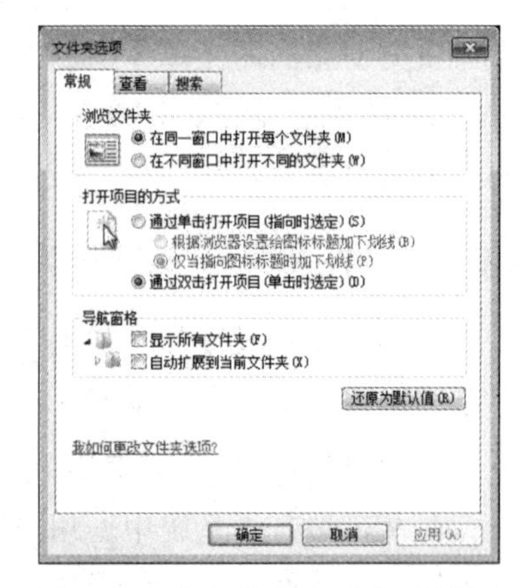

图 2-26 【文件夹选项】对话框

（2）选择多个文件或文件夹

① 选择多个相邻的文件或文件夹。选中第一个文件或文件夹图标，按住【Shift】键后再选择最后一个文件图标，这两个图标之间的所有文件或文件夹都会被选中。

② 选择多个不相邻的文件或文件夹。先选中第一个文件或文件夹图标，然后按住【Ctrl】键，再选择其他要选择的文件或文件夹图标。在这过程中，若要取消已选中的一个文件或文件夹，同样按住【Ctrl】键，再次选择该图标即可取消选中。

（3）全选所有文件

要想迅速选中一个文件夹中所有的文件，在资源管理器窗口中选择【编辑】→【全选】命令（或者按【Ctrl+A】组合键）。要取消当前的所有选择，在空白处单击或在文件夹区域中选择其他对象即可。

3. 新建文件或文件夹

为了存储不同的文件信息或分类管理不同的文件，用户需要新建文件或文件夹，下面介绍新建文件和文件夹的方法。

（1）新建文件

新建文件的方法有以下两种：一种是通过右键快捷菜单新建文件；另一种是在应用程序中新建文件。

① 通过右键快捷菜单新建文件。例如，新建一个名为"随笔.txt"的文本文件，具体操作步骤如下：

步骤 1：打开用于存放新建文件的文件夹，然后在窗口的空白处右击，从弹出的快捷菜单中选择【新建】→【文本文档】命令。

步骤 2：在该窗口中新建一个名为"新建文本文档.txt"的记事本文件。

步骤 3：此时文件的名称处于蓝底白字的可编辑状态，直接输入"随笔.txt"。

步骤 4：在窗口的空白处单击或者按【Enter】键即可完成创建。

② 在应用程序中新建文件。同样以新建"随想日记.txt"文件为例，具体操作步骤如下：

步骤 1：由于"随想日记.txt"文件为记事本文件，因此应该在记事本应用程序中创建该文件。单击【开始】按钮，从弹出的【开始】菜单中选择【所有程序】→【附件】→【记事本】命令。

步骤 2：随即会启动记事本程序，并弹出【无标题—记事本】窗口，然后选择【文件】→【保存】命令。

步骤 3：弹出【另存为】对话框，从中选择文件的保存位置，然后在【文件名】下拉列表文本框中输入新建文件的名称，如输入"随想日记.txt"。

步骤 4：单击【保存】按钮即可将文件"随想日记.txt"保存。

（2）新建文件夹

新建文件夹的方法也有两种：一种是通过右键快捷菜单新建文件夹；另一种是通过窗口工具栏上的命令按钮新建文件夹。

① 通过右键快捷菜单新建文件夹。例如，新建一个名为"图片"的文件夹，具体操作步骤如下：

步骤 1：打开要创建文件夹的驱动器窗口或者是文件夹窗口，在窗口的空白处右击，从弹出的快捷菜单中选择【新建】→【文件夹】命令。

步骤 2：随即系统会在当前位置创建一个名为“新建文件夹”的文件夹，并且文件夹的名字呈蓝底白字的可编辑状态。

步骤 3：直接输入“图片”，然后在窗口空白区域单击或按【Enter】键即可完成文件夹的新建。

② 通过窗口工具栏上的命令按钮新建文件夹。这里以在“图片”文件夹中新建一个“旅游照”的文件夹为例进行介绍，具体操作步骤如下：

步骤 1：打开“图片”文件夹，在窗口的工具栏中单击【新建文件夹】按钮。

步骤 2：随即就会在窗口中新建一个名为“新建文件夹”的文件夹。

步骤 3：直接输入“旅游照”，然后在窗口的空白区域单击或按【Enter】键，即可完成“旅游照”文件夹的新建。

4. 复制或移动文件或文件夹

不论是复制还是移动，总有一个从甲位置到乙位置的过程，甲位置称为源，乙位置称为目标。复制操作是指对原来的文件或文件夹不作任何改变，只是在目标位置生成一个完全相同的文件或文件夹。移动操作是指在目标位置上生成一个与原来位置上完全相同的文件或文件夹，而原来位置上的文件或文件夹被自动删除。复制和移动操作都需要借助剪贴板来完成，剪贴板是各种应用程序之间数据共享和交换的工具。复制与移动的操作步骤通常如下：

步骤 1：打开【资源管理器】窗口，选择源位置，选中要被复制或移动的一个或多个文件或文件夹。

步骤 2：若是复制，则选择【编辑】→【复制】命令；或者是单击窗口工具栏中的【组织】下拉按钮，从弹出的下拉列表中选择【复制】命令；或者右击选中的对象，在弹出的快捷菜单中选择【复制】命令；或者按快捷键【Ctrl+C】。若是移动，则选择【编辑】→【剪切】命令；或者是单击窗口工具栏中的【组织】下拉按钮，从弹出的下拉列表中选择【剪切】命令；或者右击选中的对象，在弹出的快捷菜单中选择【剪切】命令；或者按快捷键【Ctrl+X】，此时被复制或移动对象的信息被粘贴到剪贴板上。

步骤 3：打开目标文件夹所在的位置。

步骤 4：选择【编辑】→【粘贴】命令；或者右击窗口空白处，在弹出的快捷菜单中选择【粘贴】命令；或者是单击窗口工具栏中的【组织】下拉按钮，从弹出的下拉列表中选择【粘贴】命令；或者按快捷键【Ctrl+V】，剪贴板上的信息被粘贴到目标位置。

5. 重命名文件或文件夹

在对文件或文件夹进行管理的过程中，经常需要为文件或文件夹改名，即重命名操作。

（1）给单个文件或文件夹重命名

可以通过以下 3 种方法对单个文件或文件夹进行改名操作。

① 通过【组织】下拉列表重命名：选择需要重命名的文件或文件夹，然后单击工具栏上的【组织】下拉按钮，从弹出的下拉列表中选择【重命名】选项。此时，所选的文件或文件夹的名称处于可编辑状态（蓝底白字），直接输入新文件或文件夹的名称，然

后在窗口的空白区域单击即可。

② 通过右键快捷菜单重命名。选择需要重命名的文件或文件夹，然后右击，从弹出的快捷菜单中选择【重命名】命令。此时所选文件或文件夹的名称处于可编辑状态，直接输入新文件或文件夹的名称，然后在窗口的空白区域单击即可。

③ 通过单击重命令。选择需要重命名的文件或文件夹，然后再单击所选文件或文件夹的文件名即可使其文件名处于可编辑状态，此时直接输入新文件或文件夹的名称即可。

（2）给多个文件或文件夹重命名

如果用户需要对多个相似的文件或文件夹进行重命名操作，则可以使用批量重命名文件或文件夹的方法。具体的操作步骤如下：

步骤 1：在磁盘分区或文件夹窗口中选择需要改名的多个文件或文件夹，例如选中“照片”文件夹中的 5 张图片。

步骤 2：单击工具栏上的【组织】下拉按钮，从弹出的下拉列表中选择【重命名】选项。

步骤 3：此时，所选文件或文件夹中的第一个文件或文件夹的名称会处于可编辑状态。

步骤 4：直接输入新的文件名或文件夹名，如输入“照片”。

步骤 5：在窗口的空白区域单击或者按【Enter】键，即可完成对所选文件或文件夹的批量改名操作。可以发现改名后的文件或文件夹的名称都是以用户设置的名称且按顺序依次排列下来。

6．删除与恢复文件或文件夹

由于磁盘空间有限，为了不影响其他文件和文件夹的存放，应当适时清理系统中无用的文件或文件夹，也就是将其删除到【回收站】中。但有时，文件会被误删除到回收站中，此时就可以将其从【回收站】中恢复。

（1）删除文件或文件夹至【回收站】

① 通过【组织】下拉列表删除。选择要删除的文件或文件夹，然后单击【组织】下拉按钮，从弹出的下拉列表中选择【删除】选项。随即会弹出【删除文件】对话框，单击【是】按钮即可将其删除。

② 通过右键快捷菜单删除。选择要删除的多个文件或文件夹，然后再右击，从弹出的快捷菜单中选择【删除】命令，随即弹出【删除多个项目】对话框，单击【是】按钮即可将所选的文件或文件夹放入【回收站】中。

③ 通过【Delete】键删除。选择要删除的文件或文件夹，然后按【Delete】键，在弹出的【删除文件】对话框中单击【是】按钮即可将所选文件或文件夹删除到【回收站】中。

（2）彻底删除文件或文件夹

被彻底删除的文件或文件夹将不被暂存在【回收站】中，而是永久性地删除。可以通过下面 3 种方法实现彻底删除文件或文件夹：

① 选中要彻底删除的文件或文件夹，然后按【Shift+Delete】组合键，在弹出的【删除文件】对话框中单击【是】按钮。

② 将要删除的文件或文件夹移入【回收站】后，打开【回收站】窗口，单击工具栏中的【清空回收站】按钮，随即在弹出的对话框中单击【是】按钮即可将【回收站】中的所有文件或文件夹彻底删除。

③ 将要删除的文件或文件夹移入【回收站】后，右击桌面上的【回收站】图标，在弹出的快捷菜单中选择【清空回收站】命令，然后在弹出的对话框中单击【是】按钮即可。

（3）恢复文件或文件夹

如果文件或文件夹未被彻底删除，就可以从【回收站】中恢复，具体操作步骤如下：

步骤 1：双击桌面上的【回收站】图标，打开【回收站】窗口，窗口中将显示出被删除的所有文件或文件夹，选择要恢复的文件或文件夹，然后单击工具栏中的【还原此项目】按钮。

步骤 2：此时，被还原的文件或文件夹被重新移动到原来的存放位置。如果单击工具栏中的【还原所有项目】按钮可以还原【回收站】中的所有文件和文件夹。

7. 搜索文件或文件夹

通过 Windows 7 系统自带的搜索功能，即可轻松找到需要的文件或文件夹。

（1）通过【开始】菜单中的【搜索】框进行搜索

用户可以通过【开始】菜单中的【搜索】框来查找最近访问过的存储在计算机中的文件、文件夹、程序和电子邮件。单击【开始】按钮，在弹出的【开始】菜单中的【搜索】文本框中输入想要查找的内容，如图 2-27 所示。

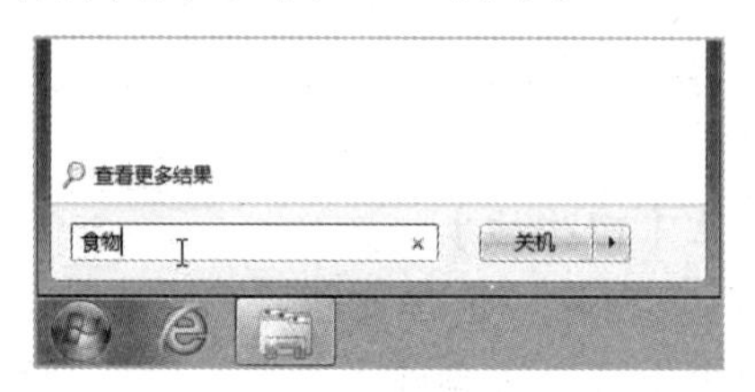

图 2-27 【开始】菜单中的【搜索】框

（2）使用窗口中的【搜索】框进行搜索

如果用户知道所要查找的文件或文件夹位于某个特定的文件夹或库中，就可以使用窗口中的【搜索】文本框进行搜索。【搜索】文本框位于每个磁盘分区或文件夹窗口的顶部，它将根据输入的内容搜索当前的窗口。

例如，在 D 盘中查找关于“食物”的相关资料，具体操作步骤如下。

步骤 1：打开磁盘驱动器 D 盘的窗口。

步骤 2：在窗口顶部的【搜索】文本框中输入要查找的内容，如输入“食物”，按【Enter】键，系统将自动进行搜索，可以看到在窗口下方列出了所有文件名中含有“食物”信息的文件，如图 2-28 所示。

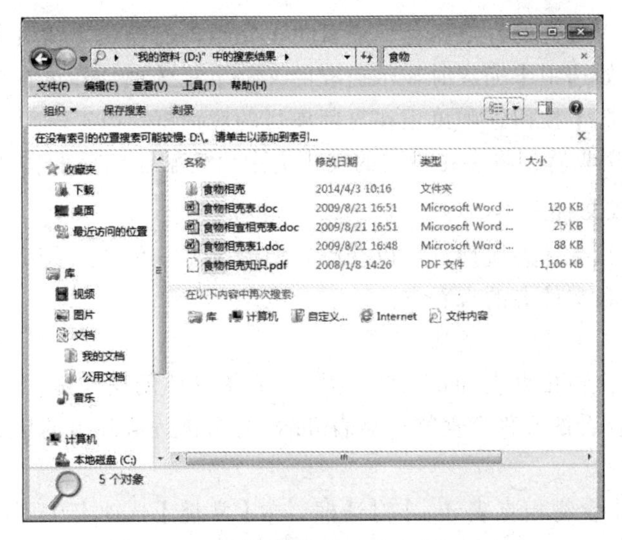

图 2-28 资源管理器中的【搜索】框

在搜索文件或文件夹时可以配合通配符“?”和“*”使用。通配符“?”表示匹配任意一个字符，通配符“*”表示匹配任意一个字符。如输入“??t*d.exe”表示在当前文件夹下查找文件主名的第三个字符为 t、最后一个字符为 d、扩展名为.exe 的文件。

8. 压缩与解压缩文件或文件夹

对一些较大的文件或文件夹进行压缩，不仅可以减少占用的磁盘空间，而且便于移动和传递，能够方便地实现文件的共享。

在 Windows 7 操作系统中自带了压缩文件程序，用户无须安装第三方的压缩软件（如 WinRAR 等）就可以对文件进行压缩和解压缩。利用这种压缩软件压缩的文件，在 Windows 系统中都可以解压缩。

（1）压缩文件或文件夹

利用 Windows 7 系统自带的压缩软件程序对文件或文件夹进行压缩后，会自动生成压缩文件夹，图标为 。利用系统自带的压缩软件程序创建压缩文件夹的具体步骤如下：

步骤 1：选择要压缩的文件或文件夹，在该文件夹上右击，从弹出的快捷菜单中选择【发送到】→【压缩（zipped）文件夹】命令。

步骤 2：弹出【正在压缩】对话框，开始对所选文件夹进行压缩。

步骤 3：【正在压缩】对话框自动关闭后，在窗口中将出现对应的压缩文件夹，并且名称处于可编辑状态，用户可以输入一个新压缩文件名称，如输入“电影”，可以保持默认压缩文件名。

步骤 4：在窗口空白区域单击即可完成压缩文件夹的创建。

（2）解压缩文件或文件夹

在 Windows 7 系统中，对于 Zip 格式的压缩文件用户可以直接对其进行解压缩，具体操作步骤如下：

步骤 1：在压缩文件夹上右击，从弹出的快捷菜单中选择【全部提取】命令。

步骤 2：弹出【提取压缩（Zipped）文件夹】对话框，在【文件将被提取到这个文件夹】文本框中输入文件的存放路径，或者单击文本框右侧的【浏览】按钮对文件的存放路径进行设置。如选中【完成时显示提取的文件】复选框，即可在提取后查看所提取的文件。单击【提取】按钮，弹出正在复制项目的对话框。

步骤 3：复制完成后，将会在指定的文件夹中出现解压缩后的文件或文件夹。

9. 查看文件或文件夹

通过查看文件和文件夹属性，可以获得它们的类型、位置、大小以及创建时间等信息，下面介绍文件和文件夹的查看方法。

（1）查看文件或文件夹的属性

这里以查看“食物相克表.doc”属性为例，介绍具体的操作步骤。

步骤 1：在要查看的文件“食物相克表.doc”上右击，从弹出的快捷菜单中选择【属性】命令。

步骤 2：弹出【食物相克表.doc】对话框，在【常规】选项卡中可以查看该文件的类型、打开方式、位置、大小、占用空间、创建时间、修改时间、访问时间以及属性等相关参数信息。通过【创建时间】【修改时间】和【访问时间】可以查看最近对文件进行操作的时间。在【属性】组合框中列出了【只读】和【隐藏】两个属性复选框。用户可以单击【高级】按钮进行更详细的文件属性设置。

步骤 3：切换到【详细信息】选项卡，从中可以查看到关于该文件的更详细的信息，还可以切换到其他选项卡查看其他属性信息。

步骤 4：单击【关闭】按钮，关闭【食物相克表.doc 属性】对话框即可完成文件属性的查看。

（2）查看文件夹的属性

这里以“图片”文件夹为例，介绍具体的操作步骤。

步骤 1：在要查看属性的文件夹上右击，从弹出的快捷菜单中选择【属性】命令。

步骤 2：弹出【图片 属性】对话框，在【常规】选项卡中可以查看该文件夹的类型、位置、大小、占用空间、包含文件和文件夹的数目、创建时间以及属性等相关参数信息，如图 2-29 所示。

步骤 3：切换到【自定义】选项卡，从中可以查看设置该文件夹的图标、文件夹显示的图片等信息，如图 2-30 所示。

步骤 4：如果要设置在该文件夹上显示的文件，可以在【文件夹图片】组合框中单击【选择文件】按钮，弹出【浏览】对话框，选择要在该文件夹上显示的文件，单击【打开】按钮即可。

步骤 5：返回【图片属性】对话框，单击【确定】按钮，打开【图片】文件夹所在的位置，可以看到在【图片】文件夹上显示了刚刚设置的图片文件。

步骤 6：单击【还原默认图标】按钮，可以还原刚才所做的更改。

步骤 7：如果用户想更改文件夹的图标，可以单击【文件夹图标】组合框中的【更改图标】按钮（但更改文件夹图标之后，文件夹图标上就不会再显示文件夹的内容预览）。

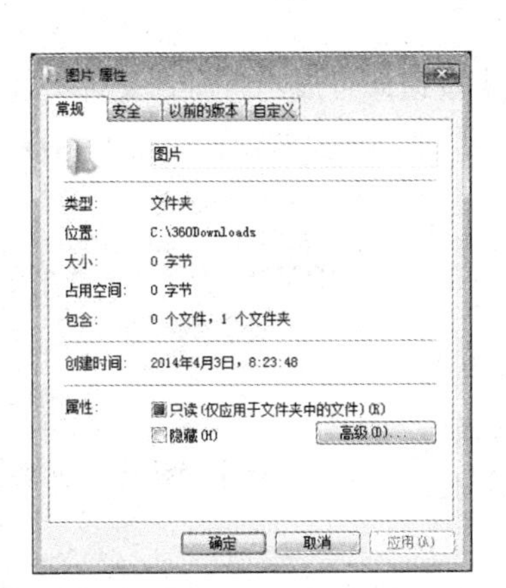

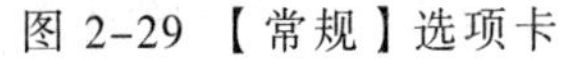
图 2-29 【常规】选项卡

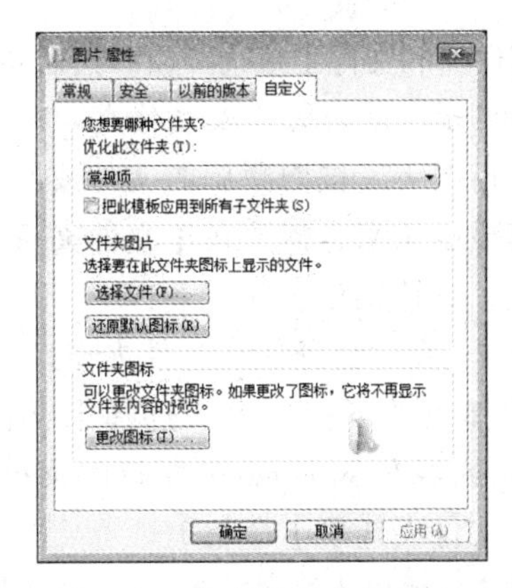

图 2-30 【自定义】选项卡

步骤 8：在弹出的【为文件夹 图片 更改图标】对话框中选择喜欢的图标，如图 2-31 所示，单击【确定】按钮。

步骤 9：返回【图片 属性】对话框，可以看到【文件夹图标】组合框中的文件夹图标已经变成刚才设置的图标，如图 2-32 所示。

步骤 10：设置完毕单击【确定】按钮即可。若用户想还原默认的文件夹图标，在【为文件夹 图片 更改图标】对话框中单击【还原默认值】按钮即可。

图 2-31 【为文件夹 图片 更改图标】对话框

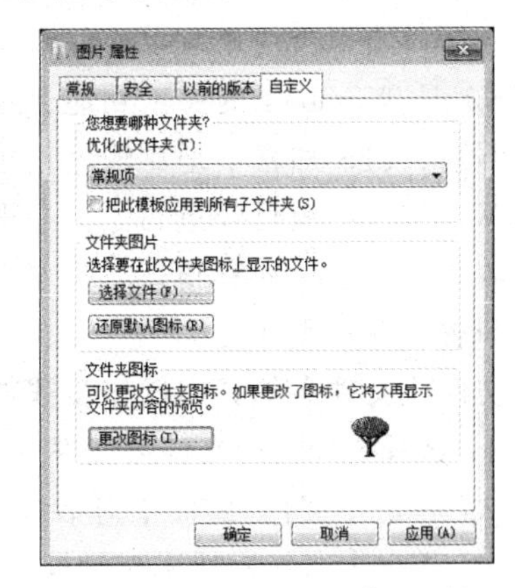

图 2-32 【图片 属性】对话框

10. 隐藏与显示文件或文件夹

默认情况下，一些受保护的系统文件是隐藏的。如果有哪些文件不想被其他人看到，也可以将其隐藏起来。

（1）隐藏文件或文件夹

只要将文件或文件夹的属性设置为隐藏，即可将其隐藏起来，具体操作步骤如下：

步骤 1：在需要隐藏的文件或文件夹上右击，从弹出的快捷菜单中选择【属性】命令。

步骤 2：弹出【属性】对话框，并自动切换到【常规】选项卡，如图 2-28 所示。选中【属性】组合框中的【隐藏】复选框，单击【确定】按钮。

步骤 3：弹出【确认属性更改】对话框，如图 2-33 所示。选中【将更改应用于此文件夹、子文件夹和文件】单选按钮，然后单击【确定】按钮即可成功将所选文件夹隐藏起来。

（2）显示隐藏的文件或文件夹

默认情况下，被隐藏后的文件或文件夹看不到。要想将其显示出来，需要在【文件夹选项】对话框中进行设置，具体操作步骤如下：

步骤1：在磁盘分区或文件夹窗口中单击【组织】按钮，从弹出的下拉列表中选择【文件夹和搜索选项】选项（或者在Windows 7窗口的菜单栏中选择【工具】→【文件夹选项】命令）。

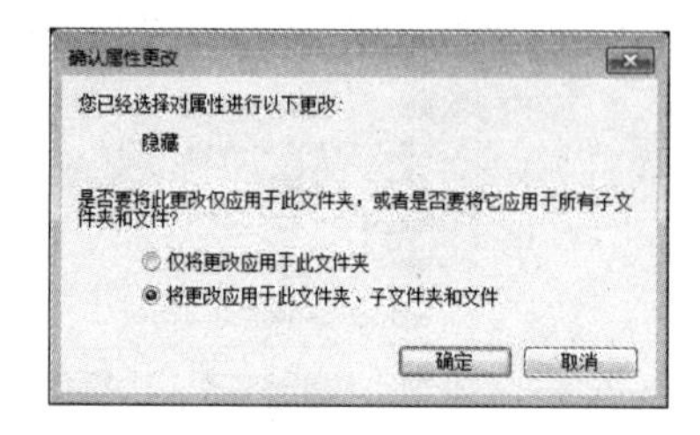

图2-33 【确认属性更改】对话框

步骤2：弹出【文件夹选项】对话框，切换到【查看】选项卡。在【高级设置】列表框中选中【显示隐藏的文件、文件夹和驱动器】单选按钮，然后单击【确定】按钮。

步骤3：此时被隐藏的文件或文件夹即可显示出来，不过是以半透明的形式显示出来。若要使其正常显示，只需要在该文件或文件夹的【属性】对话框中，取消选中【常规】选项卡中的【隐藏】复选框即可。

2.3.5 文件和文件夹的高级操作

1. 加密与解密文件或文件夹

在Windows 7中，用户可以通过对文件或文件夹加密来保护自己的隐私。加密文件系统（EFS）是Windows的一项功能，用户将信息以加密格式存储在硬盘上。与一般的加密软件不同，EFS加密不是靠输入正确的密码来确认用户。EFS加密的用户确认工作在登录到Windows时就已经进行了。一般使用合适的账户登录，就能打开相应的加密文件，并不需要提供额外的密码。

（1）加密文件或文件夹

加密文件或文件夹的具体操作步骤如下：

步骤1：选择要加密的文件或文件夹并右击，从弹出的快捷菜单中选择【属性】命令。

步骤2：弹出【文档 属性】对话框，单击【属性】组合框中的【高级】按钮。

步骤3：弹出【高级属性】对话框，如图2-34所示。在【压缩或加密属性】组合框中选中【加密内容以便保护数据】复选框，然后单击【确定】按钮。

步骤4：返回【文档 属性】对话框，再次单击【确定】按钮，弹出【确认属性更改】对话框，选中【将更改应用于此文件夹、子文件夹和文件】单选按钮。

步骤5：单击【确定】按钮，弹出【应用属性】对话框，此时开始对所选文件进行加密。

步骤6：【应用属性】对话框自动关闭后，返回文件夹窗口中，可以看到被加密的文件或文件夹的名称已经呈绿色显示，表明文件夹已经被成功加密。

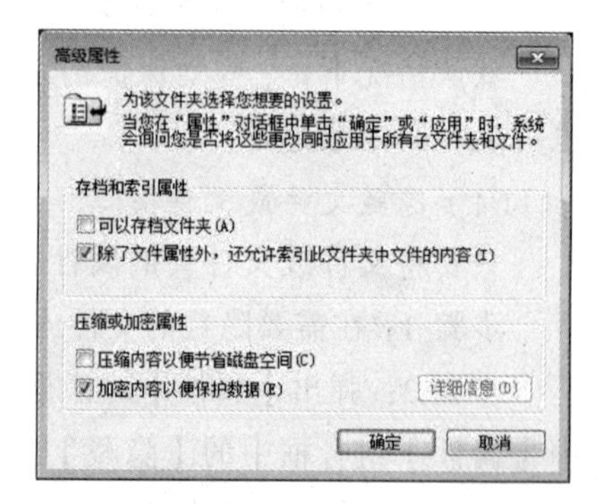

图2-34 【高级属性】对话框

步骤7：另外，在对所选文件进行加密时，任

务栏的通知区域会弹出【备份文件加密密钥】提示框，单击该提示弹出【加密文件系统】对话框。

步骤 8：用户可以从中选择是否备份文件加密证书和密钥。若选择【现在备份（推荐）】选项，随即弹出【证书导出向导】对话框，此时根据向导的提示进行操作即可。

（2）解密文件或文件夹

取消文件或文件夹的加密，即解密，方法与加密大致相似，具体操作步骤如下：

步骤 1：在要解密的文件或文件夹上右击，从弹出的快捷菜单中选择【属性】命令，弹出【文档 属性】对话框，然后单击【高级】按钮。

步骤 2：弹出【高级属性】对话框，取消选中【加密内容以便保护数据】复选框。

步骤 3：单击【确定】按钮，返回【文档 属性】对话框，再次单击【确定】按钮，弹出【确认属性更改】对话框。

步骤 4：单击【确定】按钮，弹出【应用属性】对话框，此时开始对所选文件进行解密操作。

步骤 5：【应用属性】对话框自动关闭后，所选文件或文件夹即被恢复为正常的未加密状态，文件或文件夹的名称呈黑色显示。

2. 备份文件或文件夹

为了避免文件或文件夹因为意外删除而丢失，或者被病毒感染以及出现各种故障时被更改，可以对一些重要的文件或文件夹进行备份，这样即使这些原文件或文件夹出现了问题，用户也可以通过还原备份的文件或文件夹来弥补损失。

（1）备份文件或文件夹

为了保护文件，用户应当定期对一些重要的文件或文件夹进行备份，可以设置自动备份或者随时手动备份文件或文件夹。手动备份文件和文件夹的具体步骤如下：

步骤 1：单击【开始】按钮，选择【开始】→【控制面板】命令，打开【控制面板】窗口，如图 2-35 所示。

步骤 2：单击【系统和安全】超链接，打开【系统和安全】窗口，如图 2-36 所示，单击【备份和还原】超链接。

图 2-35 【控制面板】窗口

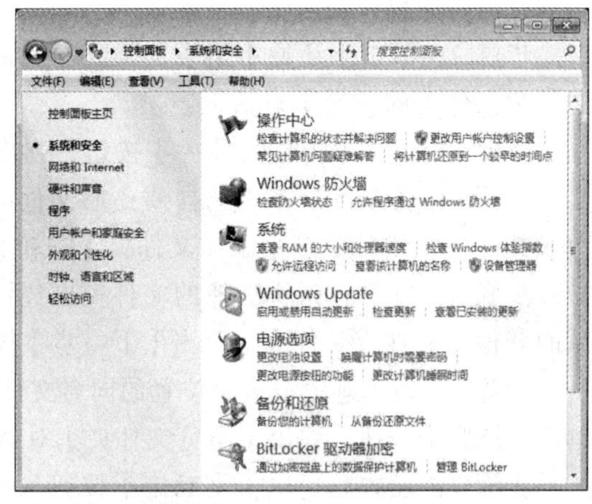

图 2-36 【系统和安全】窗口

步骤 3：打开【备份和还原】窗口，若用户之前从未创建过 Windows 7 的备份，窗口中会显示“尚未设置 Windows 备份”提示信息，单击【设置备份】超链接。

步骤 4：弹出【设置备份】对话框，开始启动 Windows 备份。稍后弹出【选择要保存备份的位置】对话框，在【保存备份的位置】列表框中列出了系统的内部磁盘驱动器，其中显示了每个磁盘驱动器的【总大小】和【可用空间】。

步骤 5：从中选择一个要保存备份的磁盘驱动器，也可以单击【保存在网络上】按钮，将备份保存到网络上。设置完毕单击【下一步】按钮，弹出【您希望备份哪些内容？】对话框。

步骤 6：选中【让我选择】单选按钮，然后单击【下一步】按钮，弹出【您希望备份哪些内容？】对话框。

步骤 7：在列表框中选中要备份的文件或文件夹对应的复选框，然后单击【下一步】按钮，弹出【查看备份设置】对话框。

步骤 8：在【备份摘要】组合框中显示了备份的内容，在列表框的下方显示了自动备份的时间，即“每星期日的 19:00”将对所选内容进行自动备份。单击【更改计划】超链接，弹出【您希望多久备份一次？】对话框，在这里用户可以设置更新备份的频率和具体的时间点。

步骤 9：设置完毕单击【确定】按钮，返回【查看备份设置】对话框，单击【保存设置并运行备份】按钮，弹出【备份和还原】窗口，显示正在进行备份。

步骤 10：在【备份和还原】窗口，单击【查看详细信息】按钮，弹出【Windows 备份当前正在进行】提示框，显示备份的进度。

步骤 11：当提示【Windows 备份已成功完成】时，单击【确定】按钮即可完成对所选文件及文件夹的备份操作。

（2）还原文件或文件夹

如果重要的文件或文件夹丢失或受到损坏、意外更改后，恰好用户之前对其进行过备份，就可以将备份文件还原。具体操作步骤如下：

步骤 1：打开【备份和还原】窗口，窗口中显示了下一次要进行备份的时间和上一次备份的时间以及内容等信息。

步骤 2：单击【还原】组中的【还原我的文件】按钮，弹出【浏览或搜索要还原的文件和文件夹的备份】对话框。

步骤 3：单击【浏览文件夹】按钮，弹出【浏览文件夹或驱动器的备份】对话框。

步骤 4：在左侧窗格中选择要还原文件的存放路径，在右侧窗格中选择要还原的文件或文件夹，然后单击【添加文件夹】按钮，返回【还原文件】对话框。

步骤 5：可以看到所选择的文件夹已经添加到列表框中，用户还可以继续添加要还原的其他的文件或文件夹。单击【下一步】按钮，进入【您想在何处还原文件】对话框。

步骤 6：为了避免覆盖原位置的同名文件，可以选中【在以下位置】单选按钮，然后单击【浏览】按钮，弹出【浏览文件夹】对话框，在列表框中选择还原文件的存放路径。

步骤 7：设置完毕单击【确定】按钮，返回【您想在何处还原文件？】对话框，单击【还原】按钮，弹出【正在还原文件】对话框，开始对备份文件进行还原。

步骤 8：当弹出【已还原文件】对话框时，单击【完成】按钮即可完成还原文件的操作。

2.4 Windows 7 的系统设置

系统界面外观是决定用户使用计算机舒适度和工作效率的潜在因素，现在的人们追求生活个性化、穿着个性化、手机铃声个性化，当然计算机也要个性化，Windows 7 会带给用户前所未有的个性化体验。

2.4.1 设置个性化桌面

Windows 7 默认的界面外观设置不一定能够满足每个用户的个人习惯，用户可以根据自己的习惯个性化桌面，包括设置桌面图标、图标尺寸、半透明窗口边框颜色、桌面背景图片以及声音主题等。

1. Windows 7 主题

Windows 主题是图片、颜色和声音的组合，包括桌面背景、窗口边框颜色、声音、屏幕保护程序 4 个内容。

（1）更改外观主题

Windows 提供了多个外观主题，其中包含不同颜色的窗口、多组风格背景图片以及与其风格匹配的系统声音以满足用户个性化需求。更改外观主题的具体操作步骤如下：

步骤 1：在 Windows 7 桌面的空白区域右击，从弹出的快捷菜单中选择【个性化】命令，如图 2-37 所示。

步骤 2：打开【个性化】窗口，如图 2-38 所示。“Aero 主题”共预置了 7 种，系统默认主题是“Windows 7”。

图 2-37　桌面快捷菜单

图 2-38 【个性化】窗口

步骤 3：如果要选用其他预置的某个主题，选中主题，即可将当前 Windows 7 界面外观更换为所选主题。如果内置的主题不能满足用户的要求，用户还可以单击【联机获取更多主题】来获取更多网络上共享的桌面主题。

（2）设置桌面背景

桌面背景为打开的窗口提供背景的图片、颜色或设计。桌面背景可以是单张图片或幻灯片。用户可以从 Windows 自带的桌面背景图片中选择，也可以使用自己的图片，从而装扮属于自己的个性化环境。

① 系统自带的桌面背景。Windows 7 系统自带了很多精美的桌面背景图片，用户可以从中选择自己喜欢的背景图片，具体操作步骤如下：

步骤 1：在 Windows 7 桌面的空白区域右击，从弹出的快捷菜单中选择【个性化】命令，打开【个性化】窗口，如图 2-38 所示。

步骤 2：单击窗口下方的【桌面背景】超链接，打开【桌面背景】窗口，如图 2-39 所示。从【图片位置】下拉列表中选择图片的位置，如选择【Windows 桌面背景】选项，然后在下方的列表框中选择喜欢的背景图片。

步骤 3：在【Windows 桌面背景】选项中，系统提供了场景、风景、建筑等图片分组，共计 36 张精美图片用户可以根据自己的喜好选择相应的一张图片作为桌面背景图片。

图 2-39 【桌面背景】窗口

步骤 4：在 Windows 7 中桌面背景有 5 种显示方式，分别为填充、适应、拉伸、平铺和居中，用户可以在窗口左下角的【图片位置】下拉列表中选择适合自己的选项。

步骤 5：设置完毕后单击【保存修改】按钮即可将所选择的图片设置为桌面背景图片。

步骤 6：此外，用户也可以选择多张图片创建一个幻灯片作为桌面背景，或者单击【全选】按钮将列表框中的所有图片全部选中。

步骤 7：在窗口下方的【更改图片时间间隔】下拉列表中，设置创建的幻灯片的播放时间间隔，如 10 s。也可以选中【无序播放】复选框，这样幻灯片就会无序地自由播放。

步骤 8：设置完毕单击【保存修改】按钮即可将创建的幻灯片设置为桌面背景，且每隔 10 s 钟就会自动更换一张精美的图片。用户也可以手动设置幻灯片的播放，在桌面上右击，从弹出的快捷菜单中选择【下一个桌面背景】命令，即可更换到下一张幻灯片。

② 自定义桌面背景。如果用户想要一个独特的桌面背景，也可以将自己平时喜欢的图片、照片设置为桌面背景。自定义桌面背景的具体步骤如下：

步骤 1：按照前面介绍的方法打开【桌面背景】窗口，如图 2-39 所示，然后单击【图片位置】下拉列表右侧的【浏览】按钮。

步骤 2：弹出【浏览文件夹】对话框，从中选择要设置为桌面背景的图片文件所在的文件夹，然后单击【确定】按钮。

步骤 3：返回【桌面背景】窗口，此时可以看到所选择的文件夹中的所有图片已在窗口中间的列表框中显示出来，并默认选中了所有图片，用户也可以选择其中的一张图片作为桌面背景图片。

步骤 4：设置完毕单击【保存修改】按钮即可将自己喜欢的图片设置为桌面背景。

（3）设置窗口边框颜色

窗口边框颜色是指窗口边框、任务栏和【开始】菜单的颜色。系统内置主题提供了不同颜色的 Aero 效果，如果需要也可以选择其他颜色或进一步自定义颜色。修改边框颜色的步骤如下：

步骤 1：按照前面介绍的方法打开【个性化】窗口。

步骤 2：单击窗口下方的【窗口颜色】图标，弹出【窗口颜色和外观】对话框，在对话框中根据需要进行更改，如图 2-40 所示。

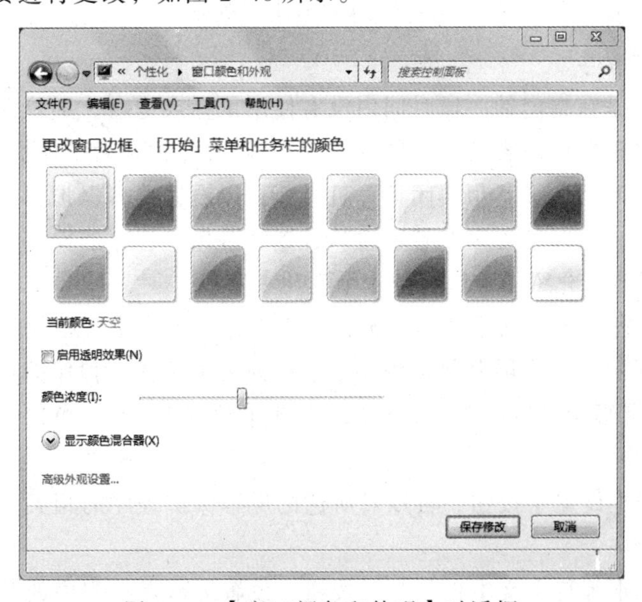

图 2-40 【窗口颜色和外观】对话框

步骤 3：设置完毕单击【保存修改】按钮即可。

（4）声音

声音指在计算机上发生事件时听到的相关声音的集合。事件可以是执行的操作（如登录计算机），或者是计算机执行的操作（如在收到新电子邮件时发出的警报）。系统内置主题提供了不同声音，如果需要也可以选择其他声音。修改主题声音的步骤如下：

步骤 1：按照前面介绍的方法打开【个性化】窗口。

步骤 2：单击窗口下方的【声音】图标，弹出【声音】对话框，在【声音】选项卡的【程序事件】列表框中根据需要进行更改，如图 2-41 所示。

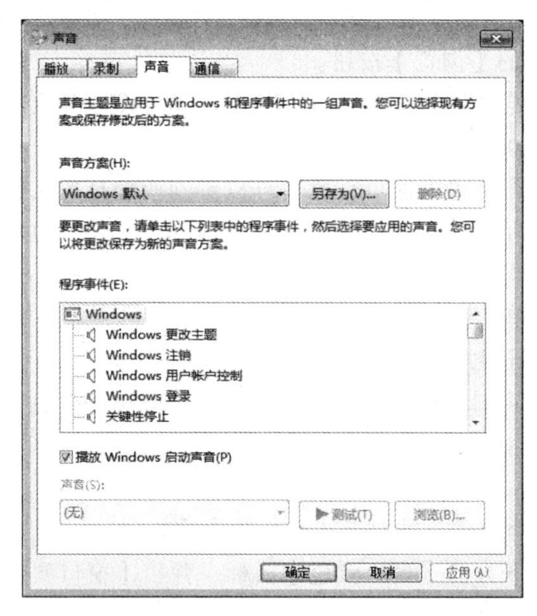

图 2-41 【声音】对话框

（5）屏幕保护程序

屏幕保护程序是在指定的一段时间内没有使用鼠标或键盘，屏幕保护程序启动，计算机屏幕上显示遮盖桌面内容的移动图片或图案。屏幕保护是为了保护显示器而设计的，当离开计算机较长时间，又不想关闭计算机时，可以设置屏幕保护程序来保护显示器，以延长其使用寿命，同时还可以节省电力。设置屏幕保护程序的操作步骤如下：

步骤 1：按照前面介绍的方法打开【个性化】窗口。

步骤 2：单击窗口下方的【屏幕保护程序】图标，弹出【屏幕保护程序设置】对话框，如图 2-42 所示。在【屏幕保护程序】下拉列表中选择一种保护程序，如选择“照片”，在上面的小屏幕中可以预览设置效果，单击【预览】按钮，可以预览保护程序的全屏效果。

步骤 3：单击【设置】按钮，可以对所选的屏幕保护程序的相关信息进行设置，如图 2-43 所示。

步骤 4：单击【等待】文本框的微调按钮，设置屏幕保护程序的开始时间，当用户在定义的时间内没有对计算机进行任何操作时，屏幕保护程序就会自动开始运行。

图 2-42 【屏幕保护程序设置】对话框

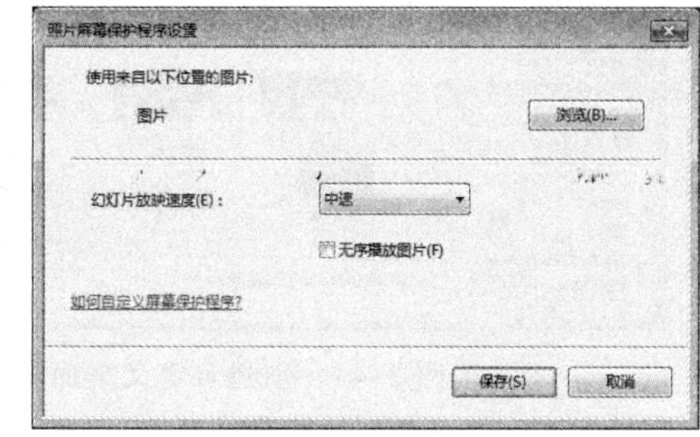

图 2-43 屏幕保护程序的设置

步骤 5：选中【在恢复时显示登录屏幕】复选框，可以设置在恢复时使用密码保护，以防止他人在用户离开期间未经允许使用用户的计算机。

（6）创建自定义桌面主题

掌握桌面背景和窗口颜色的自定义方法后，就可以创建属于自己的桌面主题。自定义桌面主题的具体操作步骤如下：

步骤 1：在【个性化】窗口【我的主题】分类下，可以看到用户修改过但未保存的主题，如图 2-44 所示。若主题不保存，会随着用户以后的修改而被替换。如需保存，可以在自定义主题缩略图上右击，从弹出的快捷菜单中进行保存即可。

步骤 2：这里选择【保存主题】命令，然后输入主题名称，即可将主题保存在个性化设置窗口【我的主题】分类下，以后可以直接选择，而不需要重新设置相关的内容。

2. 设置个性化桌面图标

除了可以设置桌面背景之外，用户还可以将桌面图标进行个性化设置。

如果用户对系统默认的一些图标样式不满意，还可以进行更改，具体操作步骤如下：

步骤 1：按照前面介绍的方法打开【个性化】窗口。

步骤 2：单击窗口左侧的【更改桌面图标】超链接，打开【桌面图标设置】对话框，在对话框中间的组合框中选择想要修改的图标，如选择【计算机】图标。

步骤 3：单击【更改图标】按钮，弹出【更改图标】对话框，如图 2-45 所示，在【从以下列表中选择一个图标】列表框中选择自己喜欢的图标。

步骤 4：如果用户在列表框中没有找到自己喜欢的图标，可以单击【浏览】按钮，从弹出的【更改图标】对话框中选择一个自己喜欢的图标文件，然后单击【打开】按钮，返回【更改图标】对话框，可以看到选中的图标文件已经显示在【从以下列表中选择一个图标】列表框中。

图 2-44　创建自定义桌面主题

图 2-45 【更改图标】对话框

步骤 5：单击【确定】按钮，返回【桌面图标设置】对话框，在中间的列表框中可以看到【计算机】的图标已经更改，单击【确定】按钮返回桌面，即可看到设置的桌面图标效果。

3. 为桌面添加实用小程序

从 Windows Vista 开始，Windows 系统桌面上又增加了一个新成员——桌面小工具。在 Windows 7 中，这些小工具得到进一步的改善，新的桌面小工具变得更加美观实用。它们不仅可以实时显示网络上的信息，为用户展现最新的天气状况、新闻条目、货币兑换比率等，还可以实时显示用户计算机中的信息，为用户的日常使用带来各种便利和休闲娱乐功能等。

（1）添加桌面小工具

在 Windows 7 中，这些精巧的桌面小工具已经摆脱了边框的限制，可以放置在桌面上的任意位置。添加桌面小工具的具体步骤如下：

步骤 1：在桌面的空白处右击，从弹出的快捷菜单中选择【小工具】命令。

步骤 2：打开小工具对话框，如图 2-46 所示，窗口中列出了系统自带的几款实用小工具。

步骤 3：选中界面中的某个小工具后，单击【显示详细信息】按钮，从弹出的【详细信息】面板中可以查看该工具的具体信息、用途、版本以及版权等。

步骤 4：选择想要添加到桌面上的小工具有两种方法：最简便的方法是直接将小工具拖动到桌面上；此外，也可以在小工具上右击，然后从弹出的快捷菜单中选择【添加】命令。用户可以将时钟、货币、日历、幻灯片放映等都显示在桌面上。

（2）设置桌面小工具的显示效果

如果用户想在桌面上添加多个漂亮的小工具，而又担心桌面看起来过于繁杂，可以对小工具的显示模式进行相应的设置，通过不透明度的调整可以让其与桌面背景更好地匹配。设置桌面小工具显示效果的具体步骤如下：

步骤 1：在小工具上右击，从弹出的快捷菜单中选择【不透明度】→【不透明度】命令，如图 2-47 所示。

图 2-46　小工具对话框

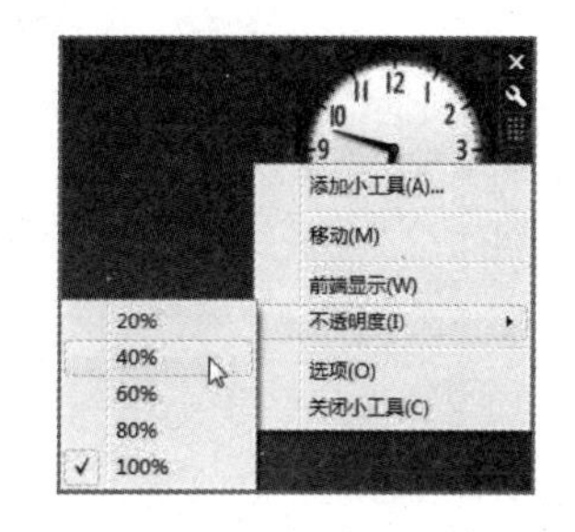

图 2-47　设置显示效果

步骤 2：桌面上小工具的显示效果即可改变。

步骤 3：对于多数小工具，用户还可以进行更多的设置，如外观显示、配置参数等。在【时钟】小工具上右击，从弹出的快捷菜单中选择【选项】命令。

步骤 4：弹出【时钟】设置界面，可以为其选择外观显示效果、时钟名称、时区设置等；系统提供了 8 种显示样式供用户选择，单击◀和▶按钮可以选择时钟样式。

步骤 5：设置完毕单击【确定】按钮。用户可以按照同样的方法对其他小工具进行相应的设置。此外，用户还可以单击小工具管理界面中的【联机获取更多小工具】超链接，从网上下载更多美观实用的小工具。

2.4.2　屏幕的显示管理

在 Windows 7 操作系统中，有更强大和方便的屏幕显示管理方式，可以帮助用户解决正确设置分辨率等一系列问题。

1. 屏幕显示分辨率

屏幕显示分辨率就是屏幕上显示的像素个数，分辨率 160×128 的意思是水平像素数为 160 个，垂直像素数 128 个。分辨率越高，像素的数目越多，感应到的图像越精密。在屏幕尺寸一样的情况下，分辨率越高，显示效果就越精细和细腻。

Windows 7 系统会为用户推荐合适的显示器分辨率，如果有特殊需要也可以手动更改屏幕分辨率。调节屏幕显示分辨率的操作步骤如下：

步骤 1：在桌面空白处右击，从弹出的快捷菜单中选择【屏幕分辨率】命令，打开图 2-48 所示的【屏幕分辨率】窗口。

步骤 2：在显卡和显示器正常工作的情况下，列表会以黑色加粗外观字体显示显示器的推荐分辨率，列表最顶部的是屏幕的标准分辨率。选择需要的分辨率，单击【确定】按钮。

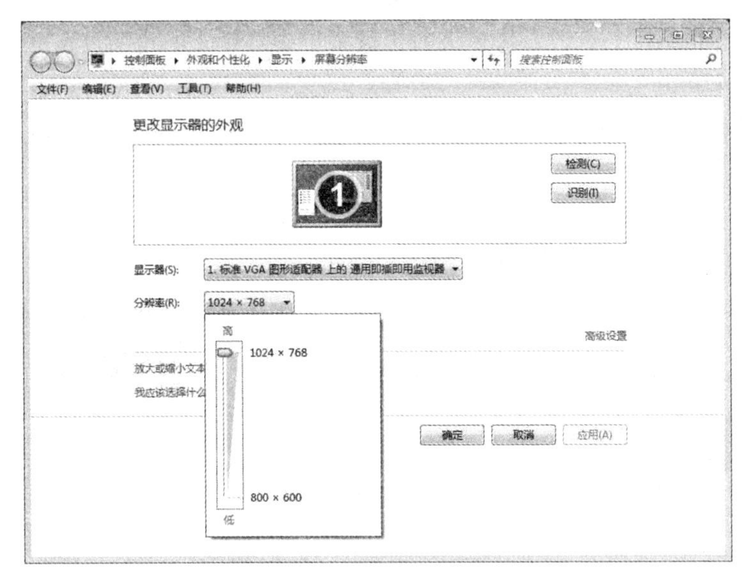

图 2-48 【屏幕分辨率】窗口

更改屏幕分辨率会影响登录到此计算机上的所有用户。如果将监视器设置为它不支持的屏幕分辨率，那么该屏幕在几秒钟内将变为黑色，监视器则还原至原始分辨率。

2. 显示器刷新频率

刷新频率是屏幕每秒画面被刷新的次数，当屏幕出现闪烁现象时，会导致眼睛疲劳和头痛。此时用户可以通过设置屏幕刷新频率，消除闪烁的现象。刷新频率对于 LCD 显示器的使用意义看似不大，60 Hz 即为 LCD 显示器的最佳设置，不过对于 3D 应用而言则需要注意刷新频率。设置显示器刷新频率的操作步骤如下：

图 2-49 监视器属性设置

步骤 1：在桌面空白处右击，从弹出的快捷菜单中选择【屏幕分辨率】命令，打开【屏幕分辨率】窗口，如图 2-48 所示。

步骤 2：单击窗口右侧的【高级设置】超链接，弹出图 2-49 所示的对话框。

步骤 3：在【监视器】选项卡中，单击【屏幕刷新频率】下拉按钮，在下拉列表中选择显示器所能支持的合适数值，单击【确定】按钮。

3. 用户界面文本显示尺寸

对于一些特定的用户，如老年用户，阅读 Windows 界面默认尺寸的文本可能比较吃力。特别是面对大尺寸高分辨率的显示器，情况会更加严重。在以往版本的 Windows 中，用户可以降低显示器分辨率增大文本的显示尺寸，在 Windows 7 中，可以使用显示器标准分辨率的同时对显示的文本大小进行单独调节。Windows 7 系统允许用户在保持监视器设置为其最佳分辨率的同时，增加或减少屏幕上文本和其他项目的大小。使屏幕上的文本或其他项目（如图标）变得更大，更易于查看。定义用户界面文本显示尺寸的具体

操作步骤如下：

步骤 1：在桌面空白处右击，在弹出的快捷菜单中选择【个性化】命令，打开【个性化】窗口。

步骤 2：单击窗口左下方的【显示】超链接，打开【显示】窗口，如图 2-50 所示。

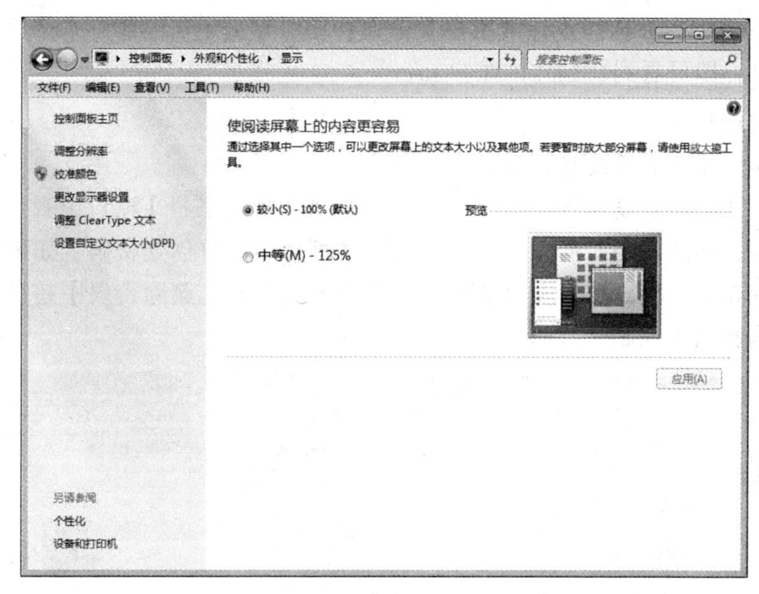

图 2-50 【显示】窗口

步骤 3：在【显示】窗口中根据需要选中【较小】或【中等】单选按钮。如果还需要更详细的调节，可以选择左边【设置自定义大小文本（DPI）】超链接进行设置。设置完成后，单击【应用】按钮。

2.4.3 用户账户的管理

一台计算机通常允许多人进行访问，如果每个人都可以随意更改文件，计算机将会很不安全，可以采用对用户账户进行设置的方法，为每一个用户设置具体的使用权限。计算机通过用户账户识别不同的用户，用户账户包括用户名、密码以及用户的权限等，计算机把使用同一账户的不同操作人员看成是同一个用户。在 Windows 7 中有 3 种不同类型的账户类型，包括管理员账户、标准账户和来宾账户。不同的账户类型拥有不同的操作权限。

① 管理员账户：安装系统后自动创建一个账户，拥有最高的操作权限，可进行高级管理操作。

② 标准用户账户：受限用户，只能进行基本的系统操作和个人管理设置。

③ 来宾账户：用于远程登录的网上访问系统，在系统默认状态下不被启动，拥有最低权限，不能对账户进行修改管理，只能进行最基本操作。

打开【控制面板】窗口，单击【用户账户和家庭安全】超链接，打开【用户账户和家庭安全】窗口，如图 2-51 所示。

1. 创建新账户

在图 2-51 所示的【用户账户和家庭安全】的窗口中，单击【添加或删除用户账户】超链接，打开【管理账户】窗口。在窗口下方单击【创建一个新账户】按钮，弹出【命名账户并选择账户类型】窗口，在新账户名文本框中输入账户名称，如【user】，然后设置 user 账户的类型，如选择【标准用户】单选按钮，单击【创建账户】按钮后返回【管理账户】窗口，即可看到新创建的账户 user。

2. 更改账户

（1）创建、删除和更改用户密码

如果账户从来没有设置过密码，在 user 账户的【更改账户】窗口中看到的是【创建密码】超链接，如图 2-52 所示。单击该超链接可以为用户创建密码。如果账户已经创建了密码，则在【更改账户】窗口会看到【更改密码】和【删除密码】超链接，用户可在这里进行重新设置或删除密码。

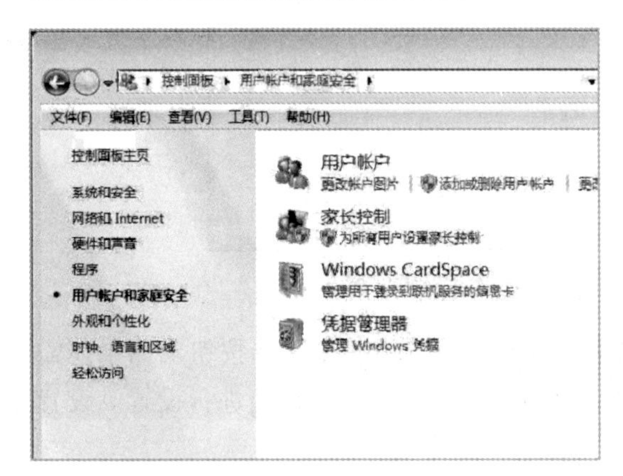

图 2-51 【用户账户和家庭安全】窗口

图 2-52 【更改账户】窗口

（2）更改账户名称

在【更改账户】窗口中单击【更改账户名称】超链接，打开【为 user 的账户键入一个新账户名】窗口，在【新账户名】文本框中输入新用户名，单击【更改名称】按钮即可。

（3）更改头像

在【更改账户】窗口中，单击【更改图片】超链接，弹出【为账户选择一个新图片】窗口，选择一个合适的图片设置账户的头像，单击【更改图片】按钮即可。

（4）更改账户类型

在【更改账户】窗口中，单击【更改账户类型】超链接，可以为账户选择新的账户类型。

（5）删除账户

在【更改账户】窗口，单击【删除账户】超链接，打开【删除账户】窗口，系统提示【是否保留 user 的文件？】，根据需要单击【删除文件】、【保留文件】或【取消】按钮。

由于系统为每个用户账户都设置了不同的文件，包括桌面、文档、音乐、收藏夹、视频文件等，因此，在删除某个用户账户时，如果用户想保留账户的文件，可以单击【保留文件】按钮，否则单击【删除文件】按钮。

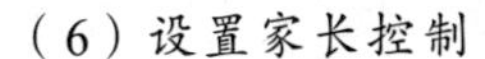

（6）设置家长控制

用户可以通过使用 Windows 7 操作系统中的【家长控制】功能对儿童使用计算机的方式进行协助管理，以此来限制儿童使用计算机的时段、可玩的游戏类型以及可以运行的程序等。进行家长控制的操作步骤如下：

步骤 1：打开【控制面板】窗口，单击【用户账户和家庭安全】超链接，打开【用户账户和家庭安全】窗口，在窗口中单击【家长控制】超链接，打开图 2-53 所示的【家长控制】窗口。

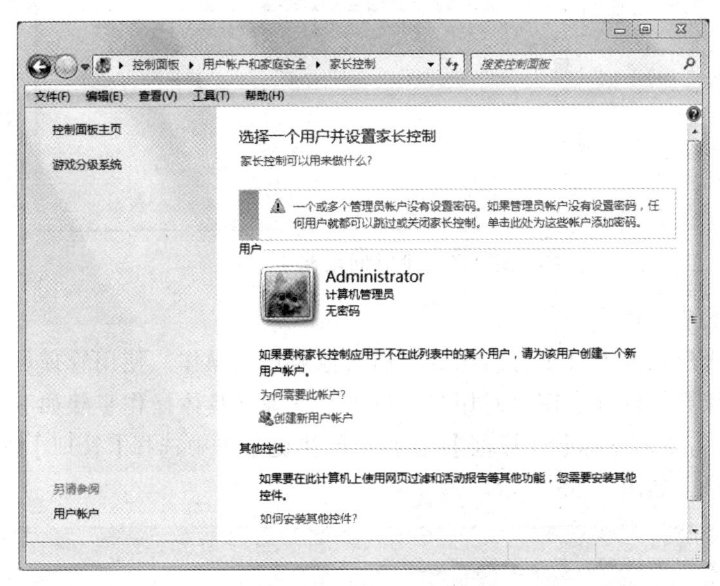

图 2-53 【家长控制】窗口

步骤 2：单击【创建新用户账户】超链接，打开【创建新用户】窗口，输入新用户的名称，例如“游戏”。

步骤 3：单击【创建账户】按钮，弹出【家长控制】对话框，提示“一个或多个管理员账户没有设置密码，是否立即为这些账户设置密码”。

步骤 4：单击【是】按钮，打开【设置密码】窗口，输入两次相同的密码。

步骤 5：单击【确定】按钮，返回【家长控制】窗口，选择新创建的用户“游戏”。

步骤 6：在打开的【用户控制】窗口中，选择【家长控制】列表下的【启用，应用当前设置】单选按钮。

步骤 7：单击【时间限制】超链接，弹出【时间限制】对话框，单击并拖动来设置要阻止或允许的时间，其中白色方块代表允许，蓝色方块代表阻止，如图 2-54 所示。

步骤 8：设置完成后，单击【确定】按钮返回【用户控制】窗口，单击【游戏】超链接，打开【游戏控制】窗口，在【是否允许游戏玩游戏？】列表中选择【否】单选按钮，单击【确定】按钮即可完成对【游戏】用户的家长控制。

当家长控制阻止了对某个游戏或程序的访问时，将显示一个通知，声明已经阻止该程序。儿童可以单击通知中的超链接，以请求获得该游戏或程序的访问权限，家长可通过输入账户信息来允许其访问。

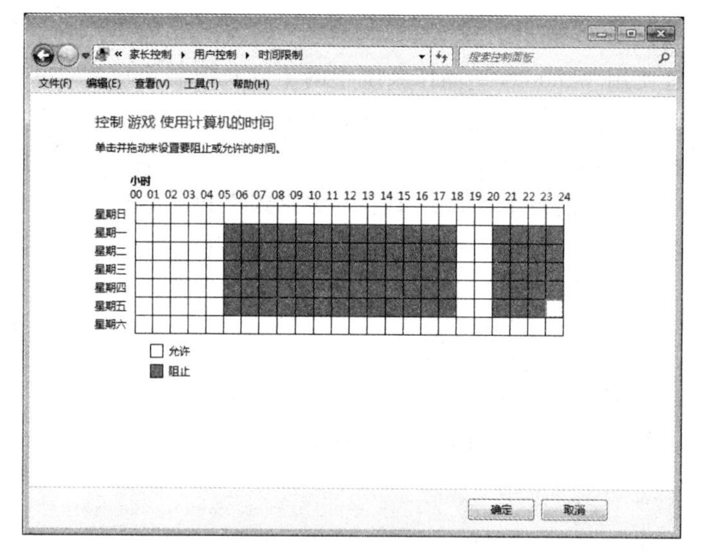

图 2-54 【时间限制】窗口

（7）启用或禁用账户

在管理员账户权限下可进行启用或禁用其他账户的操作。使用管理员账户登录系统后，可通过【计算机管理】窗口对用户账户进行管理。具体操作步骤如下：

步骤 1：右击桌面图标【计算机】，在弹出的快捷菜单中选择【管理】命令，打开【计算机管理】窗口，如图 2-55 所示。

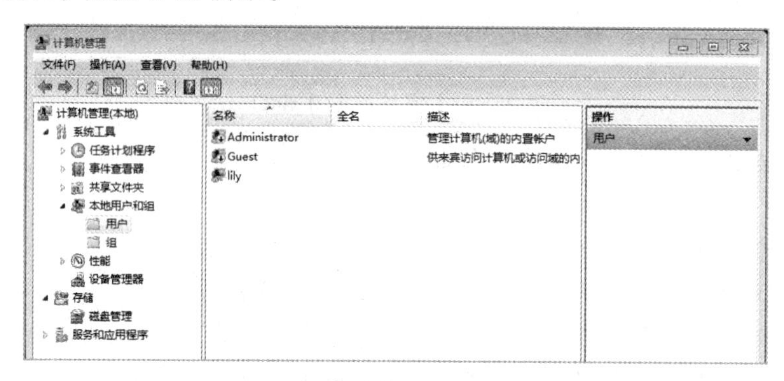

图 2-55 【计算机管理】窗口

步骤 2：在窗口左侧的【本地用户和组】选项中，单击【用户】，窗口工作区将显示所有用户账户。当前来宾用户 Guest 是禁用的，右击【来宾 Guest 用户】，在弹出的快捷菜单中选择【属性】命令。

步骤 3：在弹出的【Guest 属性】对话框中，选择【常规】选项卡，取消选中【账户已禁用】复选框，即可将 Guest 账户启用。如果需要重新禁用该账户，再选中此复选框即可。

2.4.4 软件的设置管理

一般情况下，软件分为系统软件和应用软件两种。系统软件负责管理计算机中各个独立的硬件，使它们可以协调工作，如操作系统；应用软件是为满足用户不同领域、不同问题的应用需求而被开发的软件，如办公软件 Office、下载软件迅雷以及聊天软件腾讯 QQ 等。

1. 添加程序

添加程序比较简单，从网站上下载好所需要的程序后，双击打开其安装程序文件（一般为“.exe”文件），按照其提示步骤操作完成程序安装即可。

2. 删除（卸载）程序

卸载应用程序有两种方法，一种是使用软件自带的卸载程序，另一种是使用【控制面板】中的【卸载程序】功能。

（1）使用软件自带的卸载功能

现在很多软件都自带卸载程序，通过这些卸载程序用户可以很方便地完成软件的卸载。应用程序安装到计算机中后，会在【开始】菜单中增加对应的菜单项，以便运行、卸载和修复程序，用户可以从中找到软件自带的卸载程序。

步骤 1：单击【开始】按钮，从弹出的【开始】菜单中选择【所有程序】→【HyperSnap-DX 5】→【卸载 HyperSnap-DX 5】命令。

步骤 2：随即弹出提示框，询问用户是否确定要卸载 HyperSnap-DX 5，单击【是】按钮。

步骤 3：选择完毕后系统自动卸载程序，稍后弹出完全卸载的对话框，单击【确定】按钮即可。

（2）使用【控制面板】中的卸载功能

有些应用软件安装后并没有在【开始】菜单中提供卸载程序，这时用户可以通过【控制面板】中的【卸载程序】功能来卸载这些程序。具体操作步骤如下：

步骤 1：在【控制面板】窗口中单击【卸载程序】超链接，打开图 2-56 所示的窗口。

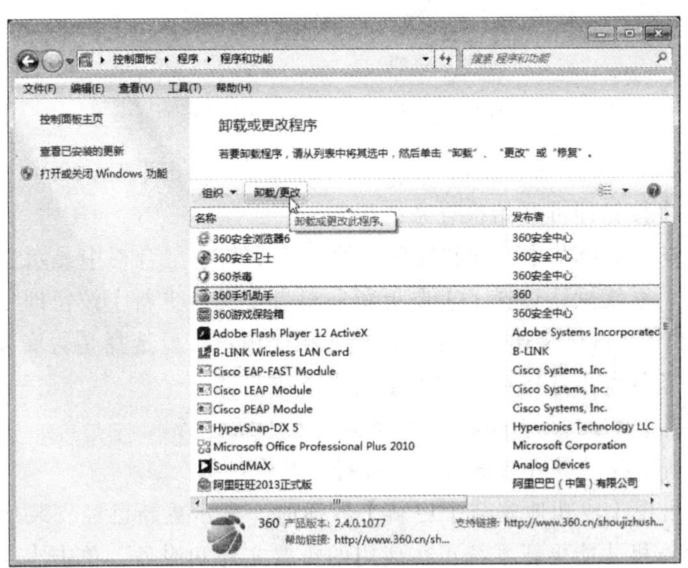

图 2-56 【程序和功能】窗口

步骤 2：在列表中选中需要卸载的程序，单击【卸载/更改】按钮。

步骤 3：弹出【确认卸载】对话框，如果确定要卸载，单击【是】按钮，即可进行卸载程序。

3. Windows Update

微软会不定期地发布 Windows 补丁，这些补丁对于系统非常重要，使用系统更新功能可以安装和下载这些补丁，使系统变得更加安全和稳定。

（1）安装系统更新

使用 Windows 7 自带的 Windows Update（自动更新）功能可以自动检测并安装系统更新，使用该功能进行系统更新的具体操作步骤如下：

步骤 1：在【控制面板】窗口中单击【系统和安全】超链接，打开图 2-57 所示的窗口。

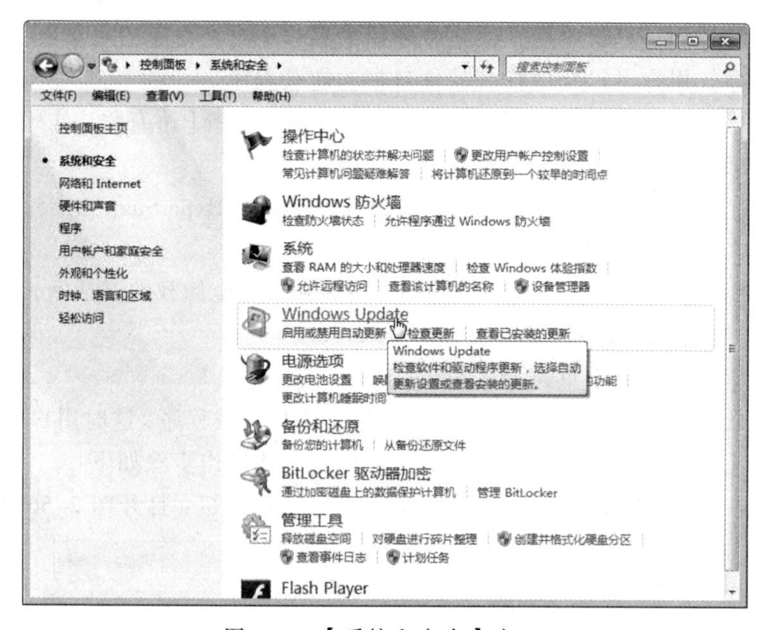

图 2-57 【系统和安全】窗口

步骤 2：在窗口中单击【Windows Update】超链接，弹出【Windows Update】对话框，单击【检查更新】按钮即可开始检查系统更新。

步骤 3：检查完毕会在【下载和安装计算机的更新】组合框中显示当前可用的重要更新和可选更新。系统默认选择了重要更新，单击【安装更新】按钮即可。

步骤 4：弹出【Windows Update】对话框，在此用户可以选择是否安装。若安装则选中【我接受许可条款】单选按钮，单击【完成】按钮。

步骤 5：弹出【Windows Update】界面，开始下载更新。

步骤 6：更新下载完毕后系统会自动进行安装。

步骤 7：当出现【成功地安装了更新】界面时，表示更新已经安装成功。系统提示需要重新启动计算机才能更新系统正在使用的重要文件和服务，单击【立即重新启动】按钮启动即可。

步骤 8：计算机重启完毕后，在任务栏的通知区域会出现【Windows 已安装更新】的提示信息，表明更新都已成功安装。

（2）更改 Windows Update 设置

步骤 1：单击【Windows Update】对话框左侧窗格中的【更改设置】超链接，弹出【更改设置】窗口。

步骤 2：在该窗口中可以设置重要更新的安装方式，在【重要更新】下拉列表中有 4 个选项可以选择，对更新的下载和安装做了详细的分类，如图 2-58 所示，用户可以选择合适的类型，系统默认选择【自动安装更新（推荐）】选项。

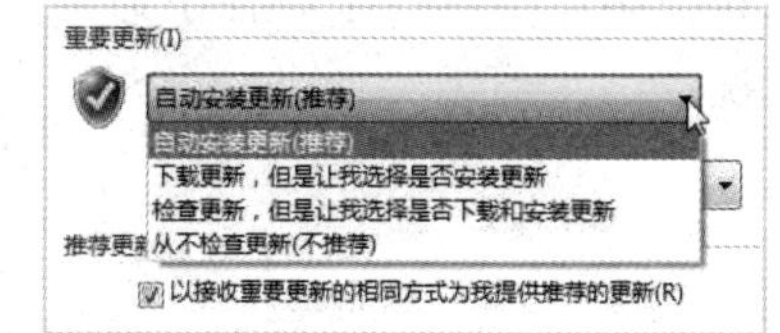

图 2-58 更改 Windows Update 设置

步骤 3：如果选择了默认的【自动安装更新（推荐）】选项，用户可以在【安装新的更新(N)】下拉列表中选择更新的安装日期、时间。

步骤 4：也可选中【以接收重要更新的相同方式为我提供推荐的更新】复选框，对推荐更新进行设置。

步骤 5：在 Windows 7 中还有改进的更新设置，即是否允许普通用户（即标准用户）安装更新。在之前的 Windows 操作系统中，更新都要由具有管理员权限的账户来操作。在此如果选中【允许所有用户在此计算机上安装更新】复选框，则允许普通用户进行更新，也不会弹出 UAC 确认对话框。

（3）查看安装的系统更新

更新完毕后，可以查看已经安装了哪些更新，查看更新的具体操作步骤如下：

步骤 1：打开【系统和安全】窗口，单击【Windows Update】功能组中的【查看已安装的更新】超链接。

步骤 2：弹出【已安装更新】对话框，在【卸载更新】列表框中可以查看当前安装的所有系统更新。

2.4.5 硬件的设置管理

组成计算机的各种部件称为硬件，如显示器、鼠标、键盘、显卡、内存条等。为了使计算机实现更多的功能，还需要安装实用的外部硬件设备，如打印机、扫描仪等。硬件分为即插即用型硬件和非即插即用型硬件。即插即用型硬件如 U 盘和移动硬盘等不需要人工安装驱动程序，系统可以自动识别、自动运行。非即插即用型硬件指连接到计算机上后需要用户手工安装驱动程序的硬件，如打印机、扫描仪等。

1. 设备管理器

设备管理器是 Windows 7 中查看和管理硬件设备的工具。通过设备管理器，不仅能查看计算机中的一些基本信息，还可以查看计算机中已经安装的硬件设备及它们的运转状态。可以通过以下两种方式打开设备管理器。

① 右击桌面上的【计算机】图标，在弹出的快捷菜单中选择【属性】命令，打开【系统】窗口，在导航窗格中单击【设备管理器】超链接。

② 单击【开始】按钮，在弹出的【开始】菜单中选择【控制面板】命令，在打开

的【控制面板】窗口的【类别】查看方式下单击【硬件和声音】超链接，打开【硬件和声音】窗口，在【设备和打印机】列表中单击【设备管理器】超链接，如图 2-59 所示。

打开图 2-60 所示的【设备管理器】窗口，显示了计算机中的所有硬件设备，如单击“键盘”展开按钮，展开本机上的键盘设备“PS/2 标准键盘”，右击该设备，在弹出的快捷菜单中选择【属性】命令，弹出【属性】对话框，可查看键盘的各项属性和运行情况。

图 2-59 【硬件和声音】窗口

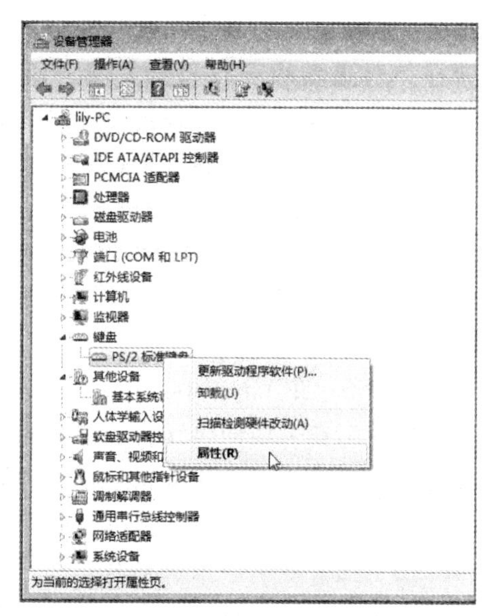

图 2-60 【设备管理器】窗口

2. 安装硬件设备

（1）安装即插即用型设备

即插即用型设备直接连接到主机上后，系统将自动安装驱动程序，如图 2-61 所示，并在任务栏通知区域中显示设备安装成功通知，如图 2-62 所示。

图 2-61 安装硬件设备 1

图 2-62 安装硬件设备 2

（2）安装非即插即用型设备

非即插即用型设备连接到计算机上后需要手动安装配套的驱动程序后才能正确使用。驱动程序是一种软件，在安装之后会自动运行，用户除了能将其卸载外，无法对它进行管理和控制。在使用某个硬件时，驱动程序的作用是将硬件本身的功能传递给操作系统，由驱动程序完成硬件设备电子信号与操作系统即软件的高级编程语言之间的相互翻译。

一般的非即插即用型设备会自带驱动程序，有些常用设备可由系统提供驱动程序。驱动程序的安装过程类似应用程序的安装过程。

3. 卸载硬件设备

（1）卸载即插即用型设备

卸载即插即用型设备的方法非常简单，如需要卸载 U 盘，具体操作步骤如下：

关闭 U 盘中正在使用的文件，在任务栏通知区域单击图标，在弹出的菜单中选择【弹出相应 U 盘】命令，系统会弹出【安全移除硬件】提示框，关闭该提示，即可拔出 U 盘。

（2）卸载非即插即用型设备

卸载非即插即用型设备需要通过设备管理器来进行。具体操作步骤如下：

步骤 1：在桌面右击【计算机】图标，在弹出的快捷菜单中选择【管理】命令，打开【计算机管理】窗口，选择【设备管理器】选项。

步骤 2：选择要卸载的硬件设备，如选择“红外线设备”目录下的“SMSC Fast Infrared Driver”选项，右击，在弹出的快捷菜单中选择【卸载】命令，弹出【确认设备卸载】对话框，选中【删除此设备的驱动程序软件】复选框，单击【确定】按钮，完成硬件的卸载。

2.4.6 系统的安全与维护

1. 利用 Windows 7 防火墙来保护系统安全

Windows 7 自带的防火墙提供了更加强大的保护功能，设置相对简单，具体操作步骤如下：

步骤 1：打开【控制面板】窗口，单击【系统和安全】超链接，打开【系统和安全】窗口。

步骤 2：在【系统和安全】窗口中单击【Windows 防火墙】超链接，打开【Windows 防火墙】窗口，单击窗口左侧的【打开或关闭 Windows 防火墙】超链接。

步骤 3：在弹出的对话框中选中【启用 Windows 防火墙】单选按钮，单击【确定】按钮即可。

2. 打开 Windows Defender 实时保护

Windows Defender 是 Windows 7 附带的一种反间谍软件，当它打开时会自动运行。使用反间谍软件可帮助保护计算机免受间谍软件和其他可能不需要的软件的侵扰。当连接到 Internet 时，间谍软件可能会在您不知道的情况下安装到您的计算机上，当用户使用 CD、DVD 或其他可移动媒体安装某些程序时，间谍软件可能会感染计算机。间谍软件并非仅在安装后才能运行，它还会被编程为在任意时间运行。开启 Windows Defender 实时保护功能，可以最大限度地保护系统安全，操作步骤如下：

步骤 1：打开【控制面板】窗口，以“小图标”的形式查看控制面板的所有内容，如图 2-63 所示。

步骤 2：在“小图标”查看方式下，单击【Windows Defender】选项，打开【Windows Defender】窗口，如图 2-64 所示。

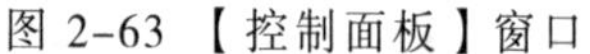
图 2-63 【控制面板】窗口

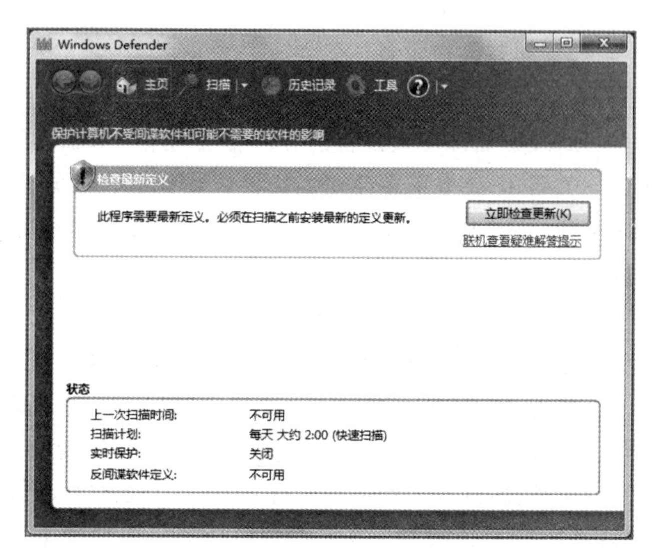

图 2-64 【Windows Defender】窗口

步骤 3：单击窗口上方的【工具】按钮，打开【工具和设置】窗口，单击【选项】超链接。

步骤 4：在【选项】对话框中，首先选中左侧的【实时保护】选项，然后在右侧窗格中选中【使用实时保护】和其下的子项，单击【保存】按钮即可。

2.4.7 系统的备份与还原

Windows 7 提供了强大的备份和还原功能，支持多种备份还原方式。不仅备份与还原的速度快，而且制作出来的系统映像是高度压缩的，减少了对硬盘空间的占用。

1. 备份系统

（1）利用系统镜像备份 Windows 7

Windows 7 系统备份和还原功能中新增了“创建系统映像”功能，可以将整个系统分区备份为一个系统映像文件，以便日后恢复。

步骤 1：打开【控制面板】窗口，在【小图标】查看方式下，单击【备份和还原】超链接，打开【备份或还原文件】窗口，单击左侧窗格中的【创建系统映像】超链接，如图 2-65 所示。

步骤 2：弹出【你想在何处保存备份】对话框，该对话框中列出了 3 种存储系统映像的设备，如选择【在硬盘上】单选按钮，然后单击下面的列表框选择一个存储映像文件的分区。

步骤 3：单击【下一步】按钮，弹出【您要在备份中包括哪些驱动器】对话框，在列表框中可以选择需要备份的分区，系统默认已经选中了系统分区。

步骤 4：单击【下一步】按钮，弹出【确认您的备份设置】对话框，列出了用户选择的备份设置，单击【开始备份】按钮。

步骤 5：系统开始创建映像文件，显示出备份进度，创建映像所需的时间与映像文件的大小有关。

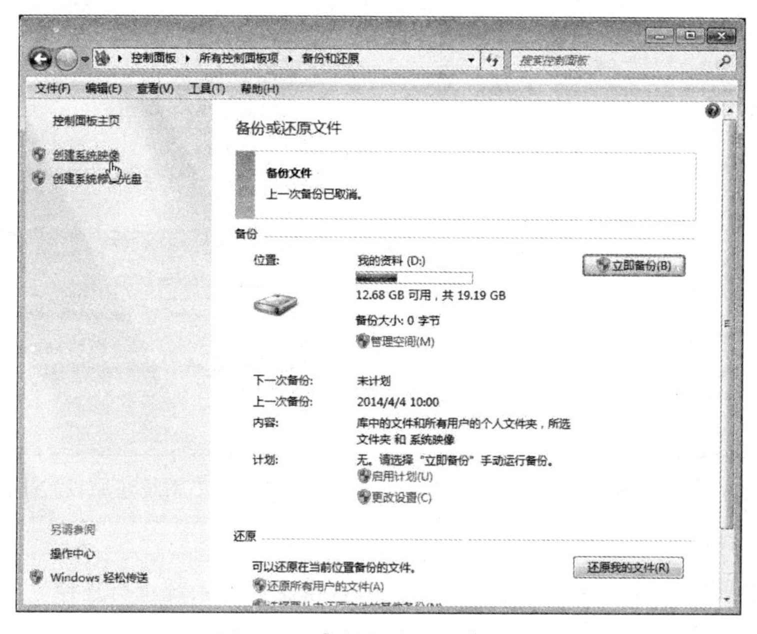

图 2-65 【备份或还原】窗口

步骤 6：映像创建完成后会弹出【是否要创建系统修复光盘】的信息提示框。

步骤 7：如果用户装有刻录光驱，可以单击【是】按钮，弹出【创建系统修复光盘】对话框，按照提示创建一张修复光盘，否则就单击【否】按钮退出。

步骤 8：备份完成后在弹出的对话框中单击【关闭】按钮即可完成系统映像的备份。

（2）创建系统还原点

在 Windows 7 系统中，内置了系统保护功能——还原点。还原点就是一个时刻点，如果用户的系统出现问题，则可以将其还原到已经创建的还原点上，让系统恢复到能够正常运行的状态。创建还原点的具体操作步骤如下：

步骤 1：在【控制面板】窗口中单击【系统和安全】超链接，打开【系统和安全】窗口，单击窗口中的【系统】超链接。

步骤 2：打开【系统】窗口，单击窗口左侧窗格中的【系统保护】超链接。

步骤 3：弹出【系统属性】对话框，切换到【系统保护】选项卡，如图 2-66 所示。

步骤 4：可以看到系统默认打开了操作系统所在分区的系统保护功能，用户可以选择列表中的可用驱动器，然后单击【配置】按钮，弹出【系统保护本地磁盘（D:）】对话框，如图 2-67 所示。在【还原设置】功能区进行还原设置，在【磁盘空间使用量】功能区拖动【最大使用量】滑块调节可用的磁盘空间，也可以单击【删除】按钮删除所有的还原点来释放空间。

步骤 5：设置完毕后单击【确定】按钮，返回【系统属性】对话框，然后单击【创建】按钮，弹出【创建还原点】对话框，在文本框中输入还原的描述信息，单击【创建】按钮，开始创建还原点。

步骤 6：片刻之后弹出【已成功创建还原点】提示框，单击【关闭】按钮。

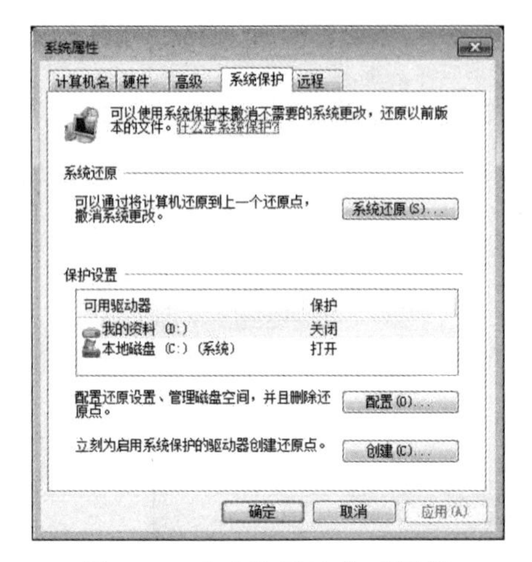

图 2-66 【系统属性】对话框

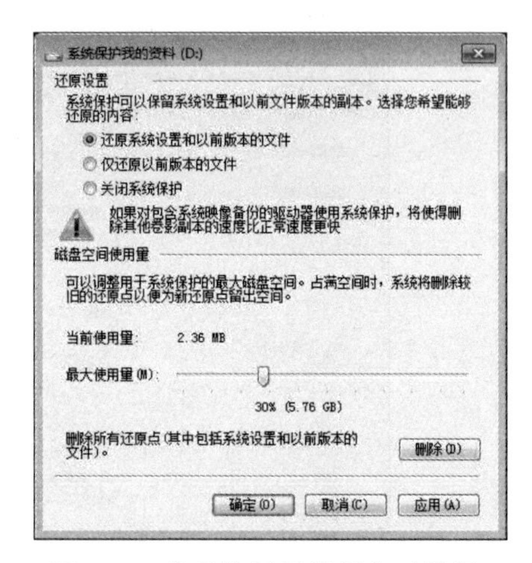

图 2-67 【系统还原设置】对话框

2. 还原系统

当系统出现问题时，用户可以使用创建的备份文件对系统进行还原。

(1) 利用系统镜像还原 Windows 7

当系统出现问题影响使用时，就可以使用先前创建的系统映像来恢复系统。恢复的步骤很简单，在系统下进行简单的设置，然后重启计算机，按照屏幕提示操作即可。因为恢复操作会覆盖现有文件，所以在进行恢复之前，用户必须将重要文件进行备份（复制到其他非系统分区），否则可能造成重要文件丢失。

步骤 1：打开【控制面板】窗口，在“小图标”查看方式下，单击【备份和还原】超链接，打开【备份或还原文件】窗口，单击窗口下方的【恢复系统设置或计算机】超链接。

步骤 2：打开【恢复】窗口，单击下方的【高级恢复方法】超链接，如图 2-68 所示。

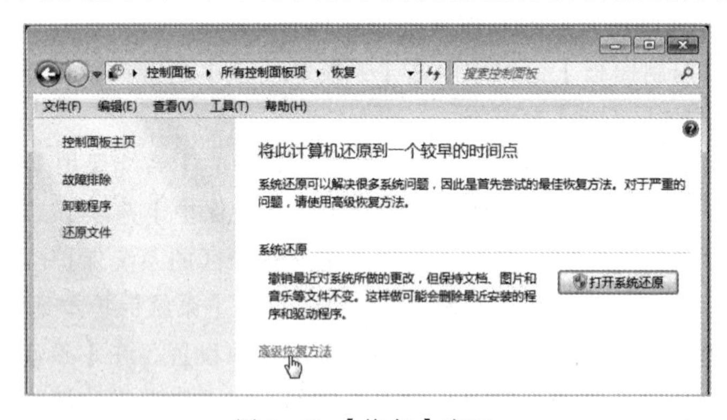

图 2-68 【恢复】窗口

步骤 3：打开【高级恢复方法】窗口，单击【使用之前创建的系统映像恢复计算机】超链接，如图 2-69 所示。

步骤 4：打开【您是否要备份文件】窗口，因为之前提示了用户备份重要文件，所以这里单击【跳过】按钮（如果之前没有备份重要文件，单击【立即备份】按钮）。

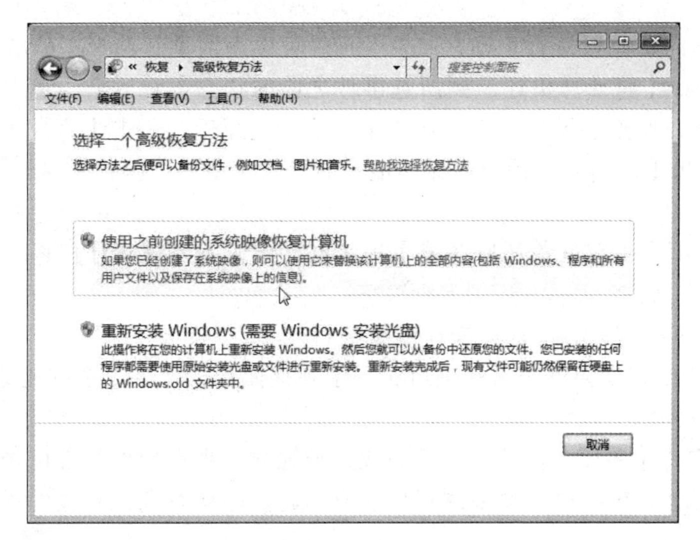

图 2-69 【高级恢复方法】窗口

步骤 5：接着打开【重新启动计算机并继续恢复】窗口，单击【重新启动】按钮，计算机将重新启动。

步骤 6：重新启动后，计算机将自动进入恢复界面，在【系统恢复选项】对话框中选择键盘输入法，如选择系统默认的“中文（简体）-美式键盘”。

步骤 7：在【选择系统镜像备份】对话框中，选择【使用最新的可用系统映像】单选按钮，单击【下一步】按钮，在【选择其他的还原方式】对话框中根据需要进行设置，一般无需修改，使用默认设置即可。

步骤 8：单击【下一步】按钮，弹出的对话框中列出了系统还原设置信息，单击【完成】按钮，弹出警示信息，单击【是】按钮，开始从系统映像还原计算机。

步骤 9：还原完成后会弹出对话框，询问是否重新启动计算机，默认 50 s 后自动重新启动，这里根据需要单击相应的按钮。

（2）还原点还原

还原点还原是指将系统的库、个性设置、系统设置等还原到以前的某个时间。它不会删除安装在系统盘中的程序和软件，因此可能无法彻底修复系统故障。使用还原点还原系统的具体操作步骤如下：

步骤 1：按照前面介绍的方法打开【系统属性】对话框，切换到【系统保护】选项卡，单击【系统还原】按钮。

步骤 2：弹出【还原系统文件和设置】对话框，选择完毕后单击【下一步】按钮。

步骤 3：弹出【将计算机还原到所选事件之前的状态】对话框，显示了可用的还原点。一般选择距离出现故障事件最近的还原点；选择还原点后，还可以查看还原操作会对哪些程序和驱动程序进行更改。

步骤 4：单击【扫描受影响的程序】按钮，弹出【正在扫描受影响的程序和驱动程序】提示框。

步骤 5：稍等一会儿，扫描完成就会弹出详细的将被删除的程序和驱动信息。用户可以查看所选择的还原点是否正确，如果不正确可以返回重新选择，单击【关闭】按钮。

步骤6：返回【将计算机还原到所选事件之前的状态】对话框，单击【下一步】按钮，弹出【确认还原点】界面，确认选择了正确的还原后，单击【完成】按钮。

步骤7：弹出【启动后，系统还原不能中断。您希望继续吗？】对话框，单击【是】按钮系统开始还原。

步骤8：弹出【正在准备还原系统】提示框，此时不要进行任何操作，等待计算机自动重启。

步骤9：计算机重启后，还原操作继续进行。

步骤10：还原完成会再次自动重启，登录到桌面后会弹出【系统还原已成功完成】提示框。

步骤11：单击【关闭】按钮，即可完成还原操作，现在操作系统已经恢复到所选还原点之前的状态。如果还原后发现系统仍然有问题，还可以选择其他的还原点还原。

2.5 Windows 7 的常用附件

2.5.1 【写字板】程序

写字板是 Windows 系统提供的文字编辑程序。写字板程序除了文字编辑功能之外，还提供了一些高级编辑和格式化功能。

选择【开始】→【所有程序】→【附件】→【写字板】命令，启动【写字板】程序，打开的窗口如图 2-70 所示。

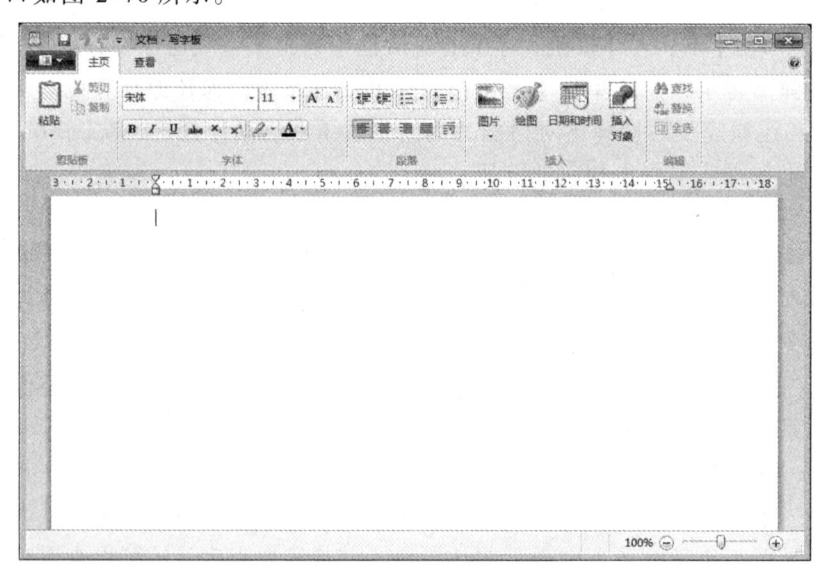

图 2-70 【写字板】窗口

该窗口由快速访问工具栏、标题栏、写字板按钮、选项卡、功能选项组、标尺、文档编辑区和缩放工具等部分组成，结构与一般窗口基本一致。【写字板按钮】提供了对文档所能执行的【新建】、【保存】、【打印】等命令。

默认窗口是【主页】选项卡下的窗口,【主页】选项卡下有 5 个功能选项组:

① 剪贴板:选中文档中的某段文字,然后进行复制、剪切、粘贴操作。

② 字体:用于对文档中的选中文字进行字体、字号和颜色等设置。

③ 段落:对文档进行简单段落设置,如设置对齐格式、缩进格式、行距等。

④ 插入:在文档中插入图片、日期时间等对象。

⑤ 编辑:在编辑的文档中查找或替换特定的字符。

选择【查看】选项卡,将会出现不同的功能选项组,分别是【缩放】、【显示或隐藏】、【设置】选项组,用于对当前文档进行显示方面的设置。

2.5.2 【画图】程序

【画图】程序是一款图形处理及绘制软件,利用该程序可以手工绘制图像,也可以对来自相机或扫描仪的图片进行简单处理,并在处理结束后以不同的图形文件格式保存。

选择【开始】→【所有程序】→【附件】→【画图】命令,打开【画图】窗口,如图 2-71 所示。默认窗口有标题栏、快速工具栏、菜单栏、菜单选项卡和功能选项组、图形编辑工作区、状态栏等组成。

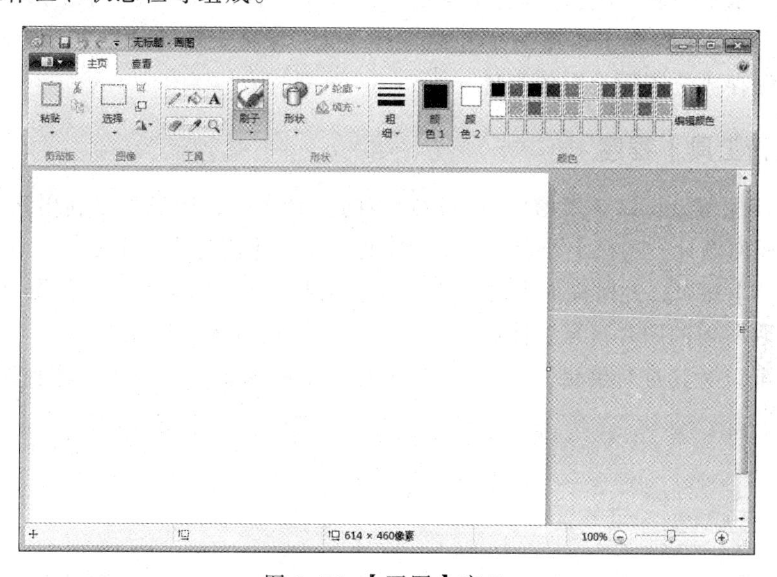

图 2-71 【画图】窗口

默认窗口是【主页】选项卡下的窗口,在该窗口中可任意选择制图元素进行制图,然后进行颜色的选取及图像的选择、裁剪、着色、翻转等操作。【主页】选项卡下有 5 个功能选项组:【剪贴板】、【图像】、【工具】、【形状】和【颜色】。选择【查看】选项卡,将会出现不同的功能选项组,分别是【缩放】、【显示或隐藏】、【设置】选项卡,用于对当前图形进行显示方面的设置。

下面以一个简单的例子说明如何使用画图工具。例如,用画图工具画两个红心,并进行编辑,操作步骤如下:

步骤 1:在【主页】选项卡的【颜色】组中单击红色按钮。再单击【形状】组中的【形状】按钮,在下拉列表中选中【心形】,在编辑窗口中绘制一个心形。

步骤 2：单击【工具】组中的【刷子】下拉按钮，选中【蜡笔】刷，然后在心形中拖动，不断涂抹，可以画出第一颗红心。这种情况往往容易超出边界，涂色也不够均匀，

步骤 3：重新选择红色并按前面的步骤画第二个心形，单击【工具】组中的【用颜色填充】按钮，在心形区域单击，第二颗红色的心就画好了。

步骤 4：单击【工具】中的【文本】按钮，在绘图空白区域拖出一个文本编辑框，输入文字“一颗红心，两种准备”。工具栏出现【文本】选项卡。下面的功能选项组也发生了变化，增加了【字体】和【背景】组，可对输入的文字进行字体、字形、字号的设置。

步骤 5：在编辑区空白处单击，取消文本编辑状态。在【主页】选项卡的【图像】组中单击【选择|选择形状|矩形选择】按钮，移动鼠标至第一颗红心处，拖动鼠标选中红心，按【Delete】键，可删除所选图像。

步骤 6：单击【颜色】组中的黑色，然后单击工具组中的【用颜色填充】按钮，在红心区域单击，红心即变成黑心。

步骤 7：继续选中黑心，单击【图像】组中的【调整大小和扭曲】按钮，在弹出的对话框中设置水平倾斜 30 度，单击【确定】按钮即可看到黑心发生了变形。

步骤 8：单击【保存】按钮，命名为 heart.png，保存文件。这里也可选择.bmp 等扩展名将文件保存成位图等类型的文件。

2.5.3 【截图工具】程序

截图工具是 Windows 7 新增的实用性很强的工具之一，用户可以利用该工具抓取当前界面中的任何图片。选择【开始】→【所有程序】→【附件】→【截图工具】命令，打开【截图工具】窗口，此时桌面上的其他窗口进入半透明不活动状态，如图 2-72 所示。拖动鼠标截取所需的图片区域，被截取的图片将会自动进入截图工具主窗口，如图 2-73 所示。用户可以对其进行编辑，【截图工具】程序中的编辑工具与【画图程序】类似。

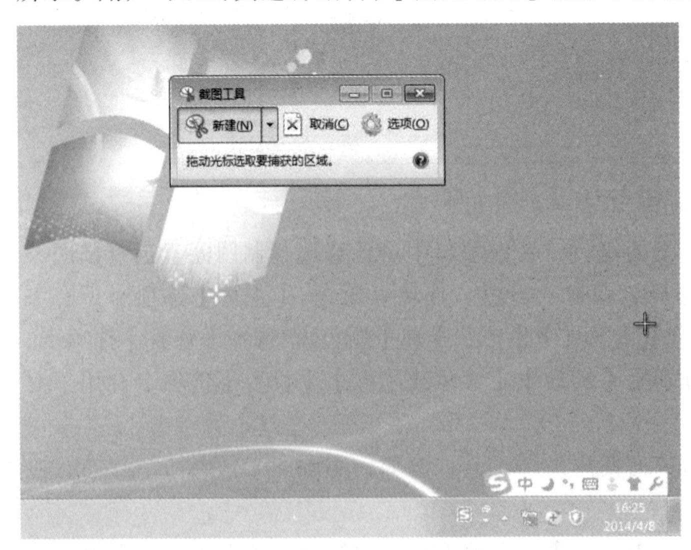

图 2-72 【截图工具】窗口

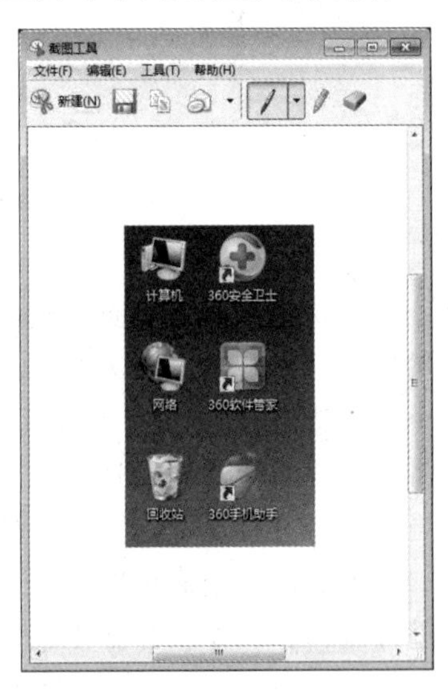

图 2-73 【截图工具】主窗口

选择【文件】→【另存为】命令，弹出【保存文件】对话框，选择保存路径并给文件取名，即可保存截图文件。如果需要将截取到的图片插入到其他文件或窗口，可选择【编辑】→【复制】命令，然后在需要插入图片的窗口右击，从弹出的快捷菜单中选择【粘贴】命令。

截图工具默认是【矩形截图】方式，单击工具栏中的【新建】下拉按钮，弹出的列表中显示除了“矩形截图”方式外，还有【任意格式截图】、【窗口截图】、【全屏幕截图】3 种方式，如图 2-74 所示。选择【任意格式截图】选项，用户在当前桌面进入半透明状态时，选取所需图片区域，单击以确定截图；选中【窗口截图】选项，此时当前窗口周围将出现红色边框，表示该窗口为截图窗口，单击以确定截图；选中【全屏幕截图】选项，程序会理解将选中那一刻的窗口信息放入截图编辑窗口。

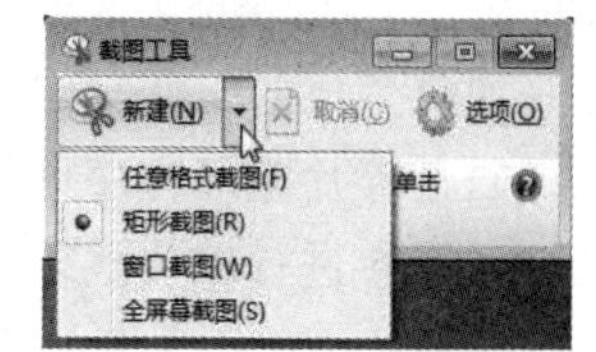

图 2-74 【新建】下拉列表

按【PrintScreen】键也可以完全截取全屏操作，或者按【Alt+Print Screen】组合键可完成当前窗口截取操作。被截取的信息自动存放于剪贴板中。

2.5.4 【磁盘管理】程序

磁盘是存储文件和文件夹的重要路径，管理好磁盘可以对计算机进行优化，而且能释放磁盘空间，提供更多的空间保存文件和文件夹。

1. 磁盘清理

Windows 有时使用特定目的的文件，然后将这些文件保留在为临时文件指派的文件夹中，或者可能有以前安装的现在已经不再使用的 Windows 组件；或者由于硬盘驱动器空间耗尽等多种原因，可能需要在不损害任何应用程序的前提下，减少磁盘中的文件数或创建更多的空闲空间。使用【磁盘清理】程序可清理磁盘空间，包括删除临时 Internet 文件、删除不再使用的已经安装的组件和程序并清空回收站。具体操作步骤如下：

步骤 1：选择【开始】→【所有程序】→【附件】→【系统工具】→【磁盘清理】命令，弹出【磁盘清理：驱动器选择】对话框，选择需要清理的磁盘，如 C 盘。

步骤 2：单击【确定】按钮，弹出【(C:)的磁盘清理】对话框，选中需要清理的内容，如图 2-75 所示。

步骤 3：单击【确定】按钮即可开始清理。

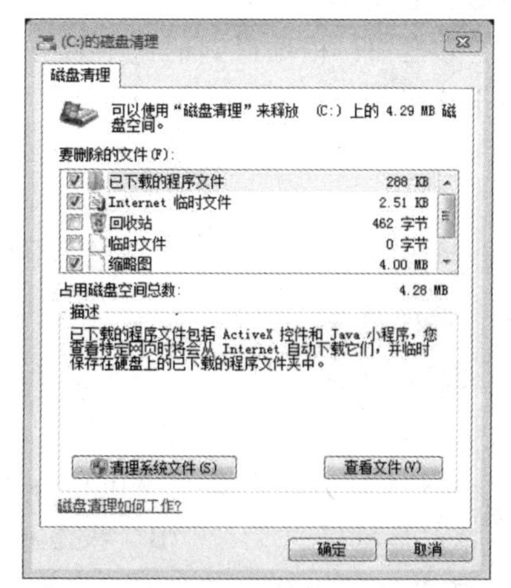

图 2-75 【(C:)的磁盘清理】对话框

2. 磁盘碎片整理

当磁盘中有大量碎片时，它减慢了磁盘访问的速度，并降低了磁盘操作的综合性能。磁盘碎片整理程序可以分析本地卷、合并碎片文件和文件夹，以便每个文件或文件夹都可以占用卷上单独而连续的磁盘空间。这样，系统就可以更有效地访问文件和文件夹，以及更有效地保存新的文件和文件夹。通过合并文件和文件夹，磁盘碎片整理程序还将合并卷上的可用空间，以减少新文件出现碎片的可能性。合并文件和文件夹碎片的过程称为碎片整理。碎片整理花费的时间取决于多个因素，其中包括卷的大小、卷中的文件数和大小、碎片数量和可用的本地系统资源。首先分析卷上的碎片是如何生成的，并决定是否从卷的碎片整理中受益。

磁盘碎片整理程序可以对使用文件分配表（FAT）、FAT32 和 NTFS 文件系统格式的文件系统卷进行碎片整理。具体操作步骤如下：

步骤 1：选择【开始】→【所有程序】→【附件】→【系统工具】→【磁盘碎片整理程序】命令，弹出【磁盘碎片整理程序】对话框，如图 2-76 所示。

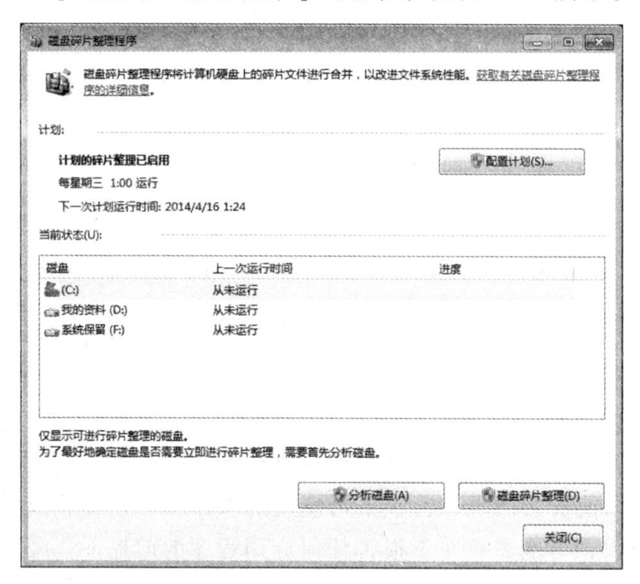

图 2-76 【磁盘碎片整理程序】对话框

步骤 2：在列表框中选中一个分区，单击【分析磁盘】按钮，即可分析出碎片文件占磁盘容量的百分比。

步骤 3：根据得到的这个百分比，确定是否需要进行磁盘碎片整理，在需要整理时单击【磁盘碎片整理】按钮即可。

习　　题

一、选择题

1. 在 Windows 环境下，整个显示屏幕称为（　　）。

   A. 桌面　　B. 窗口　　C. 资源管理器　　D. 图标

2. 以下（　　）不属于 Windows 窗口的组成部分。

   A. 标题栏　　B. 状态栏　　C. 菜单栏　　D. 对话框

3. 在 Windows 中，不能对任务栏进行的操作是（　　）。

   A. 改变尺寸大小　　B. 移动位置　　C. 删除　　D. 隐藏

4. 以下有关 Windows 删除操作的说法，不正确的是（　　）。
   A. 从网络位置删除的项目不能恢复
   B. 从移动硬盘上删除的项目不能恢复
   C. 超过回收站存储容量的项目不能被恢复
   D. 直接用鼠标拖入回收站的项目不能被恢复
5. Windows 中，如果任务栏没有锁定，下列关于“任务栏”的操作，正确的是（　　）。
   A. 只能改变位置不能改变大小　　B. 只能改变大小不能改变位置
   C. 既能改变位置也能改变大小　　D. 既不能改变位置也不能改变大小
6. Windows 中的剪贴板是（　　）。
   A. “画图”的辅助工具
   B. 存储图形或数据的物理空间
   C. “写字板”的重要工具
   D. 各种应用程序之间数据共享和交换的工具
7. 在 Windows 中移动窗口时，鼠标指针要停留在（　　）处拖拽。
   A. 菜单栏　　B. 标题栏　　C. 边框　　D. 状态栏
8. 在 Windows 7 中除了能用截图工具复制当前活动的窗口，还可以用下列（　　）组合（　　）执行。
   A.【Ctrl+S】　　B.【PrintScreen】
   C.【Alt+PrintScreen】　　D.【Ctrl+V】
9. 在 Windows 中，用户可以同时启动多个应用程序，在启动了多个应用程序之后，用户可以按（　　）组合键在各个应用程序之间进行切换。
   A.【Alt+Tab】　　B.【Alt+Shift】
   C.【Ctrl+Alt】　　D.【Ctrl+Tab】
10. 在中文版 Windows 中，用（　　）组合键可切换中、英文输入法。
    A.【Ctrl+空格】　　B.【Alt+Shift】
    C.【Shift+空格】　　D.【Ctrl+Tab】
11. 快捷方式是 Windows 所独创的一种快速、简捷的操作方法，在通常情况下，用户可以通过（　　），在屏幕上弹出一个快捷菜单进行创建。
    A. 左击　　B. 右击　　C. 双击鼠标左键　　D. 双击鼠标右键
12. 在 Windows 中，若系统长时间不响应用户的请求，为了结束该任务，需要启动任务管理器，所使用的组合键是（　　）。
    A.【Ctrl+Shift+Alt】　　B.【Ctrl+Alt+Delete】
    C.【Ctrl+Shift+Delete】　　D.【Shift+Alt+Delete】
13. Windows 中，回收站是（　　）。
    A. 内存中的一块区域　　B. 硬盘上的一块区域
    C. 软盘上的一块区域　　D. 高速缓存中的一块区域
14. 在 Windows 中，为了获得相关软件的帮助信息一般按（　　）键。
    A.【F1】　　B.【F2】　　C.【F3】　　D.【F4】

15. 资源管理器中的文件夹图标前有“+”，表示此文件夹（　　）。
A. 含有子文件夹　　B. 不含有子文件夹
C. 是桌面上的应用程序图标　　D. 含有文件

16. 在资源管理器中，选择【编辑】→【复制】命令，完成的功能是（　　）。
A. 将文件或文件夹从一个文件夹复制到另一个文件夹
B. 将文件或文件夹从一个文件夹移到另一个文件夹
C. 将文件或文件夹从一个磁盘复制到另一个磁盘
D. 将文件或文件夹复制到剪贴板

17. 在 Windows 中，用户新建文件的默认属性是（　　）。
A. 隐藏　　B. 只读　　C. 系统　　D. 存档

18. 以下有关窗口的说法不正确的是（　　）。
A. 窗口可以改变大小
B. 窗口位置不能移动
C. 窗口都有标题栏
D. 我们可以在打开的多个窗口之间进行切换

19. 在资源管理器窗口中不包含的窗格有（　　）。
A. 导航窗格　　B. 预览窗格　　C. 细节窗格　　D. 状态窗格

20. 在桌面上排列图标的方式不包含（　　）。
A. 名称　　B. 项目类型　　C. 大小　　D. 创建日期

二、简答题

1. Windows 7 的界面有哪些部分组成？
2. 简述窗口与对话框的区别是什么？
3. 简述删除与永久删除的区别是什么？它们各自的快捷键是什么？删除后的文件存放在什么位置？
4. 在搜索某个文件或文件夹时，我们可以借助什么通配符进行搜索？它们各自的用法是什么？

第 3 章

Word 2010 文字处理 «

Word 2010 是 Microsoft Office 2010 套件中的文字处理程序，是目前最受欢迎的文字处理程序之一。

通过本章的学习，要求了解启动和退出 Word 2010 的方法，掌握文档的创建、保存和打印输出等方法，熟悉添加、删除和修改文本，设置字符格式、段落格式，插入图片、表格并进行图文混排等操作的方法，使编辑的文档结构合理，版面整洁、美观。另外，还需掌握页面设置和打印文档的方法，以便能打印出满足需要的文档。

3.1 Word 基础知识

3.1.1 启动/退出

1. 启动 Word 2010

① 常规启动：单击【开始】按钮，选择【所有程序】→【Microsoft Office】→【Microsoft Word 2010】命令。

② 通过桌面快捷方式启动：双击桌面上的 Microsoft Word 2010 快捷图标。

③ 通过 Windows 7 任务栏启动：在将 Word 2010 锁定到任务栏之后，单击任务栏中的 Microsoft Word 2010 图标按钮。

④ 通过现有文档启动：找到已经创建的文档，然后双击该文件图标。

2. 退出 Word 2010

① 单击程序右上角的关闭按钮（![x]），可退出主程序。

② 单击【文件】菜单，选择【退出】命令，可退出主程序。

③ 直接按【Alt+F4】组合键可退出主程序。

3.1.2 操作界面

1. Word 2010 的工作界面

启动 Word 2010 应用程序后，用户将看到全新的工作界面，如图 3-1 所示。Word 2010 的工作界面主要由【文件】菜单、快速访问工具栏、标题栏、功能区、编辑区和状态栏等部分组成。

（1）标题栏

标题栏位于 Word 2010 工作界面的最上方。它显示了文档的名称和程序名，最右侧的 3 个按钮分别用于对窗口执行最小化、最大化和关闭操作。

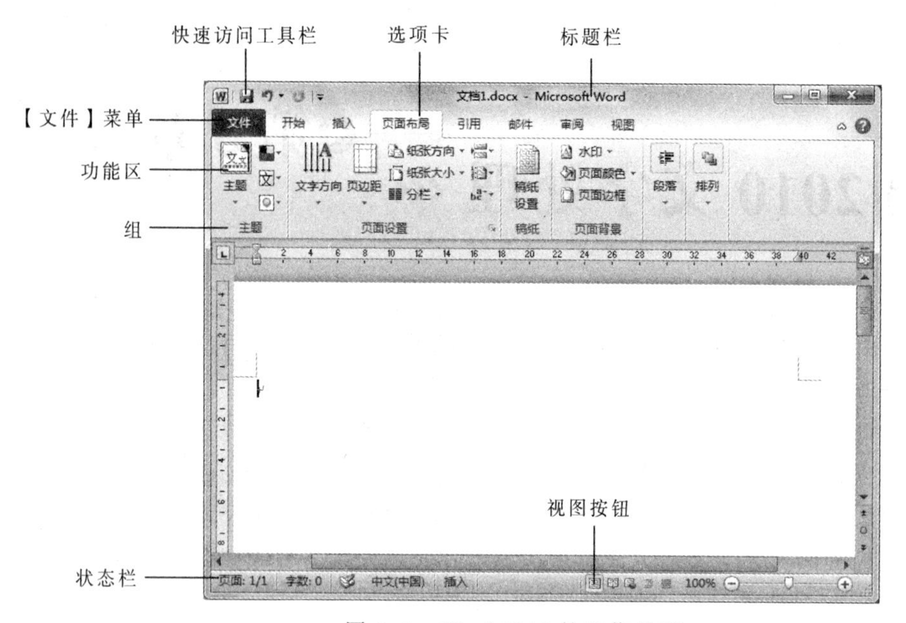

图 3-1　Word 2010 的工作界面

（2）快速访问工具栏

快速访问工具栏位于标题栏的左侧，是一个可自定义的工具栏，默认状态下，包含【保存】、【撤销】、【重复】命令。

单击该工具栏右端的 按钮，在弹出的下拉列表中选择一个左边复选框未选中的命令，可以在快速访问工具栏右端添加该命令按钮，如图 3-2 所示。

在功能区中选择某一命令按钮，右击，在弹出的快捷菜单中选择【添加到快速访问工具栏】命令，即可添加该命令，如图 3-3 所示。

选择要删除的某个按钮，右击，在弹出的快捷菜单中选择【从快速访问工具栏删除】命令，即可删除该命令，如图 3-3 所示。

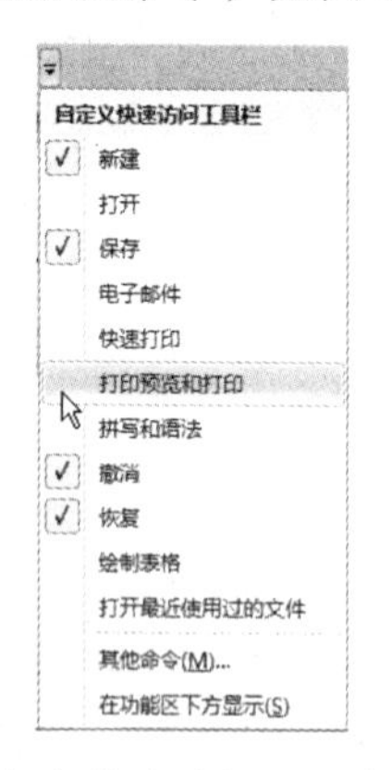

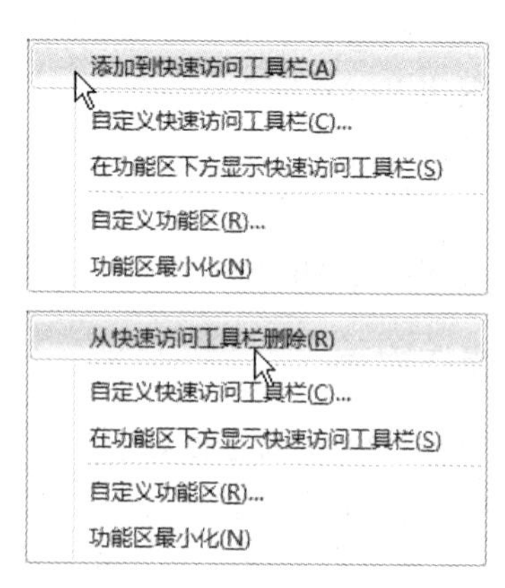

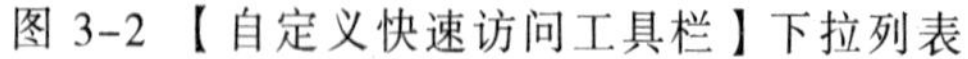

图 3-2 【自定义快速访问工具栏】下拉列表　　　图 3-3　右键快捷菜单

（3）【文件】菜单

【文件】菜单位于 Word 2010 工作界面的左上角，取代了 Word 2007 版本中的 Office 按钮，单击该按钮，弹出图 3-4 所示的下拉菜单，可以执行【新建】、【打开】、【保存】

和【打印】等命令。

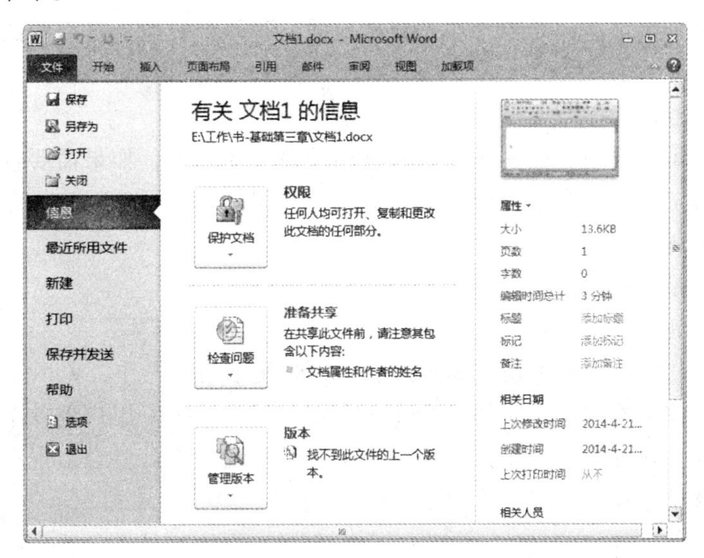

图 3-4 【文件】菜单

（4）功能区

功能区是用户创建文档的控制中心，它包含许多按组排列的可视化命令，这些命令按钮被置于突出的位置，非常直观，如图 3-5 所示。

单击 Word 2010 选项卡右方的 按钮，可将功能区最小化，这时 按钮变成 按钮，再次单击该按钮可复原功能区。

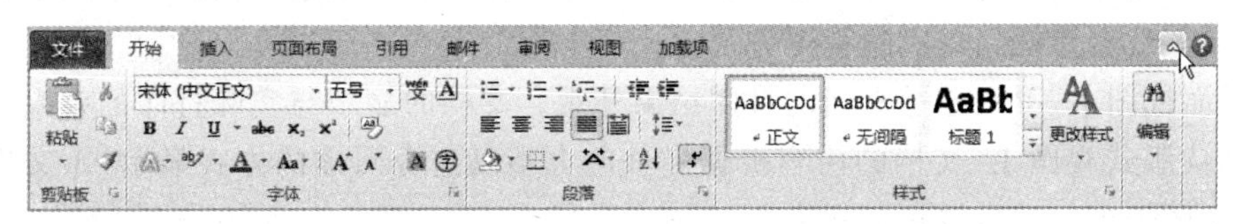

图 3-5 功能区

功能区由选项卡、组和命令按钮 3 部分组成。

【选项卡】：在标题栏的下方有【开始】、【插入】、【页面布局】、【引用】、【邮件】、【审阅】、【视图】等选项卡。选择某一选项卡就可以打开相应的功能区，此时该选项卡为活动选项卡，如图 3-5 所示的【开始】选项卡。若文档中插入了某些对象，选中一个对象后，在标题栏位置会出现一个额外选项卡，如图 3-6 所示的【绘图工具】|【格式】选项卡，此选项卡显示了用于处理所选对象的几组命令。

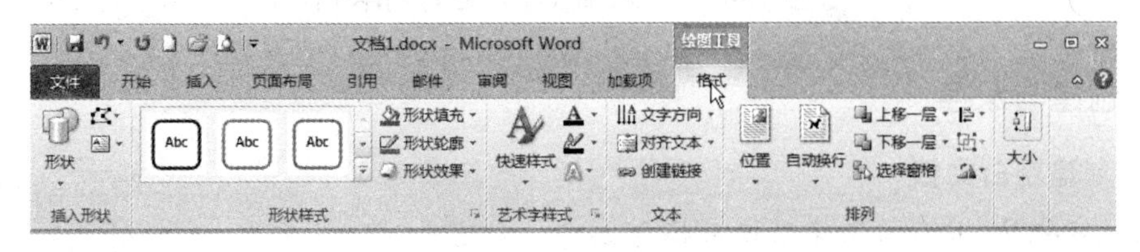

图 3-6 额外选项卡

【组】：每个选项卡都包含若干组，如【开始】选项卡的【字体】组和【段落】组等。

这些组将一些相关操作命令按钮显示在一起。

【命令】：每个组都是由若干个小按钮构成的，每一个按钮就是组中的一个命令，用于执行某一操作。

（5）对话框启动器

在功能区的每个组中只是显示了一些常用的命令和选项，如果需要进行更加详细的设置，可以单击位于该组右下角的对话框启动器按钮，即可打开相应的对话框。

（6）文本编辑区

文本编辑区是文档输入和编辑的区域。

（7）浮动工具栏

在文档编辑过程中，为了提高编辑速度，同时便于用户操作，Word 2010 采用【浮动工具栏】将一些文本编辑中常用的命令集合在一起，省去了用户到各个选项卡中寻找所需命令的过程。在编辑区选中文本后，一个若隐若现的工具栏会出现在所选文本的上方，此工具条就是【浮动工具栏】，如图 3-7 所示。

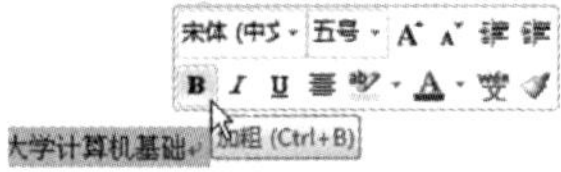

图 3-7　浮动工具栏

（8）状态栏

状态栏位于 Word 2010 工作界面的最下方，用于显示文档的当前状态，包括页码、字数统计，校对状态、语言状态、插入/改写状态，视图状态，显示比例和比例调节滑尺等。

2．Word 2010 的视图方式

Word 2010 提供了 5 种视图方式：页面视图、阅读版式视图、Web 版式视图、大纲视图和草稿视图。单击某个视图按钮，或选择【视图】选项卡【文档视图】组中的相应视图按钮，就会切换到相应的视图方式。

【页面视图】：可以显示文档的打印结果外观，文档的显示与实际打印的效果一致。

【阅读版式视图】：文档的内容根据屏幕的大小以适合阅读的方式显示，【文件】菜单、功能区等窗口元素被隐藏起来。

【Web 版式视图】：以网页的形式显示文档，此视图适用于发送电子邮件和创建网页。

【大纲视图】：根据文档的标题级别来显示文档的框架结构，可以方便地折叠和展开各种层级的文档，用于长文档的快速浏览和设置。

【草稿视图】：取消了页面边距、分栏、页眉页脚和图片等元素，仅显示标题和正文，是最节省计算机硬件资源的视图方式。

3.2　文档的基本操作

3.2.1　创建与保存

1．创建空白文档

（1）启动 Word 自动创建空白文档

使用常规方法启动 Word 或使用快捷方式启动 Word 时，将自动打开空白文档。新创建的空白文档，临时文件名为“文档 1”，如果是第二次创建空白文档，则临时文件名为

“文档 2”，其他的文件名以此类推。

（2）使用【文件】菜单创建空白文档

在【文件】菜单的下拉菜单中选择【新建】命令，在中间窗格的【可用模板】列表框中选择【空白文档】选项，单击【创建】按钮，即可创建一个空白文档，如图 3-8 所示。

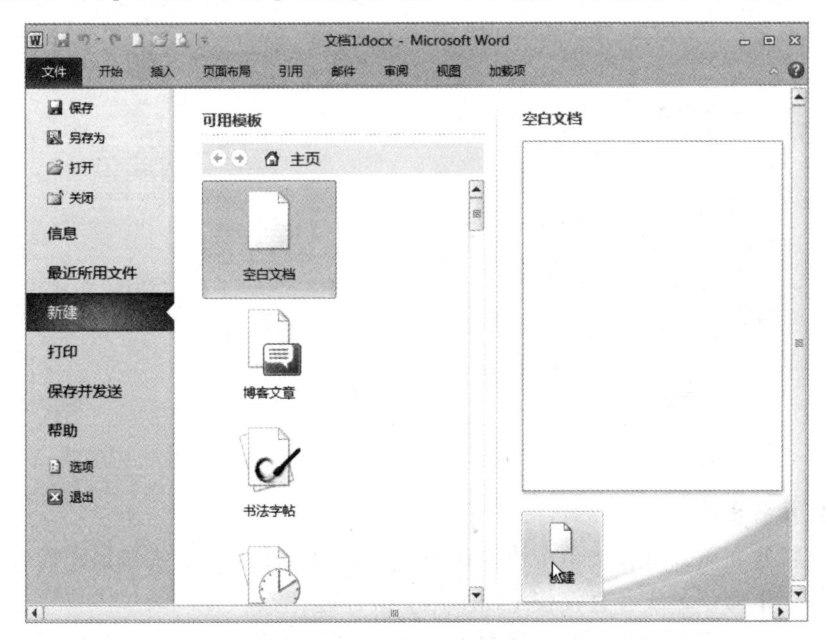

图 3-8 创建空白文档

（3）通过快速访问工具栏创建空白文档

将【新建】命令按钮（）添加到快速访问工具栏中，单击该按钮，即可创建一个空白文档。

（4）使用快捷键创建

在 Word 2010 窗口中，直接按【Ctrl+N】组合键，即可创建一个空白文档。

2. 新建模板文档

（1）根据内置模板新建文档

在【文件】菜单的下拉菜单中选择【新建】命令，在右侧选中【样本模板】，在【样本模板】列表中选择适合的模板，单击【创建】按钮即可创建一个和样本模板相同的文档，如图 3-9 所示。

（2）根据 Office.com 上的模板新建文档

Word 2010着重增强了网络功能，允许用户从微软的Office官方网站下载相关的Word模板。在【文件】菜单下拉菜单中选择【新建】命令，在右侧选择【Office.com】区域中的某个模板进行下载即可创建相应文档。

3. 保存文档

文件的保存是一种常规操作，在文档的创建过程中及时保存工作成果，可以避免数据的意外丢失。

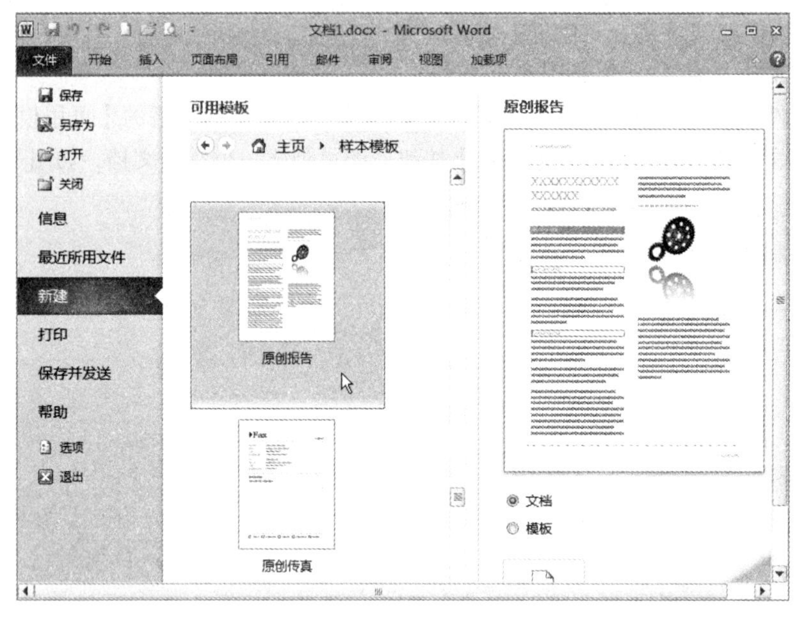

图 3-9 选择模板

（1）保存新建文件

要保存新建文档，可直接单击快速访问工具栏中的【保存】按钮，或者选择【文件】→【保存】命令，或者直接按【Ctrl +S】组合键。

当用户第一次保存该文档时，将弹出【另存为】对话框，如图 3-10 所示，选择保存位置，输入文件名，并在【保存类型】下拉列表中选择好文件的保存类型，单击【保存】按钮即可。

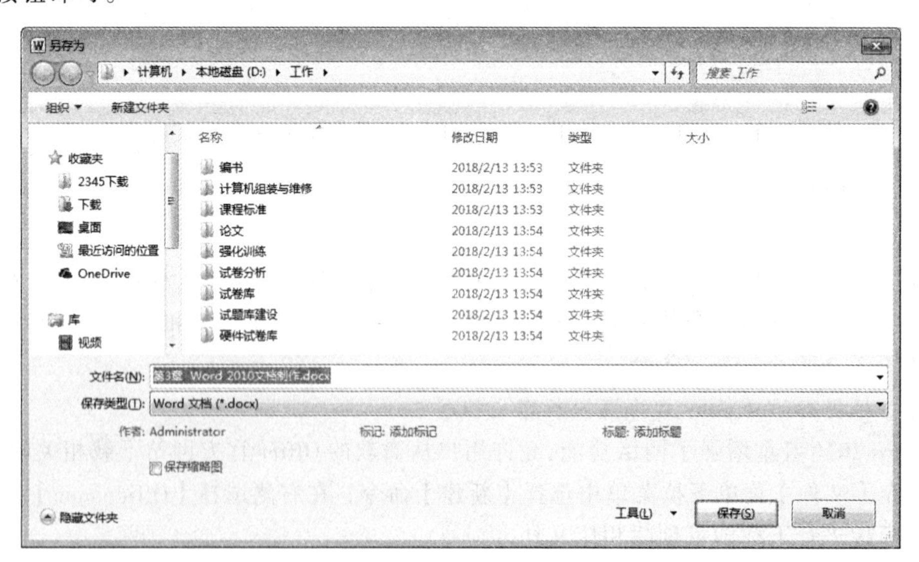

图 3-10 【另存为】对话框

默认情况下，Word 2010 文档类型是“Word 文档（*.docx）”；系统还提供用户选择 Word 2010 以前的版本，选择“Word 97-2003 文档（*.doc）”文件类型可以和旧版本兼容。

【保存类型】下拉列表中提供的类型还有 PDF、XPS、RTF、纯文本、网页等。

（2）保存已有文档

第一次保存后文档就有了名字，之后对文档进行修改并进行保存时，直接选择【文件】→【保存】命令即可，不会弹出【另存为】对话框，只是用当前文档覆盖原有文档，实现文档更新。

如果保存时不想覆盖修改前的内容，可选择【文件】→【另存为】命令，在图 3-10 所示的【另存为】对话框中输入新的保存位置、文件名、保存类型，单击【保存】即可。

（3）保存并发送文档

Word 2010 新增加了【保存并发送】命令，选择【文件】→【保存并发送】命令，弹出图 3-11 所示的界面。Word 2010 提供了【使用电子邮件发送】、【保存到 Web】、【保存到 SharePoint】、【发布为博客文章】4 种方式。

图 3-11 【保存并发送】界面

如果希望保存的文件不被他人修改，并且希望能够轻松共享和打印这些文件，使得文件在大多数计算机上看起来均相同、具有较小的文件大小并且遵循行业格式，可以将文件转换为 PDF 或 XPS 格式，而无须其他软件或加载项。单击文件类型区域中的【创建 PDF/XPS 文档】即可。将文档另存为 PDF 或 XPS 文件后，无法将其转换回 Microsoft Office 文件格式，除非使用专业软件或第三方加载项。

3.2.2 关闭与打开

1. 关闭文档

方法 1：单击 Word 应用程序窗口右上角的【关闭】按钮，关闭当前文档。

方法 2：选择【文件】→【关闭】命令，关闭当前文档。

2. 打开文档

Word 2010 允许用户通过以下几种方法打开文档：

（1）直接双击

Windows 操作系统会自动为所有.doc/.docx 等格式的文档进行关联，双击这些文档，即可启动 Word 2010，同时打开指定的文档。

（2）通过【文件】菜单

选择【文件】→【打开】命令，弹出图 3-12 所示的【打开】对话框，选择相应文档，单击【打开】按钮即可。

（3）通过快速访问工具栏

将【打开】命令按钮添加到快速访问工具栏中。单击该按钮，弹出【打开】对话框，选择相应文档，单击【打开】按钮即可。

（4）使用快捷键

在 Word 2010 窗口中，直接按【Ctrl+O】组合键，弹出【打开】对话框，选择相应文档，单击【打开】按钮即可。

图 3-12 【打开】对话框

3.2.3 文本的输入

输入文本包括输入汉字、英文字母及字符等，英文字母及一些符号可以直接按键盘上的相应按键实现输入。输入汉字时需先切换到中文输入状态，然后按键实现输入。

1. 文本输入

启动 Word 2010 后，用户可以在窗口的编辑区内看到一个闪烁的竖线，此竖线称为光标，它是文本输入的位置标志，即插入点。在输入文本时，插入点自左向右移动，插入点在什么位置，输入的文字就出现在什么位置。在文档的任意位置双击，实现快速定位光标，也就是“即点即输”。

在输入文本过程中，不用顾及是否到达行尾，系统自动检测并换行。如果未满一行就想换行，可以按【Enter】键，表示一个段落的结束，新的段落的开始。在按【Enter】键时，会在【Enter】键的位置留下一个弯箭头，此标志称为“段落标记”。

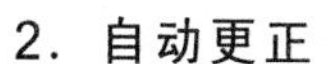

2. 自动更正

使用“自动更正”功能，可以更正输入、拼写错误的单词和快速插入“自动更正”词条列出的符号，提高用户录入一些比较复杂且录入频率又高的文本或符号的效率。设置自动更正的步骤如下：

步骤 1：选择【文件】→【选项】命令。

步骤 2：弹出【Word 选项】对话框，在左侧窗格选择【校对】选项，在右侧窗格单击【自动更正选项】按钮。

步骤 3：弹出【自动更正】对话框，选择【自动更正】选项卡，如图 3-13 所示。

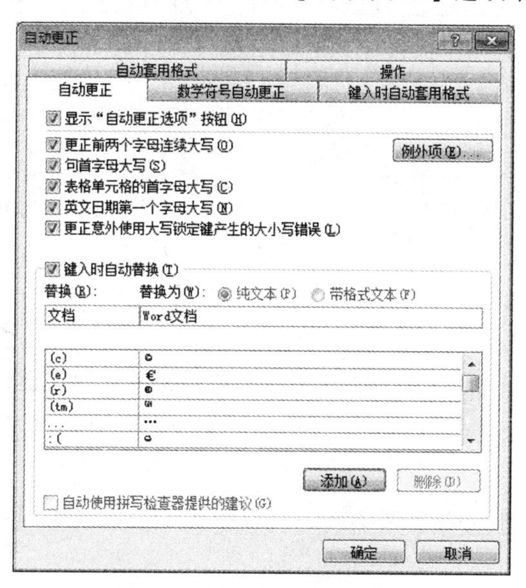

图 3-13 【自动更正】对话框

步骤 4：选择【键入时自动替换】复选框（如果尚未选中）。

步骤 5：如果内置词条列表不包含所需的更正内容，可以添加词条。方法是在【替换】文本框中输入经常拼写错误的单词或缩略短语，如“文档”，在【替换为】文本框中输入正确拼写的单词或缩略短语的全称，如“Word 文档”，单击【添加】按钮即可。

步骤 6：若某些词条不需要，则可以选中某词条，单击【删除】按钮即可。

3. 插入符号和特殊字符

输入键盘上没有的符号和字符时，需要利用插入符号的方式实现。

（1）插入符号

步骤 1：选择要插入符号的位置，单击【插入】选项卡【符号】组中的【符号】按钮，显示可快速添加的符号按钮，直接选择完成操作，如果没有找到想要的符号，可单击【其他符号】按钮。

步骤 2：弹出【符号】对话框，选择【符号】选项卡，如图 3-14 所示。

步骤 3：在【字体】下拉列表框中选择字体，在【子集】下拉列表框中选择一个专用字符集。

步骤 4：选择要插入的符号后单击【插入】按钮，完成后单击【关闭】按钮。

（2）插入特殊字符

步骤 1：在【符号】对话框中选择【特殊字符】选项卡，如图 3-15 所示。

步骤 2：选择要插入的符号后单击【插入】按钮，完成后单击【关闭】按钮。

图 3-14 【符号】选项卡

图 3-15 【特殊符号】选项卡

3.2.4 文本的选择

1. 拖动选择

把插入点光标“I”移至要选择部分的开始处，按住鼠标左键一直拖动到选择部分的末端，然后释放鼠标。

2. 对词组的选择

把光标放在某个词组（或英文单词、一组数字）上，双击即可选中此词组。

3. 对句子的选择

按住【Ctrl】键的同时单击句子中的任何位置。

4. 对一行的选择

将鼠标指针指向该行左侧空白区域（选定栏）内，当鼠标指针变成向右上方向的箭头时单击即可选中此行，如图 3-16 所示。

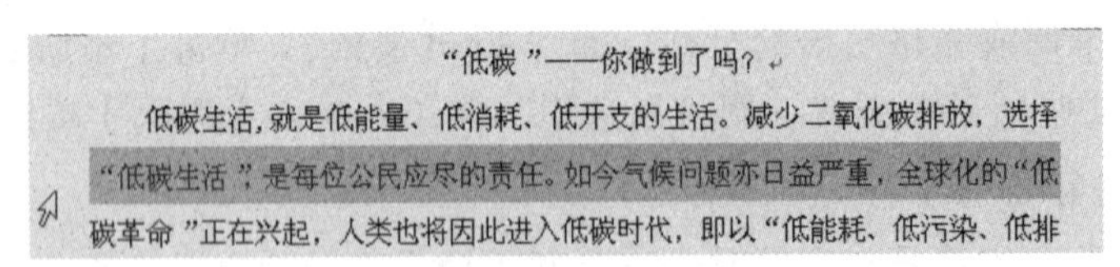

图 3-16 选择行

5. 对多行的选择

选择一行，然后在选定栏中向上或向下拖动。

6. 对段落的选择

双击段落左边的选定栏，或三击段落中的任何位置。

7. 对整个文档的选择

将鼠标指针移到选定栏，三击即可，或使用【Ctrl+A】组合键选择整篇文档。

8. 对任意部分的快速选择

单击要选择的文本的开始位置，按住【Shift】键的同时单击要选择的文本的结束位置。

9. 对矩形文本块的选择

把光标置于要选择的文本的左上角，然后按住【Alt】键的同时，拖动到文本块的右下角，即可选择一块矩形区域。

3.2.5 插入和删除

1. 插入文本

将光标定位到要插入文本的位置，输入文本即可。默认状态下，输入新内容时，光标处的原内容会自动向右移动，新的内容插入到文档中，不会覆盖原内容。

在文档窗口下方的状态栏内有一个【插入】按钮，在此状态下输入的文字将插入到光标处。单击此按钮后或按【Insert】键将变成“改写”状态，此时输入的文字将覆盖光标处的文字。

2. 删除文本

当发现输入错误后，可以随时将错误文本从文档中删除并重新输入新的内容。

方法 1：按【Backspace】键，可删除光标左面的文字或字符。

方法 2：按【Delete】键，可删除光标右面的文字或字符。

方法 3：如果选定了文本，按【Backspace】键或【Delete】键可删除选定的文本。

3.2.6 复制和移动

1. 复制/移动文本

（1）复制方法

方法 1：将鼠标指针移动到选定的文本上，当鼠标指针变为↖时，按住【Ctrl】键的同时拖动，鼠标指针旁边有一条表示插入点的虚线，当虚线达到目标位置后，释放鼠标和【Ctrl】键，选定的文本即被复制到目标位置。

方法 2：先将选定的文本复制到剪贴板上，再将插入点光标移动到目标位置，然后把剪贴板上的文本粘贴到当前位置即可。

（2）移动方法

方法 1：将鼠标指针移动到选定的文本上，当鼠标指针变为↖时拖动，达到目标位置后，松开鼠标左键，选定的文本即被移动到目标位置。

方法 2：先将选定的文本剪切到剪贴板上，再将插入点光标移动到目标位置，然后把剪贴板上的文本粘贴到当前位置即可。

（3）文本复制/剪切到剪贴板上

方法 1：选择需要复制/剪切的文本，右击，从弹出的快捷菜单中选择【复制】/【剪切】命令即可。

方法 2：选择需要复制/剪切的文本，单击【开始】选项卡【剪贴板】组中的【复制】按钮/【剪切】按钮即可。

方法 3：选择需要复制/剪切的文本，按【Ctrl+C】/【Ctrl+X】组合键即可。

（4）将剪贴板上的文本粘贴到目标位置

方法 1：将光标移动到目标位置，右击，从弹出的快捷菜单中单击【粘贴选项】按钮中的一种格式即可。粘贴选项提供了 3 种格式，分别是【保留源格式】、【合并格式】、【只保留文本】。

方法 2：将光标移动到目标位置，单击【开始】选项卡【剪贴板】组中的【粘贴】按钮即可。

方法 3：将光标移动到目标位置，按【Ctrl+V】组合键即可。

2. 选择性粘贴

在复制文本后，可以将其粘贴为指定的样式，如网页或图片，这时用到 Word 的选择性粘贴功能。操作步骤如下：

步骤 1：选择需要复制的文本，按【Ctrl+ C】组合键进行复制。

步骤 2：选定要粘贴的位置，单击【开始】选项卡【剪贴板】组中的【粘贴】→【选择性粘贴】按钮。

步骤 3：弹出【选择性粘贴】对话框，在【形式】列表框中选择一种合适的样式。

步骤 4：单击【确定】按钮，即可指定样式粘贴内容。

3.2.7 查找和替换

1. 文本的查找

在文档内可以通过查找的方式快速找到需要的文本，无论是普通文本还是具有特殊条件的文本，都可以快速完成查找。

（1）普通查找

步骤 1：单击【开始】选项卡【编辑】组中的【查找】→【查找】按钮，或者按【Ctrl+F】组合键。

步骤 2：打开图 3-17 所示的【导航】任务窗格，在【导航】任务窗格中输入要查找的文字，如“低碳”，文档中的对应字符自动被标注出来，并显示文本中有几个匹配项。

（2）特殊文本的查找

步骤 1：单击【开始】选项卡【编辑】组中的【查找】→【高级查找】按钮。

步骤 2：弹出图 3-18 所示的【查找和替换】对话框，单击【查找内容】输入框，定位光标。

步骤 3：单击【更多（M）>>】按钮，打开隐藏的更多选项，单击【特殊格式】下拉按钮，在其下拉菜单中选择查找的格式。

步骤 4：在【查找内容】文本框中自动输入代表该特殊格式的通配符，在【在以下项中查找】下拉菜单中单击【主文档】按钮。

步骤 5：单击【阅读突出显示】下拉按钮，在其下拉菜单中单击【全部突出显示】按钮，查找到的内容会突出显示出来。

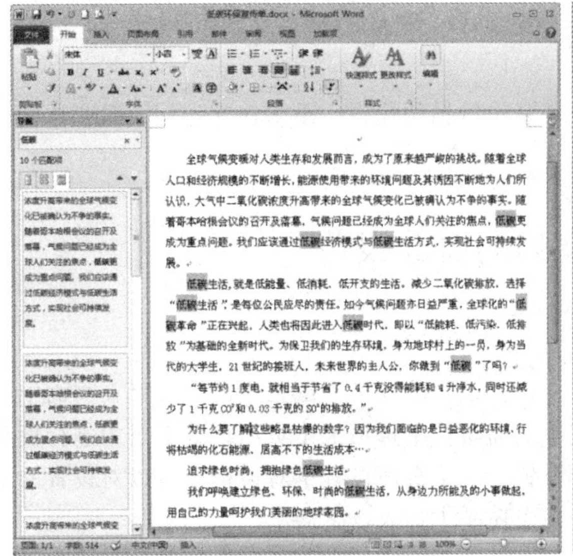

图 3-17 【导航】任务窗格

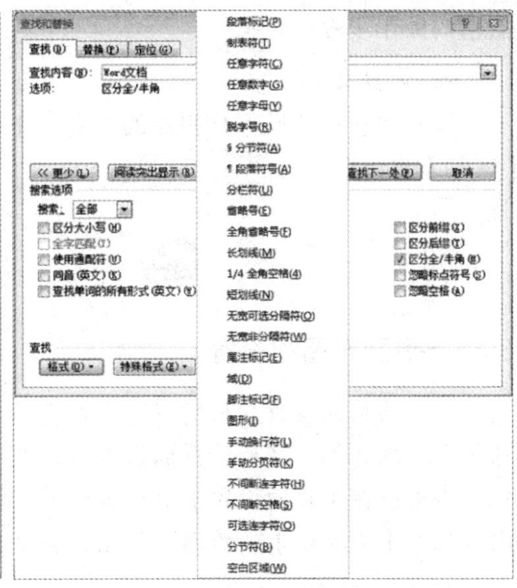

图 3-18 【查找和替换】对话框

2．文本的替换

需要对整篇文档中所有相同的部分文档进行更改时，可以采用替换的方法快速达到目的。

（1）普通替换

步骤 1：单击【开始】选项卡【编辑】组中的【替换】按钮，打开【查找和替换】对话框，或者按【Ctrl+H】组合键打开该对话框。

步骤 2：在【替换】选项卡的【查找内容】文本框中输入查找字符，在【替换为】框中输入替换的内容，单击【替换】按钮。每单击一次则自动查找和替换一处。

步骤 3：不断重复单击【替换】按钮，直至文档最后，完成文档中所有的查找内容均被替换的操作。也可以单击【全部替换】按钮，同时将文档中所有的查找内容进行替换，并弹出提示框，提示完成几处替换。

（2）特殊文本的替换

步骤 1：在【替换】选项卡中，将定位光标在【查找内容】文本框中。单击【更多（M）>>】按钮，在打开的隐藏选项中单击【特殊格式】/【格式】下拉按钮，在其下拉菜单中选择查找的格式。

步骤 2：将定位光标在【替换为】输入框中，再单击【特殊格式】/【格式】下拉按钮，下拉菜单选择替换的格式。

步骤 3：单击【全部替换】按钮，系统自动完成对查找格式的全部替换。

3.2.8 撤销和恢复

1．撤销文本

当出现误操作时，单击快速访问工具栏中的【撤销】按钮，取消刚才的误操作。如果需要撤销连续多步的误操作时，单击【撤销】下拉按钮，从打开的下拉列表中选择要撤销的操作步骤。

2．恢复文本

恢复和撤销的操作是相对的，它用于恢复被撤销的操作。单击快速访问工具栏中的【恢复】按钮即可。

3.3 文档的页面设置

3.3.1 页面布局的设置

文档的页面设置是指确定文档的外观，包括纸张的规格、纸张来源、文字在页面中的位置、版式等。文档的页面设置可以在【页面布局】选项卡【页面设置】组中进行设置，也可以在【页面设置】对话框中进行设置。在【页面设置】对话框中可以对设置的内容选择【应用于】的范围，如【整篇文档】还是【插入点之后】。

1．纸张方向

纸张的方向有横向和纵向两种，默认的纸张方向是纵向。

单击【页面布局】选项卡【页面设置】组中的【纸张方向】下拉按钮，在下拉列表中选择【横向】或【纵向】纸张方向即可。

2．纸张大小

Word 2010 默认的设置为 A4【21 厘米×29.7 厘米】纸。

设置纸张大小的方法：

方法 1：单击【页面设置】组中的【纸张大小】下拉按钮，在其列表中选择合适的纸张类型。

方法 2：打开【页面设置】对话框，选择【纸张】选项卡，单击【纸张大小】下拉按钮，在下拉列表中选择合适的纸张类型。

3．页边距

页边距是页面四周的空白区域（用上、下、左、右的距离指定）。

设置页边距的方法：

方法 1：单击【页面设置】组中的【页边距】下拉按钮，在【页边距】下拉列表中选择一种页边距类型。

方法 2：在【页面设置】对话框中选择【页边距】选项卡，进行操作即可。

在【上】、【下】、【左】、【右】等数值框中输入数值或调整数值，可以改变上、下、左、右边距。

在【装订线】数值框中输入数值或调整数值，打印后将保留出装订线距离。

在【装订线位置】下拉列表中，可选择装订线的位置。

在【应用于】下拉列表中，可选择页边距的作用范围。

4．分隔符

分隔符分为分页符和分节符两种，分页符用来开始新的一页，分节符用来开始新的

一节，不同的节内可以设置不同的排版方式，默认情况下整个文档是一节。

单击【页面设置】组中的【分隔符】下拉按钮，在【分隔符】下拉列表中选择一种分隔符，即可在光标处插入该分隔符。

分隔符的作用如下：

分页符：标记一页终止，并开始下一页。

分栏符：指示分栏符后面的文字将从下一栏开始。

自动换行符：分隔网页上对象周围的文字。

下一页：插入一个分节符，并在下一页开始新节。此类分节符通常应用在文档中开始新的一章。

连续：插入一个分节符，新节从同一页开始。连续分节符可用在同一页上更改格式（如不同数量的列）时。

奇数页：插入一个分节符，新节从下一个奇数页开始。应用在希望文档各章始终从奇数页开始时。

偶数页：插入一个分节符，新节从下一个偶数页开始。应用在希望文档各章始终从偶数页开始时。

默认情况下，分隔符是不可见的，单击【段落】组中的按钮，可显示段落标记和分隔符，或单击 Word 文档的草稿视图，可显示单虚线分页符和双虚线分节符。在分隔符可见的情况下，在文档中选定分隔符后，按【Delete】键可将其删除。

5. 分栏

分栏就是将文档的内容分成多列显示。设置分栏时，如果选定了段落，则选定的段落被设置成相应的分栏格式；如果没有选定段落，则当前节内的所有段落均设置成相应的分栏格式。

单击【页面设置】组中的【分栏】下拉按钮，打开【分栏】列表，选择某一分栏样式后，即可进行相应的分栏。如果选择【一栏】类型，即可以取消分栏的设置。单击【更多分栏】按钮，弹出图 3-19 所示的对话框，可对分栏进行更详细的设置。分栏后的效果如图 3-20 所示。

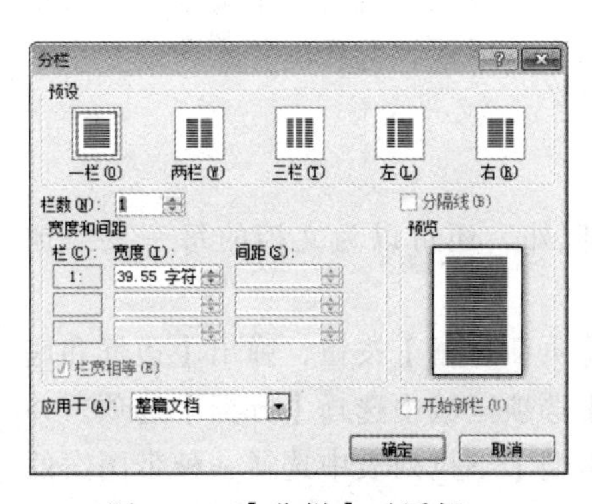

图 3-19 【分栏】对话框

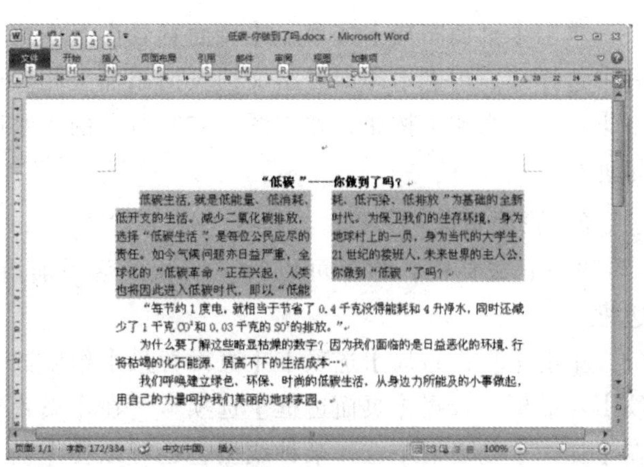

图 3-20 分栏效果图

3.3.2 页面背景的设置

文档的页面可以设置背景颜色、水印、页面边框，在页面中某处增加横线等，以增加页面的艺术效果，如图 3-21 所示。

1. 页面背景色

Word 2010 的页面背景色包括主体颜色，填充颜色、填充效果（如渐变、纹理、图案或图片）等。

单击【页面布局】选项卡【页面背景】组中的【页面颜色】下拉按钮，弹出图 3-22 所示的下拉列表，选择某一种颜色或效果，单击【确定】按钮即可。

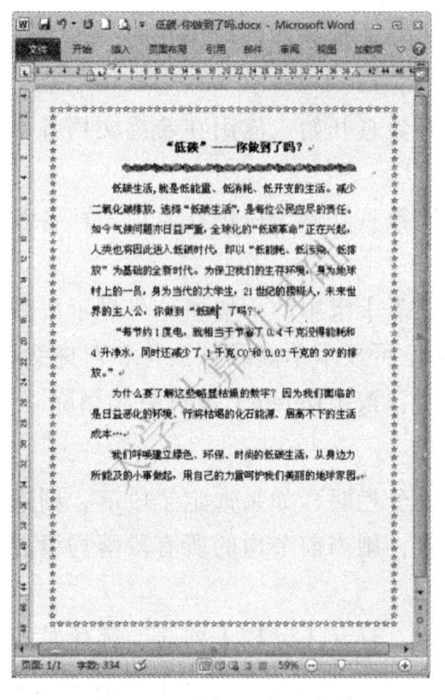

图 3-21 设置页面背景

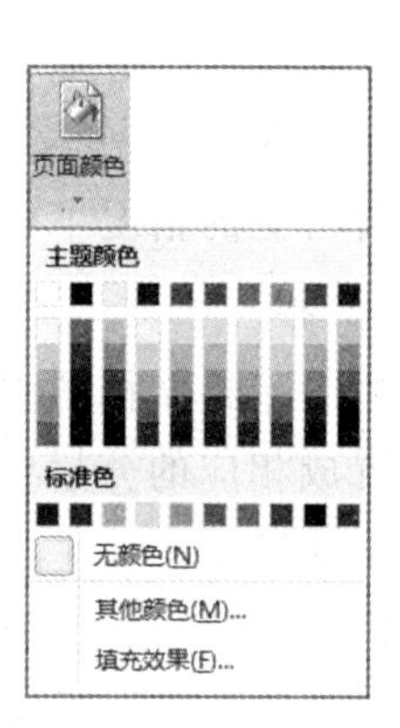

图 3-22 【页面颜色】列表

2. 页面水印

单击【页面布局】选项卡【页面背景】组中的【水印】下拉按钮，在弹出的下拉列表中选择某一内置水印即可给文档页面添加上相应的水印效果。若需自定义水印，可单击【自定义水印】按钮，弹出图 3-23 所示的【水印】对话框，选择图片水印或文字水印进行设置即可。

3. 页面边框

Word 文档中，除了可以给文字和段落添加边框外，还可以为文档的每一页添加边框。

单击【页面布局】选项卡【页面背景】组中的【页面边框】按钮，弹出【边框和底纹】对话框。选择【页面边框】选项卡，在【设置】选项区域中选择【方框】选项，并在【样式】列表框中选择某种线型，也可以在【艺术型】下拉列表中选择一种带图案的边框线，选择应用的范围，单击【确定】按钮，如图 3-24 所示。

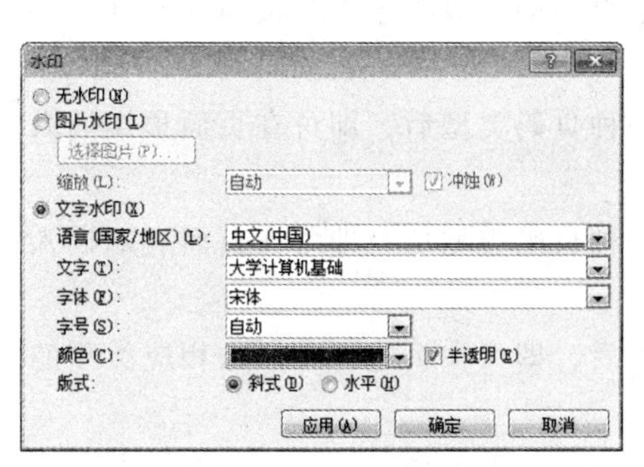

图 3-23 【水印】对话框

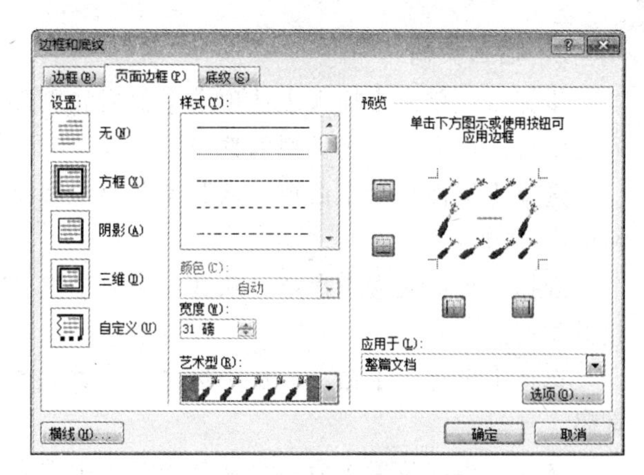

图 3-24 【页面边框】选项卡

4. 页面内横线

在【页面边框】选项卡中，单击【横线】按钮弹出【横线】对话框，选择一种横线的样式，单击【确定】按钮。

3.3.3 页眉/页码的插入

页眉、页脚在文档中每个页面页边距的顶部和底部区域。可以在页眉和页脚中插入文本或图形，如页码、章节标题、日期、公司徽标、文档标题、文件名或作者名等。

1. 插入页眉

步骤 1：单击【插入】选项卡【页眉和页脚】组中的【页眉】下拉按钮，从其下拉列表中选择一种内置的页眉类型，可插入该类型的页眉，这时光标会出现在页眉中。同时，功能区会增添一个【设计】选项卡，如图 3-25 所示。

步骤 2：在页眉区域中输入文字或图形。在页眉编辑状态下，可以修改页眉中各域的内容，也可以输入新的内容。在页眉编辑过程中，不能编辑文档。

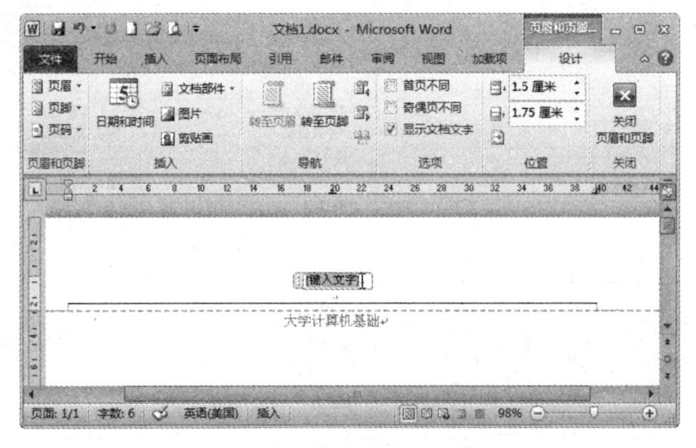

图 3-25 【设计】选项卡

步骤 3：在文档中双击，或单击【设计】选项卡【关闭】组中的【关闭页眉页脚】按钮，即可退出页眉编辑状态，返回文档编辑状态。

若要删除页眉，可在【页眉】下拉列表中单击【删除页眉】按钮。

2. 插入页码

步骤 1：单击【插入】选项卡【页眉和页脚】组中的【页码】下拉按钮，从其下拉列表中可进行内置页码类型的选择。

选择【页面顶端】命令，从其子菜单中选择一种页码类型后，即可在页面顶端插入相应类型的页码。

选择【页面底端】命令，从其子菜单中选择一种页码类型后，即可在页面底端插入相应类型的页码。

选择【页边距】命令，从中选择一种页码类型后，即可在页边距中插入相应类型的页码。

选择【当前位置】命令，从其子菜单中选择一种页码类型后，即可在当前位置插入相应类型的页码。

步骤 2：选择【设置页码格式】命令，弹出【页码格式】对话框，单击【编号格式】下拉按钮，从下拉列表中选择一种页码格式。

步骤 3：单击【确定】按钮，返回文档即可为文档插入页码。

若要删除页码，可在【页码】列表中选择【删除页码】命令即可。

3.4 文档的基本排版

文档输入后，需要根据文档的使用场合和行文要求对文档中的字符、段落、边框和底纹进行格式化设置，使文档层次分明，界面美观，达到更好的视觉效果。

3.4.1 设置字符格式

字符格式化可以通过【开始】选项卡【字体】组中的命令按钮、浮动工具栏中的相应按钮或【字体】对话框的【字体】选项卡进行设置，如图 3-26 所示。

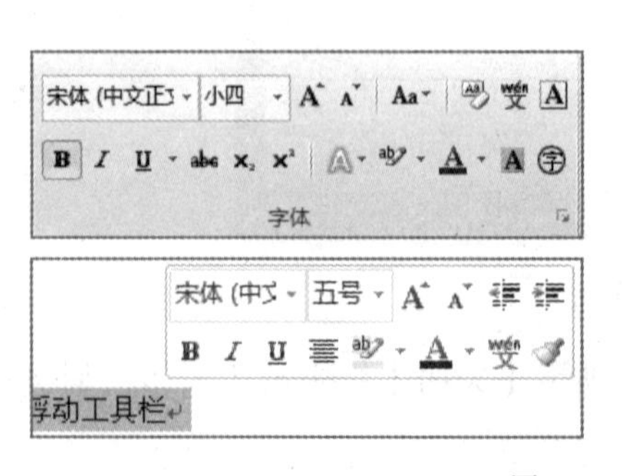

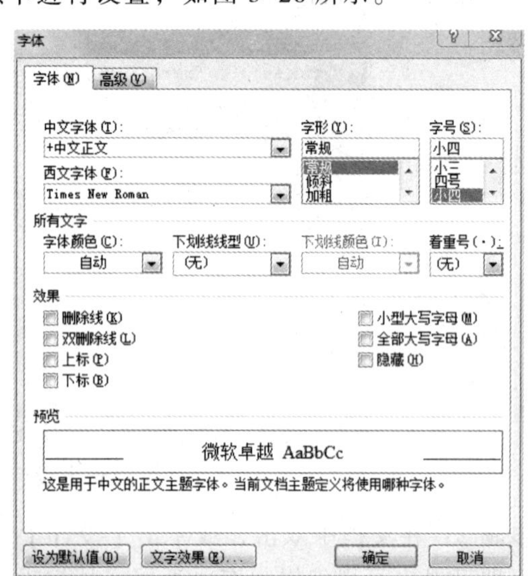

图 3-26 字符格式化

1．设置字体、字号、字形

（1）字体

字体是文字的一种书写风格，常用的中文字体有宋体、黑体、隶书等。

单击【开始】选项卡【字体】组中的【字体】下拉按钮，在字体列表中选择所需的字体。

（2）字号

字号即字符的大小。汉字字符的大小用初号、小二号、五号、八号等表示。字号包括中文字号和数字字号，中文字号号数越大，字体越小；相反的，数字字号号数越大，字体越大。

单击【字体】组中的【字号】下拉按钮，在字号列表中选择所需的字号。

（3）字形

字形是指附加于字符的属性，包括粗体、斜体、下画线等。单击【开始】选项卡【字体】组中的【加粗】/【倾斜】/【下划线】等按钮即可。

2．字符颜色和缩放比例

单击【字体】组中的【字体颜色】下拉按钮，弹出调色面板，在调色面板的方块中选择某种颜色。

字符间距、缩放比例、字符位置可以在【字体】对话框的【高级】选项卡中进行设置。

3．带特殊效果的文字

将文档中的一个词或一段文字设置一些特殊效果，可以使其更加突出和引人注目，以强调或修饰字符效果的属性，如删除线、上下标、着重号等。

单击【字体】组找到相应的命令按钮或在【字体】对话框中进行设置。

4．设置字符的艺术效果

设置文字的艺术效果是指更改字符的填充方式、更改字符的边框，或者为字符添加阴影、映像、发光或三维旋转等效果，这样可以使文字更美观。

单击【字体】组中的【文本效果】下拉按钮，在弹出的下拉列表中进行设置，其中包括 4×5 的艺术字选项以及“轮廓”“阴影”“映像”“发光”等特殊文本效果菜单。

3.4.2 设置段落格式

段落格式包括有对齐方式、缩进量、行间距、段前和段后间距等。

1．对齐方式

段落的对齐方式有 5 种，分别是左对齐、居中对齐、右对齐、两端对齐和分散对齐，如图 3-27 所示。Word 2010 默认的对齐方式是两端对齐。

左对齐：选中的段落靠页面的左侧对齐。

居中对齐：选中的段落居中放置。

右对齐：选中的段落靠页面的右侧对齐。

两端对齐：选中的段落文字左右两端对齐，并自动调整字与字之间的间距，以便达到页面左右两端对齐的效果。

分散对齐：使整个段落同时左右对齐，并根据需要调整字间距。

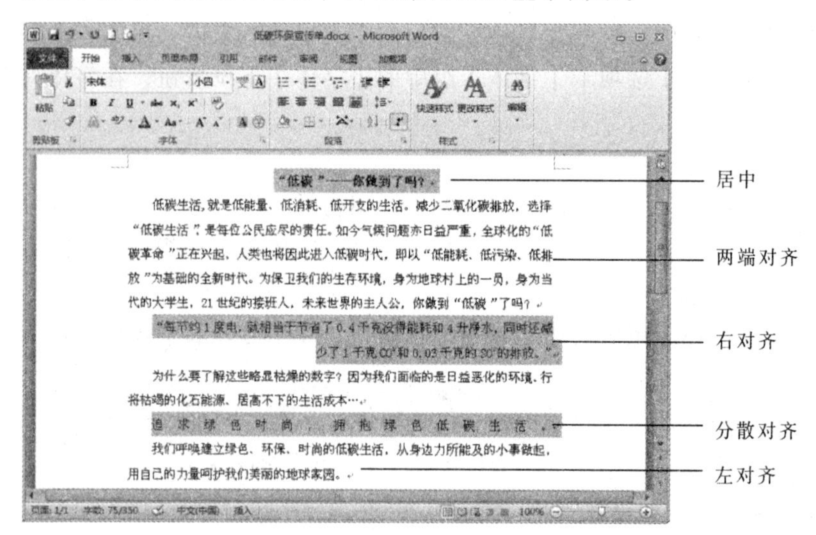

图 3-27　对齐方式

2. 段落缩进

段落的缩进就是改变段落的边缘与页面边距之间的距离，段落缩进包括左缩进、右缩进、首行缩进和悬挂缩进 4 种，如图 3-28 所示。

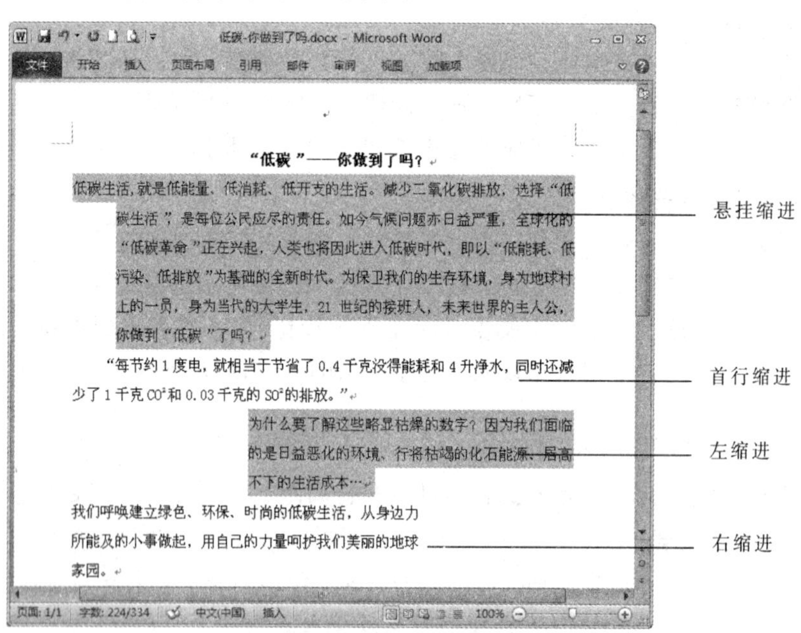

图 3-28　段落缩进

左缩进：将段落的左端整体向右缩进一段距离。

右缩进：将段落的右端整体向左缩进一段距离。

首行缩进：将选中段落的第 1 行从左向右缩进一定的距离，而首行以外的各行都不

进行缩进。

悬挂缩进：与首行缩进相反，段落中首行文本位置不变，将首行以外的文本向右缩进一定的距离。

3. 行间距和段间距

（1）行间距

行间距是段落中各行文本间的垂直距离。Word 2010 默认的行间距称为基准行距，即单倍行距。

（2）段间距

段间距是指相邻两段除行距外加大的距离，分为段前间距和段后间距。段间距默认的单位是“行”，段间距的单位还可以是“磅”。Word 2010 默认的段前间距和段后间距都是 0 行。

4. 项目符号和编号

项目符号是放在段落前的圆点或其他符号，以增加强调效果。而编号是放在段落前的序号，增加顺序性。段落加上项目符号和编号后，该段则自动设置成悬挂缩进方式。

（1）添加项目符号

步骤 1：选中要添加项目符号的文本（通常是若干个段落）。

步骤 2：单击【开始】选项卡【段落】组中的【项目符号】下拉按钮，打开【项目符号库】下拉列表，该列表列出了最近使用过的符号，如果没有需要的项目符号，则单该列表下的【定义新项目符号】按钮。

步骤 3：弹出【定义新项目符号】对话框，如图 3-29 所示，单击【符号】或【图片】按钮，弹出相应的对话框，在对话框中选择某一个符号作为项目符号即可。

步骤 4：单击【确定】按钮。

（2）添加编号

添加编号与添加项目符号的操作类似，不同的是单击【定义新编号格式】按钮后，弹出的是图 3-30 所示的【定义新编号格式】对话框，对编号进行指定格式和对齐方式的设置即可。

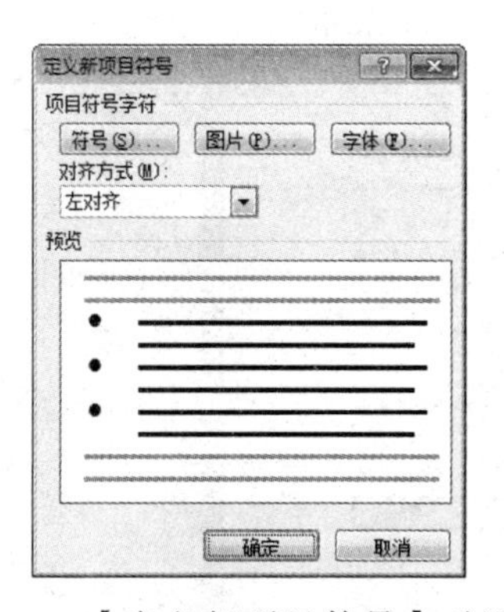

图 3-29 【定义新项目符号】对话框

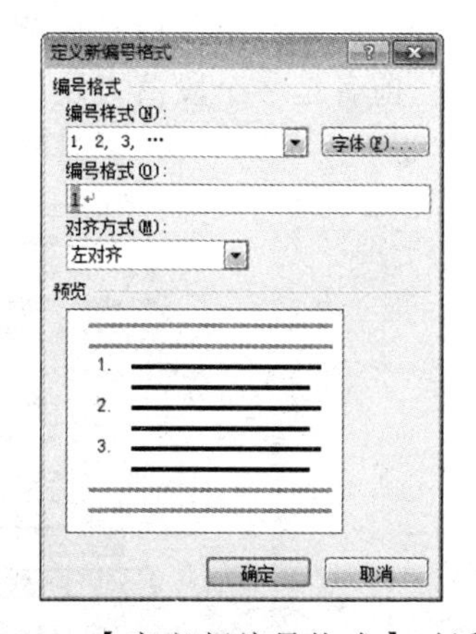

图 3-30 【定义新编号格式】对话框

5. 首字下沉

当用户希望强调某一段落或强调出现在段落开头的关键词时，可以采用首字下沉或悬挂设置。首字下沉就是把段落第一个字符进行放大，以引起注意，并美化文档的版面样式。首字悬挂就是段落的第一个字与段落之间是悬空的，下面没有字符。

3.4.3 边框和底纹

为文档中某些重要的文本或段落增设边框和底纹，以不同的颜色显示，可使内容更引人注目，外观效果更加美观，起到突出和醒目的显示效果。

1. 边框

设置文字或段落边框的步骤如下：

步骤 1：选择需要添加边框的文字或段落。

步骤 2：单击【开始】选项卡【段落】组中的【框线】下拉按钮，在其下拉列表中单击【边框和底纹】按钮，弹出【边框和底纹】对话框。

步骤 3：在【边框和底纹】对话框中选择【边框】选项卡，如图 3-31 所示，设置边框的线型、颜色、宽度等。在【应用于】下拉列表中选择应用于【文字】/【段落】，单击【确定】按钮。

图 3-31 【边框和底纹】对话框

如图 3-32 所示，第二段是段落边框，第五段是文字边框。文字与段落边框在形式上存在区别：前者是一个段落方块的边框，后者是由行组成的边框。

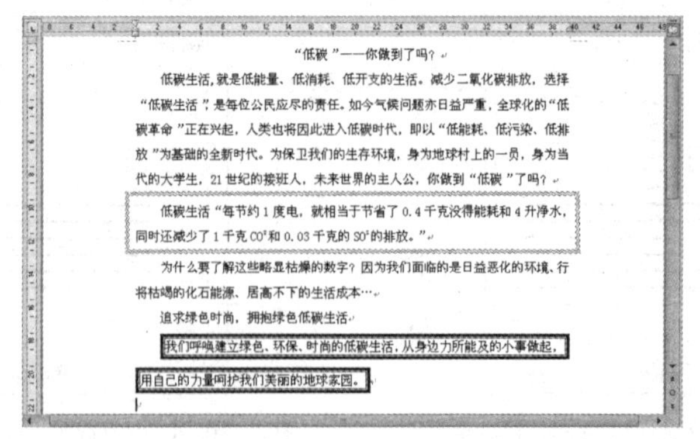

"低碳"——你做到了吗？

低碳生活，就是低能量、低消耗、低开支的生活。减少二氧化碳排放，选择"低碳生活"，是每位公民应尽的责任。如今气候问题亦日益严重，全球化的"低碳革命"正在兴起，人类也将因此进入低碳时代，即以"低能耗、低污染、低排放"为基础的全新时代。为保卫我们的生存环境，身为地球村上的一员，身为当代的大学生，21 世纪的接班人，未来世界的主人公，你做到"低碳"了吗？

低碳生活"每节约 1 度电，就相当于节省了 0.4 千克没得能耗和 4 升净水，同时还减少了 1 千克 CO^2 和 0.03 千克的 SO^2 的排放。"

为什么要了解这些略显枯燥的数字？因为我们面临的是日益恶化的环境、行将枯竭的化石能源、居高不下的生活成本…

追求绿色时尚，拥抱绿色低碳生活

我们呼唤建立绿色、环保、时尚的低碳生活，从身边力所能及的小事做起，用自己的力量呵护我们美丽的地球家园。

图 3-32 设置边框效果图

2. 底纹

在【边框和底纹】对话框中选择【底纹】选项卡，根据版面需求设置底纹的填充颜色、图案的样式和颜色等，如图 3-33 所示。

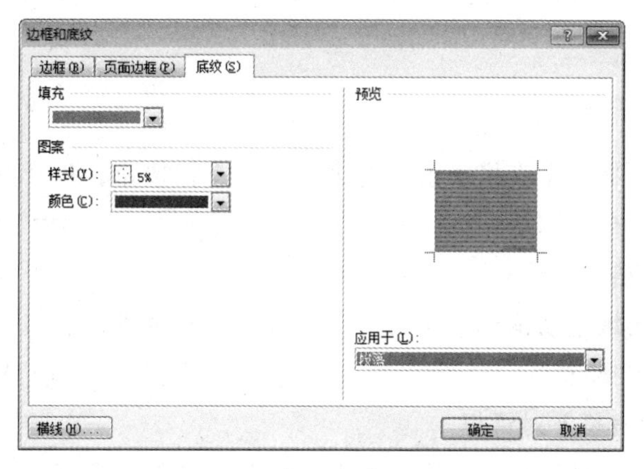

图 3-33 【底纹】选项卡

设置底纹时，应用的对象也有【文字】/【段落】底纹的区别，可在【应用于】下拉列表框中选择。如图 3-34 所示，第二段是段落底纹，第五段是文字底纹的设置效果。

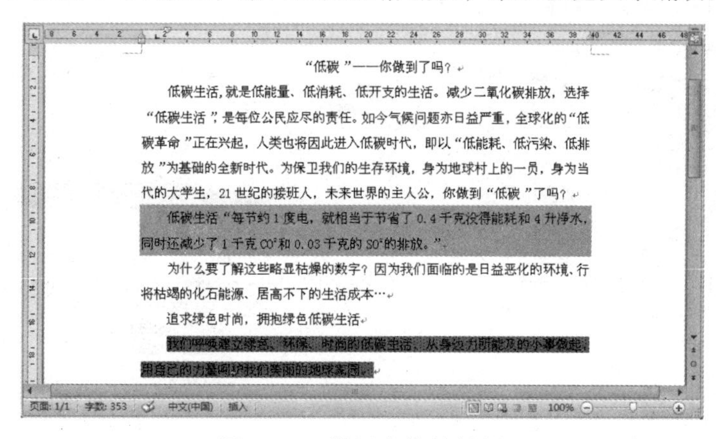

"低碳"——你做到了吗？

低碳生活，就是低能量、低消耗、低开支的生活。减少二氧化碳排放，选择"低碳生活"，是每位公民应尽的责任。如今气候问题亦日益严重，全球化的"低碳革命"正在兴起，人类也将因此进入低碳时代，即以"低能耗、低污染、低排放"为基础的全新时代。为保卫我们的生存环境，身为地球村上的一员，身为当代的大学生，21 世纪的接班人，未来世界的主人公，你做到"低碳"了吗？

低碳生活"每节约 1 度电，就相当于节省了 0.4 千克没得能耗和 4 升净水，同时还减少了 1 千克 CO^2 和 0.03 千克的 SO^2 的排放。"

为什么要了解这些略显枯燥的数字？因为我们面临的是日益恶化的环境、行将枯竭的化石能源、居高不下的生活成本…

追求绿色时尚，拥抱绿色低碳生活

我们呼唤建立绿色、环保、时尚的低碳生活，从身边力所能及的小事做起，用自己的力量呵护我们美丽的地球家园。

图 3-34 设置底纹效果图

3.4.4 使用格式刷

如果文档中有多处需要用相同的格式，不必一一设置，可以使用格式刷快速完成操作。利用格式刷的步骤如下：

步骤 1：选择已经设置好格式的文本或段落样本。

步骤 2：单击【开始】选项卡【剪贴板】组中的【格式刷】按钮，此时鼠标指针变成一个小刷子形状，将鼠标指针指向需复制格式的文本处并拖动，被鼠标拖过的文本格式即变成样本的格式，但内容不变。

步骤 3：双击【格式刷】按钮，可以将选择的格式复制多次，格式复制完成后，再次单击【格式刷】按钮，将退出格式复制操作。

3.5 表格的插入设置

表格是行和列的集合，行和列交叉的单元称为单元格。在文档中用表格显示数据既简明又直观。

3.5.1 表格的插入方式

单击【插入】选项卡【表格】组中的【表格】下拉按钮，打开图3-35所示的列表，Word 2010的多种创建表格的方法都可通过该列表实现。

1. 自动插入表格

在列表的表格区域拖动鼠标，文档会出现相应的行和列的表格，这种方式只能建立最大为10列、8行的表格。

2. 使用【插入表格】对话框

若建立的表格行、列数较大，则可用对话框的方法插入表格。

单击表3-35中的【插入表格】按钮，弹出图3-36所示的【插入表格】对话框。在【表格尺寸】区域选择所需的行数和列数，在【“自动调整”操作】区域选择调整表格大小的选项，单击【确定】按钮。

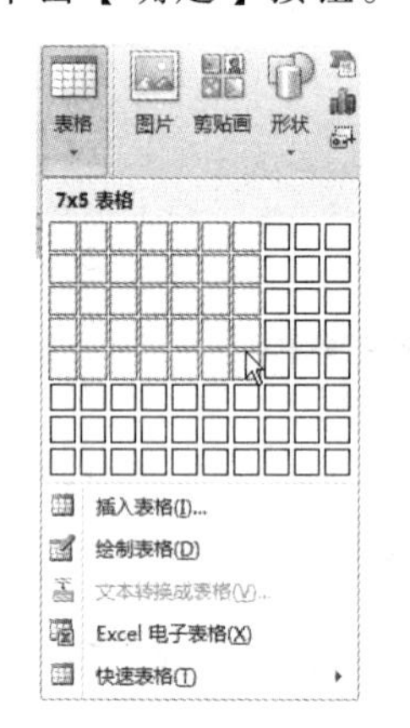

图3-35 【表格】列表

图3-36 【插入表格】对话框

3. 手工绘制表格

若建立的表格是一个不规则的表格，可以利用【绘制表格】按钮将表格插入到文档中。

步骤1：在图3-35中单击【绘制表格】按钮。

步骤2：将鼠标指针移动到需插入表格处，此时鼠标指针变成一根铅笔的形状✎，同时功能区出现【设计】选项卡，在文档中按下鼠标左键，从左上角到右下角对角线方向拖动，释放鼠标后可以画出表格的外边框。

步骤3：在表格外边框内，从左向右或从右向左拖动可画出横线，从上向下或从下向上拖动可画出竖线，沿对角线拖动可画出斜线。

步骤4：如果需要擦除某条表格线，单击【表格工具】|【设计】选项卡【绘图边框】

组中的【擦除】按钮，此时鼠标指针变成一块橡皮的形状，将鼠标指针对准需擦除的表格线从一端拖动到另一端，此时表格线变粗变黑，释放鼠标时表格线被擦除。

4. 使用内置表格

若要使用 Word 2010 内置的表格格式，在【插入表格】列表中单击【快速表格】按钮，从列表中选择一种表格类型即可。

3.5.2 表格的文本编辑

表格创建完成后即可在表格内输入内容，单击将光标定位于单元格内，按普通文本的输入方法输入即可。当一个单元格的文本输入完毕后，可以按方向键使光标跳到下一个单元格继续输入，也可以按【Tab】键，使光标向右移动一个单元格再继续输入。如果输入的文本有多段，按【Enter】键可另起一段。如果输入的文本超过了单元格的宽度，系统会自动换行，并调整单元格的高度。

如果单元格内的文本输入有误，可以按【Delete】键或【Backspace】键将错误文本删除，再继续输入新的文本。

3.5.3 表格的基本操作

1. 选择表格

当需要对表格中的内容进行编辑时，一定要将表格中的相应部分选中。

（1）选择行

将鼠标指针移动到表格左侧的选定栏中，此时指针变成向右上方的箭头，单击可选择一行，向下或向上拖动可选择多行。

（2）选择列

将鼠标指针移动到表格上方的选定栏中，此时指针变成向右下的箭头，单击可选择一列，向左或向右拖动可选择多列。

（3）选择单元格

将鼠标指针移动到某单元格的左侧端线上，此时指针变成向右上方的箭头，单击可选择一个单元格，拖动可选择多个连续的单元格。

（4）选择整个表格

单击表格左上角的【全选】按钮，即可将整个表格选中。

2. 行、列操作

（1）插入行/列

方法 1：选择表格中要插入行（列）位置相邻的行（列），单击【表格工具】|【布局】选项卡【行和列】组中的【在上方插入】/【在下方插入】(【在左方插入】/【在右方插入】) 按钮，则会在相应位置插入一行（列）；如果选中的是多行（列），那么插入的也是同样数目的多行（列）。

方法 2：选择表格中要插入行（列）位置相邻的行（列），右击，在弹出的快捷菜单中选择相应命令即可。

（2）删除行/列

方法 1：选择表格中要删除的行/列，右击，在弹出的快捷菜单中选择【删除行】/【删除列】命令即可。

方法 2：选择表格中要删除的行/列，单击【布局】选项卡【行和列】组中的【删除】下拉按钮，在其下拉列表中单击【删除行】/【删除列】按钮即可，如图 3-37 所示。

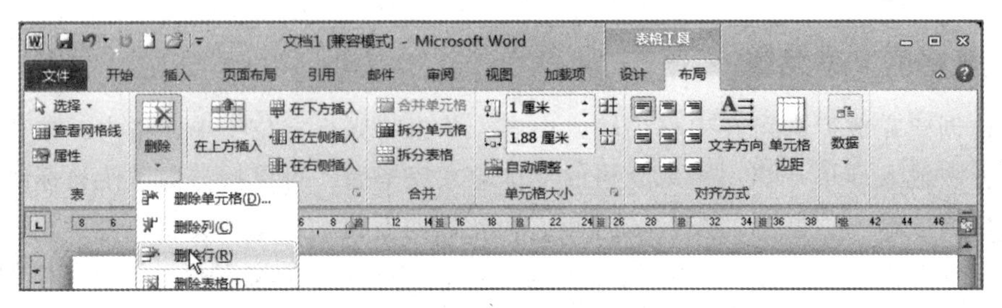

图 3-37 【删除】下拉列表

单击【删除】下拉列表中的【删除表格】按钮也可删除整个表格。

3. 单元格操作

（1）插入/删除单元格

在表格中插入/删除单元格的操作方法和插入/删除行和列的操作类似。

步骤 1：将光标定位于某个单元格中（此单元格称为活动单元格）。

步骤 2：右击，在弹出的快捷菜单选择【插入单元格】/【删除单元格】命令，分别弹出图 3-38 所示的【插入单元格】对话框和图 3-39 所示的【删除单元格】对话框。

步骤 3：在【插入单元格】/【删除单元格】对话框中选择一种活动单元格移动方式。

步骤 4：单击【确定】按钮。

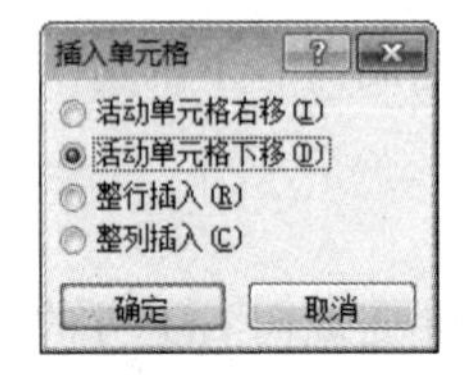

图 3-38 【插入单元格】对话框

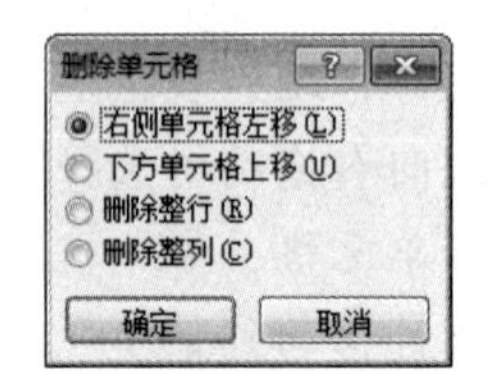

图 3-39 【删除单元格】对话框

（2）合并单元格

合并单元格就是将若干个单元格合并成一个单元格，并将被合并的若干个单元格中的内容写入合并后的单元格中。

选择需合并的若干个单元格，单击【布局】选项卡【合并】组中的【合并单元格】按钮，或者右击，在弹出的快捷菜单中选择【合并单元格】命令，即可完成合并单元格的操作。

（3）拆分单元格

拆分单元格与合并单元格是相反的操作，是将一个单元格拆分成若干个单元格。

选择需要拆分的单元格，单击【布局】选项卡【合并】组中的【拆分单元格】按钮，弹出【拆分单元格】对话框，如图 3-40 所示。在该对话框的【列数】和【行数】文本框中分别输入需拆分成的列数或行数，单击【确定】按钮。

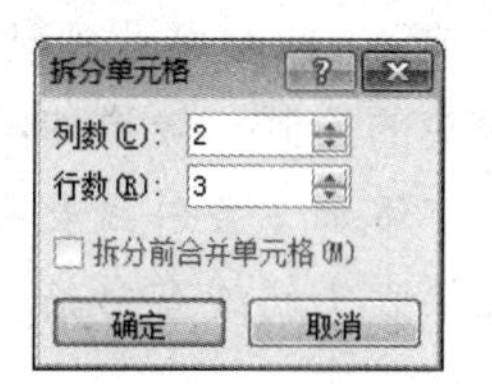

图 3-40 【拆分单元格】对话框

4. **表格和文本的转换**

（1）将表格转换成文本

以图 3-41 所示的表格为例，进行表格与文本的转换。

步骤 1：将光标置于要转换成文本的表格中。

步骤 2：单击【布局】选项卡【数据】组中的【转换为文本】按钮。

步骤 3：弹出【表格转换成文本】对话框，选择一种文字分隔符，默认是【制表符】，单击【确定】按钮即可将表格转换成文本，如图 3-42 所示。

1302 班成绩表

姓名	计算机基础	高等数学	大学物理
魏延廷	64	80	73
杜庆生	80	78	85
周京生	76	86	91
万里	70	40	62

图 3-41 转换前的表格

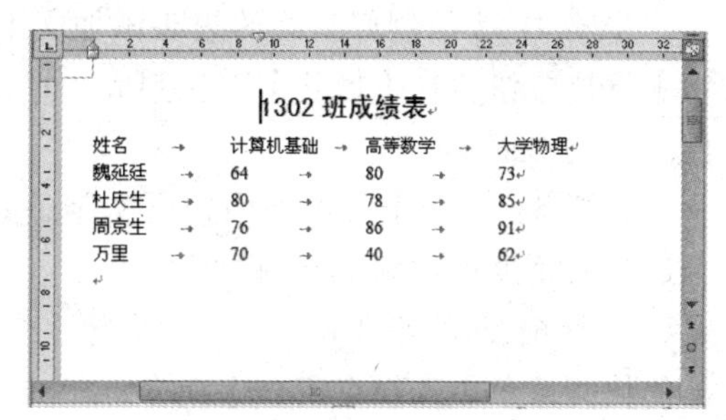

图 3-42 转换后的文字

在【表格转换成文本】对话框中提供了 4 种文本分隔符选项：

【段落标记】：把每个单元格的内容转换成一个文本段落。

【制表符】：把每个单元格的内容转换成文本后用制表符分隔。

【逗号】：把每个单元格的内容转换成文本后用逗号分隔。

【其他字符】：在对应的文本框中输入用作分隔符的半角字符，每个单元格的内容转换成文本后用输入的字符分隔符隔开。

（2）将文字转换成表格

将用段落标记、逗号、制表符或其他特定字符分隔的文字转换成表格。

步骤 1：选择要转换成表格的文字，这些文字应类似图 3-42 所示的格式编排。

步骤 2：单击【插入】选项卡【表格】组中的【表格】下拉按钮。

步骤 3：在【表格】下拉列表中单击【文本转换成表格】按钮。

步骤 4：弹出【将文字转换成表格】对话框，输入相关参数，如在【文字分隔位置】选项区域选择当前文本所使用的分隔符，单击【确定】按钮。

5. **插入斜线表头**

为了更清楚地指明表格的内容，需要在表头中用斜线将表格中的内容按类别分开。

（1）添加一条斜线表头

步骤 1：将光标置于要制作斜线的单元格中（一般是表格的左上角单元格）。

步骤 2：单击【表格工具】|【设计】选项卡【表格样式】组中的【边框】下拉按钮。

步骤 3：在【边框】下拉列表中只有两种斜线框线可供选择，单击【斜下框线】按钮。

步骤 4：此时可看到已给表格添加斜线，向单元格中输入“科目”和“姓名”，完成斜线表头的绘制，效果如图 3-43 所示。

（2）添加多条斜线表头

如果表头斜线有多条，在 Word 2010 中的绘制就显得有些复杂，通过自选图形直线及文本框完成。

步骤 1：将光标置于要制作斜线的单元格中。

步骤 2：单击【插入】选项卡【插图】组中的【形状】下拉按钮。

步骤 3：在【形状】下拉列表中单击【直线】按钮，这时鼠标指针变成了“+”状，在选中的表头单元格内根据需要绘制斜线，斜线有几条就重复几次操作，最后调整直线的方向和长度以适应单元格大小。

步骤 4：为绘制好斜线的表头添加文本框。单击【插入】选项卡【插图】组中的【形状】下拉按钮，在【形状】下拉列表中单击【文本框】按钮，重复此操作，在斜线处添加 3 个文本框。

步骤 5：在各个文本框中输入文字，并调整文字即文本框的大小，将文本框旋转一个适当的角度以达到最好的视觉效果。

步骤 6：调整好外观后，选中步骤 3～步骤 5 中绘制的所有斜线及文本框右击，在弹出的快捷菜单中选择【组合】命令。

效果如图 3-44 所示。

1302 班成绩表

科目 姓名	计算机基础	高等数学	大学物理
魏延廷	64	80	73
杜庆生	80	78	85
周京生	76	86	91
万里	70	40	62

图 3-43　添加一条斜线表头的表格

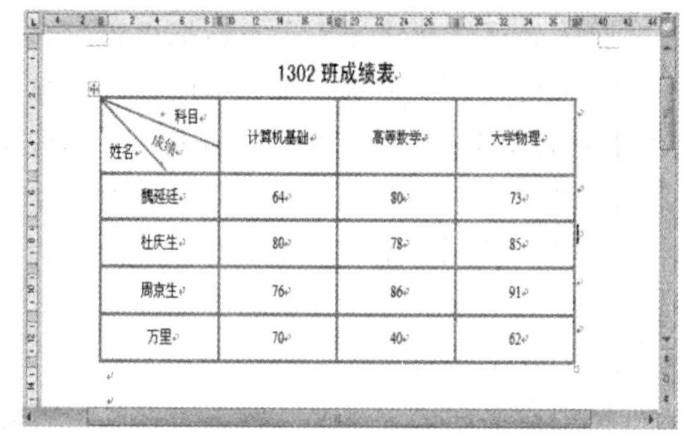

1302 班成绩表

科目 成绩 姓名	计算机基础	高等数学	大学物理
魏延廷	64	80	73
杜庆生	80	78	85
周京生	76	86	91
万里	70	40	62

图 3-44　添加多条斜线表头的表格

6．重复标题行

如果一个有标题行的表格跨两页或多页，默认情况下，下一页的表格没有标题行。将光标移动到表格的第 1 行，或选择开始的几行，然后单击【布局】选项卡【数据】组中的【重复标题行】按钮，即可使表格自动重复标题行，标题行为表格的第 1 行或选择开始的几行。

3.5.4　表格的格式设置

创建和编辑好表格以后，应对表格进行各种格式设置，以使其更加美观。常用的格式设置包括数据对齐，设置行高、列宽，设置位置、大小，设置对齐、文字环绕，设置边框、底纹等。

1. 数据对齐

表格中数据格式的设置与文档中文本和段落格式的设置大致相同，这里不再重复。与段落对齐不同的是，单元格内的数据不仅可水平对齐，而且可垂直对齐。使用【布局】选项卡【对齐方式】组中的对齐工具，可同时设置水平对齐方式和垂直对齐方式。

2. 行高、列宽

要设置行高、列宽，通常是使用【布局】选项卡【单元格大小】组（见图 3-45）中的命令按钮。

图 3-45 【单元格大小】组

（1）设置行高

方法 1：移动鼠标指针到行的底边框线上，这时鼠标指针变成状，拖动即可调整该行的高度。

方法 2：在【单元格大小】组中的【行高】数值框中输入或调整一个数值，当前行或选定行的高度即为该值。

方法 3：选定表格中的若干行，单击【单元格大小】组中的【分布行】按钮，即可将选定的行设置为相同的高度，它们的总高度不变。

（2）设置列宽

方法 1：移动鼠标指针到列的边框线上，这时鼠标指针变为状，拖动可增加或减少边框线左侧列的宽度，同时边框线右侧列会减少或增加相同的宽度。

方法 2：移动鼠标指针到列的边框线上，这时鼠标指针变为状，双击，可将表格线左边的列设置成最合适的宽度。双击表格最左边的表格线，所有列均可被设置成最合适的宽度。

方法 3：在【单元格大小】组中的【列宽】数值框中输入或调整一个数值，当前列或选定列的宽度即为该值。

方法 4：选定表格中的若干列，单击【单元格大小】组中的【分布行】按钮，即可将选定的列设置为相同的宽度，它们的总宽度不变。

3. 位置、大小

（1）设置位置

将光标移动到表格上，表格的左上方会出现表格移动手柄，拖动它可移动表格到不同的位置。

（2）设置大小

将光标移动表格的右下方，出现表格缩放手柄，拖动可改变整个表格的大小，同时保持行和列的比例不变。

4. 表格对齐文字环绕

表格文字环绕是指表格被嵌在文字段中时文字环绕表格的方式，默认情况下表格无文字环绕，这时表格的对齐相对于页面；若表格有文字环绕，表格的对齐则相对于环绕的文字。

将光标移至表格内，单击【布局】选项卡【表】组中的【属性】按钮，弹出【表格属性】对话框，选择【表格】选项卡进行对齐、环绕设置。

① 选择【左对齐】选项，表格左对齐。

② 选择【居中】选项，表格居中对齐。

③ 选择【右对齐】选项，表格右对齐。

④ 在【左缩进】数值框中，可输入或调整表格左缩进的大小。

⑤ 选择【无】选项，表格无文字环绕。

⑥ 选择【环绕】选项，表格有文字环绕。

⑦ 选择【确定】按钮，所做的设置即可生效。

5. 表格边框和底纹

（1）边框

步骤 1：选择需进行设置的单元格或区域，单击【设计】选项卡【绘图边框】组中的【笔样式】下拉按钮，选择一种线条的形状；单击【笔画粗细】下拉按钮，设置线条的粗细；单击【笔颜色】下拉按钮，设置线条的颜色，如图 3-46 所示。

步骤 2：单击【绘图边框】组中的【绘制表格】按钮，鼠标指针变成铅笔的形式，单击要绘制的边框即可将设置好的线条样式应用于表格的相应框线上。

也可单击【设计】选项卡【表格样式】组中的【边框】下拉按钮，在其下拉列表中单击【边框和底纹】命令，在弹出的【边框和底纹】对话框中进行边框样式、颜色、宽度的设置。选择应用于“表格”还是“单元格”来区分边框的设置范围，如图 3-47 所示。

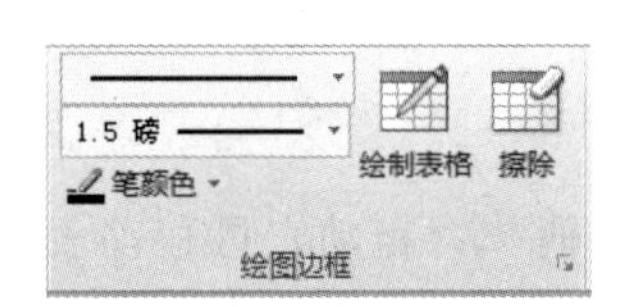

图 3-46 【绘图边框】组

图 3-47 【边框和底纹】对话框

（2）底纹

选择需设置底纹的单元格或区域，单击【设计】选项卡【表格样式】组中的【底纹】下拉按钮，从其下拉列表中选择一种底纹样式，可以对选择的单元格进行底纹修饰。或者在【边框和底纹】对话框的【底纹】选项卡中进行设置。

6. 套用表格样式

Word 2010 预设有许多常用的表格样式，用户可以对表格自动套用某一种样式，以简化表格的设置。在【表格工具】|【设计】选项卡的【表格样式】组中包含近 100 种表格样式，单击其中的一种表格样式，当前表格的格式即自动套用该样式。

3.5.5 表格的高级应用

1. 表格计算

在表格中执行计算时，可用 A1、A2、B1、B2 的形式引用表格单元格，其中字母表示“列”，数字表示“行”。

（1）引用单独的单元格

在公式中引用单元格时，用逗号分隔单个单元格，而选定区域的首尾单元格之间用冒号分隔。

（2）计算行或列中数值的总和

以图 3-48 所示的“1302 班成绩表”为例，介绍计算表格行或列中数值的总和的操作方法。

步骤 1：单击要放置求和结果的单元格，即选择“总分”列下的单元格，单击【布局】选项卡【数据】组中的【公式】按钮，弹出图 3-49 所示的【公式】对话框。

步骤 2：如果选定的单元格位于一行数值的右端，Word 将建议采用公式“=SUM（LEFT）”进行计算；如果选定的单元格位于一列数值的底端，Word 将建议采用公式“=SUM（ABOVE）”进行计算，单击【确定】按钮。

步骤 3：选择“总分”列下的其余单元格，重复步骤 1 和步骤 2，完成该列数值的计算。

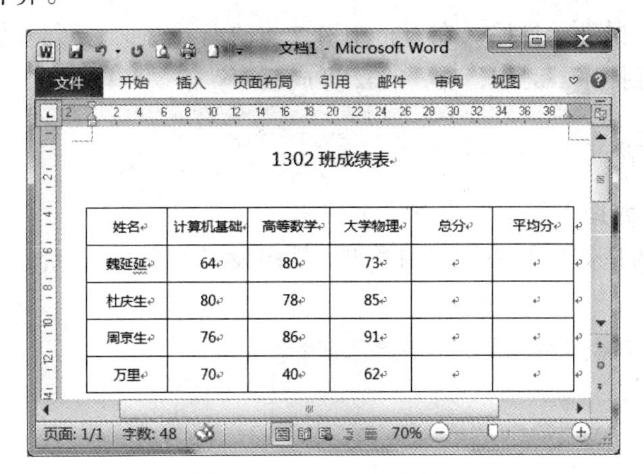

图 3-48　1302 班成绩表

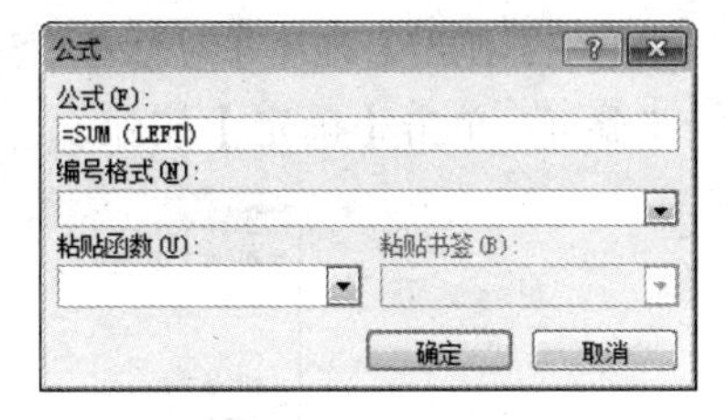

图 3-49　【公式】对话框

（3）在表格中进行其他计算

以计算图 3-48 所示的“1302 班成绩表”的“平均分”为例，其操作步骤如下。

步骤 1：单击要放置计算结果的单元格。

步骤 2：在【公式】对话框中，若给出的不是需要的公式，将其从【公式】框中删除。不要删除等号，如果删除了等号，请重新插入。

步骤 3：单击【编号格式】下拉按钮，在其下拉列表中选择数据格式，这里计算保留到整数，所以选择“0”选项即可。

步骤 4：在【粘贴函数】框中，选择所需的公式。例如，求平均值则选择【AVERAGE】选项。

步骤 5：在公式的括号中输入单元格引用，如“B2:E2”。

步骤 6：单击【确定】按钮，重复上述操作，完成其余单元格的平均分计算，结果如图 3-50 所示。

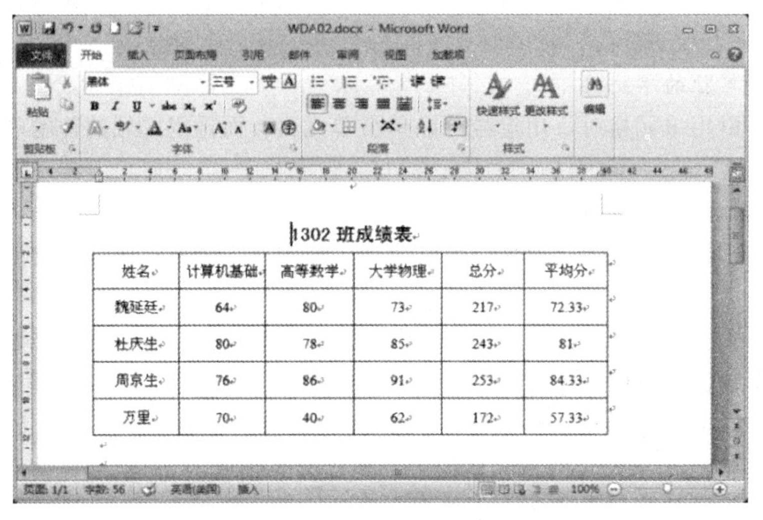

1302 班成绩表

姓名	计算机基础	高等数学	大学物理	总分	平均分
魏延廷	64	80	73	217	72.33
杜庆生	80	78	85	243	81
周京生	76	86	91	253	84.33
万里	70	40	62	172	57.33

图 3-50　表格计算结果

2. 表格的排序

可以将表格中的文本、数字或数据进行排序。在表格中对文本进行排序时，可以选择对表格中单独的列或整个表格进行排序。例如，对“1302 班成绩表”按“平均分”“大学物理”进行升序排列，操作如下：

步骤 1：选定要排序的列表或表格。

步骤 2：单击【布局】选项卡【数据】组中的【排序】按钮。

步骤 3：弹出【排序】对话框，选择需要的关键字和类型，排序设置如图 3-51 所示。

步骤 4：单击【确定】按钮。

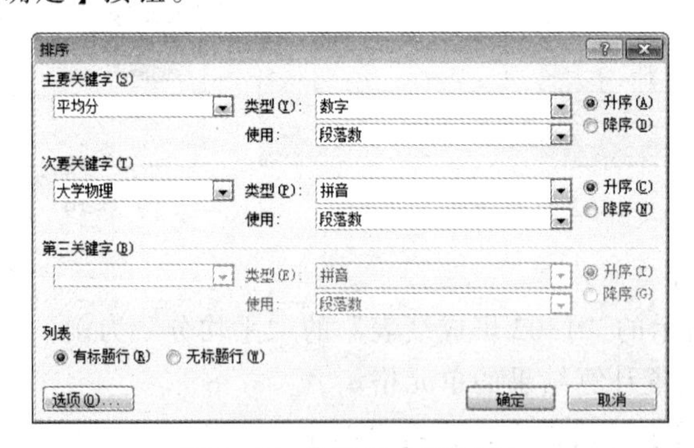

图 3-51　【排序】对话框

3.6　对象元素的插入

为了达到图文并茂的效果，在文档中还可以使用各种元素（如图片、剪贴画、形状、文本框或艺术字等）实现图文混排。

3.6.1 图片的插入设置

在文档中使用图片，可以更生动形象地阐述其主题和所要表达的思想。在插入图片时，要充分考虑文档的主题，使图片和主题和谐一致。

1. 图片的插入

（1）来自文件的图片

在文档的幻灯片中可以插入磁盘中的图片。这些图片可以是 BMP 位图，也可以是由其他应用程序创建的图片，从因特网下载的或通过扫描仪及数码照相机输入的图片等，图片的默认环绕方式是【嵌入式】。

（2）插入剪贴画

Word 2010 附带的剪贴画库内容非常丰富，所有的图片都经过专业设计，内容包括建筑、卡通、通信、音乐等风格不同的剪贴画，它们能够表达不同的主题，适合制作各种不同风格的文档。在【搜索文字】文本框中输入剪贴画的名称，单击【搜索】按钮，即可查找与之相对应的剪贴画。

2. 图片格式设置

在文档中插入图片后，Word 2010 会自动打开【图片工具】|【格式】选项卡，如图 3-52 所示。使用相应命令按钮，可以裁剪图片、设置图片艺术效果、设置图片样式、设置图片位置和大小等。

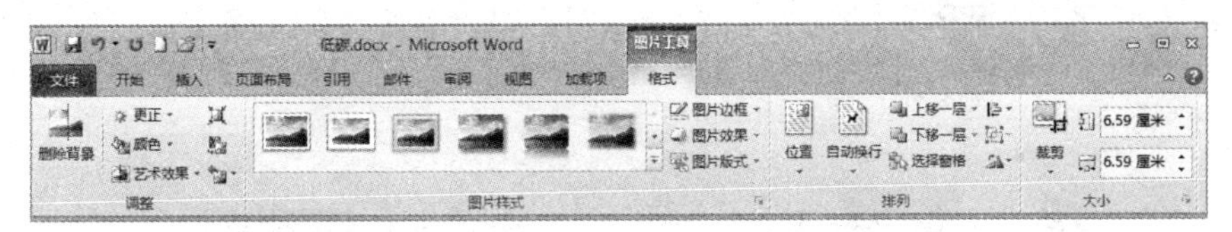

图 3-52 【格式】选项卡

（1）剪裁图片

选中图片，单击【格式】选项卡【大小】组中的【裁剪】下拉按钮，在其下拉列表中单击不同的按钮，图片周围会出现 8 个裁切定界框标记，拖动任意一个标记都可以达到裁剪效果。如果是拖动右下方则可以按高度、宽度同比例裁剪。

（2）设置图片与文字排列方式

选中图片，单击【格式】选项卡【排列】组中的【自动换行】下拉按钮，在其下拉列表选择一种文字环绕方式即可。

（3）设置图片艺术效果

选中图片，单击【格式】选项卡【调整】组中的【艺术效果】下拉按钮，在其下拉列表中选择一种艺术效果即可。

（4）设置图片样式

选中图片，单击【格式】选项卡【图片样式】组中的【图片样式】列表框的一种图片样式，即可为图片设置一种样式。

（5）调整图片颜色

选中图片，单击【格式】选项卡【调整】组中的【颜色】下拉按钮，在其下拉列表分别单击【颜色饱和度】、【色调】、【重新着色】等按钮即可调整图片颜色。

用户还可以在【颜色】下拉列表中单击【其他字体】、【设置透明色】或【图片颜色选项】按钮进一步设置，达到所要的图片效果。

（6）将图片换成 SmartArt 图

用户可以通过简单的操作将所有现有的普通图片转换成 SmartArt 图，具体操作步骤如下：

步骤 1：在文档中插入 5 幅普通图片，并紧凑排列在一起，如图 3-53 所示。

步骤 2：选中图片，单击【格式】选项卡【排列】组中的【自动换行】按钮，并将 5 幅图片都设置成【浮于文字上方】。

步骤 3：选中 5 幅图片，单击【图片样式】组中的【图片版式】下拉按钮，在其下拉列表选择一种版式，如【升序图片重点流程】。

步骤 4：原来的 5 幅图片转化成了 SmartArt 图，并且功能区增加了【SmartArt 工具】|【设计】选项卡和【格式】选项卡，用户可以利用选项卡进行设置。最终效果图如图 3-54 所示。

图 3-53　原图

图 3-54　转化成的 SmartArt 图形

3.6.2　形状的插入设置

Word 2010 提供的形状包括现成的形状，如矩形和圆、线条、箭头、流程图、符号与标注等。插入形状的操作以及格式设置和插入图片及剪贴画类似。根据文档的需要，绘制的图形可由单个或多个图形组成。多个图形，可通过【叠放次序】或【组合】操作，再组合成一个大的图形，以便根据文档要求插入到合适的位置。

1. 插入单个图形

步骤 1：单击【插入】选项卡【插图】组的【形状】下拉按钮，从其下拉列表中选择合适的形状。

步骤 2：将已经变成十字标记的鼠标指针定位到要绘图的位置，拖动即可得到被选择的图形，可将图形放置到文档的适当位置。

步骤 3：图形中有 8 个控制点，可以调节图形的大小和形状。另外，拖动绿色小圆

点可以转动图形，拖动黄色小菱形点可改变图形形状或调整指示点，如图 3-55 所示。

图 3-55 控制点

2．多个图形制作

步骤 1：分别制作单个图形。

步骤 2：拖动单个图形到合适位置。单击【格式】选项卡【排列】组中的【对齐】按钮对图形进行对齐或分布调整；单击【旋转】按钮设置图形的旋转效果。

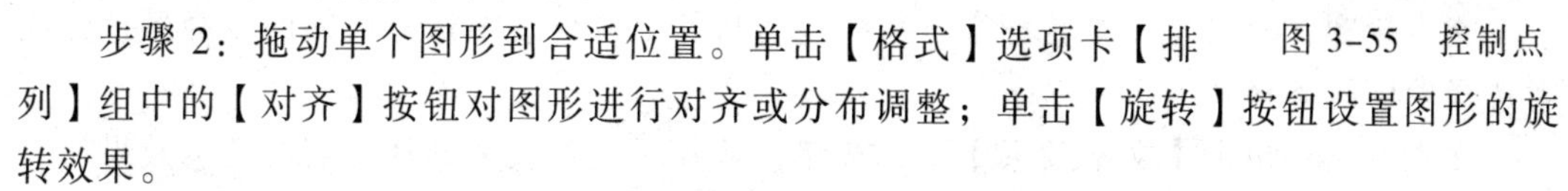

步骤 3：多图形重叠时，上面的图形会挡住下面的图形，利用【格式】选项卡的【排列】组中的按钮，分别单击【上移一层】按钮调整各图形的叠放次序，改变重叠区的可见图形。

3．多个图形组合

多个单独的图形，通过【组合】操作，形成一个新的独立的图形，以便于作为一个图形整体参与位置的调整。同时选中这几个图形，单击【格式】选项卡【排列】组中的【组合】按钮，几个图形即组合为一个整体。要取消图形的组合，单击【取消组合】按钮即可。

3.6.3 艺术字的插入

艺术字具有特殊视觉效果，可以使文档的标题变得更加生动活泼。艺术字可以像普通文字一样设置其字号、加粗、倾斜等效果，也可以像对图形对象那样设置旋转，添加阴影、三维效果等操作。

1．插入艺术字

步骤 1：单击【插入】选项卡【文本】组中的【艺术字】下拉按钮，打开其样式列表。

步骤 2：选择一种艺术字样式后，文档中出现一个艺术字图文框，将光标定位在艺术字图文框中，输入文本即可，如图 3-56 所示。

除了直接插入艺术字外，用户还可以将文本转换成艺术字。选择要转换的文本，在【插入】选项卡的【文本】组中单击【艺术字】下拉按钮，从其样式列表中选择需要的样式即可。

图 3-56 艺术字效果

2．设置艺术字格式

用户在插入艺术字后，功能区自动出现【绘图工具】|【格式】选项卡。为了使艺术字的效果更加美观，可以对艺术字格式进行相应的设置，如设置艺术字的大小、艺术字样式、形状样式等属性。

（1）设置艺术字大小

选择艺术字后，在【格式】选项卡【大小】组的【高度】和【宽度】文本框中输入精确的数据即可。

（2）设置艺术字样式

设置艺术字样式包含更改艺术字样式、文本效果、文本填充颜色和文本轮廓等操作。单击【格式】选项卡【艺术字样式】组中相应的按钮，执行对应的操作。

艺术字样式：单击【快速样式】下拉按钮，从其样式列表中选择一种艺术字样式即可。

文本填充：单击【文本填充】下拉按钮，从其下拉列表中选择所需的填充颜色，或者选择渐变和纹理填充效果。

文本轮廓：单击【文本轮廓】下拉按钮，从其下拉列表中选择所需的轮廓颜色，或者选择轮廓线条样式。

文本效果：单击【文本效果】下拉按钮，从其下拉列表中选择所需的文本效果。

选中艺术字，单击【格式】选项卡【艺术字样式】组中的对话框启动器按钮，在弹出的【设置文本效果格式】对话框中同样可以对艺术字进行编辑操作。

（3）设置形状样式

设置形状样式包含更改艺术字形状样式、形状填充颜色、艺术字边框颜色和形状效果等操作。单击【格式】选项卡【形状样式】组中相应的按钮，执行对应的操作即可。

3.6.4 文本框的插入

文本框是一种可移动、可调整大小的文字容器。使用文本框可以在文档中形成一块独立的文本区域。

1. 插入文本框

步骤 1：在【插入】选项卡的【文本】组中单击【文本框】下拉按钮，打开【文本框】下拉列表。

步骤 2：在下拉列表中选择一种文本框的样式并单击，此时编辑区中出现一个与所选样式一样的文本框，将光标定位于文本框中即可输入需要的文字。

步骤 3：单击【绘制文本框】/【绘制竖排文本框】按钮，将鼠标指针移到文档编辑区后，此时鼠标指针变成十字形状，直接拖动即可画出横排/竖排文本框，光标自动定位在文本框内，输入文字即可。

2. 设置文本框

文本框被选定或处于编辑状态时，功能区自动出现【格式】选项卡。通过【格式】选项卡中的工具，可设置被选定或处于编辑状态的文本框。设置方法和设置艺术字、图片方法类似，不再赘述。

3.6.5 SmartArt 图形

在实际工作中，经常在文档中插入一些图形，如工作流程图、图形列表等比较复杂的图形，以增加文档的说服力。使用 SmartArt 图形可以非常直观地说明层级关系、附属关系、并列关系、循环关系等各种常见的逻辑关系，而且制作的图形漂亮精美，具有很强的立体感和画面感。

1. 插入 SmartArt 图形

Word 2010 提供了多种 SmartArt 图形类型，包括列表（36 个）、流程（44 个）、循环（16 个）、层次结构（13 个）、关系（37 个）、矩阵（4 个）、棱锥（4 个）和图片（31 个）

共八大类型 185 个图样。

单击【插入】选项卡【插图】选项组中的【SmartArt】按钮，弹出【选择 SmartArt 图形】对话框，如图 3-57 所示。在该对话框中，可以根据需要选择合适的类型，单击【确定】按钮，即可在文档中插入 SmartArt 图形。

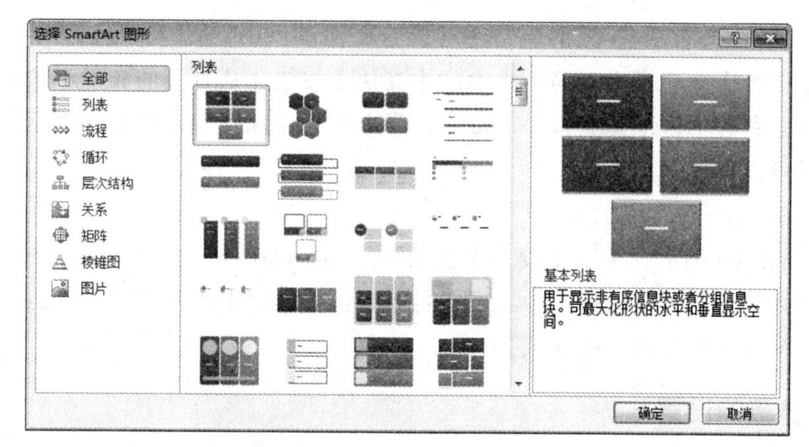

图 3-57 【选择 SmartArt 图形】对话框

默认情况下，插入 SmartArt 图形后，自动打开【在此处键入文字】窗格，在其中可以实现文本的输入。若要打开该窗格，可以选中 SmartArt 图形，单击图形边框上的按钮即可。

2. 编辑 SmartArt 图形

创建 SmartArt 图形后，有些地方往往会不符合自己的要求，还需要对插入的 SmartArt 图形进行各种编辑，如插入或删除、调整形状顺序以及更改布局等。这些操作在图 3-58 所示的选项卡中进行。

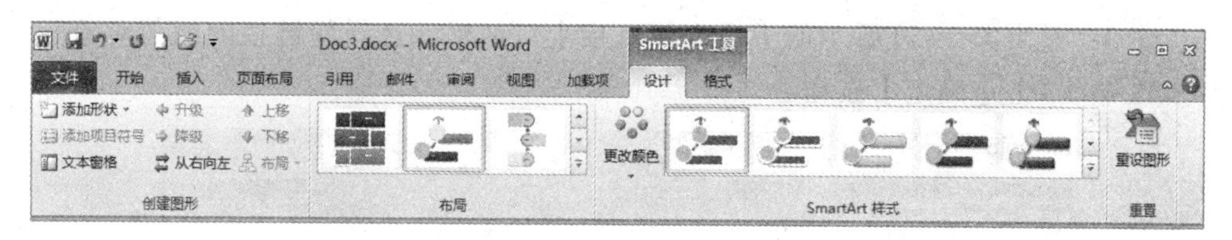

图 3-58 【设计】选项卡

（1）添加和删除形状

默认情况插入的 SmartArt 图形的形状较少，用户可根据需要在相应的位置添加形状。如果形状过多，还可以对其进行删除。

单击【设计】选项卡【创建图形】组中的【添加形状】下拉按钮，在弹出的下拉列表中单击相应的按钮即可。在 SmartArt 图形中选中要删除的形状，按【Delete】键即可将其删除。

（2）调整形状顺序

在制作 SmartArt 图形的过程中，用户可根据需求调整图形间各形状的顺序，如将上一级的形状调整到下一级等。

单击【设计】选项卡【创建图形】组中的【升级】按钮，将形状上调一个级别；单击【下降】按钮，将形状下调一个级别；单击【上移】或【下移】按钮，将形状在同一级别中向上或向下移动。

（3）更改布局

当用户编辑完 SmartArt 图形后，还可以更改 SmartArt 图形的布局。

单击【设计】选项卡【布局】组中的【其他】按钮，从打开的布局列表中可以重新选择布局样式；若单击【其他布局】按钮，弹出【选择 SmartArt 图形】对话框，在该对话框中同样可以更改图形。

（4）更改样式

选中 SmartArt 图形，单击【设计】选项卡【SmartArt 样式】组中的【更改颜色】下拉按钮，从弹出的列表中选择一种主题颜色。单击【其他】按钮，打开 SmartArt 样式下拉列表，在该列表中选择一种样式。

3.6.6 超链接的设置

超链接是将文档中的即文字或图形与其他位置的相关信息链接起来。建立超链接后，单击文档的超链接，即可跳转并打开相关信息。它既可跳转至当前文档或 Web 页的某个位置，也可跳转至其他 Word 文档或 Web 页，或者其他项目中创建的文件。

1. 插入超链接

在文档中插入超链接，可按如下步骤操作：

步骤 1：选择要作为超链接显示的文本或图形对象。

步骤 2：单击【插入】选项卡【链接】组中的【超链接】按钮；或者右击，在弹出的快捷菜单选择【超链接】命令。

步骤 3：弹出图 3-59 所示的【插入超链接】对话框，选择超链接的相关对象。

步骤 4：单击【确定】按钮。

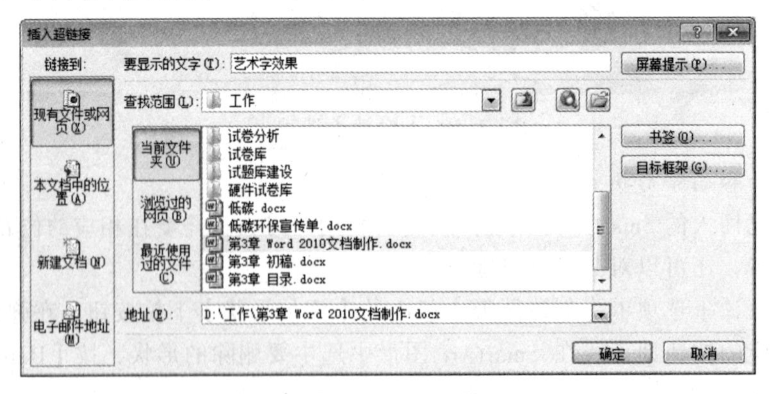

图 3-59 【插入超链接】对话框

2. 取消超链接

选择要取消超链接的对象，右击，在弹出的快捷菜单中选择【取消超链接】命令。

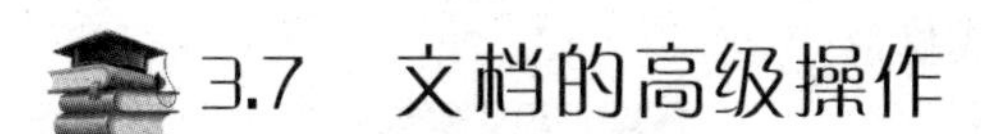

3.7 文档的高级操作

3.7.1 主题的应用

文档主题是一组格式选项，包括一组主题颜色、一组主题字体（包括标题字体和正文字体）和一组主题效果（包括线条和填充效果）。Word 2010 提供了许多内置的文档主题，用户可以直接应用，也可通过自定义并保存文档主题来创建自己的文档主题。

方法 1：单击【页面布局】选项卡【主题】组中的【主题】下拉按钮，打开下拉列表，在下拉列表的【内置】区域中选择适当的主题。

方法 2：单击【浏览主题】按钮，弹出【选择主题或主题文档】对话框，可打开相应的主题或包含该主题的文档。

方法 3：单击【保存当前主题】按钮，弹出【保存当前主题】对话框，可保存当前主题。

3.7.2 样式的设置

样式是文档中一系列格式的组合，包括字符格式、段落格式及边框和底纹等。应用样式时，只需要单击某一样式就可对文档应用一系列格式。样式特别适用于快速统一长文档的标题、段落的格式。

样式的应用和设置在【开始】选项卡的【样式】组中进行。【样式】组左边的方框显示 Word 提供的目前应用的样式，在方框中可选择合适的应用样式。Word 的默认样式是“正文”。在【样式和格式】列表框中单击【清除格式】按钮，样式定义操作即复原到“正文”样式。

1. 查看样式

在使用样式进行排版前，或者是浏览已应用样式排版好的文档，用户可以在文档窗口查看文档的样式。

选中要查看样式的段落。单击【样式】组中【快速样式列表库】右下方的按钮，即可看到光标所在位置的文本样式会在【快速样式库】中以方框的高亮形式显示出来。

2. 应用与删除样式

应用样式：选择需要样式格式化的标题或段落，单击【样式】组的对话框启动器按钮，打开【样式】任务窗格，如图 3-60 所示，在列表框中选择需要的样式即可。

删除样式：在列表框中右击需要删除的样式，在弹出的快捷菜单选择【删除】命令即可。在 Word 文档中有许多样式是不允许用户进行删除的，如【正文】、【标题】、【引用】等内置样式。

3. 修改样式

如果 Word 所提供的样式有些不符合应用要求，用户也可以对已有的样式进行修改。

在【样式】任务窗格中，单击要修改的样式名右边的【样式符号】按钮，在弹出的菜单中选择【修改】命令，弹出【样式修改】对话框，可以修改字体格式、段落格式，也可单击对话框的【格式】按钮，修改段落间距、边框和底纹等选项，如图 3-61 所示。

单击【确定】按钮，完成修改。

图 3-60 【样式】任务窗格

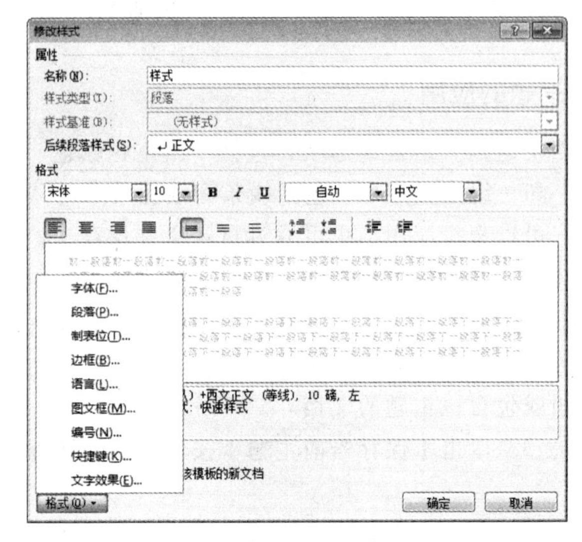

图 3-61 【修改样式】对话框

4. 新建样式

当 Word 提供的内置样式不能满足文档的编辑要求时，可按实际需要自定义样式。

步骤 1：单击【样式】任务窗格左下方的【新建样式】按钮。

步骤 2：在弹出的图 3-62 所示【根据格式创建设置新样式】对话框中进行如下设置：

① 在【名称】文本框中输入新建样式的名称，默认为【样式 1】、【样式 2】，以此类推。

② 在【样式类型】下拉列表中根据实际情况选择一种，如选择【字符】或【段落】样式。

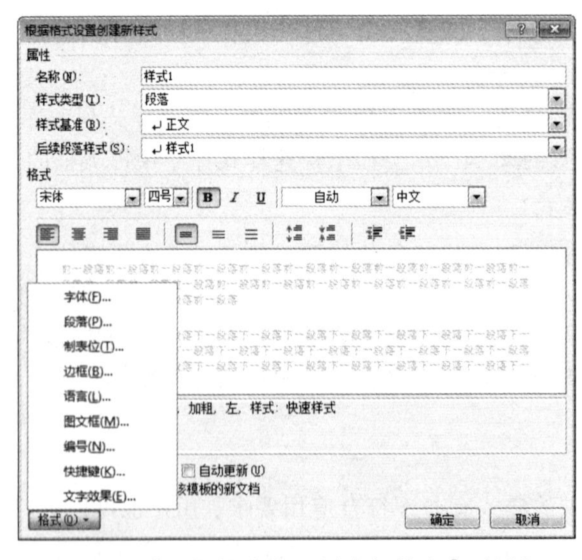

图 3-62 【根据格式设置创建新样式】对话框

步骤 3：单击【格式】按钮，分别对字体、段落、制表位、边框、语言、图文框、编号、快捷键和文字效果进行综合的设置。设置完毕后，单击【确定】按钮，返回【根据格式创建设置新样式】对话框。

步骤 4：选中【添加到快速样式列表】和【自动更新】复选框，单击【确定】按钮。

3.7.3 目录的插入

目录是长文稿必不可少的组成部分，由文章的章、节的标题和页码组成。为文档建立目录，建议最好利用标题样式，先给文档的各级目录指定恰当的标题样式。

步骤 1：将光标移动到要插入目录的位置，如文档的首页。

步骤 2：单击【引用】选项卡【目录】组中的【目录】下拉按钮。

步骤 3：在【目录】下拉列表中选择内置的目录列表，如【自动目录 1】或【自动目录 2】命令。

步骤 4：如果觉得内置的目录样式不能满足要求，可以自定义目录样式，单击【插入目录】按钮，弹出【目录】对话框，如图 3-63 所示。

步骤 5：设置目录的格式，如【古典】、【优雅】、【流行】等，默认是【来自模板】；设置显示级别，如图 3-63 所示的三级目录结构；选中【显示页码】复选框、设置【制表符前导符】的样式。单击【选项】按钮和【修改】按钮，可在弹出的【目录选项】对话框和【样式】对话框中用户需要修改目录的格式和样式。

步骤 6：完成修改后单击【确定】按钮即可在光标处插入一个自定义的目录。

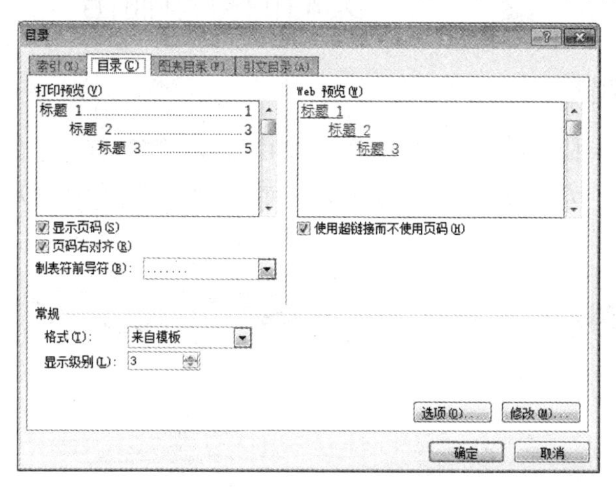

图 3-63 【目录】对话框

3.7.4 脚注与尾注

很多学术性的文稿都需要加入脚注和尾注，这两者都是对文本的补充说明。

1. 脚注

脚注一般位于页面的底部，可作为本页文档某处内容的注释，如术语解释或背景说明等。

（1）插入脚注

将光标移到要插入脚注的位置。单击【引用】选项卡【脚注】组中的【插入脚注】

按钮，在插入位置右上角增加一个脚注序号上标（通常是阿拉伯数字），同时在文档相应页面下方添加一条横线，并自动在下方插入一个脚注，在此序号后面输入脚注内容。

（2）修改脚注

双击相应的脚注序号，可快速定位到页面下方的相应脚注上，即可修改脚注内容。

（3）删除脚注

选择要删除的脚注的序号，按【Delete】键即可删除脚注的内容。

2. 尾注

尾注一般位于文档的末尾，通常用来列出书籍或文章的参考文献等。尾注的序号通常是罗马字母。操作和脚注的操作类似。

脚注和尾注之间是可以相互转换的，这种转换可以在一种注释间进行，也可以在所有的脚注和尾注间进行。

如果是对个别注释进行转换，则将光标移动到注释文本中，右击，在弹出的快捷菜单中选择【定位至尾注】或【转换为脚注】命令。

也可将光标定位在任意脚注或尾注序号处，单击【引用】选项卡【脚注】组的对话框启动器按钮，弹出【脚注和尾注】对话框，单击【转换】按钮，弹出【转换注释】对话框，进行设置即可。

3.8 文档的打印输出

3.8.1 文档打印预览

选择【文件】→【打印】命令，如图 3-64 所示，在“打印”窗口右侧预览区域，可以查看文档的打印效果，用户设置的纸张方向、页面边距等都可以通过预览区域查看，还可以通过调整预览区下面的滑块改变预览视图的大小。

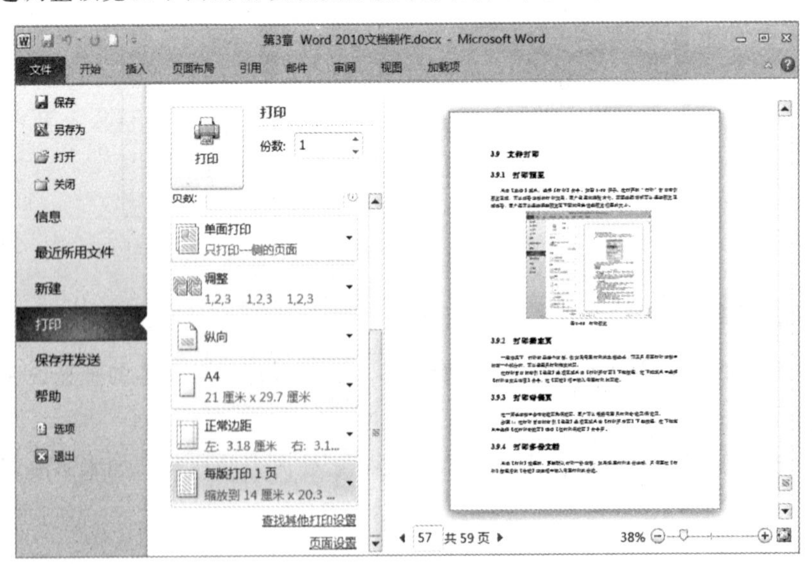

图 3-64 打印预览

3.8.2 打印指定页

一般情况下，打印的是整个文档，如果只需要打印文档中的某一个部分时，可以设置只打印指定的页。

在打印窗口的右侧【设置】选项区域单击【打印所有页】下拉按钮，在下拉列表中单击【打印自定义范围】按钮，在【页数】文本框中输入需要打印的页数。

3.8.3 打印奇偶页

在一篇长文档中会有奇/偶数页，可以根据需要只打印奇数页/偶数页。

在打印窗口的右侧【设置】选项区域单击【打印所有页】下拉按钮，在下拉列表中选择【仅打印奇数页】或者【仅打印偶数页】选项。

3.8.4 打印多份文档

单击【打印】按钮时，系统默认打印一份文档，如果想要打印多份文档，在【份数】文本框中输入需要打印的份数即可。

习　题

一、选择题

1. 在 Word 2010 窗口的工作区中，闪烁的垂直条表示（　　）。

   A. 光标位置　　B. 插入点　　C. 按钮位置　　D. 键盘位置

2. 要使文档中每段的首行自动缩进 2 个汉字，可以使用标尺上的（　　）。

   A. 左缩进标记　　B. 右缩进标记　　C. 首行缩进标志　　D. 悬挂缩进标记

3. 在 Word 2010 中，要控制文本在屏幕中的位置，应使用（　　）。

   A. 滚动条　　B. 控制框　　C. 标尺　　D.【最大化】按钮

4. Word 2010 中，若需要将插入点移动到当前窗口中文档首行的行首，可按（　　）组合键。

   A.【Ctrl+Home】　　B.【Ctrl+End】　　C.【Alt+Home】　　D.【Alt+End】

5. 以下关于 Word 2010 的使用叙述中，正确的是（　　）。

   A. 被隐藏的文字可以打印出来

   B. 直接单击【右对齐】按钮而不用选定，就可以对插入点所在行进行设置

   C. 若选定文本后，单击【粗体】按钮，则选定部分文字全部变成粗体或常规字体

   D. 双击【格式刷】按钮，可以复制一次

6. Word 2010 中视图的作用是（　　）。

   A. 对文档进行重新排版　　B. 从不同的侧面展示一个文档的内容

   C. 给文档增加不同的格式　　D. 改变文档的属性

7. 用 Word 2010 对表格进行拆分与合并操作时，（　　）。

   A. 一个表格可以拆分成上下两个或左右两个

B. 对表格单元的拆分或合并，只能左右水平进行

C. 对表格单元的拆分要上下垂直进行，而合并要左右水平进行

D. 一个表格只能拆分成上下两个

8. 当文档处于阅读版式视图时，为了恢复到原 Word 2010 界面下，可以按（　　）键。

A.【Enter】　　B. 空格　　C.【Home】　　D.【Esc】

9. 在 Word 2010 文档中，如果需要将有些词下面的红色波纹线去除，可以（　　）。

A. 左击该词后，选择全部忽略　　B. 右击该词后，选择全部忽略

C. 右击该词后，选择拼写　　D. 左击该词后，选择拼写

10. Word 2010 只有在（　　）模式下才会显示页眉和页脚。

A. 草稿　　B. 图形　　C. 页面　　D. 大纲

11. Word 2010 具有强大的功能，但是它不可以（　　）。

A. 设计表格　　B. 编辑图形　　C. 设置鼠标　　D. 编辑公式

12. 关于【页面布局】选项卡中的【分栏】功能，下列说法正确的是（　　）。

A. 栏与栏之间可以根据需要设置分隔线

B. 栏的宽度用户可以任意定义，但每栏栏宽必须相等

C. 分栏数目最多为 3 栏

D. 只能对整篇文章进行分栏，而不能对文章中的某部分进行分栏

13. 在 Word 2010 中，图像可以多种环绕形式与文本混排，（　　）不是提供的环绕形式。

A. 四周型　　B. 穿越型　　C. 上下型　　D. 左右型

14. 下列有关 Word 2010 格式刷的叙述中，（　　）是正确的。

A. 格式刷只能复制纯文本的内容

B. 格式刷只能复制字体格式

C. 格式刷只能复制段落格式

D. 格式刷可以复制字体格式也可以复制段落格式

15. 在 Word 2010 表格中，单元格内能填写的信息（　　）。

A. 只能是文字　　B. 只能是文字或符号

C. 只能是图像　　D. 文字、符号、图像均可

16. 在 Word 2010 编辑文本时，为了使文字绕着插入的图片排列，可以进行的操作是（　　）。

A. 插入图片、设置环绕方式

B. 插入图片、调整图形比例

C. 建立文本框、插入图片、设置文本框位置

D. 插入图片、设置叠放次序

17. 在 Word 2010 中，要把文章中所有出现的“学生”二字都改成以粗体显示，可以选择（　　）功能。

A. 样式　　B. 改写　　C. 替换　　D. 粘贴

18. 在 Word 编辑状态下，当功能区中的【剪切】和【复制】按钮呈灰色显示时，则表明（　　）。

    A. 剪贴板上已经存放了信息　　B. 在文档中没有选定任何对象

    C. 选定的对象是图片　　D. 选定的文档内容太长

19. 在 Word 2010 编译窗口中要将插入点快速移动到文档开始位置应按（　　）。

    A.【Home】键　　B.【PageUp】键

    C.【Ctrl+Home】组合键　　D.【Ctrl+PageUp】组合键

20. 在 Word 中，文本被剪贴后，暂时保存在（　　）。

    A. 临时文件　　B. 新建文档　　C. 剪贴板　　D. 外存

二、判断题

1. 在对某一段文本进行格式化操作之前，必须将该段所有文本选中。（　　）
2. 段落重排时，可以进行缩进设置，如段落中除第一行外，其余的所有行作左缩进称为首行缩进。（　　）
3. Word 2010 只能编辑文稿，不能对图片进行编辑。（　　）
4. 在 Word 2010 中，如果想把表格转换成文本，只能一步一步地删除表格线，否则会损失表格中的数据。（　　）
5. 构成表格的基本单元是单元格。在表格中输入数据，实际上是在表格的各个单元格中输入。（　　）
6. 在 Word 2010 文档中，按【Ctrl+V】组合键可以把剪贴板中的内容插入到插入点所在位置处。（　　）
7. 查找命令只能查找字符串，而不能查找格式。（　　）
8. 在 Word 2010 中可以改变图片的大小、位置、颜色、亮度、对比度，并裁减图片。（　　）
9. 在 Word 中，图片周围不能环绕文字，只能单独在文档中占据几行位置。（　　）
10. 在 Word 表格中，拆分单元格只能在列上进行。（　　）

三、简答题

1. 页眉或页脚的作用是什么？如何在不同的页中插入不同格式的页码？
2. 格式刷的作用是什么？它的使用方法有哪几种？
3. Word 可以插入哪些对象元素？它们各自在文档中的布局环绕方式是什么？
4. 样式的作用是什么？使用样式的好处有哪些？

第4章

Excel 2010 电子表格 «

Excel 2010是数据处理软件，它在Office办公软件中的功能是数据信息的统计和分析。Excel 2010是二维表电子表格软件，能以快捷的方式建立报表、图标和数据库。

通过本章的学习，要求掌握启动和退出Excel 2010的方法，掌握建立新表格、对表格数据进行增、删、改等基本操作，熟练掌握Excel 2010中数据的计算、统计及分析功能，掌握利用迷你图、图表直观反映表格数据。此外，还要求用户掌握页面设置和打印工作簿的方法，以便在工作中能制作出内容丰富、版面美观的表格。

4.1 基本概念与操作

4.1.1 启动/退出

（1）启动Excel 2010

方法1：选择【开始】→【所有程序】→【Microsoft Office 2010】→【Microsoft Excel 2010】命令，即可启动Excel 2010。

方法2：如果在桌面上或其他目录中建立了Excel 2010的快捷方式，双击该快捷方式图标即可。

方法3：如果在快速启动栏中建立了Excel 2010的快捷方式，单击该快捷方式图标即可。

方法4：按【Win+R】组合键，弹出【运行】对话框，输入【Excel】，单击【确定】按钮即可启动Excel 2010。

（2）退出Excel 2010

方法1：单击Excel 2010窗口右上角的【关闭】按钮，可快速退出主程序。

方法2：选择【文件】→【退出】命令，可快速退出当前开启的Excel 2010工作簿。

方法3：按【Alt+F4】组合键，可快速关闭当前正在运行的程序窗口。

4.1.2 操作界面

Excel 2010启动后的工作界面外观与Word 2010的工作界面外观非常相近，在窗口的上部也是由标题栏、选项卡和功能区等构成，在窗口中部增加了一个【编辑栏】，在窗口底部有一个【工作表标签栏】，如图4-1所示。

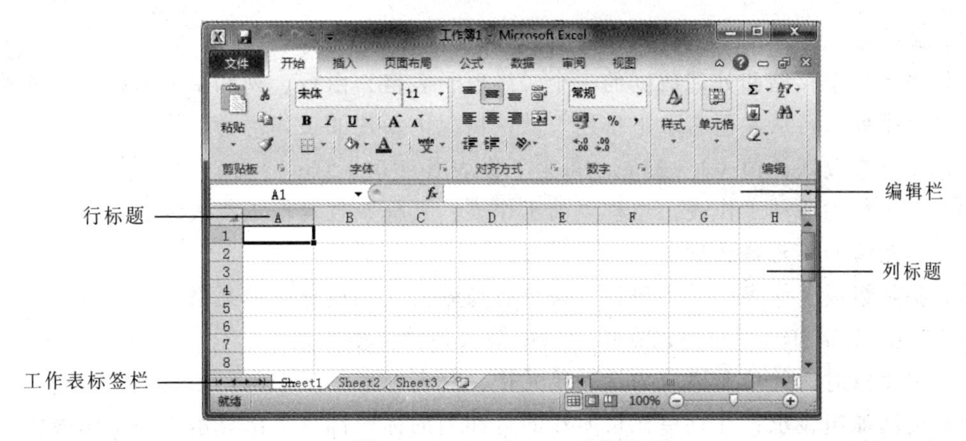

图 4-1 Excel 2010 工作界面

（1）编辑栏

编辑栏位于功能区的下方，它的主要作用是显示或编辑当前单元格中的内容。在编辑栏的左侧有【名称框】和【按钮组】两部分，如图 4-2 所示。

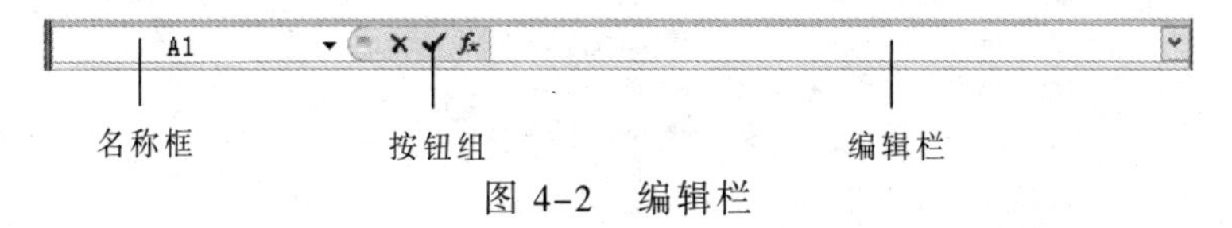

图 4-2 编辑栏

编辑栏的参数含义介绍如下：

① 名称框：用于显示活动单元格的名称，如“A1”。

② 按钮组：当向活动单元格输入数据时，按钮组中将出现 3 个按钮，【取消】按钮 ✕ 用于取消对活动单元格的修改，退出编辑状态；【确认】按钮 ✓ 用于确认向活动单元格输入或修改的内容；【插入函数】按钮 fx，单击此按钮，弹出【插入函数】对话框。

③ 编辑栏：显示活动单元格中的内容，可以在此栏中直接输入数据或对数据进行修改。

（2）工作表标签栏

工作表标签栏位于编辑栏的下方，用于工作表的操作，其中包括 3 个默认的工作表标签 Sheet1、Sheet2、Sheet3 以及用于工作表标签滚动的按钮和【插入工作表】按钮，如图 4-3 所示。工作表是通过工作表标签来标识的，单击不同的工作表标签可在工作表之间进行切换。

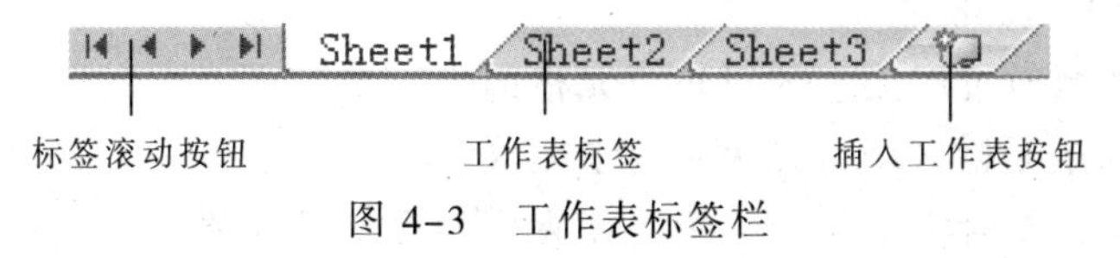

图 4-3 工作表标签栏

4.1.3 基本概念

（1）工作簿

工作簿是指 Excel 环境中用来存储并处理工作数据的文件。也就是说 Excel 文档就是工作簿，它是 Excel 工作区中一个或多个工作表的集合，其扩展名为“.xlsx”。

（2）工作表

工作表是用于存储和处理数据的一个二维电子表格，由行、列和单元格构成。列从上至下垂直排列，行从左至右水平排列。默认情况下新建的工作簿为3张工作表，但用户可根据需要修改默认值（1～255）。每个工作表有1 048 576行×16 348列组成。正在使用的工作表称为活动工作表，也称当前工作表，其标签较其他工作表标签颜色淡。

（3）单元格和单元格区域

单元格是组成工作表的最小单位，每个行与列的交叉点称为单元格，每个单元格可以容纳32 767个字符。用户可以在单元格中输入各种类型的数据、公式和对象等内容。单击某个单元格时，此单元格成为活动单元格，其名称显示于编辑栏的左侧，活动单元格四周的边框加粗显示，并且单元格所在的行和列的标题都将突出显示。在工作表中同一时间内只能有一个活动单元格。

单元格区域是一个矩形块，如图4-4所示，它是由工作表中相邻的若干单元格组成的。

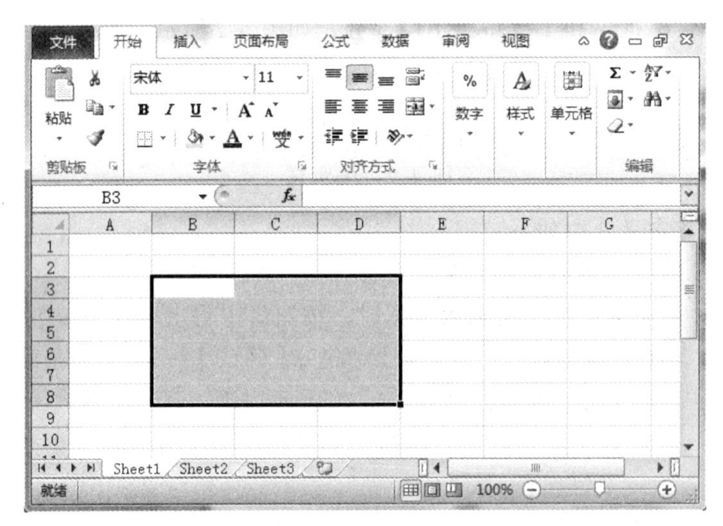

图4-4　单元格区域

（4）单元格地址

单元格所在的位置称为单元格地址（或称坐标），单元格的地址表示方法是“列标行号”，如第B列与第5行交叉点的单元格地址是B5。工作表左上角的单元格为A1，右下角的单元格是XFD1048576。

引用单元格区域时可以用它的对角单元格的坐标来表示，中间用一个冒号作为分隔符，图4-4所示的单元格区域可以表示为B3:D8。

在数据统计时，有时需要引用一个工作表中的多个单元格或单元格区域数据，这时多个单元格和区域的引用需要用“,”（英文的逗号）分开。如同时引用B3、A2单元格，以及C4:F7区域，就用“B3,A2,C4:F7”来表示，有时还必须按要求前后加括号()。

如果需要引用非当前工作表中的单元格，可在单元格地址前加上工作表名称，如Sheet1!C12，表示Sheet1工作表中的C12单元格。

4.1.4 基本操作

1. 工作簿的操作

（1）新建工作簿

在 Excel 2010 中，通常把“文件”称为“工作簿”，当用户建立一个工作簿时，默认情况下产生 3 张工作表（Sheet1、Sheet2、Sheet3）供用户使用。新建工作簿的常用方法有以下几种：

方法 1：启动 Excel 2010 后，系统自动生成一个名为【工作簿 1】的空白工作簿。

方法 2：单击快速访问工具栏右侧的按钮，在弹出的下拉列表中选择【新建】命令。

方法 3：选择【文件】→【新建】命令，在【可用模板】中选择【空白文档】，然后单击右侧的【创建】按钮，也可创建空白文档，如图 4-5 所示。该方法还可以新建其他一些模板文档，如样本模板、会议议程模板、预算模板、发票模板及简历模板等。

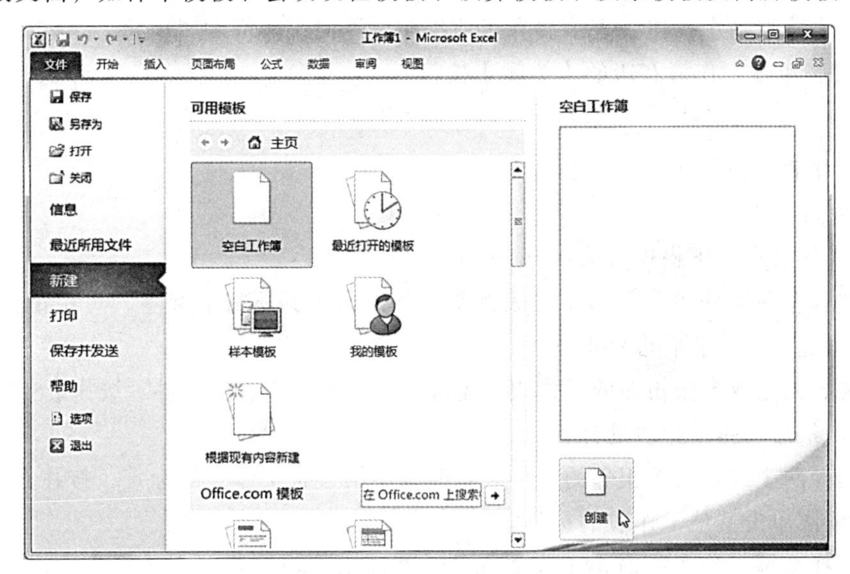

图 4-5　新建空白工作簿

（2）保存工作簿

利用保存功能可以将正在编辑的工作簿内容存储到磁盘上，以便长期保留。

保存新工作簿的步骤如下：

步骤 1：选择【文件】→【保存】命令，或单击快速访问工具栏中的【保存】按钮，或按【Ctrl+S】组合键。

步骤 2：此时是第一次保存工作簿，将弹出【另存为】对话框，在该对话框中可定义工作簿名称、类型及工作簿的保存位置。

对工作簿执行第二次保存操作时，不会再弹出【另存为】对话框。若要保存工作簿的备份，可选择【文件】→【另存为】命令，在弹出的【另存为】对话框中进行相应的设置，然后单击【保存】按钮即可。

（3）打开工作簿

打开工作簿的操作步骤如下：

步骤 1：选择【文件】→【打开】命令，弹出【打开】对话框。

步骤 2：在【打开】对话框的左侧，指定要打开文件所在的驱动器，在对话框的右侧选择工作簿所在的文件夹。

步骤 3：在选好的文件夹及文件列表中，选定要打开的工作簿文件。

步骤 4：单击【打开】按钮。

（4）关闭工作簿

关闭工作簿并且不退出 Excel，可以通过下面的方法来实现。

方法 1：选择【文件】→【关闭】命令，若工作簿尚未保存，此时会打开提示对话框。

① 单击【保存】按钮，表示保存对工作簿所做的修改。

② 单击【不保存】按钮，表示不保存对工作簿所做的修改。

③ 单击【取消】按钮，表示放弃当前操作，返回工作簿编辑窗口。

方法 2：单击工作簿右边的【关闭】按钮。

方法 3：按【Ctrl+F4】组合键。

2. 工作表的操作

（1）选择工作表

选择工作表有以下操作方式：

① 选择单张工作表：单击工作表标签。如果看不到所需的标签，可单击标签滚动按钮来显示此标签，然后再单击它。

② 选择两张或多张相邻的工作表：先选中第一张工作表的标签，按住【Shift】键的同时再单击最后一张工作表的标签。

③ 选择两张或多张不相邻的工作表：先选中第一张工作表的标签，按住【Ctrl】键的同时再依次单击其他工作表的标签。

④ 选择全部工作表：右击工作表标签，在弹出的快捷菜单中选择【选定全部工作表】命令。

⑤ 切换工作表：单击工作表标签，此时该工作表成为当前活动工作表。

（2）取消选择多张工作表

单击工作簿中任意一个未选取的工作表标签。若未选取的工作表标签不可见，可右击某个被选取的工作表的标签，在弹出的快捷菜单中选择【取消成组工作表】命令。

（3）插入新工作表

步骤 1：指定插入工作表的位置，即选择一个工作表，要插入的表在此工作表之前。

步骤 2：右击此工作表，在弹出的快捷菜单中选择【插入】→【工作表】命令，即可插入一张空白工作表。

（4）移动或复制工作表

移动或复制操作可在同一个工作簿内进行，也可在不同的工作簿之间进行。具体操作步骤如下：

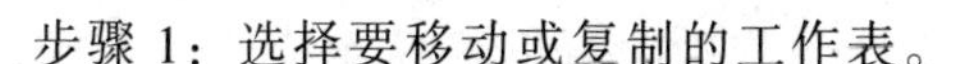

步骤 1：选择要移动或复制的工作表。

步骤 2：右击要移动或复制的工作表标签，在弹出的快捷菜单中选择【移动或复制工作表】命令，弹出【移动或复制工作表】对话框。

步骤 3：在【工作簿】文本框中选择要移动或复制到的目标工作簿名。

步骤 4：在【下列选定工作表之前】文本框中选择把工作表移动或复制到的目标工作簿中指定的工作表。

步骤 5：如果要复制工作表，应选中【建立副本】复选框，否则为移动工作表，最后单击【确定】按钮。

另外，在同一工作簿内进行移动或复制工作表时，也可用拖动的方法来实现：按住【Ctrl】键的同时拖动源工作表，指针变成带加号的图标，按住鼠标左键拖动到目标工作表位置即可。

（5）删除工作表

选中要删除的一个或多个工作表，右击，在弹出的快捷菜单中选择【删除】命令。

（6）重命名工作表

选中要重命名的工作表，右击，在弹出的快捷菜单中选择【重命名】命令；或者双击工作表标签，均可对工作表标签进行重命名。

（7）改变工作表标签颜色

选中要改变标签颜色的工作表，右击，在弹出的快捷菜单中选择【工作表标签颜色】命令。

（8）隐藏工作表

隐藏工作表并不是将工作表删除，而只是不显示该工作表而已。隐藏工作表的操作方法：选中要隐藏的工作表，右击，在弹出的快捷菜单中选择【隐藏】命令。

（9）更改新工作簿中的默认工作表数

选择【文件】→【选项】命令，弹出【Excel 选项】对话框，在【常规】选项卡的【新建工作簿时】选项区域中的【包含的工作表数】数值框中输入新建工作簿时默认情况下包含的工作表数。默认新建工作表数为 1～255。

3. 单元格的操作

（1）选择单元格

① 选择一个单元格。如果需要对某单元格进行操作，应先将此单元格选中，其操作方法为：将鼠标指针指向单元格并单击，即可将此单元格选中。被选中的单元格称为活动单元格，其边框加黑、加粗。

③ 选择一行。如果需要对某一行进行操作，应先将此行选中，其操作方法为：将鼠标指针指向要选择行的行标题并单击，该行即可被选中，如图 4-6 所示。

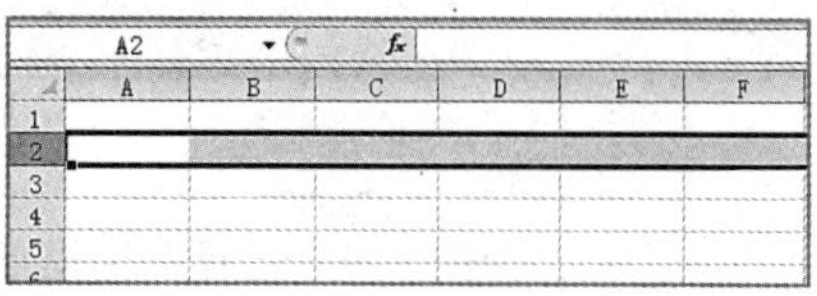

图 4-6 选择一行

③ 选择多行或多列。当需要选择多行或多列时，可按下列操作之一进行：

方法 1：将鼠标指针指向起始行标题处上、下拖动，可以选择连续的若干行，如图 4-7 所示；将鼠标指针指向起始列标题处左、右拖动，可以选择连续的若干列，如图 4-8 所示。

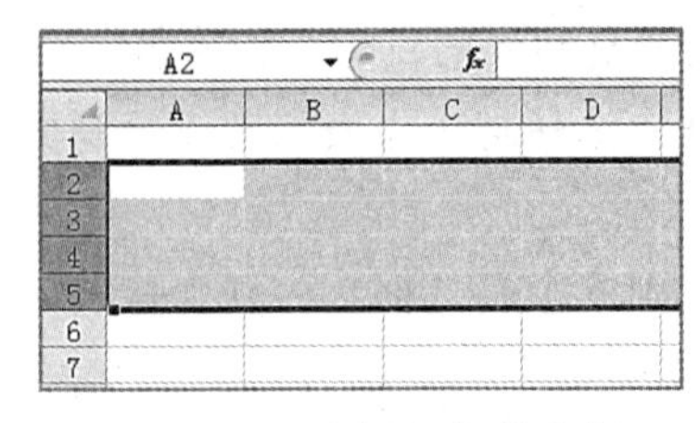

图 4-7　选择相邻的多行

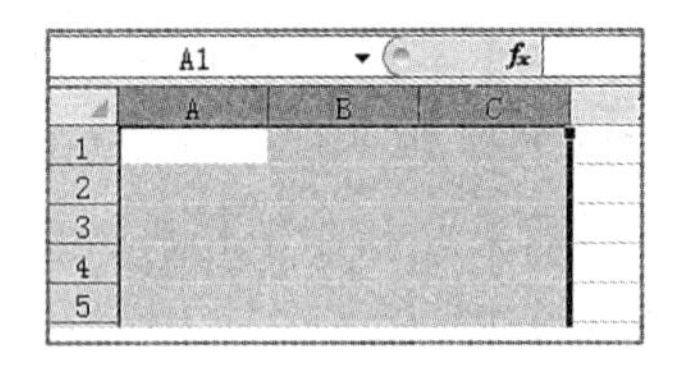

图 4-8　选择相邻的多列

方法 2：单击要选择的第一行的行标题（或第一列的列标题）后，按住【Shift】键的同时再单击要选择的最后一行的行标题(或最后一列的列标题),这样若干连续的行(或列）即被选中。

方法 3：单击要选择的第一行的行标题（或第一列的列标题），然后按住【Ctrl】键的同时再单击其他行的行标题（或其他列的列标题），可以选择不相邻的多行（或多列）。

④ 选择一个矩形区域。如果需要对某一矩形区域内的单元格进行操作，可以用以下方法将此区域选中：

将鼠标指针指向要选择区域左上角的第一个单元格，按住鼠标左键沿对角线方向拖动至要选择区域右下角的单元格，这样以对角线形成的矩形区域即被选中，如图 4-9 所示。

⑤ 选择不相邻的单元格或单元格区域。如果需要编辑的若干单元格并不是连续排列的，而是分散在工作表的不同区域，呈分散状态，这时可以用选择不相邻单元格区域的方法将其选中。其操作方法为：单击第一个单元格，然后按住【Ctrl】键的同时单击其他需要选择的单元格。

⑥ 选择整个表格。如果需将整个工作表选中，单击工作表窗口左上角的【全选】按钮即可，如图 4-10 所示。

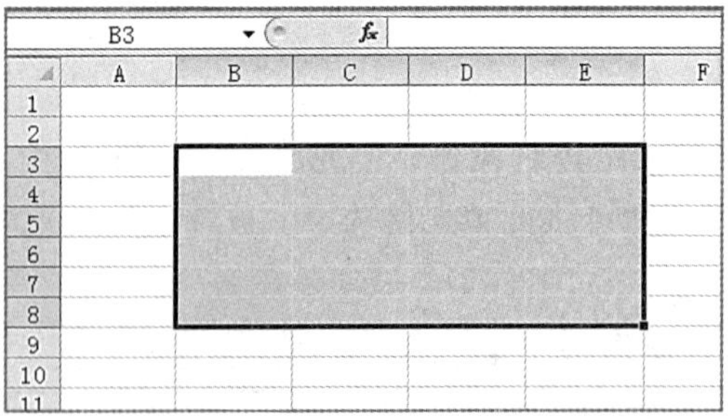

图 4-9　选择一个矩形区域

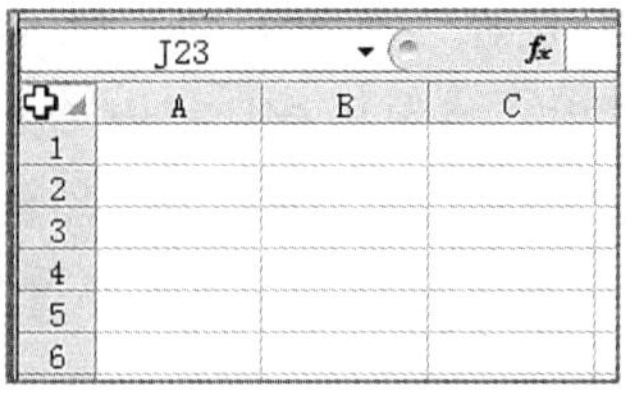

图 4-10　选择整个表格

⑦ 取消单元格区域的选择。如果需要将已经选择的区域取消，将鼠标指针对准任意一个单元格单击，即可取消单元格区域。

（2）插入单元格、行或列

① 插入单元格。

在工作表中插入新的单元格后，此单元格相邻的其他单元格位置会随之调整。

步骤 1：选择一个单元格（新的单元格出现在此单元格旁边）。

步骤 2：在【开始】选项卡中，单击【单元格】组中的【插入】下拉按钮，从弹出的下拉列表中选择【插入单元格】命令，如图 4-11 所示，弹出【插入】对话框，如图 4-12 所示。在此对话框中选择活动单元格的移动方式，然后单击【确定】按钮。此时新的单元格被插入到活动单元格处，而活动单元格将按用户选择的移动方式移动。

图 4-11 【插入】下拉列表

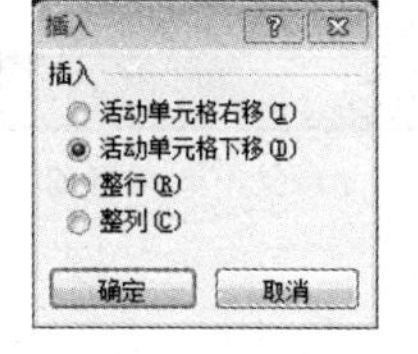

图 4-12 【插入】对话框

② 插入行或列。如果需要插入整行或整列，可按以下操作步骤进行：

步骤 1：选择一行（或一列）。

步骤 2：在【开始】选项卡中单击【单元格】组中的【插入】下拉按钮，从弹出的下拉列表中选择【插入工作表行】（或【插入工作表列】）命令，新行插入在选择行的上方（或新列插入到选择列的左侧）。

插入的行数或列数与用户所选的行数或列数相同。如果需插入连续的多行或多列时，可以选择多行或多列。

（3）删除单元格、行或列

对于表格中不需要的单元格、行或列，可以将其从工作表中删除，删除后相邻单元格、行或列会移动位置以填补被删除部分的位置，操作方法是：选择需删除的单元格、行或列，在【开始】选项卡中单击【单元格】组中的【删除】按钮即可。

（4）合并单元格

合并单元格就是将若干连续的单元格合并成一个单元格，并将选定区域左上角单元格中的内容代入合并后的单元格中，合并后的单元格再被引用时，就用原区域左上角的单元格来引用。

选择需合并的单元格，在【开始】选项卡中，单击【对齐方式】组中的【合并后居中】下拉按钮，打开图 4-13 所示的下拉列表，从中选择一种合并方式即可。

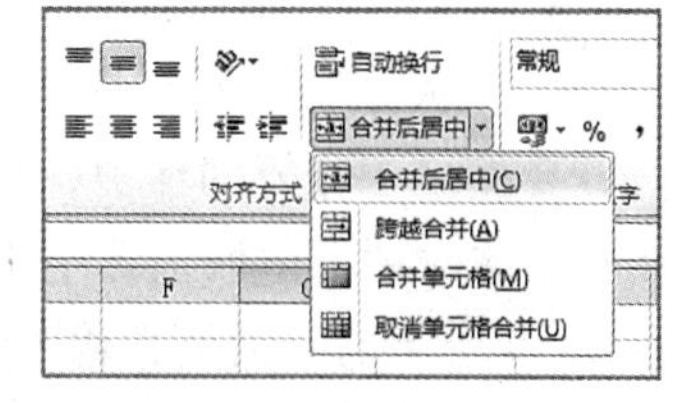

图 4-13 合并单元格

合并后居中：这种合并方式将选择的若干单元格合并成一个单元格，同时将合并后的单元格的内容自动居中，如图 4-14 所示。

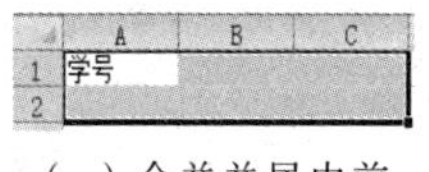

（a）合并并居中前

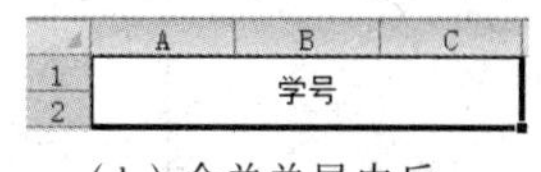

（b）合并并居中后

图 4-14 合并后居中方式

跨越合并：将选择的多个单元格按行进行合并，即每一行合并成一个单元格，如图 4-15 所示。

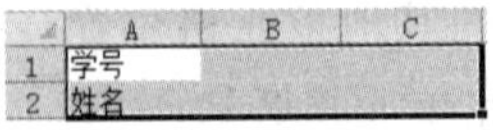

（a）跨越合并前 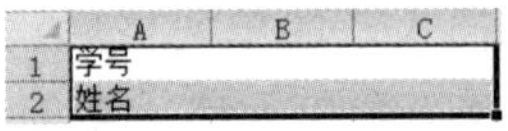　　（b）跨越合并后

图 4-15　跨越合并方式

合并单元格：将选择的单元格合并成一个单元格，如果多个单元格内有数据，将只保留左上角的数据，如图 4-16 所示。

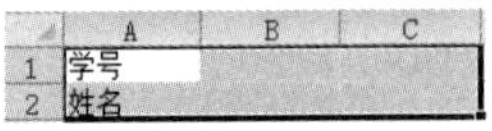

（a）合并单元格前 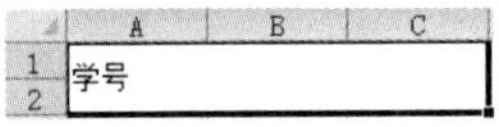　　（b）合并单元格后

图 4-16　合并单元格方式

取消单元格合并：将合并后的单元格重新拆分成合并前的样子。

4. 数据的保护和共享

与其他用户共享工作簿时，可能需要保护工作簿，锁定工作表、工作表中的单元格数据、工作表的结构等，以防其他用户对其进行更改。还可以指定一个密码，其他用户必须输入该密码才能修改受保护的特定工作表和工作簿元素。

单击【审阅】选项卡【更改】组中的按钮即可进行相关操作，如图 4-17 所示。

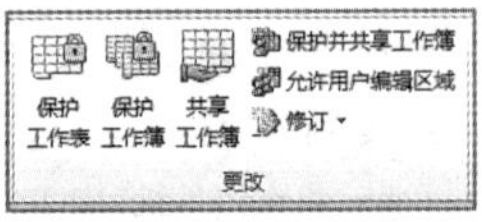

图 4-17　共享与保护

（1）保护工作簿

单击图 4-17 中的【保护工作簿】按钮，弹出图 4-18 所示的对话框，用户可以锁定工作簿的结构，以禁止用户添加或删除工作表，或显示隐藏的工作表。同时还可禁止用户更改工作表窗口的大小或位置。工作簿结构和窗口的保护可应用于整个工作簿中的所有工作表。

- 结构：选中此复选框，可使工作簿的结构保持不变，如删除、移动、复制、重命名、隐藏工作表或插入新的工作表等操作均无效。
- 窗口：选中此复选框后，在打开工作簿时，不能更改窗口的大小和位置，不能关闭窗口。
- 密码：在此编辑框中输入密码，可防止未授权的用户取消工作簿的保护。密码区分大小写，它可以由字母、数字、符号和空格组成。

要撤销工作簿的保护，可单击【审阅】选项卡【更改】组中的【保护工作簿】按钮，在弹出的对话框中取消选中【结构】和【窗口】复选框。若设置了密码保护，此时会弹出图 4-19 所示的对话框，输入保护时的密码，方可撤销工作簿的保护。

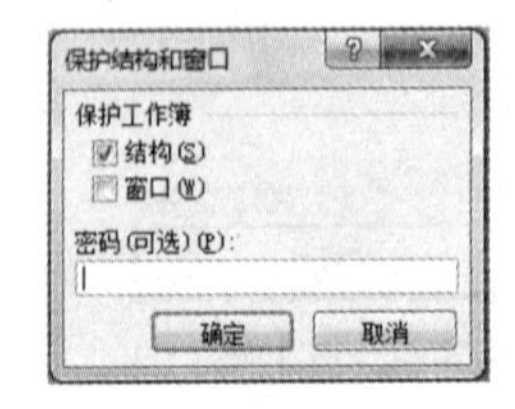

图 4-18【保护结构和窗口】对话框

图 4-19【撤销工作簿保护】对话框

（2）保护工作表

保护工作簿只能防止工作簿的结构和窗口不被编辑修改，要使工作表中的数据不被别人修改，还需对相关的工作表进行保护，具体操作步骤如下：

步骤 1：单击要进行保护的工作表标签，然后单击【审阅】选项卡【更改】组中的【保护工作表】按钮。

步骤 2：在弹出对话框的【取消工作表保护时使用的密码】编辑框中输入密码，在【允许此工作表的所有用户进行】列表框中选择允许操作的选项，然后单击【确定】按钮，并在弹出的对话框中重新输入密码后单击【确定】按钮。

这时，工作表中的所有单元格都被保护起来，不能进行在【保护工作表】对话框中没有选择的操作。如果试图进行这些操作，系统会弹出图 4-20 所示的提示对话框，提示用户该工作表是受保护且是只读的。

图 4-20　提示对话框

（3）保护单元格或单元格区域

默认情况下，保护工作表时，该工作表中的所有单元格都会被锁定和隐藏，用户不能对锁定的单元格进行任何更改。但是，很多情况下用户并不希望保护所有的区域。

① 设置不受保护的区域（即用户可以更改的区域），具体操作步骤如下：

步骤 1：选中要解除锁定（或隐藏）的单元格区域。

步骤 2：在【开始】选项卡的【单元格】组中单击【格式】下拉按钮，然后在弹出的下拉列表中单击【设置单元格格式】按钮。

步骤 3：在弹出的【设置单元格格式】对话框中选择【保护】选项卡，根据需要取消选中【锁定】复选框或【隐藏】复选框，然后单击【确定】按钮。

步骤 4：在【审阅】选项卡的【更改】组中单击【保护工作表】按钮。

② 设置受保护的区域（即用户不可以更改的区域），具体操作步骤如下：

步骤 1：选中整张工作表中的所有单元格。

步骤 2：在【开始】选项卡的【单元格】组中单击【格式】→【设置单元格格式】按钮。

步骤 3：弹出【设置单元格格式】对话框，在【保护】选项卡中根据需要取消选中【锁定】复选框或【隐藏】复选框，然后单击【确定】按钮。则此状态下该工作表中所有的单元格都处于未被保护的状态。

步骤 4：选中需要保护的单元格区域，如 A3:D5。

步骤 5：再次在【保护】选项卡中根据需要选中【锁定】复选框或【隐藏】复选框，然后单击【确定】按钮。则该工作表中仅 A3:D5 单元格区域处于被保护的状态。

步骤 6：在【审阅】选项卡的【更改】组中单击【保护工作表】按钮。

（4）共享工作簿

如果需要多人同时编辑同一个工作簿，可以使用 Excel 2010 的共享工作簿功能，将它保存到其他用户可以访问到的网络位置上，方便其他用户同时编辑、查看和修订。

① 共享工作簿。共享工作簿的具体操作方法如下：

步骤 1：单击【审阅】选项卡【更改】组中的【共享工作簿】按钮。

步骤 2：弹出【共享工作簿】对话框，如图 4-21 所示，在【编辑】选项卡中选中【允许多用户同时编辑，同时允许工作簿合并】复选框。

步骤 3：切换到【高级】选项卡，确保【保存文件时】单选按钮处于选中状态，如图 4-22 所示，表示在用户保存工作簿时会更新其他用户对此工作簿进行的编辑操作。

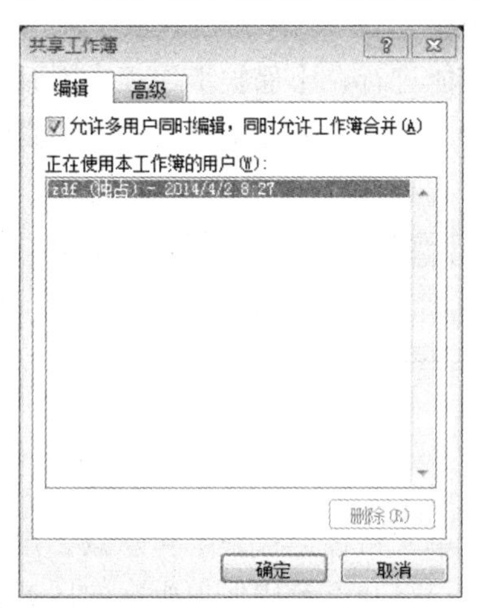

图 4-21 【共享工作簿】对话框

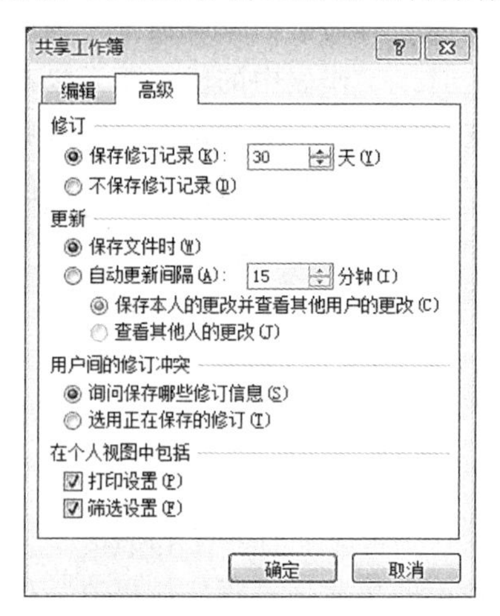

图 4-22 设置共享选项

步骤 4：单击【确定】按钮返回工作簿，此时将弹出一个提示对话框，提示是否保存此操作，单击【确定】按钮，完成共享工作簿的设置操作。此时可看到标题栏上工作簿名称的右侧显示【共享】二字，表示已共享。

步骤 5：最后将该工作簿放到网络上的共享文件夹中。

② 取消工作簿共享。要取消工作簿的共享状态，操作步骤如下：

步骤 1：打开设置为共享的工作簿，单击【审阅】选项卡【更改】组中的【共享工作簿】按钮，弹出【共享工作簿】对话框。

步骤 2：取消选中【允许多用户同时编辑，同时允许工作簿合并】复选框，然后单击【确定】按钮。

步骤 3：在弹出的提示对话框中单击【确定】按钮，取消工作簿共享后，其标题栏中的【共享】字样将消失。

③ 合并共享工作簿。当多个用户需要共享一个工作簿，但又无法使用网络时，可将要共享的工作簿复制为若干个副本，由多个用户分别修改，最后使用 Excel 的合并工作簿功能将所做的修改进行合并即可。

步骤 1：选择【文件】→【选项】命令，弹出【Excel 选项】对话框。

步骤 2：选择左侧的【自定义功能区】选项，然后在【从下列位置选择命令】下拉列表中选择【所有命令】，在下方的列表中找到【比较和合并工作簿】命令，然后单击【添加】按钮，再单击【确定】按钮，即可将该命令添加到快速访问工具中。

步骤 3：打开要合并的共享工作簿的目标副本，单击快速访问工具栏中的【比较和合并工作簿】按钮。

步骤 4：在弹出的对话框中选择包含要合并修订的某个备份，然后单击【确定】按钮。

4.2 数据输入与设置

4.2.1 数据的输入技巧

1. 常用数据输入

Excel 单元格中的常用数据类型分为文本型、数值型、日期/时间型和逻辑型。

（1）输入文本型数据

任何输入到单元格内的字符集，只要不被系统识别成数字、公式、日期、时间、逻辑值，则 Excel 2010 一律将其视为文本。输入时，默认对齐方式是单元格内靠左对齐，在一个单元格内最多可以存放 32 767 个字符。

① 字符文本：直接输入包括英文字母、汉字、数字和符号，如 ABC、姓名、a10。

② 数字文本：由数字组成的字符串。先输入单引号（半角），再输入数字，如'12580。

（2）输入数值型数据

在 Excel 2010 中，数值型数据使用最多，也是最为复杂的数据类型。数值型数据由数字 0～9、正号、负号、小数点、分数号“/”、百分号“%”、指数符号“E”或“e”、货币符号“￥”或“$”和千位分隔号“,”等组成。输入数值型数据时，Excel 自动将其沿单元格左侧对齐，而当数字的长度超过单元格的宽度时，Excel 将自动使用科学计数法来表示输入的数字。

① 输入数值：直接输入数字，数字中可包含千位分隔号和小数点，如 123、1 895、710.89。如果在数字中间出现任何非数字字符或空格，则认为它是一个文本字符串，而不再是数值，如 123A45。

② 输入分数：代分数的输入是在整数和分数之间加一个空格，真分数的输入是先输入“0”和一个空格，再输入分数；如果不输入“0”，Excel 会把该数据当作日期格式处理。

③ 输入货币数值：先输入￥或$，再输入数字，如$123、￥845。

④ 输入负数：先输入减号，再输入数字，或用圆括号把数据起来，如-1234、（-1234）。

⑤ 输入科学计数法表示的数：直接输入，如 3.46E+10。

（3）输入日期/时间型数据

Excel 是将日期/时间型数据视为数字处理，系统默认为右对齐。当输入了系统不能识别的日期或时间时，系统将认为输入的是文本字符串。

① 日期数据输入：直接输入格式为 yyyy/mm/dd 或 yyyy-mm-dd 的数据，也可以是 yy/mm/dd 或 yy-mm-dd 的数据，也可输入 mm/dd 的数据，如 2018/05/05、18-04-21、8/20。

② 时间数据输入：直接输入格式为 hh:mm[:ss] [AM/PM]的数据。

③ 日期和时间数据输入：日期和时间用空格分隔，如 2018-4-21 9:21:30 PM。

④ 快速输入当前日期：按【Ctrl+;】组合键。

⑤ 快速输入当前时间：按【Ctrl+Shift+;】组合键。

（4）逻辑型数据输入

① 逻辑真值输入：直接输入 TRUE。

② 逻辑假值输入：直接输入 FALSE。

2. 特殊符号输入

如果要在工作表中输入一些键盘无法输入的特殊符号，可利用【插入】选项卡输入，其操作步骤如下：

步骤 1：单击要插入符号的单元格，或将光标定位在要插入符号的位置。

步骤 2：单击【插入】选项卡【符号】组中的【符号】按钮Ω。

步骤 3：弹出【符号】对话框，如图 4-23 所示，单击需要插入的符号，然后单击【插入】按钮，即可将所选符号插入到光标所在位置。

3. 自动填充单元格数据

（1）利用“填充柄”填充数据

填充柄是一个很方便的复制工具，利用它可以完成数据和公式等的复制操作。使用填充柄可以实现本行或本列内相邻单元格内容的复制，其操作步骤如下：

步骤 1：选择需复制数据的单元格，此时被选择部分边框加黑，将鼠标指针指向该选区右下角的填充柄，如图 4-24 所示。

图 4-23 【符号】对话框

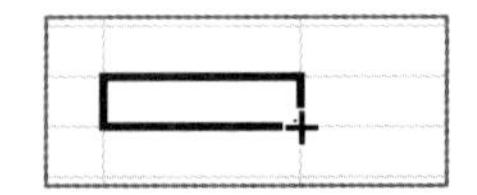
图 4-24 填充柄

步骤 2：当鼠标指针变成“+”形状时拖动，释放鼠标时黑框区域将被所选数据填充。

利用填充柄不仅可以复制内容，而且还可以填充一列有关联的数据，也就是序列。具体操作步骤如下：

步骤 1：在起始单元格输入序列的起始数据，如“1”，在第二个单元格输入序列的

第二个数据，如“2”。

步骤 2：将输入数据的两个单元格选中。

步骤 3：鼠标指针指向选区右下角的填充柄，当鼠标指针变成“+”形状时，拖动鼠标指针到所需位置，会自动生成按起始两个单元格中数据之差所形成的等差序列。例如1、2、3、4、5、……的序列。

（2）利用“填充”列表填充数据

利用“填充”列表也可以将当前单元格中的内容向上、下、左、右相邻单元格或单元格区域进行快速填充。如要在单元格区域 A2:A6 中填充“计算机”文本，具体操作步骤如下。

步骤 1：在单元格 A2 中输入文本“计算机”，并选定从该单元格开始的列方向单元格区域，如图 4-25（a）所示。

步骤 2：单击【开始】选项卡【编辑】组中的【填充】下拉按钮，展开填充列表，并选择相应的选项，如【向下】，如图 4-25（b）所示，即在相邻的单元格中自动填充与第一行单元格相同的数据，如图 4-25（c）所示。

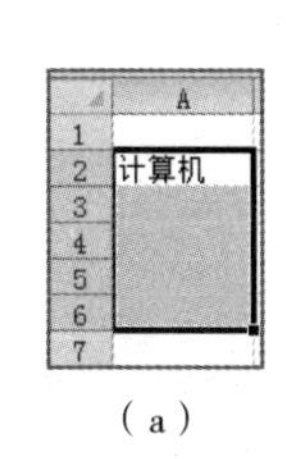

（a）

（b）

（c）

图 4-25　利用“填充”列表填充数据

（3）利用“序列”对话框填充数据

对于一些有规律的数据，如等差、等比序列以及日期数据序列等，还可以利用【序列】对话框进行填充。如要在选定单元格区域填充一组以 3 的倍数递增的数据，具体操作步骤如下：

步骤 1：在单元格中输入初始数据“6”，然后选定要从该单元格开始填充的单元格区域，如图 4-26（a）所示

步骤 2：单击【开始】选项卡【编辑】组中的【填充】下拉按钮，在展开的填充列表中选择【系列】选项。

步骤 3：在弹出的【序列】对话框中选中【等比序列】单选按钮，并设置“步长值”为 3，然后单击【确定】按钮，如图 4-26（b）所示，结果如图 4-26（c）所示。

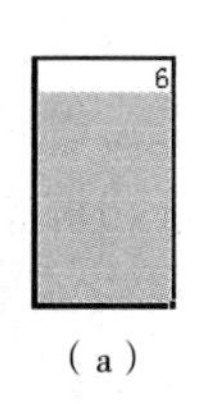

（a）

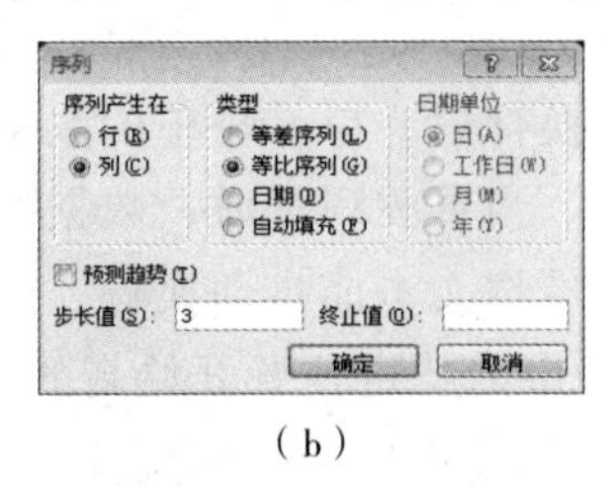

（b）

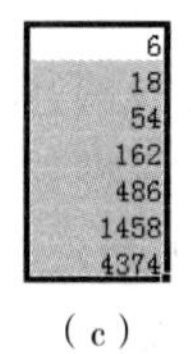

（c）

图 4-26　填充等比序列

4. 为单元格设置数据有效性

在建立工作表的过程中，有时为了保证输入的数据都在其有效范围内，用户可以使用 Excel 提供的【数据有效性】命令为单元格设置条件，以便在出错时得到提醒，从而快速、准确地输入数据。下面为简历表中的【手机号码】列设置数据有效性，具体操作步骤如下：

步骤 1：选中要设置数据有效性的单元格或单元格区域，然后单击【数据】选项卡上【数据工具】组中的【数据有效性】按钮。

步骤 2：弹出【数据有效性】对话框，在【设置】选项卡的【允许】下拉列表中选择【文本长度】，在【数据】下拉列表中选择【等于】，在【长度】编辑框中输入“11”，如图 4-27 所示。

步骤 3：选择【输入信息】选项卡，在【标题】文本框中输入“提示:”；在【输入信息】文本框中输入“请输入一串有 11 位数的号码”，如图 4-28 所示。

图 4-27 【设置】选项卡

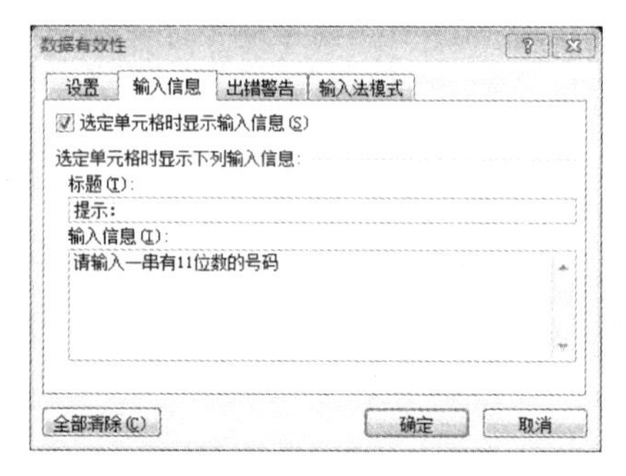

图 4-28 【输入信息】选项卡

步骤 4：选择【出错警告】选项卡，在【样式】下拉列表中选择“停止”；在【标题】文本框中输入“错误”；在【错误信息】文本框中输入“号码的位数为 11”，然后单击【确定】按钮，如图 4-29 所示。

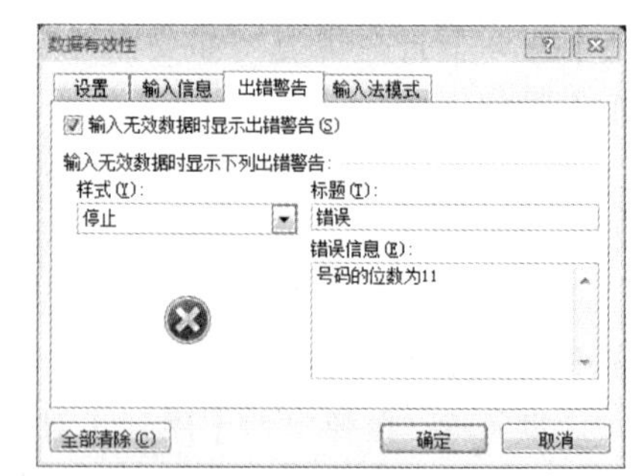

图 4-29 【出错警告】选项卡

5. 数据输入技巧

（1）文本数据的自动换行

如果希望文本在单元格内以多行显示，可以将单元格格式设置成自动换行，也可以输入手动换行符。

① 自动换行。让文本自动换行的操作方法是：单击目标单元格，然后在【开始】选项卡的【对齐方式】组中单击【自动换行】按钮，即使用了自动换行效果。

对单元格中的文本设置自动换行后，单元格中的数据会自动换行以适应列宽，此时单元格所在行的行高被自动调整。当更改列宽时，数据换行会自动调整。但是，如果为单元格所在行设置了固定行高，虽然文本能自动换行，但行高却不会自动调整。

② 输入换行符。要在单元格中的特定位置开始新的文本行，可先双击该单元格（该单元格已有文本），然后单击该单元格中要断行的位置，按【Alt+Enter】组合键，或在输入文本的过程中，在需要换行的位置按【Alt+Enter】组合键，再输入后续文本。

（2）同时在多个单元格中输入相同的数据

要同时在多个相邻或不相邻单元格中输入相同的数据，应首先选中要填充相同数据的多个单元格，然后输入数据，最后按【Ctrl +Enter】组合键填充所选单元格。

（3）为单元格创建下拉列表

如果某些单元格中要输入的数据很有规律，如政治面貌（党员、团员），希望减少手工录入的工作量，此时用户可以为单元格创建下拉列表，然后在下拉列表中选择需要输入的数据。具体操作步骤如下：

步骤 1：选中希望以下拉列表方式输入数据的单元格区域，然后单击【数据】选项卡【数据工具】组中的【数据有效性】按钮，如图 4-30 所示。

步骤 2：弹出【数据有效性】对话框，在【设置】选项卡的【允许】下拉列表中选择【序列】，保持【提供下拉箭头】复选框的选中，在【来源】文本框中输入“党员,团员”，然后单击【确定】按钮，如图 4-31 所示。

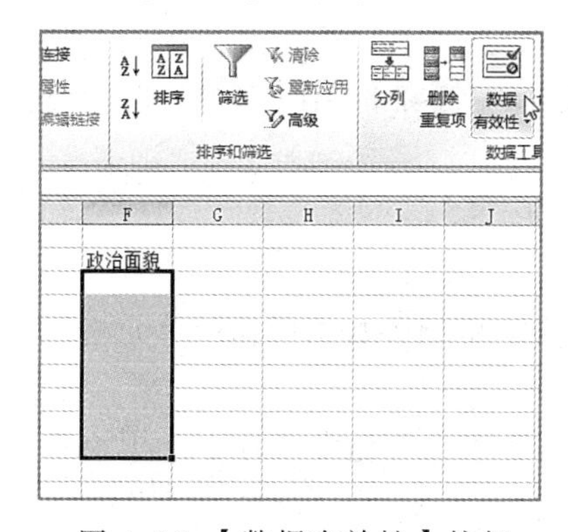

图 4-30 【数据有效性】按钮

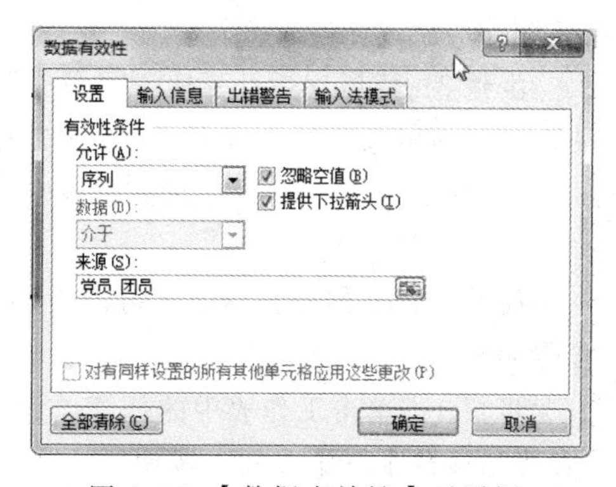

图 4-31 【数据有效性】对话框

步骤 3：此时单击单元格区域的右侧出现下拉按钮，将以下拉列表方式显示【数据有效性】对话框【来源】文本框设置的数据，从中选择需要的选项，即可快速输入相应数据，如图 4-32 所示。

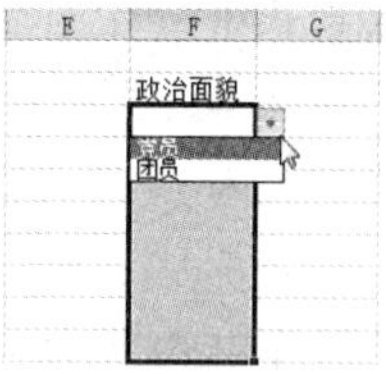

图 4-32 利用下拉列表快速输入数据

6. 数据的编辑

（1）修改数据

要修改数据，可在选中的单元格内直接修改或利用编辑栏进行修改。

（2）清除数据

要清除单元格数据，可在选择单元格后按【Delete】键或【Backspace】键，或单击【开始】选项卡【编辑】组中的【清除】→【清除内容】按钮。清除单元格内容后，单元格仍然存在。

【清除】列表中其他选项的含义如下：

选择【全部清除】：将单元格的格式、内容、批注全部清除。

选择【清除格式】：仅将单元格的格式取消。

选择【清除批注】：仅将单元格的批注取消。

（3）移动数据

移动数据是指将某些单元格或单元格区域中的数据移至其他单元格中，原单元格中的数据将被清除。具体操作步骤如下：

步骤 1：选中要移动数据的单元格或单元格区域。

步骤 2：将鼠标指针移到所选区域的边框线上，此时鼠标指针变成十字箭头形状。

步骤 3：按住鼠标左键并拖动，在拖动过程中会显示移动到的单元格地址，到达目标位置后释放鼠标，所选单元格数据被移动到目标位置。若目标单元格或单元格区域中有数据，这些数据将被替换。

（4）复制数据

复制数据是指将所选单元格或单元格区域中数据的副本复制到指定位置，原位置的内容仍然存在。具体操作步骤如下：

步骤 1：选中要复制数据的单元格区域，然后将鼠标指针移到选定单元格区域的边框线上。

步骤 2：待鼠标指针变成十字箭头时按住鼠标左键和【Ctrl】键的同时向目标位置拖动，此时的鼠标指针变成带“+”号的箭头形状。

步骤 3：释放鼠标，所选数据被复制到目标位置。

（5）查找数据

使用 Excel 的查找功能，可以快速定位工作表中相关数据所在的单元格。具体操作步骤如下：

步骤 1：单击工作表中的任意单元格，然后单击【开始】选项卡上【编辑】组中的【查找和选择】→【查找】按钮。

步骤 2：弹出【查找和替换】对话框，在【查找内容】文本框中输入要查找的内容，然后单击【查找下一个】按钮，如图 4-33 所示。

步骤 3：光标定位到第一个符合条件的单元格，继续单击【查找下一个】按钮，会继续查找下一个符合条件的单元格。

步骤 4：若输入查找内容后单击【查找全部】按钮，在对话框的下方会显示所有符合条件的记录，查找完毕，单击【关闭】按钮关闭对话框。

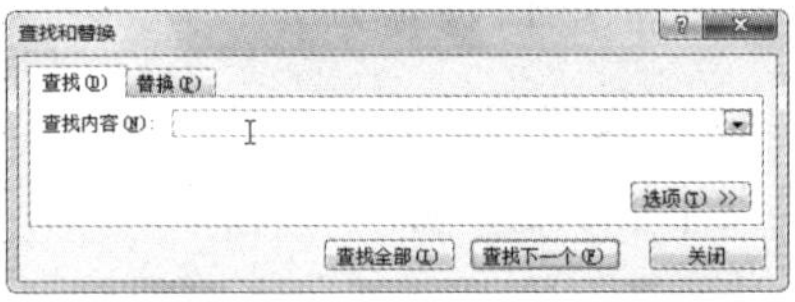

图 4-33 【查找和替换】对话框

（6）替换数据

使用 Excel 的替换功能可以将符合查找条件的单元格中的数据统一替换为新数据，从而提高修改数据的速度。具体操作步骤如下：

步骤 1：单击工作表中的任意单元格，然后单击【开始】选项卡【编辑】组中的【查找和选择】→【替换】按钮。

步骤 2：弹出【查找和替换】对话框，并显示【替换】选项卡，如图 4-34 所示，在【查找内容】文本框中输入要查找的内容，在【替换为】文本框中输入要替换为的内容，然后单击【查找下一个】按钮。

步骤 3：系统将定位到第一个符合条件的单元格。

步骤 4：单击【替换】按钮或按【Ctrl+R】组合键，将替换掉第一个符合条件的内容。

同时系统定位到第二个符合条件的单元格中。

步骤 5：单击【替换】按钮，将逐个替换找到的内容；若在【步骤 4】单击【全部替换】按钮，将替换所有符合条件的内容，并显示替换完毕的提示框，单击【确定】按钮，完成替换操作，单击【关闭】按钮，关闭【查找和替换】对话框。

（7）高级查找与替换

在【查找和替换】对话框中单击【选项】按钮，可展开对话框，如图 4-35 所示，在其中可设置查找和替换的高级条件。

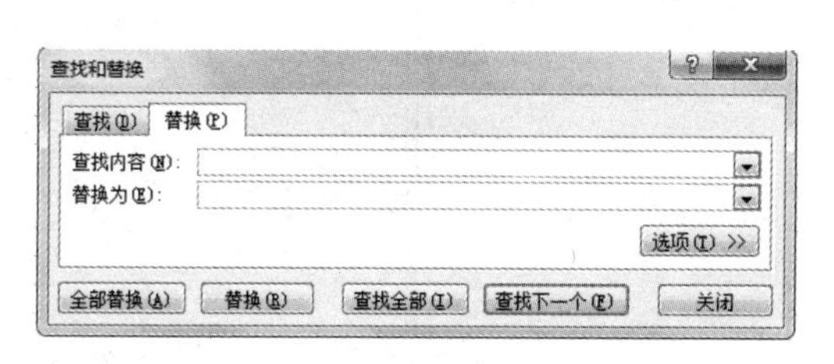

图 4-34 【替换】选项卡

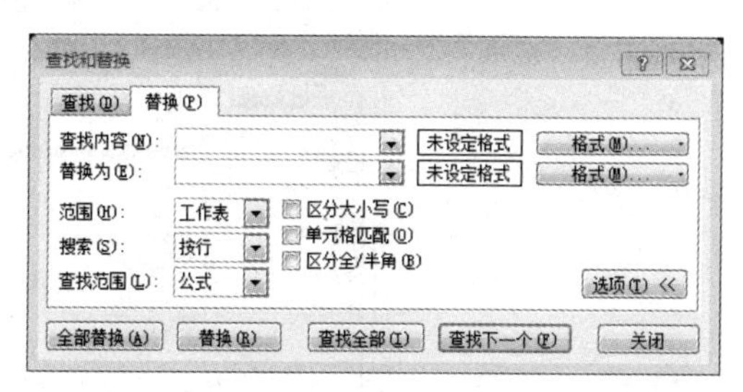

图 4-35 展开后的【查找和替换】对话框

对话框中各选项的作用如下：

①【范围】下拉列表：设置仅当前工作表中或整个工作簿中查找数据。

②【搜索】下拉列表：设置搜索顺序（逐行或逐列）。

③【查找范围】下拉列表：设置是在全部单元格（选择“值”）、包含公式的单元格（选择“公式”）还是在单元格批注中查找数据。

④ 区分大小写：设置搜索数据时是否区分英文大小写。例如，如果不选中该复选框（默认），则搜索“a”时，将查找所有内容包含“a”和“A”的单元格。如果选中该复选框，则只查找内容仅包含“a”的单元格。

⑤ 单元格匹配：设置进行数据搜索时是否严格匹配单元格内容。例如，如果不选中该复选框（默认），则查找“a”时，将查找所有内容包含“a”的单元格（如 ab，cac 等）。如果选中该复选框，则仅查找内容为“a”的单元格，此时将无法查找内容为 ab、cac 的单元格。

⑥ 区分全/半角：设置搜索时是否区分全/半角。对于字母、数字或标点符号而言，占一个字符位置的是半角，占两个字符位置的是全角。

⑦ 若只知道要查找的部分内容，则还可以使用通配符“*”（代表多个字符）和“?”（代表单个字符，英文标点）进行查找。

4.2.2 数据的格式设置

1. 设置文本格式

在默认情况下，单元格中文本的字体是宋体、11 号字，可根据实际需要进行重新设置。具体步骤如下：

步骤 1：选中要设置格式的单元格或文本。

步骤 2：右击，在弹出的快捷菜单中选择【设置单元格格式】命令，弹出【设置单元格格式】对话框，对【字体】、【字形】、【字号】、【下画线】等进行设置。

2. 设置数字格式

在单元格中输入数据时，系统一般会根据输入的内容自动确定它们的类型、字形、大小、对齐方式等数据格式，也可以根据需要进行重新设置。

步骤1：在【开始】选项卡的【单元格】选项组中单击【格式】下拉按钮，在下拉列表中单击【设置单元格格式】按钮，弹出【设置单元格格式】对话框，如图4-36所示。

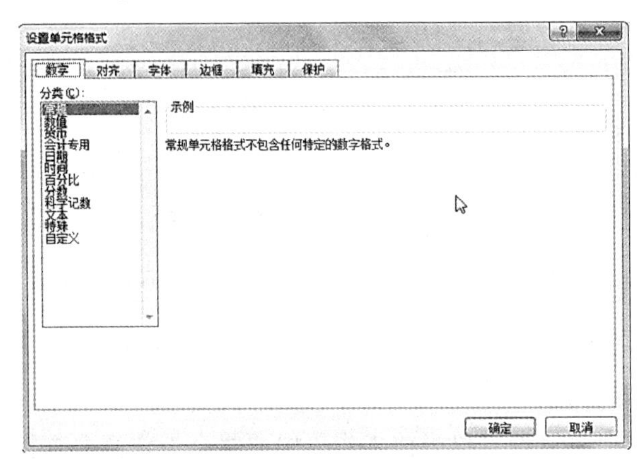

图4-36 【设置单元格格式】对话框

步骤2：根据需要选择不同的选项卡设置数据的格式。

步骤3：单击【确定】按钮，完成格式的设置。

3. 设置行高和列宽

方法1：使用鼠标拖动。

步骤1：将鼠标指针移到列标或行号中两列或两行的分界线上，拖动分界线以调整列宽和行高，如图4-37所示。

步骤2：双击分界线，列宽和行高会自动调整到最适当大小。

方法2：利用【格式】列表调整。

使用【格式】列表中的【行高】和【列宽】命令，可精确调整行高和列宽。

步骤1：单击【开始】选项卡【格式】组中的【格式】下拉按钮。

步骤2：打开其下拉列表，单击【列宽】、【行高】或【默认列宽】按钮，弹出相应的对话框，如图4-38所示，输入需要设置的数据。

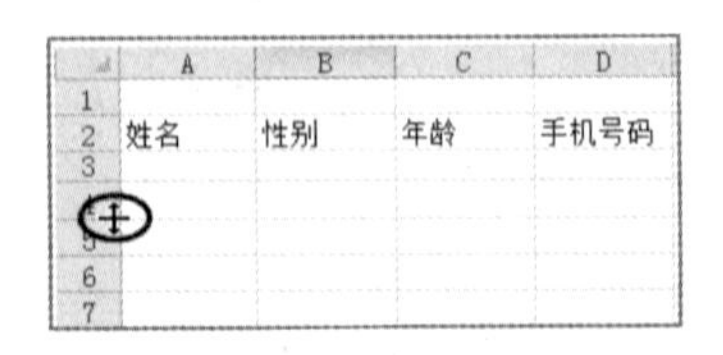

图4-37 利用拖动法调整行高

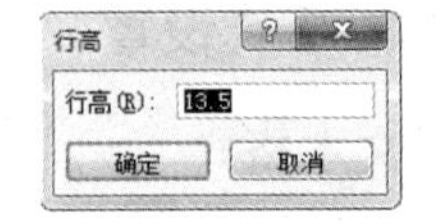

图4-38 精确调整行高/列宽

步骤3：单击【自动调整列宽】或【自动调整行高】按钮，选定列中最宽的数据为宽度或选定行中最高的数据为高度自动调整。

4. 设置对齐方式

所谓对齐，是指单元格内容在显示时，相对单元格上下左右的位置。打开【设置单元格格式】对话框，选择【对齐】选项卡，进行具体设置，如图 4-39 所示。

5. 设置边框和底纹

（1）设置边框

步骤 1：选定要设置边框的单元格区域。

步骤 2：打开【设置单元格格式】对话框，选择【边框】选项卡，如图 4-40 所示。

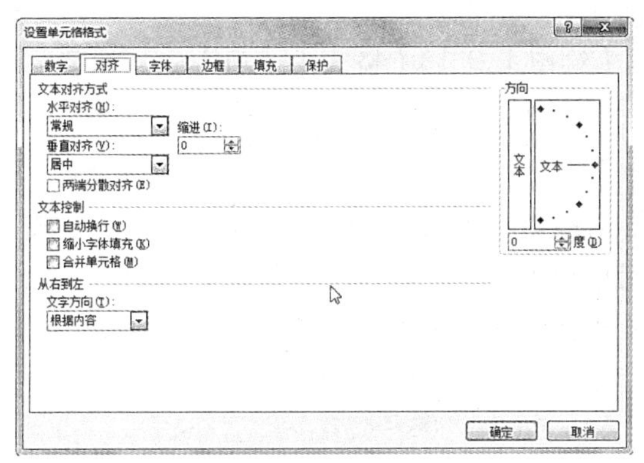

图 4-39 【对齐】选项卡

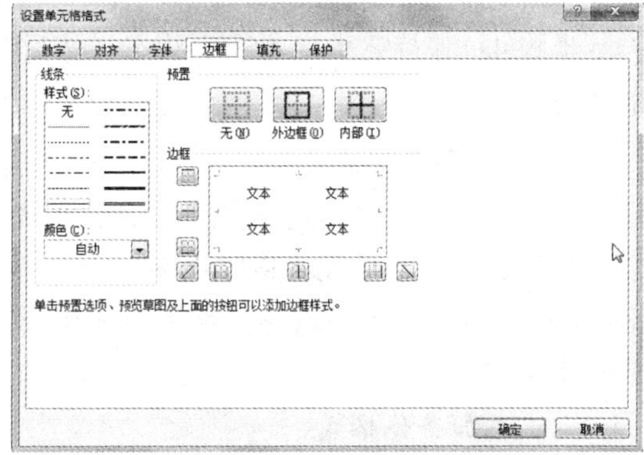

图 4-40 【边框】选项卡

步骤 3：进行【线条】、【颜色】、【边框】的选择，最后单击【确定】按钮。

（2）设置底纹

步骤 1：选定要设置底纹的单元格区域。

步骤 2：打开【设置单元格格式】对话框，选择【填充】选项卡。

步骤 3：具体进行【颜色】、【图案】的选择，然后单击【确定】按钮。

6. 应用图片、艺术字

为增强工作表的视觉效果，可以在工作表中插入图片、艺术字等。

（1）插入和编辑图片

在编辑工作表时，可以根据工作表内容在其中插入合适的图片，以使工作表内容更丰富美观。具体操作步骤如下：

步骤 1：打开【边框】工作簿，选择【插入图片】工作表标签。

步骤 2：单击【插入】选项卡【插图】组中的【图片】按钮，弹出【插入图片】对话框，在计算机内找到合适的图片。

步骤 3：单击【插入】按钮，所选图片以嵌入式插入到工作表中，此时功能区中自动显示【图片工具】|【格式】选项卡。

步骤 4：将鼠标指针移到图片上，此时鼠标指针变成十字箭头形状，按住鼠标左键不放，将图片拖到工作表下方的中间位置。将鼠标指针移到图片四周的控制点上，待鼠标指针变成双向箭头形状时按住鼠标左键并向图片内或外拖动，可缩小或放大图片。

步骤 5：保持图片的选中状态，然后单击【图片工具】|【格式】选项卡【图片样式】组中的【其他】按钮，在展开的列表中选择喜欢的样式，如【金属椭圆】选项。

（2）插入和编辑艺术字

在工作表中插入艺术字可提高工作表的可视性，插入艺术字后，利用出现的【绘图工具】|【格式】选项卡对其进行编辑操作。具体操作步骤如下：

步骤 1：打开【边框】工作簿，选择【艺术字】工作表标签。

步骤 2：单击【插入】选项卡【文本】组中的【艺术字】按钮，在展开的列表中选择一种艺术字样式。

步骤 3：在出现的“请在此键入您自己的内容”文本框中输入要设置艺术字的文本，如“加油!”。

步骤 4：保持艺术字的选中状态，然后在【绘图工具】|【格式】选项卡中，调整艺术字的效果。

7. 设置条件格式

条件格式是指当指定条件为真时，系统自动应用于单元格的格式，如单元格底纹或字体颜色。例如在单元格格式中突出显示单元格规则时，可以设置满足某一规则的单元格突出显示出来。下面以将工作表中评比分数大于 80 的数据以红色标记出来为例，介绍其操作。

（1）添加条件格式

步骤 1：选中要设置条件格式的单元格区域。

步骤 2：在【开始】选项卡的【样式】组中单击【条件格式】下拉按钮。

步骤 3：在下拉列表中单击【突出显示单元格规则】→【大于】按钮，如图 4-41 所示。

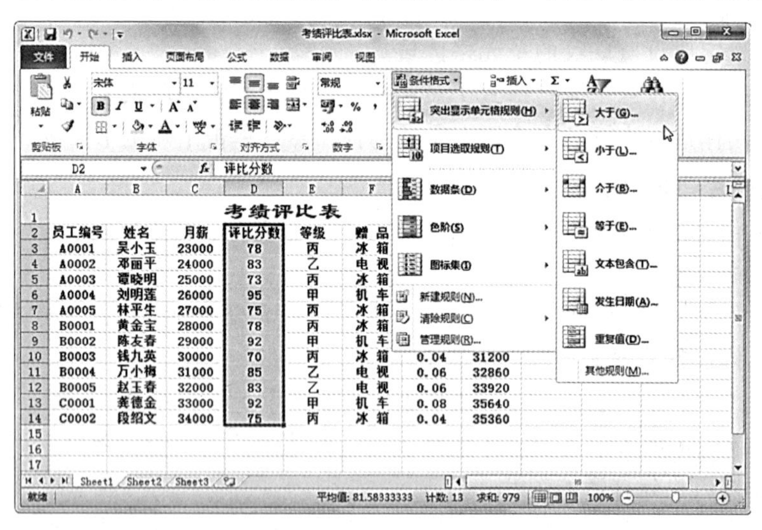

图 4-41　单击【大于】按钮

步骤 4：弹出【大于】对话框，在【为大于以下值的单元格设置格式】文本框中输入作为特定值的数值，如 80；在右侧下拉列表中选择一种单元格样式，如【浅红填充色深红色文本】，如图 4-42 所示。

图 4-42 【大于】对话框

步骤 5：单击【确定】按钮，即可自动查找到单元格区域中大于 80 的数据，并将它们以红色标记出来。

（2）更改或删除条件格式

如果要更改格式，单击相应条件的【条件格式】按钮，弹出【条件格式规则管理器】，单击【编辑规则】按钮，即可进行更改。

要删除一个或多个条件，单击【删除规则】按钮，在弹出的对话框中选中要删除条件的复选框，单击【确定】按钮即可。

8. 套用表格样式

利用系统的【套用表格样式】功能，可以快速地对工作表进行格式化，使表格变得美观大方。具体操作步骤如下：

步骤 1：选中要设置格式的单元格或区域。

步骤 2：在【开始】选项卡的【样式】组中单击【套用表格样式】下拉按钮，展开下拉列表。

步骤 3：在下拉列表中选择一种格式即可应用。

9. 拆分和冻结工作表窗格

（1）拆分工作表窗格

拆分窗格可以同时查看分隔较远的工作表数据，常用的拆分方法有如下两种：

方法 1：使用拆分框拆分窗格。

拆分框分为【水平拆分框】和【垂直拆分框】两种，可将工作表分为上下或左右两部分，以便上下或左右对照工作表数据；也可同时使用水平和垂直拆分框将工作表一分为四，从而更利于数据的查看、编辑和比较。具体操作步骤如下：

步骤 1：打开工作表，将鼠标指针移到窗口右上角的垂直拆分框上，此时鼠标指针变为拆分形状，如图 4-43 所示。

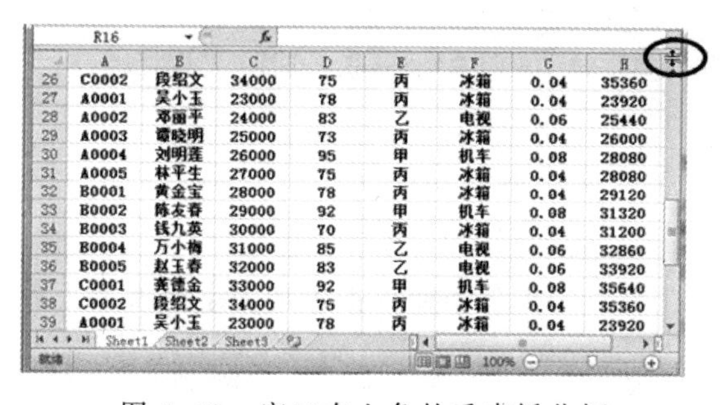

	A	B	C	D	E	F	G	H
26	C0002	段绍文	34000	75	丙	冰箱	0.04	35360
27	A0001	吴小玉	23000	78	丙	冰箱	0.04	23920
28	A0002	邓丽平	24000	83	乙	电视	0.06	25440
29	A0003	谭晓明	25000	73	丙	冰箱	0.04	26000
30	A0004	刘明莲	26000	95	甲	机车	0.08	28080
31	A0005	林平生	27000	75	丙	冰箱	0.04	28080
32	B0001	黄金宝	28000	78	丙	冰箱	0.04	29120
33	B0002	陈友春	29000	92	甲	机车	0.08	31320
34	B0003	钱九英	30000	70	丙	冰箱	0.04	31200
35	B0004	万小梅	31000	85	乙	电视	0.06	32860
36	B0005	赵玉春	32000	83	乙	电视	0.06	33920
37	C0001	龚德金	33000	92	甲	机车	0.08	35640
38	C0002	段绍文	34000	75	丙	冰箱	0.04	35360
39	A0001	吴小玉	23000	78	丙	冰箱	0.04	23920

图 4-43　窗口右上角的垂直拆分框

步骤 2：按住鼠标左键向下拖动，至适当的位置释放鼠标，将窗格一分为二，从而可同时上下查看工作表数据。

步骤 3：将鼠标指针移到窗口右下角的水平拆分框上，此时鼠标指针变为拆分形状，按住鼠标左键向左拖动，至适当的位置释放鼠标，可将窗格左右拆分。

方法 2：使用【拆分】按钮。

除了可以使用拆分框拆分窗格外，还可以使用【视图】选项卡【窗口】组中的【拆分】按钮来拆分窗格，具体操作步骤如下：

步骤 1：打开工作表，选定某一行，然后单击【视图】选项卡【窗口】组中的【拆分】按钮。

步骤 2：在所选行的上方插入拆分线，将窗格上下拆分，如图 4-44 所示，若选择列后单击【拆分】按钮，可在所选列的左侧插入拆分线，将窗格左右拆分。

	A	B	C	D	E	F	G	H	I	J	K
26	C0002	段绍文	34000	75	丙	冰箱	0.04	35360			
27	A0001	吴小玉	23000	78	丙	冰箱	0.04	23920			
28	A0002	邓丽平	24000	83	乙	电视	0.06	25440			
29	A0003	谭晓明	25000	73	丙	冰箱	0.04	26000			
30	A0004	刘明莲	26000	95	甲	机车	0.08	28080			
31	A0005	林平生	27000	75	丙	冰箱	0.04	28080			
32	B0001	黄金宝	28000	78	丙	冰箱	0.04	29120			
33	B0002	陈友春	29000	92	甲	机车	0.08	31320			
34	B0003	钱九英	30000	70	丙	冰箱	0.04	31200			
35	B0004	万小梅	31000	85	乙	电视	0.06	32860			
36	B0005	赵玉春	32000	83	乙	电视	0.06	33920			
37	C0001	龚德金	33000	92	甲	机车	0.08	35640			
38	C0002	段绍文	34000	75	丙	冰箱	0.04	35360			
39	A0001	吴小玉	23000	78	丙	冰箱	0.04	23920			
40	A0002	邓丽平	24000	83	乙	电视	0.06	25440			
41	A0003	谭晓明	25000	73	丙	冰箱	0.04	26000			
42	A0004	刘明莲	26000	95	甲	机车	0.08	28080			
43	A0005	林平生	27000	75	丙	冰箱	0.04	28080			
44	B0001	黄金宝	28000	78	丙	冰箱	0.04	29120			
45	B0002	陈友春	29000	92	甲	机车	0.08	31320			

Sheet1 Sheet2 Sheet3

图 4-44　将窗格上下拆分

步骤 3：若选定待拆分的单元格后单击【拆分】按钮，则可以在选定单元格的上方和左侧拆分窗格，将窗格一分为四，如图 4-45 所示。

	A	B	C	D	E	F	G	H	I	J	K
26	C0002	段绍文	34000	75	丙	冰箱	0.04	35360			
27	A0001	吴小玉	23000	78	丙	冰箱	0.04	23920			
28	A0002	邓丽平	24000	83	乙	电视	0.06	25440			
29	A0003	谭晓明	25000	73	丙	冰箱	0.04	26000			
30	A0004	刘明莲	26000	95	甲	机车	0.08	28080			
31	A0005	林平生	27000	75	丙	冰箱	0.04	28080			
32	B0001	黄金宝	28000	78	丙	冰箱	0.04	29120			
33	B0002	陈友春	29000	92	甲	机车	0.08	31320			
34	B0003	钱九英	30000	70	丙	冰箱	0.04	31200			
35	B0004	万小梅	31000	85	乙	电视	0.06	32860			
36	B0005	赵玉春	32000	83	乙	电视	0.06	33920			
37	C0001	龚德金	33000	92	甲	机车	0.08	35640			
38	C0002	段绍文	34000	75	丙	冰箱	0.04	35360			
39	A0001	吴小玉	23000	78	丙	冰箱	0.04	23920			
40	A0002	邓丽平	24000	83	乙	电视	0.06	25440			
41	A0003	谭晓明	25000	73	丙	冰箱	0.04	26000			
42	A0004	刘明莲	26000	95	甲	机车	0.08	28080			
43	A0005	林平生	27000	75	丙	冰箱	0.04	28080			
44	B0001	黄金宝	28000	78	丙	冰箱	0.04	29120			
45	B0002	陈友春	29000	92	甲	机车	0.08	31320			

Sheet1 Sheet2 Sheet3

图 4-45　将窗格一分为四

若要取消拆分窗格，可双击拆分条或单击【视图】选项卡【窗口】组中的【拆分】按钮。

（2）冻结工作表窗格

利用冻结窗格功能，可以保持工作表的某一部分数据在其他部分滚动时始终可见。如在查看过长的表格时保持首行可见，在查看过宽的表格时保持首列可见，或保持某些行和某些列均可见。

① 冻结首行。

步骤 1：打开工作表，单击工作表中的首行，然后单击【视图】选项卡【窗口】组中的【冻结窗格】下拉按钮，在展开的列表中单击【冻结首行】按钮，如图 4-46 所示。

步骤 2：被冻结的窗口部分以黑线区分，当拖动垂直滚动条向下查看时，首行始终显示。

	A	B	C	D	E	F	G	H
1	员工编号	姓名	月薪	评比分数	等级	赠 品	调	
2	A0001	吴小玉	23000	78	丙	冰 箱		
3	A0002	邓丽平	24000	83	乙	电 视		
4	A0003	谭晓明	25000	73	丙	冰 箱		
5	A0004	刘明莲	26000	95	甲	机 车		
6	A0005	林平生	27000	75	丙	冰 箱		
7	B0001	黄金宝	28000	78	丙	冰 箱	0.04	29120
8	B0002	陈友春	29000	92	甲	机 车	0.08	31320
9	B0003	钱九英	30000	70	丙	冰 箱	0.04	31200
10	B0004	万小梅	31000	85	乙	电 视	0.06	32860
11	B0005	赵玉春	32000	83	乙	电 视	0.06	33920
12	C0001	龚德金	33000	92	甲	机 车	0.08	35640
13	C0002	段绍文	34000	75	丙	冰 箱	0.04	35360

图 4-46　单击【冻结首行】按钮

② 冻结首列。单击任意单元格后，在【冻结窗格】下拉列表中单击【冻结首列】按钮，被冻结的窗口部分也以黑线区分，当拖动水平滚动条向右查看时，首列始终显示。

③ 冻结窗格。单击工作表中的任意单元格，然后在【冻结窗格】下拉列表中单击【冻结拆分窗格】按钮，则可在选定单元格的上方和左侧出现冻结窗格线，如图 4-47 所示。在上下或左右滚动工作表时，所选单元格左侧和上方的数据始终可见。

	A	B	C	D	E	F	G	H
1	员工编号	姓名	月薪	评比分数	等级	赠品	调薪比率	新月薪
2	A0001	吴小玉	23000	78	丙	冰箱	0.04	23920
3	A0002	邓丽平	24000	83	乙	电视	0.06	25440
4	A0003	谭晓明	25000	73	丙	冰箱	0.04	26000
5	A0004	刘明莲	26000	95	甲	机车	0.08	28080
6	A0005	林平生	27000	75	丙	冰箱	0.04	28080
7	B0001	黄金宝	28000	78	丙	冰箱	0.04	29120
8	B0002	陈友春	29000	92	甲	机车	0.08	31320
9	B0003	钱九英	30000	70	丙	冰箱	0.04	31200
10	B0004	万小梅	31000	85	乙	电视	0.06	32860
11	B0005	赵玉春	32000	83	乙	电视	0.06	33920
12	C0001	龚德金	33000	92	甲	机车	0.08	35640
13	C0002	段绍文	34000	75	丙	冰箱	0.04	35360
14	A0001	吴小玉	23000	78	丙	冰箱	0.04	23920
15	A0002	邓丽平	24000	83	乙	电视	0.06	25440
16	A0003	谭晓明	25000	73	丙	冰箱	0.04	26000
17	A0004	刘明莲	26000	95	甲	机车	0.08	28080
18	A0005	林平生	27000	75	丙	冰箱	0.04	28080
19	B0001	黄金宝	28000	78	丙	冰箱	0.04	29120
20	B0002	陈友春	29000	92	甲	机车	0.08	31320

图 4-47　冻结窗格

④ 取消窗口冻结。若要取消窗口冻结，可单击工作表中的任意单元格后在【冻结窗格】下拉列表中单击【取消冻结窗格】按钮。

4.3　公式与函数应用

4.3.1　公式

公式是对工作表中数据进行计算的表达式。利用公式可对同一工作表的各单元格、同一工作簿中不同工作表的单元格，以及不同工作簿的工作表中单元格的数值进行加、减、乘、除、乘方等各种运算。

要输入公式必须先输入“=”，然后在后面输入表达式，否则 Excel 会将输入的内容作为文本型数据处理。表达式由运算符和参与运算的操作数组成，其中操作数可以是常量、单元格引用和函数等，如图 4-48 所示。

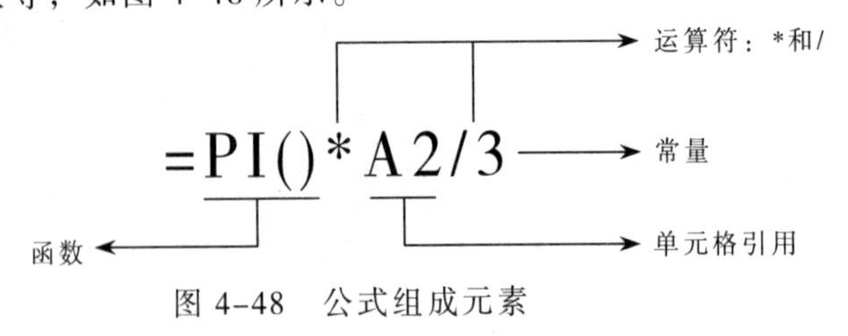

图 4-48　公式组成元素

1. 公式中的运算符

运算符是用来对公式中的元素进行运算而规定的特殊符号。在 Excel 中有 4 类运算符：算术运算符、文本运算符、比较运算符和引用运算符。

① 算术运算符：加号（+）、减号（-）、乘号（*）、除号（/）、百分号（%）及乘幂（^）。

② 文本运算符：&。文本运算符是将两个文本值连接起来产生一个连续的文本值。

③ 比较运算符：=（等于）、<（小于）、>（大于）、<>（不等于）、<=（小于等于）、>=（大于等于）。比较运算符可以比较两个数值并产生逻辑值 TRUE 或 FALSE。

④ 引用运算符：冒号（:）、逗号（,）和空格。引用运算符是对工作表中的一个或一组单元格进行标识。

2. 运算符的优先级

通常情况下，如果公式中只用了一种运算符，Excel 会根据运算符的特定顺序从左到右计算公式；如果公式中同时用到了多个运算符，Excel 将按一定优先级由高到低进行运算，如表 4-1 所示。

表 4-1　运算符的优先级

运算符	含　义	优先级	运算符	含　义	优先级
:（冒号）	引用运算符	1	+和-（加号和减号）	加和减	6
（空格）			&（与号）	连接两个文本字符串	7
,（逗号）			=（等号）	比较运算符	8
-（负号）	负数（如-1）	2	<和>（小于和大于）		
%（百分号）	百分比	3	<=（小于等于）		
^（脱字号）	乘方	4	>=（大于等于）		
*和/（星号和正斜杠）	乘和除	5	<>（不等于）		

若要更改运算的顺序，可以将公式中先计算的部分用括号括起来。

例如，公式“=12+6*4”，优先计算“6*4”，再计算“12+24”，得出结果是“36”。但是，如果将该公式更改为“=（12+6）*4”，则优先计算的是“12+6”，再计算“18*4”，得出结果是“72”。

3. 创建和编辑公式

（1）创建公式

当把一个公式输入到单元格中并按【Enter】键后，Excel 会自动对公式进行运算，并将运算结果显示在单元格内，而公式则显示在编辑栏中。

在单元格中输入公式的步骤如下：

步骤 1：单击要输入公式的单元格，先输入一个英文的等号"="，然后再输入运算表达式。

步骤 2：输入完毕按【Enter】键或单击编辑栏上的【确认】按钮，公式结果将出现在单元格内。如果取消输入的公式，则可以按【Esc】键或单击编辑栏上的【取消】按钮。

（2）修改和删除公式

① 修改公式。在单元格中输入公式进行计算的过程中，如果发现错误或情况发生了变化，此时就需要对公式进行修改。要修改公式，可单击含有公式的单元格，然后在编辑栏中进行修改，或双击单元格后直接在单元格中进行修改，修改完毕按【Enter】键确认。

② 删除公式。删除公式是指将单元格中应用的公式删除，而保留公式的运算结果。操作步骤如下：

步骤 1：选中含有公式的单元格或单元格区域，单击【剪贴板】组中的【复制】按钮。

步骤 2：再单击【剪贴板】组中的【粘贴】下拉按钮，在展开的列表中选择【粘贴值】项，即可将选中单元格或单元格中的公式删除而保留运算结果。

（3）显示公式

单元格中默认显示的是公式执行后的计算结果，按快捷键【Ctrl+`】，可以在显示公式内容与显示公式结果之间切换，这样有助于对公式进行编辑并能及时发现公式中的错误，如图 4-49 所示。

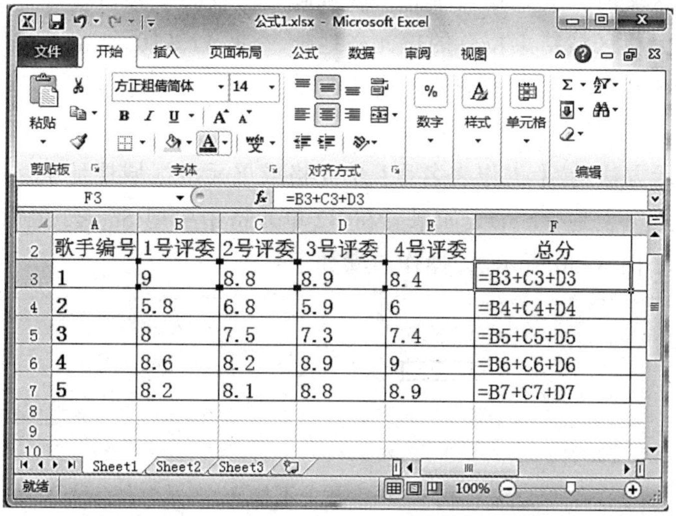

歌手编号	1号评委	2号评委	3号评委	4号评委	总分
1	9	8.8	8.9	8.4	=B3+C3+D3
2	5.8	6.8	5.9	6	=B4+C4+D4
3	8	7.5	7.3	7.4	=B5+C5+D5
4	8.6	8.2	8.9	9	=B6+C6+D6
5	8.2	8.1	8.8	8.9	=B7+C7+D7

图 4-49　显示公式

（4）移动和复制公式

移动公式时，公式内的单元格引用不会更改，而复制公式时，单元格引用会根据所引用类型而变化。

① 移动公式。要移动公式，最简单的方法就是：选中包含公式的单元格，将鼠标指针移到单元格的边框线上，当鼠标指针变成十字箭头形状时，按住鼠标左键不放，将其拖到目标单元格后释放鼠标即可。

此外，选中要移动公式的单元格，按【Ctrl+X】组合键或单击【开始】选项卡【剪贴板】组中的【剪切】按钮，再单击目标单元格，然后按【Ctrl+V】组合键或单击【剪贴板】组中的【粘贴】按钮，也可移动公式。

② 复制公式。在 Excel 中，复制公式可能使用填充柄，也可以使用复制、粘贴命令。在复制公式的过程中，一般情况下系统会自动改变公式中引用的单元格地址。复制公式的方法是：将包含公式的单元格选中，水平或垂直拖动填充柄，即可将公式复制到同行或同列的连续单元格中。

（5）公式中的引用设置

引用的作用是通过标识工作表中的单元格或单元格区域，来指明公式中所使用的数据的位置。通过单元格引用，可以在一个公式中使用工作表不同部分的数据，或者在多个公式中使用同一个单元格的数据，还可以引用同一个工作簿中不同工作表中的单元格，甚至其他工作簿中的数据。当公式中引用的单元格数值发生变化时，公式会自动更新其所在的单元格内容，即更新其计算结果。

① 相对引用、绝对引用和混合引用。

相对地址引用：由列标和行号组成，如 A1、B5、F6 等。

绝对地址引用：由列标和行号前均加上符号“$”构成，如$A$1、$B$5 等。

混合地址引用：由列标和行号中的一个前加上符号“$”构成，如 A$1、$B5 等。

引用单元格区域时，应先输入单元格区域起始位置的单元格地址，然后输入引用运算符，再输入单元格区域结束位置的单元格地址，如 A1:A10、$A$1:$A$10 等。如果公式所在单元格的位置改变，则相对地址引用改变，而绝对地址引用不变。

② 引用不同工作表间的单元格。在同一工作簿中，不同工作表中的单元格可以相互引用，它的表示方法为：【工作表名称！单元格或单元格区域地址】，如 Sheet2!F8:F16。

例如，当前工作表是 Sheet1，如果要在 B2 单元格中引用 Sheet2 工作表中的 C4 单元格（两个工作表如图 4-50 所示），操作步骤如下：

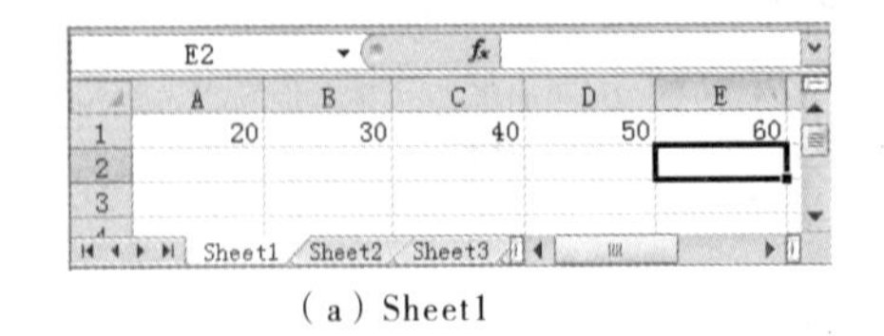

（a）Sheet1

（b）Sheet2

图 4-50 两个工作表

步骤 1：单击 Sheet1 工作表中的 B2 单元格。

步骤 2：输入公式“=Sheet2!C4”，如图 4-51（a）所示，按【Enter】键结束，得到引用结果，如图 4-51（b）所示。

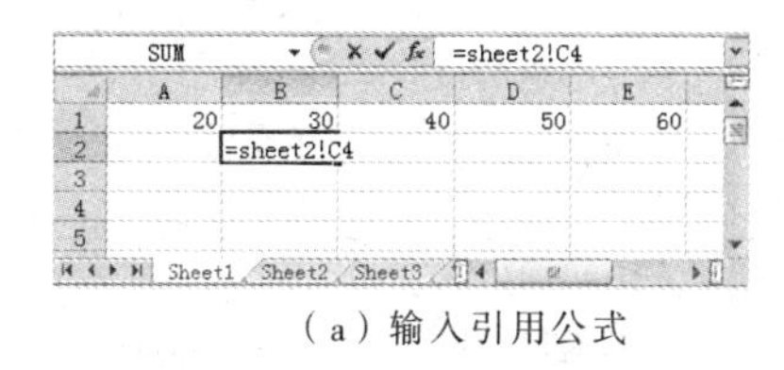

（a）输入引用公式

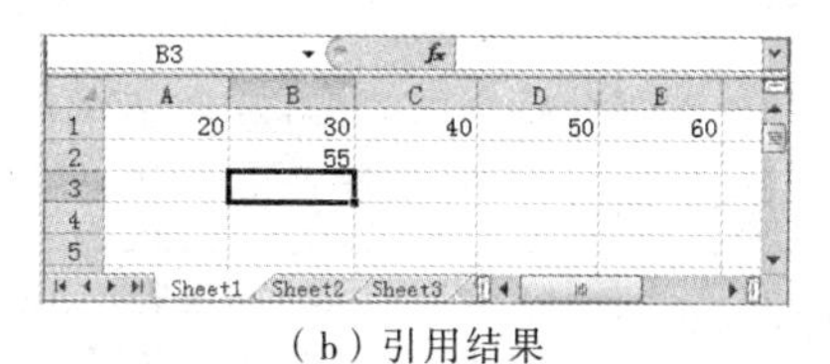

（b）引用结果

图 4-51　引用同一工作簿不同工作表中的数据

③ 引用不同工作簿间的单元格。在当前工作表中引用不同工作簿中单元格的表示方法为[工作簿名称.xlsx]工作表名称!单元格（或单元格区域）地址。

4.3.2　函数

1. 了解函数

函数是 Excel 2010 内部预先定义的特殊公式，它可以对一个或多个数据进行数据操作，并返回一个或多个数据。

函数包含函数名、参数和括号 3 部分，如 SUM(A1:B2)。

① 函数名决定了函数能解决的计算类型。

② 参数是函数运算的对象。

函数通过运算后，得到一个或几个运算结果，返回给用户或公式，如果提供的参数不合理，函数将得到一个错误的结果，此时函数将返回一个错误值，如“#VALUE!”。

Excel 提供了 12 类函数，其中包括数学与三角函数、统计函数、数据库函数、财务函数、日期与时间函数、逻辑函数、文本函数、信息函数、工程函数、查找与引用函数、多维数据集函数、兼容性函数以及将经常使用的函数归结到一起的【常用】函数。表 4-2 列出了常用的函数类型和使用范例。

表 4-2　常用的函数类型和使用范例

函数类型	函　　数	使 用 范 例
常用	SUM（求和）、AVERAGE（求平均值）、MAX（求最大值）、MIN（求最小值）、COUNT（计数）等	=AVERAGE(F2:F7) 表示求 F2:F7 单元格区域中数字的平均值
财务	DB（资产的折扣值）、IRR（现金流的内部报酬率）、PMT（分期偿还额）等	=PMT(B4,B5,B6) 表示在输入利率、周期和规则作为变量时，计算周期支付值
日期与时间	DATA（日期）、HOUR（小时数）、SECOND（秒数）、TIME（时间）等	=DATA(C2,D2,E2) 表示返回 C2、D2、E2 所代表的日期的序列号
数学与三角	ABS（求绝对值）、SIN（求正弦值）、INT（求整数）、LOG（求对数）、RAND（产生随机数）等	=ABS(E4) 表示得到 E4 单元格中数值的绝对值，即不带负号的绝对值

续表

函数类型	函　　数	使 用 范 例
统计	AVEDEY（绝对误差的平均值）、COVAR（求协方差）、BINOMDIST（一元二项式分布概率）	=COVAR(A2:A6,B2:B6) 表示求 A2:A6 和 B2:B6 单元格区域数据的协方差
查找与引用	ADDRESS（单元格地址）、AREAS（区域个数）、COLUMN（返回列标）、ROW（返回行号）等	=ROW(C10) 表示返回引用单元格所在行的行号
逻辑	AND（与）、OR（或）、FALSE（假）、TRUE（真）、IF（如果）、NOT（非）	=IF(A3>=B5,A3*2,A3/B5) 表示使用条件测试 A3 是否大于等于 B5，条件结果要么为真，要么为假

2. 使用函数

使用函数时，应首先确认已在单元格中输入了“=”号，即已进入公式编辑状态。接下来输入函数名称，再紧跟着一对括号，括号内为一个或多个参数，参数之间要用逗号来分隔。用户可以在单元格中手工输入函数，也可以使用函数向导输入函数。

（1）手工输入函数

如果用户能记住函数的名称、参数，可直接在单元格中输入函数。例如，要计算单元格区域 A1:D1 的数据的总和，操作步骤如下：

步骤 1：单击 E1 单元格，然后输入等号、函数名、左括号、具体参数和右括号，如图 4-52（a）所示。

步骤 2：单击编辑栏中的【输入】按钮 ✔ 或按【Enter】键，结果如图 4-52（b）所示。

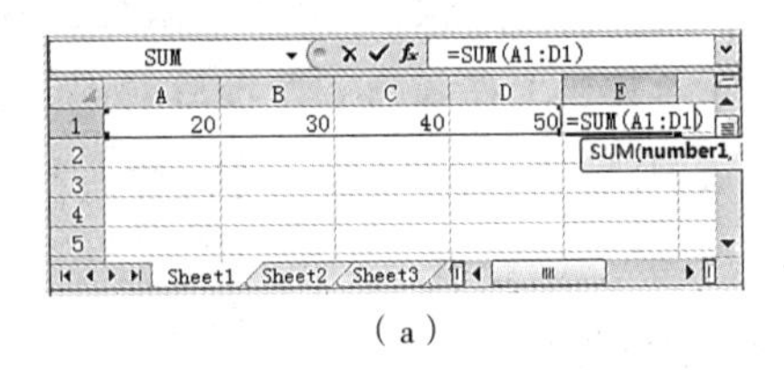

（a）

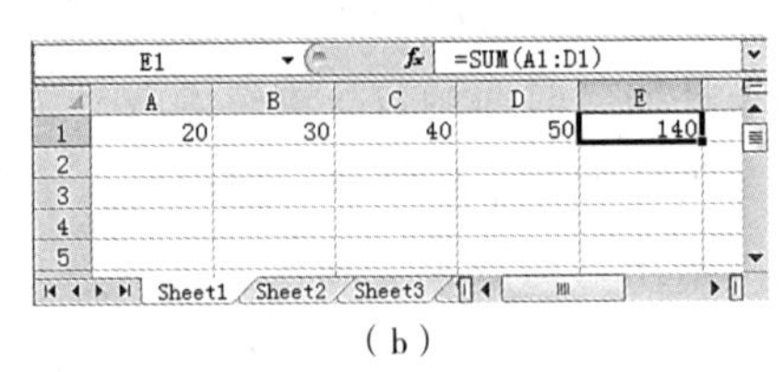

（b）

图 4-52　手工输入函数计算数据总和

（2）使用函数向导输入函数

如果不能确定函数的拼写或参数，可以使用函数向导输入函数，具体操作步骤如下：

步骤 1：单击需要插入函数的单元格，在【公式】选项卡中单击【函数库】组中的【插入函数】按钮（或单击编辑栏中的【插入函数】按钮），弹出【插入函数】对话框，如图 4-53 所示。

步骤 2：在【或选择类别】下拉列表中选择需使用的函数类别（如选择常用函数），在【选择函数】列表框中选择需使用的具体函数（如选择 SUM）。如果不清楚需用的函数类别及函数名称，也可以在【搜索函数】文本框中输入一条简短说明来描述自己想做什么，然后单击【转到】按钮，由系统自动搜索出相关的函数。最后单击【确定】按钮，弹出【函数参数】对话框，如图 4-54 所示。

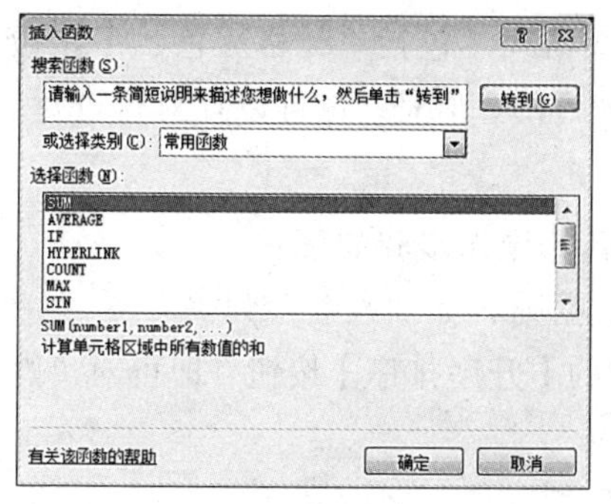
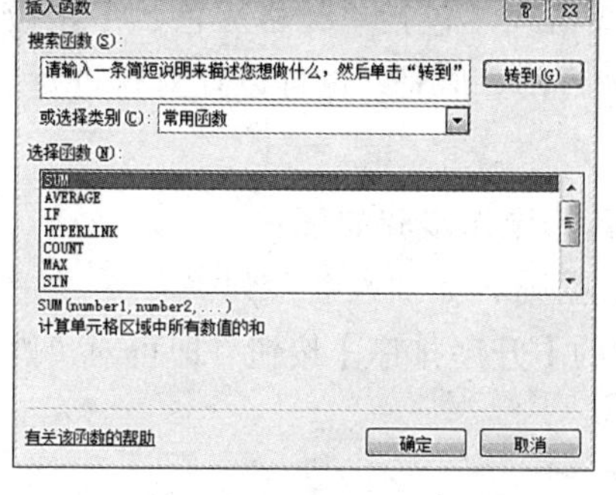

图 4-53 【插入函数】对话框

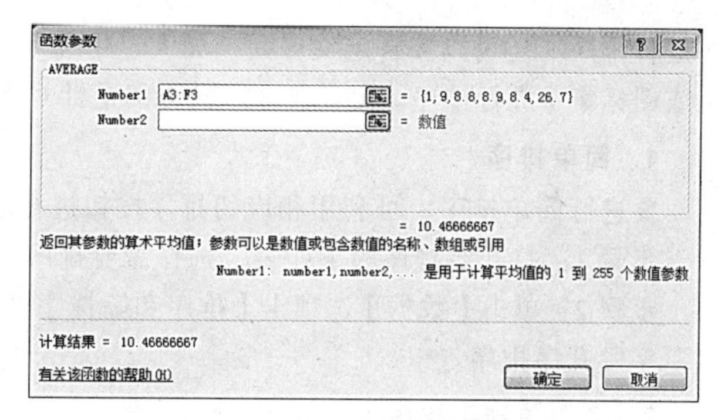

图 4-54 【函数参数】对话框

步骤 3：单击【Number1】列表框右侧的对话框折叠按钮，将【函数参数】对话框折叠以便能看到自己的工作表。在工作表中首先选择需要参与本函数运算的单元格，然后再次单击折叠按钮打开【函数参数】对话框，最后单击【确定】按钮完成函数的输入。

4.4 数据统计与分析

要用好数据统计和数据分析，首先必须熟悉函数的使用功能以及参数设置规则，有针对性地利用单元格复制（地址引用）的相对地址和绝对地址，准确输入函数统计分析用的数值或数据区域，才能使函数的统计分析有满意的运行结果。【数据】选项卡中的排序、筛选、合并计算、模拟分析、分类汇总和【插入】选项卡中的数据透视表等分析工具一般是对整个工作表的统计或数据分析，所以在统计分析前，要选取连字段名在内的工作表的全部区域。

4.4.1 数据排序

排序是对工作表中的数据进行重新组织安排的一种方式。Excel 可以对整个工作表或选定的某个单元格区域进行排序。

Excel 的排序功能可以将表中列的数据按照升序或降序排列，排序的列名通常称为关键字。进行排序后，每个记录的数据不变，只是跟随关键字排序的结果记录顺序发生了变化。

升序排列时，默认的次序如下：

① 数字：从最小的负数到最大的正数。

② 字母：在按字母先后顺序对文本项进行排序时，从左到右一个字符一个字符地进行排序。

③ 中文：按首字拼音字母进行排序。

④ 逻辑值：FALSE 在 TRUE 之前。

⑤ 错误值：所有错误值的优先级相同。

⑥ 空格：空格始终排在最后。

降序排列的次序与升序排序的次序相反。

在 Excel 中，可以对一列或多列中的数据按文本、数字以及日期和时间的升序或降序进行排序。还可以按自定义序列（如大、中和小）或格式（包括单元格颜色、字体颜色或图标集）进行排序。大多数排序操作都是针对列进行的，但是，也可以针对行进行。

1. 简单排序

要进行简单排序，可利用相应的排序按钮进行。具体操作步骤如下：

步骤 1：打开要排序的工作表，选择需要排序的数据列，如“姓名”列。

步骤 2：单击【数据】选项卡【排序和筛选】组中的【升序排序】按钮，即可对“姓名”字段升序排序。

2. 多个关键字排序

多关键字排序，也就是对工作表中的数据按两个或两个以上的关键字进行排序。在这种排序方式中，主要关键字是排序的主要依据，如果出现主要关键字数值相同时，再按次要关键字进行排序，依此类推。多关键字排序的操作步骤如下：

步骤 1：在需要排序的区域中，单击任意单元格。

步骤 2：单击【数据】选项卡【排序和筛选】组中的【排序】按钮，弹出【排序】对话框，如图 4-55 所示。

步骤 3：选定【主要关键字】以及排序的次序后，可以设置【次要关键字】和【第三关键字】以及排序的次序。

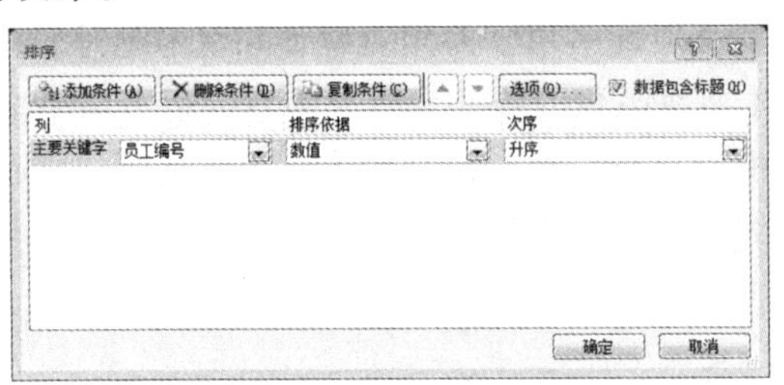

图 4-55 【排序】对话框

步骤 4：数据表的字段名不参加排序，应选中【有标题行】单选按钮；如果没有字段名行，应选中【无标题行】单选按钮，再单击【确定】按钮。

【排序】对话框中各参数含义如下：

①【排序依据】下拉列表：若要按文本、数字或日期和时间进行排序，选择【数值】；若要按格式进行排序，选择【单元格颜色】、【字体颜色】或【单元格图标】。

②【次序】下拉列表：对于文本值、数值、日期或时间值，选择【升序】或【降序】；若要基于自定义序列进行排序，选择【自定义序列】。

③【次要关键字】：数据按【主要关键字】排序后，【主要关键字】相同的按【次要关键字】排序。

④【复制条件】按钮和【删除条件】按钮：单击这两个按钮可分别复制和删除排序关键字。

⑤ 要更改列的排序顺序，可在选择一个条目后单击【上移】按钮▲或【下移】按钮▼。

⑥【数据包含标题】复选框：选中复选框（默认），表示选定区域的第一行作为标题，不参加排序，始终放在原来的行位置。取消该复选框，表示选定区域第一行作为普通数据看待，参与排序。

3. 自定义排序

在某些情况下，如果已有的排序规则不能满足用户的要求，此时可以用自定义排序规则来解决。用户除了可以使用 Excel 内置的自定义序列进行排序外，还可根据需要创建自定义序列，并按创建的自定义序列进行排序。

要查看 Excel 内置的自定义序列，可选择【文件】→【选项】命令，弹出【Excel 选项】对话框，选择【高级】类别，然后在【常规】下单击【编辑自定义列表】按钮，如图 4-56 所示。弹出【自定义序列】对话框，如图 4-57 所示，在【自定义序列】列表框中列出了系统内置的序列，用户可利用这些序列对工作表中的数据进行排序；如果系统内置的序列无法满足需求，则可以再创建自定义序列。

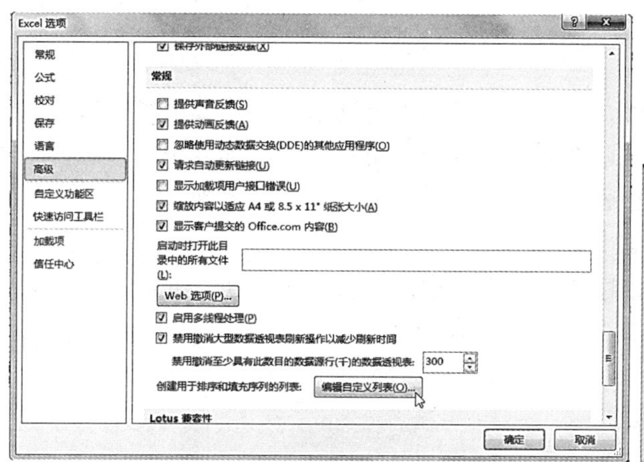

图 4-56 单击【编辑自定义列表】按钮

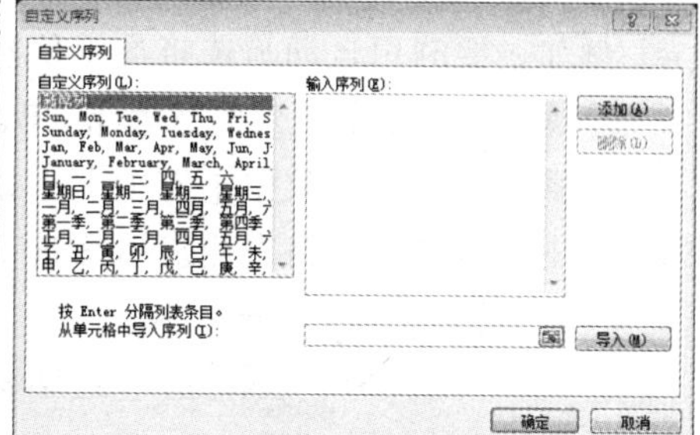

图 4-57 【自定义序列】对话框

下面以创建一个“春天、夏天、秋天、冬天”的序列为例，介绍创建自定义序列的方法。具体操作步骤如下：

步骤 1：打开【自定义序列】对话框，选中左侧【自定义序列】下的【新序列】项，此时光标自动在右侧的【输入序列】编辑框内闪烁。

步骤 2：输入新序列“春天、夏天、秋天、冬天”，每个序列之间要用英文逗号分隔，如图 4-58 所示，或者每输入一个序列后按【Enter】键。

步骤 3：单击【添加】按钮即可将序列放入【自定义序列】列表框中备用，如图 4-59 所示。单击【确定】按钮返回【Excel 选项】对话框，单击【确定】按钮完成自定义序列的创建。

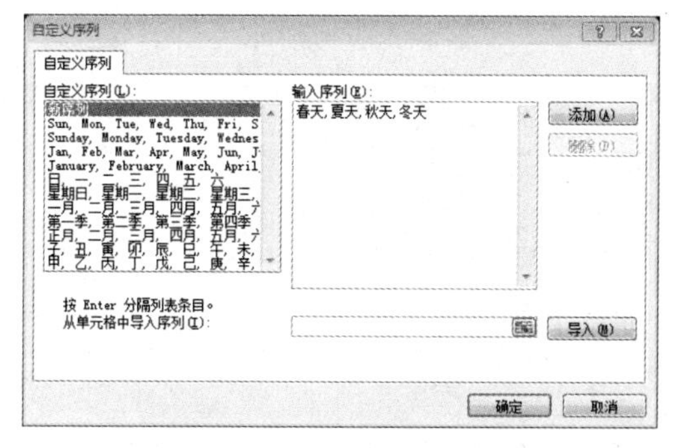

图 4-58 输入序列名称

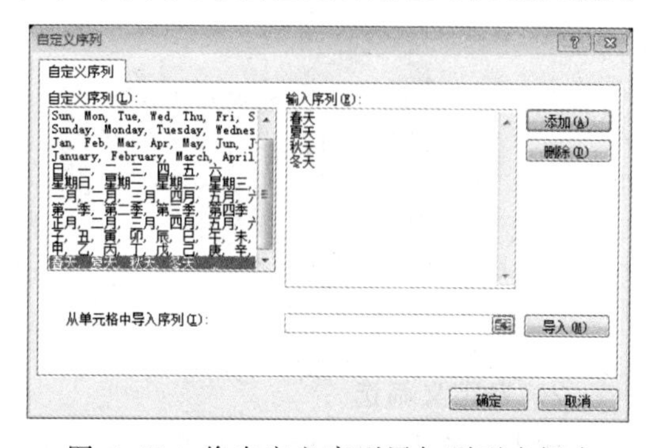

图 4-59 将自定义序列添加到列表框中

如果用户要删除自定义序列，选中要删除的序列，单击【删除】按钮即可。可将自定义序列删除，而不能删除系统内置的自定义序列。

4.4.2 数据筛选

筛选操作就是在工作表中显示满足条件的数据行，将其他数据行暂时隐藏起来不予显示。要进行筛选操作，数据表中必须有列标签。

Excel 提供了自动筛选、自定义筛选和高级筛选 3 种。自动筛选可以快速地显示出工作表中满足条件的记录行，自定义筛选可以按照用户的要求设置筛选条件，高级筛选则能完成比较复杂的多条件查询。与排序不同，筛选并不重排区域。筛选只是暂时隐藏不必显示的行。

1. 自动筛选

自动筛选一般用于简单的条件筛选，使用自动筛选可以创建 3 种筛选类型：按列表值、按格式或按条件。不过，这 3 种筛选类型是互斥的，用户只能选择其中的一种。

例如，要利用自动筛选将员工信息表中男员工筛选出来，具体步骤如下：

步骤 1：打开【员工信息表】，单击任意单元格。

步骤 2：单击【数据】选项卡【排序和筛选】组中的【筛选】按钮，此时，工作表标题行中的每个单元格右侧显示筛选箭头▾，如图 4-60 所示。

	A	B	C	D	E	F	G	H	I	J
1	员工信息表									
2										
3	序号	员工姓	性别	出生日	职务	部门	身份证	联系电话	E-mail	
4	1	吕红	女	20645	主任	行政部	[illegible]	[illegible]	[illegible]	
5	2	吴娜	女	32199	副主任	人资部	[illegible]	[illegible]	[illegible]	
6	3	孙海	男	33188	经理	市场部	[illegible]	[illegible]	[illegible]	
7	4	吕峰	男	27996	经理	运营部	[illegible]	[illegible]	[illegible]	
8	5	苏玉红	女	32864	主任	策划部	[illegible]	[illegible]	[illegible]	
9	6	贾柏华	女	34136	职员	市场部	[illegible]	[illegible]	[illegible]	
10	7	宋羽生	男	30598	助理	企划部	[illegible]	[illegible]	[illegible]	
11	8	刘东	男	31106	文员	办公室	[illegible]	[illegible]	[illegible]	
12	9	张兵	男	25510	职员	市场部	[illegible]	[illegible]	[illegible]	
13	10	赵凯	男	33748	职员	市场部	[illegible]	[illegible]	[illegible]	
14	11	吴勋	男	31887	职员	策划部	[illegible]	[illegible]	[illegible]	
15	12	郭静萍	女	34228	文员	办公室	[illegible]	[illegible]	[illegible]	
16	13	吴东	男	32819	职员	行政部	[illegible]	[illegible]	[illegible]	
17	14	吕思薇	女	34836	职员	市场部	[illegible]	[illegible]	[illegible]	
18	15	刘佳	女	29367	文员	办公室	[illegible]	[illegible]	[illegible]	
19	16	贺婷婷	女	35612	职员	运营部	[illegible]	[illegible]	[illegible]	
20										

员工信息表 / 员工工资表 / 员工出勤表

图 4-60 自动筛选

步骤 3：单击【性别】标题右侧的筛选箭头，在展开的列表中只选中【男】复选框，单击【确定】按钮，筛选结果如图 4-61 所示。

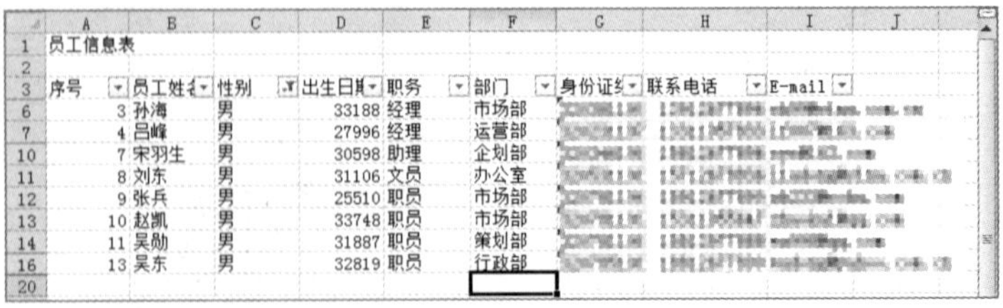

	A	B	C	D	E	F	G	H	I	J
1	员工信息表									
2										
3	序号	员工姓	性别	出生日	职务	部门	身份证	联系电话	E-mail	
6	3	孙海	男	33188	经理	市场部	[illegible]	[illegible]	[illegible]	
7	4	吕峰	男	27996	经理	运营部	[illegible]	[illegible]	[illegible]	
10	7	宋羽生	男	30598	助理	企划部	[illegible]	[illegible]	[illegible]	
11	8	刘东	男	31106	文员	办公室	[illegible]	[illegible]	[illegible]	
12	9	张兵	男	25510	职员	市场部	[illegible]	[illegible]	[illegible]	
13	10	赵凯	男	33748	职员	市场部	[illegible]	[illegible]	[illegible]	
14	11	吴勋	男	31887	职员	策划部	[illegible]	[illegible]	[illegible]	
16	13	吴东	男	32819	职员	行政部	[illegible]	[illegible]	[illegible]	
20										

图 4-61 筛选出男员工

2. 自定义筛选

在【筛选】下拉列表中选择【文本筛选】或【数字筛选】或【日期筛选】选项，然后在其子选项中选择【自定义筛选】选项，可以自定义筛选条件进行筛选操作。例如，要将“员工信息表”中“员工姓名”带“东”字的记录筛选出来，具体操作步骤如下：

步骤 1：打开工作表，单击任意非空单元格，然后单击【数据】选项卡【排序和筛选】组中的【筛选】按钮，显示筛选箭头。

步骤 2：单击“员工姓名”右侧的筛选箭头，在展开的列表中选择【文本筛选】→【自定义筛选】选项，如图 4-62 所示。

步骤 3：弹出【自定义自动筛选方式】对话框，在“员工姓名”下拉列表中选择“包含”，然后在其右侧的编辑框中输入“东”字，如图 4-63 所示。

步骤 4：单击【确定】按钮，可以看到“员工姓名”列带“东”字的记录被筛选出来。

图 4-62 选择【自定义筛选】选项

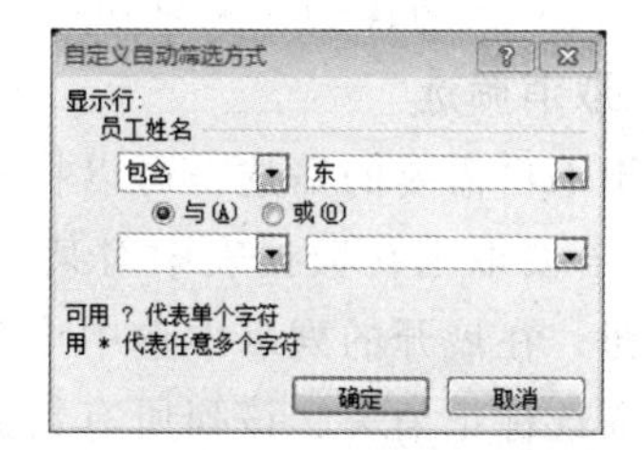

图 4-63 【自定义自动筛选方式】对话框

3. 高级筛选

自动筛选将筛选结果显示在原工作表处，而高级筛选可以在保留原工作表数据显示的情况下，将筛选出来的结果显示到工作表的其他位置，与原工作表并列出现，这样可以方便地观察两表的对比情况。高级筛选的具体步骤如下：

步骤 1：指定一个区域，即在数据区域以外的空白区域中输入要设置的条件，如图 4-89 所示。

高级筛选条件的书写格式要求：

① 工作表的列标题写在条件区的第一行。

② 每一个条件的列标题与条件值写在同一列的不同单元格内。

③ 多个条件是“与”的关系时，条件值写在同一行；是“或”的关系时，条件值写在不同行，并且条件区内不能有空行。

步骤 2：单击要进行筛选的区域中的单元格，在【数据】选项卡的【排序和筛选】组中单击【高级】按钮，弹出“高级筛选”对话框，如图 4-64 所示。

对筛选结果的位置进行选择：

① 若要通过隐藏不符合条件的数据行来筛选区域，选择【在原有区域显示筛选结果】单选按钮。

② 若要通过将符合条件的数据行复制到工作表的其他位置来筛选区域，选择【将筛选结果复制到其他位置】单选按钮，然后在【复制到】文本框中单击，再单击要在该处粘贴行的区域的左上角。

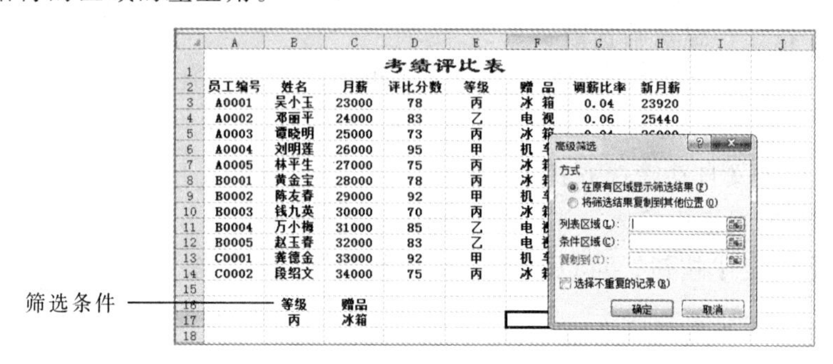

图 4-64　设置筛选条件

步骤 3：在【条件区域】编辑框中，输入条件区域的引用。如果要在选择条件区域时暂时将【高级筛选】对话框移走，可单击其折叠按钮，拖动选择条件区域。

步骤 4：单击【确定】按钮。

4. 取消筛选

对于不再需要的筛选，可以将其取消。

① 若要取消在数据表中对某一列进行的筛选，可以单击该列列标签单元格右侧的筛选按钮，在展开的列表中选中【全选】复选框，然后单击【确定】按钮，此时筛选按钮上和筛选标记消失，该列所有数据显示出来。

② 若要取消在工作表中对所有列进行的筛选，可单击【数据】选项卡【排序和筛选】组中的【清除】按钮，此时筛选标记消失，所有列数据显示出来。

③ 若要删除工作表中的筛选箭头，可单击【数据】选项卡【排序和筛选】组中的【筛选】按钮。

4.4.3 分类汇总

分类汇总是把数据表中的数据分门别类地统计处理。分类汇总必须先分类，即按某一字段排序，把同类别的数据放在一起，然后再进行求和、求平均等汇总计算。分类汇总一般在数据列表中进行。

分类汇总分为简单分类汇总、多重分类汇总和嵌套分类汇总 3 种。

1. 简单分类汇总

简单分类汇总指对数据表中的某一列以一种汇总方式进行分类汇总。具体操作步骤如下：

步骤 1：打开“考绩评比表”，选择汇总字段“评比分数”，并进行升序（或降序）排序。

步骤 2：单击【数据】选项卡【分级显示】组中的【分类汇总】按钮，弹出【分类汇总】对话框，如图 4-65 所示。

步骤 3：设置分类字段、汇总方式、汇总项、汇总结果的显示位置，如图 4-78 所示。

- 在【分类字段】框中选定分类的字段。
- 在【汇总方式】框中指定汇总函数，如求和、平均值、计数、最大值等。
- 在【选定汇总项】框中选定汇总函数进行汇总的字段项。

步骤 4：单击【确定】按钮，结果如图 4-66 所示，在工作表数据的最下方插入汇总行。

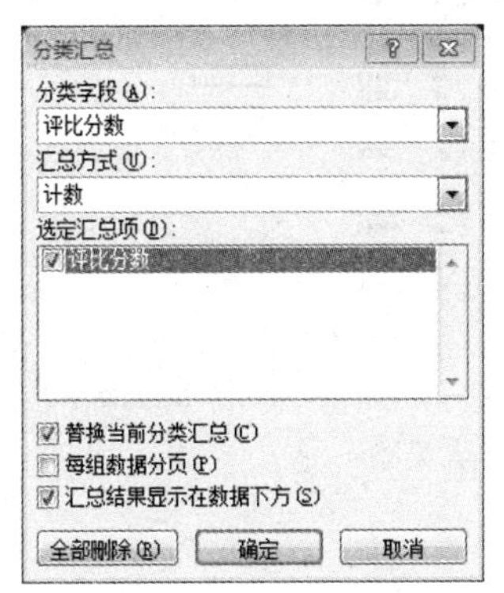

图 4-65 【分类汇总】对话框

图 4-66 简单分类汇总结果

在分类汇总表的左侧可以看到分级显示的“123”3 个按钮标志。“1”代表总计，“2”代表分类合计，“3”代表明细数据。

- 单击按钮“1”将显示全部数据的汇总结果，不显示具体数据。
- 单击按钮“2”将显示总的汇总结果和分类汇总结果，不显示具体数据。
- 单击按钮“3”将显示全部汇总结果和明细数据。
- 单击“+”和“-”按钮可以打开或折叠某些数据。

分级显示也可以通过单击【数据】选项卡【分级显示】组中的【显示明细数据】按钮打开，如图 4-67 所示。

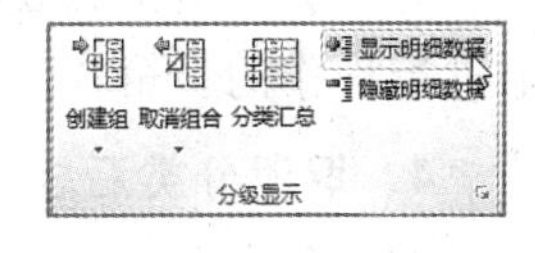

图 4-67 【分级显示】组

如果不需要分级显示时，可以根据需要将其部分或全部的分级删除。

选择要取消分级显示的行，然后单击【数据】选项卡【分级显示】组中的【取消组合】→【清除分级显示】按钮，可取消部分分级显示。

要取消全部分级显示，可单击分类汇总工作表中的任意单元格，然后单击【数据】选项卡【分级显示】组中的【取消组合】→【清除分级显示】按钮。

2. 多重分类汇总

对工作表中的某列数据选择两种或两种以上的分类汇总方式或汇总项进行汇总，就称为多重分类汇总，也就是说，多重分类汇总每次用的【分类字段】总是相同的，而汇总方式或汇总项不同。具体操作步骤如下：

步骤 1：打开“考绩评比表”，此工作表已对“评比分数”进行了个数统计，如图 4-79 所示。

步骤 2：单击【分级显示】组中的【分类汇总】按钮，弹出【分类汇总】对话框，设置【分类字段】为“评比分数”，【汇总方式】为“求和”，并取消选中【替换当前分类汇总】复选框，如图 4-68 所示。

步骤 3：单击【确定】按钮，结果如图 4-69 所示。

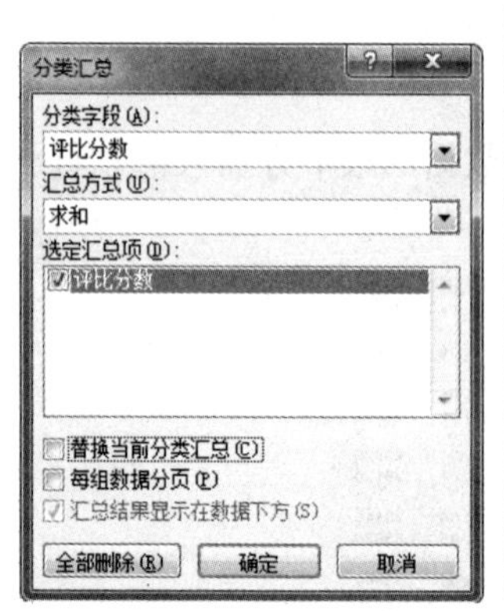

图 4-68　设置多重汇总选项

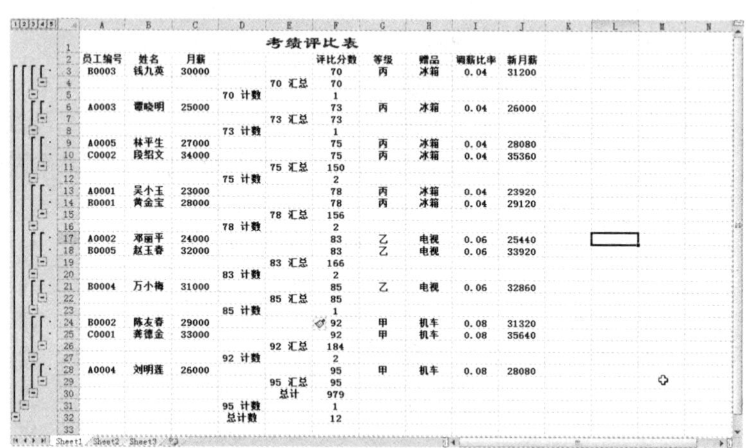

考绩评比表

员工编号	姓名	月薪			评比分数	等级	赠品	调薪比率	新月薪
B0003	钱九英	30000			70	丙	冰箱	0.04	31200
				70 汇总	70				
			70 计数		1				
A0003	谭晓明	25000			73	丙	冰箱	0.04	26000
				73 汇总	73				
			73 计数		1				
A0005	林平生	27000			75	丙	冰箱	0.04	28080
C0002	段绍文	34000			75	丙	冰箱	0.04	35360
				75 汇总	150				
			75 计数		2				
A0001	吴小玉	23000			78	丙	冰箱	0.04	23920
B0001	黄金宝	28000			78	丙	冰箱	0.04	29120
				78 汇总	156				
			78 计数		2				
A0002	邓丽平	24000			83	乙	电视	0.06	25440
B0005	赵玉春	32000			83	乙	电视	0.06	33920
				83 汇总	166				
			83 计数		2				
B0004	万小梅	31000			85	乙	电视	0.06	32860
				85 汇总	85				
			85 计数		1				
B0002	陈友春	29000			92	甲	机车	0.08	31320
C0001	龚德金	33000			92	甲	机车	0.08	35640
				92 汇总	184				
			92 计数		2				
A0004	刘明莲	26000			95	甲	机车	0.08	28080
				95 汇总	95				
				总计	979				
			95 计数		1				
			总计数		12				

图 4-69　多重汇总结果

3. 嵌套分类汇总

嵌套分类汇总是指一个已经建立了分类汇总的工作表中再进行另外一种分类汇总，两次分类汇总的字段总是不相同的。

在建立嵌套分类汇总前也要首先对工作表中需要进行分类汇总的字段进行排序，排序的主要关键字应该是第 1 级汇总关键字，排序的次要关键字应该是第 2 级汇总关键字，其他依此类推。

有几套分类汇总就需要进行几次分类汇总操作，第 2 次汇总是在第 1 次汇总的结果上进行操作的，第 3 次汇总操作是在第 2 次汇总的结果上进行的，依此类推。

4. 取消分类汇总

删除分类汇总时，Excel 将删除与分类汇总一起插入到列表中的分级显示符号和任何分页符。要删除分类汇总，具体操作步骤如下：

步骤 1：单击工作表中包含分类汇总的任意单元格。

步骤 2：单击【数据】选项卡【分级显示】组中的【分类汇总】按钮。

步骤 3：在弹出的【分类汇总】对话框中单击【全部删除】按钮，分级显示符号消失。

4.4.4 合并计算

所谓合并计算，是指用来汇总一个或多个源区域中数据的方法。合并计算不仅可以进行求和汇总，还可以进行求平均值、计数统计和求标准差等运算，利用它可以将各单独工作表的数据合并计算到一个主工作表中。单独工作表可以与主工作表在同一个工作簿中，也可位于其他工作簿中。

要想合并计算数据，首先必须为合并数据定义一个目标区，用来显示合并后的信息，此目标区域可位于与源数据相同的工作表中，也可在另一个工作表中；其次，需要选择合并计算的数据源，此数据源可以来自单个工作表、多个工作表或多个工作簿。

Excel 提供了两种合并计算数据的方法：一是按位置合并计算；二是按分类合并计算。

1. 按位置合并计算

按位置合并计算要求源区域中的数据使用相同的行标签和列标签，并按相同的顺序排列在工作表中，且没有空行或空列。

例如：已知各学生在第一学期和第二学期的各科成绩（位于不同的工作表中），现在要将它们合并计算到一个主工作表中，操作步骤如下：

步骤 1：打开需要合并计算的工作簿，单击“按位置合并计算”工作表标签，该工作表的格式与“第一学期”和“第二学期”工作表完全相同，单击要放置结果单元格区域左上角的单元格 B2，然后单击【数据】选项卡【数据工具】组中的【合并计算】按钮。

步骤 2：弹出【合并计算】对话框，在【函数】下拉列表中选择【求和】函数，单击【引用位置】右侧的折叠按钮，如图 4-70 所示。

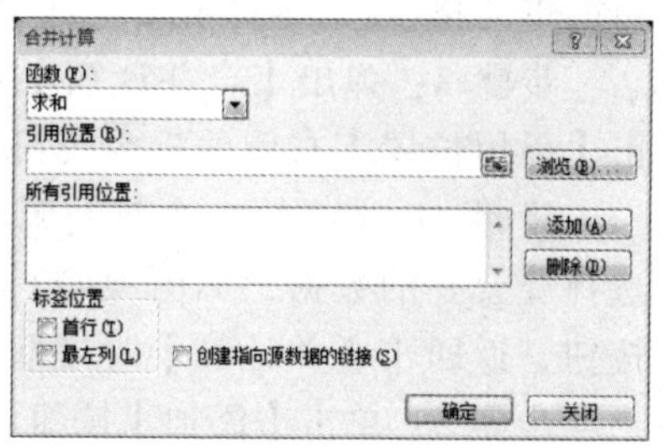

图 4-70 选择函数类型后单击压缩对话框按钮

步骤 3：选择第一个源数据区域：单击“第一学期”工作表标签，然后在工作表中选择要合并的数据，如图 4-71（a）所示，单击【合并计算-引用设置：】对话框中的折叠按钮，返回【合并计算】对话框。

步骤 4：单击【添加】按钮将第一个数据源区域添加到【所有引用位置】列表中，如图 4-71（b）所示，然后单击【引用位置】右侧的折叠按钮。

	A	B	C	D	E	F	G
1	姓名	语文	数学	英语	计算机		
2	王红丹	98	93	73	99		
3	白娇	95	95	82	98		
4	刘征宇	86	99	79	95		
5	李害	67	87	81	89		
6	郑娜	70	64	92	90		
7	李雷	86	90	89	97		
8	李学民	64	72	57	92		
9	刘冰	79	69	58	87		

合并计算 - 引用位置:
第一学期!$B$2:$E$9

（a）

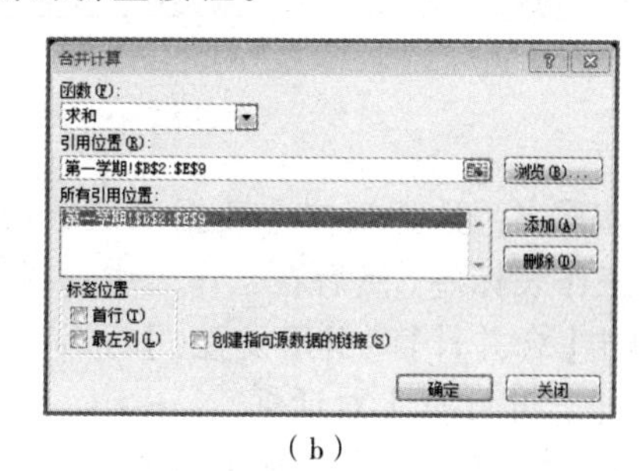

（b）

图 4-71 添加第一个数据源区域

步骤 5：选择第二个数据源区域：单击“第二学期”工作表标签，然后在工作表中选择要合并的数据，然后单击【合并计算-引用设置：】对话框中的折叠按钮，返回【合并计算】对话框。

步骤 6：单击【添加】按钮将第二个数据源添加到【所有引用位置】列表中，取消选中【标签位置】设置区中的复选框，然后单击【确定】按钮，结果如图 4-72 所示。

	A	B	C	D	E
1	姓名	语文	数学	英语	计算机
2	王红丹	193	191	149	198
3	白娇	190	190	164	196
4	刘征宇	172	198	158	190
5	李害	134	174	162	178
6	郑娜	140	128	184	180
7	李雷	172	180	178	194
8	李学民	128	144	114	184
9	刘冰	158	138	116	174

图 4-72 【按位置合并计算】结果

2. 按分类合并计算

当源区域中的数据没有相同的组织结构，但有相同的行标签或列标签时，可采用按分类合并计算方式进行汇总。

例如，已知各学生第一学期和第三学期的各科成绩，现在要将它们合并计算到一个主工作表中，操作步骤如下：

步骤 1：打开需要合并计算的工作簿，可以看到，“第一学期”“第三学期”两张工作表的行标签相同，但列标签即姓名不同。

步骤 2：单击工作表标签【按分类合并计算】，然后单击要放置结果单元格区域左上角的单元格 A1，再单击【数据】选项卡【数据工具】组中的【合并计算】按钮。

步骤 3：弹出【合并计算】对话框，在【函数】下拉列表中选择“求和”函数，单击【引用位置】右侧的折叠按钮。

步骤 4：选择第一个数据源区域：单击“第一学期”工作表标签，然后在工作表中选择要合并的数据，如图 4-73（a）所示，再单击【合并计算-引用设置:】对话框中的按钮，返回【合并计算】对话框。

步骤 5：单击【添加】按钮将第一个数据源区域添加到【所有引用位置】列表框中，如图 4-73（b）所示，然后单击【引用位置】右侧的折叠按钮。

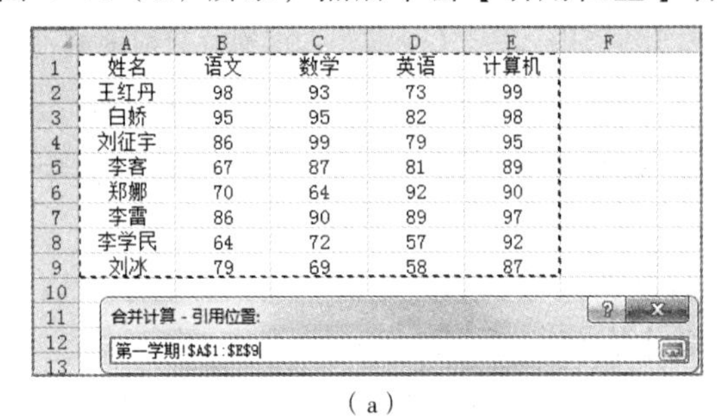

姓名	语文	数学	英语	计算机
王红丹	98	93	73	99
白娇	95	95	82	98
刘征宇	86	99	79	95
李客	67	87	81	89
郑娜	70	64	92	90
李雷	86	90	89	97
李学民	64	72	57	92
刘冰	79	69	58	87

（a）

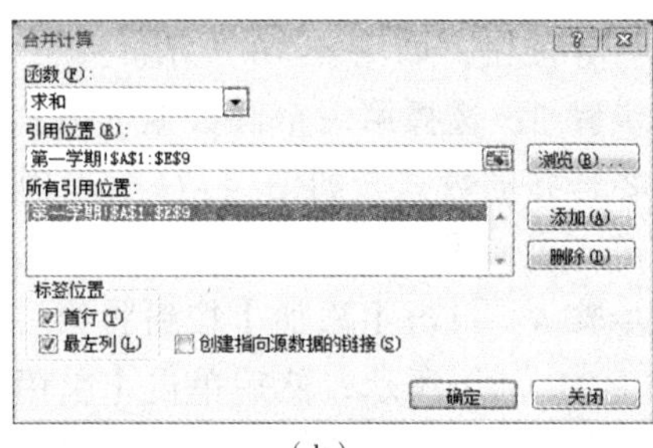

（b）

图 4-73　添加第一个数据源区域

步骤 6：选择第二个数据源区域：单击“第三学期”工作表标签，然后在工作表中选择要合并的数据，再单击【合并计算-引用设置:】对话框中的折叠按钮，返回【合并计算】对话框。

步骤 7：单击【添加】按钮将第二个数据源添加到【所有引用位置】列表中。为方便查看数据，选中【合并计算】对话框中的【首行】和【最左列】复选框，然后单击【确定】按钮，结果如图 4-74 所示。

	A	B	C	D	E
1	姓名	语文	数学	英语	计算机
2	张一民	98	93	73	99
3	王丽	95	95	82	98
4	李阳	86	99	79	95
5	郑雷	67	87	81	89
6	李明	70	64	92	90
7	王红丹	98	93	73	99
8	白娇	95	95	82	98
9	刘征宇	86	99	79	95
10	李客	67	87	81	89
11	郑娜	70	64	92	90
12	李雷	86	90	89	97
13	李学民	64	72	57	92
14	刘冰	244	228	205	271
15	张帅	64	72	57	92

图 4-74 【按分类合并计算】结果

4.4.5　数据分列

Excel 中分列是对某一数据按一定的规则分成两列以上。分列时，选择要进行分列的数据列或区域，再单击【数据】选项卡中的【分列】按钮，分列有向导，按照向导进行即可。关键是分列的规则，有分隔符号，有固定列宽，但一般应视情况选择某些特定的符号，如空格、逗号、分号等。

1. 使用分隔符对单元格数据分列

使用分隔符对单元格数据分列的具体步骤如下：

步骤 1：选中需要分列的单元格或单元格区域，选择【数据】选项卡，在【数据工具】选项组中单击【分列】按钮。

步骤 2：在弹出的【文本分列向导-第 1 步，共 3 步】对话框中，选中【分隔符号】单选按钮，接着单击【下一步】按钮，如图 4-75 所示。

步骤 3：在【文本分列向导-第 2 步，共 3 步】对话框的【分隔符号】栏中选中【空格】复选框，在下面的【数据预览】栏中可以看到分隔后的效果，如图 4-76 所示。

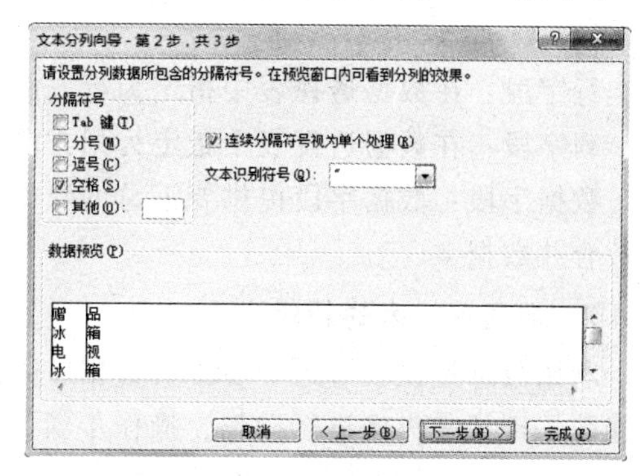

图 4-75　选择【分隔符号】单选按钮　　　　图 4-76　选择分隔符号

步骤 4：单击【下一步】按钮，在【文本分列向导-第 3 步，共 3 步】对话框中的【列数据格式】栏中根据需要选择一种数据格式，如【文本】。

步骤 5：单击【完成】按钮，即可完成数据的分列。

2. 设置固定宽度对单元格数据分列

设置固定宽度对单元格数据分列的具体步骤如下：

步骤 1：选中需要分列的单元格或单元格区域，选择【数据】选项卡，在【数据工具】选项组中单击【分列】按钮。

步骤 2：在弹出的【文本分列向导-第 1 步，共 3 步】对话框中，选中【固定宽度】单选按钮，接着单击【下一步】按钮。

步骤 3：在【文本分列向导-第 2 步，共 3 步】对话框中的【数据预览】栏中需要分列的位置单击，接着显示出一个分列线，分列线所在的位置就是分列的位置，单击【下一步】按钮。

步骤 4：在【文本分列向导-第 3 步，共 3 步】对话框中的【列数据格式】栏中根据需要选择一种数据格式，如【文本】。

步骤 5：单击【完成】按钮，即可完成数据的分列。

4.4.6 数据透视表

1. 数据透视表概述

数据透视表是一种交互、交叉制表的 Excel 报表，用于对多种来源的数据进行汇总和分析。

为确保数据可用于数据透视表，在创建数据源时需要做到如下几个方面：

① 删除所空行或空列。

② 删除所有自动小计。

③ 确保第一行包含列标签。

④ 确保各列只包含一种类型的数据，而不能是文本与数字的混合。

数据透视表组成的元素有：

页字段：用于筛选整个数据透视表，是数据透视表中指定为页方向的源数据列表中的字段。

行字段：在数据透视表中指定为行方向的源数据列表中的字段。

列字段：在数据透视表中指定为列方向的源数据列表中的字段。

数据字段：数据字段提供要汇总的数据值。常用数字字段可用求和函数、平均值等函数合并数据。

2. 数据透视表的新建

利用数据透视表可进一步分析数据，得到更为复杂的结果。下面用“考绩评比表”创建数据透视表为例进行操作，操作步骤如下：

步骤 1：单击需要建立数据透视表的数据清单中任意一个单元格。

步骤 2：单击【插入】选项卡【表格】组中的【数据透视表】按钮，弹出【创建数据透视表】对话框，如图 4-77 所示。

步骤 3：在【请选择要分析的数据】区域中选中【选择一个表或区域】单选按钮，在【表/区域】文本框中输入或使用鼠标选取引用位置，如“Sheet1!$A$2:$H$14”。

步骤 4：在【选择放置数据透视表的位置】区域选中【现有工作表】单选按钮，在【位置】文本框中输入数据透视表的存放位置，如“Sheet1!$L$3”。

步骤 5：单击【确定】按钮，一个空的数据透视表将添加到指定的位置，并显示数据透视表字段列表，以便用户可以开始添加字段、创建布局和自定义数据透视表，如图 4-78 所示。

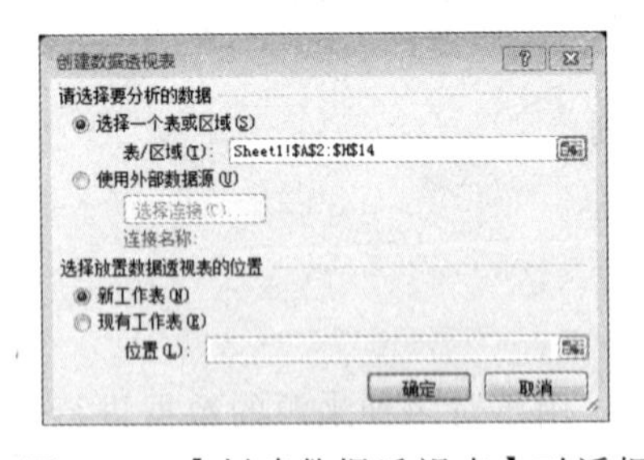

图 4-77 【创建数据透视表】对话框

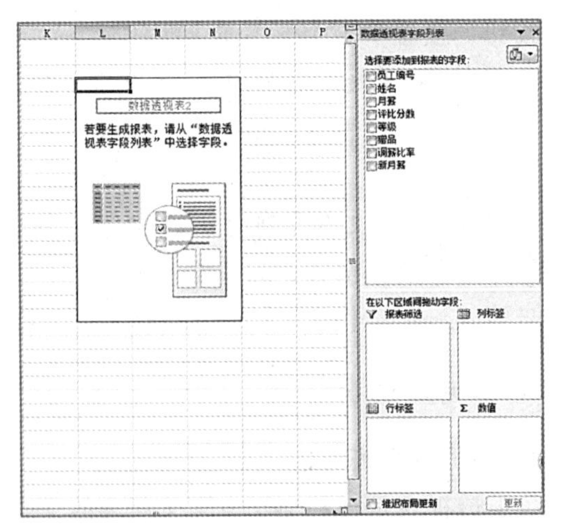

图 4-78 创建初始数据透视表

3. 数据透视表的编辑

新建立的数据透视表只是一个框架，要得到相应的分析数据，则需要根据实际需要合理地设置字段，同时也需要进行相关的设置操作。

（1）添加字段

步骤 1：在右侧的字段列表中选中【等级】字段，然后右击，弹出快捷菜单，选择

【添加到行标签】命令（见图 4-79），即可让字段显示在指定位置，同时数据透视表也做相应的显示（即不再为空）。

步骤 2：按相同的方法可以添加【姓名】字段到【数值】列表中，此时可以看到数据透视表中统计了各等级的人员情况，如图 4-80 所示。

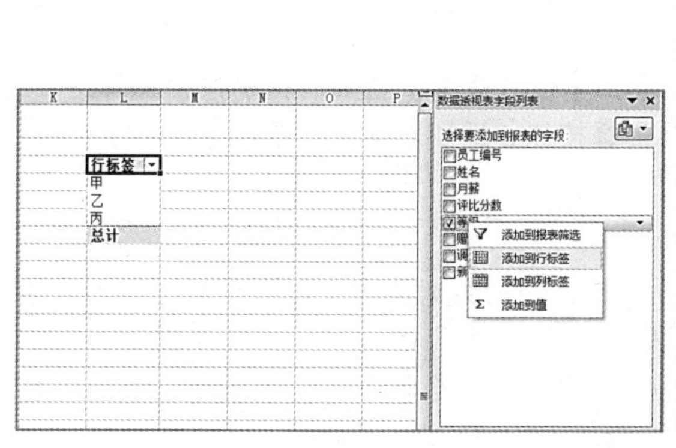

图 4-79　添加字段

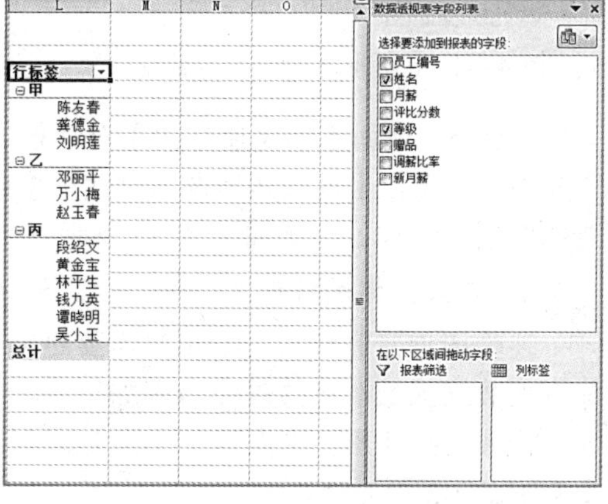

图 4-80　添加字段后的统计效果

（2）删除字段

要实现不同的统计结果，需要不断地调整字段的布局，因此对于之前设置的字段，如果不需要可以将其从【列标签】或【行标签】中删除，在【字段列表】中取消其前面的选中状态即可删除。

4.5　图表的插入应用

4.5.1　迷你图

迷你图是 Excel 2010 中的一个新功能，它是工作表单元格中的一个微型图表，是数据的直观表示形式。使用迷你图可以显示一系列数值的变化趋势，或者突出显示最大值和最小值。在数据旁边放置迷你图，使数图同表，可强化表格数据的内容显示效果。

迷你图不是对象，它实际上是单元格背景中的一个微型图表。

1. 插入迷你图

在表格中插入迷你图的具体操作步骤如下：

步骤 1：打开“迷你图”工作簿，单击“一周股票走势”工作表标签。

步骤 2：单击空白单元格 G3，单击【插入】选项卡【迷你图】组中的【折线图】按钮。

步骤 3：弹出【创建迷你图】对话框，单击【数据范围】右侧的折叠按钮，如图 4-81 所示。

步骤 4：返回工作表，选择要创建迷你图的单元格区域 B3:F3，然后单击【创建迷你图】对话框中的折叠按钮，如图 4-82 所示。

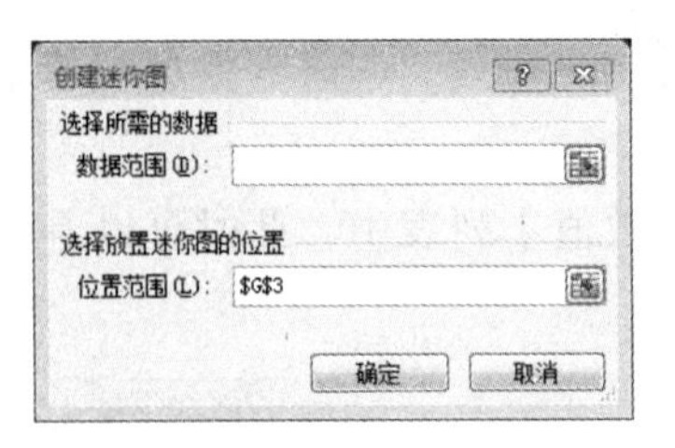

图 4-81 【创建迷你图】对话框

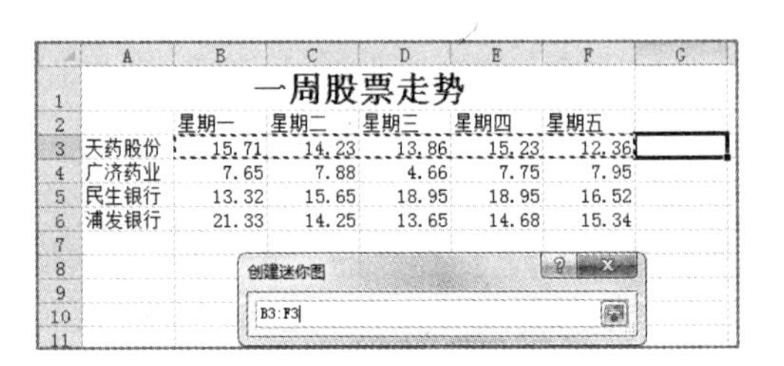

图 4-82 选择单元格区域

步骤 5：返回【创建迷你图】对话框，单击【位置范围】右侧的折叠按钮，单击 G3 单元格，再单击【创建迷你图】对话框中的折叠按钮，返回对话框，单击【确定】按钮，迷你图创建完成，结果如图 4-83 所示。

2. 更改迷你图数据

迷你图创建完毕后，若用户需要更改创建迷你图的数据范围，可以重新选择创建迷你图的数据区域。具体操作步骤如下：

步骤 1：打开“迷你图”工作簿，单击“更改迷你图数据”工作表标签，选中要更改数据的 G3 单元格。

步骤 2：单击【设计】选项卡【迷你图】组中的【编辑数据】下拉按钮，在其下拉列表中单击【编辑单个迷你图的数据】按钮，如图 4-84 所示。

	A	B	C	D	E	F	G
1	一周股票走势						
2		星期一	星期二	星期三	星期四	星期五	
3	天药股份	15.71	14.23	13.86	15.23	12.36	
4	广济药业	7.65	7.88	4.66	7.75	7.95	
5	民生银行	13.32	15.65	18.95	18.95	16.52	
6	浦发银行	21.33	14.25	13.65	14.68	15.34	

图 4-83 添加迷你图后的效果

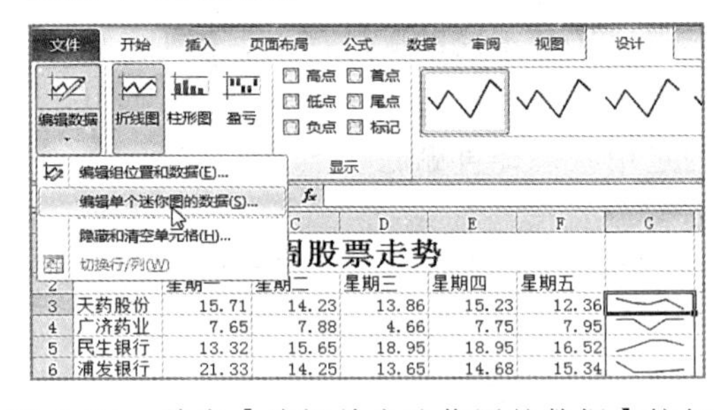

图 4-84 单击【编辑单个迷你图的数据】按钮

步骤 3：弹出【编辑迷你图数据】对话框，单击折叠按钮，重新选择单元格区域，然后单击【编辑迷你图数据】对话框中的折叠按钮，返回【编辑迷你图数据】对话框，单击【确定】按钮，即更改完成。

3. 更改迷你图类型

根据需要可更改迷你图的图表类型，Excel 提供 3 种迷你图的类型。

步骤 1：打开“迷你图”工作簿，单击“更改迷你图类型”工作表标签。

步骤 2：选中“更改迷你图类型”工作表的单元格区域 G3:G6，单击【设计】选项卡【类型】组中的【柱形图】按钮，此时可以看到选中单元格区域中的迷你图由折线图变成了柱形图，如图 4-85 所示。

4. 显示迷你图中不同的点

在迷你图中可以显示出数据的高点、低点、首点、尾点、负点和标记。在迷你图中显示出适当的点后，使用户更易观察迷你图的意义。具体操作步骤如下：

步骤 1：打开“迷你图”工作簿，单击“显示不同的点”工作表标签。

步骤 2：选中“显示不同的点”工作表的单元格区域 G3:G6，选中【设计】选项卡

【显示】组中的【高点】和【低点】复选框。

步骤 3：经过步骤 2 的操作之后，此时可以看到迷你图中已经显示了数据的高点和低点，如图 4-86 所示。

	A	B	C	D	E	F	G
1	一周股票走势						
2		星期一	星期二	星期三	星期四	星期五	
3	天药股份	15.71	14.23	13.86	15.23	12.36	
4	广济药业	7.65	7.88	4.66	7.75	7.95	
5	民生银行	13.32	15.65	18.95	18.95	16.52	
6	浦发银行	21.33	14.25	13.65	14.68	15.34	

一周股票走势 更改迷你图数据 更改迷你图类型

图 4-85　更改迷你图类型后的效果

	A	B	C	D	E	F	G
1	一周股票走势						
2		星期一	星期二	星期三	星期四	星期五	
3	天药股份	15.71	14.23	13.86	15.23	12.36	
4	广济药业	7.65	7.88	4.66	7.75	7.95	
5	民生银行	13.32	15.65	18.95	18.95	16.52	
6	浦发银行	21.33	14.25	13.65	14.68	15.34	

一周股票走势 更改迷你图数据 更改迷你图类型 显示不同的点

图 4-86　显示数据的高点和低点后的效果

4.5.2　图表

1. 图表概述

图表以图形化方式表示工作表中的内容，由于图表具有较好的视觉效果，所以可使用户更加方便地查看数据的差异和预测趋势。使用图表还可以让工作表中抽象的数据直观化，让平面的数据立体化。

（1）图表组成

图表由许多部分组成，每一部分就是一个图表项，如标题、坐标轴，有的图表项是成组的，如图例、数据系列等，如图 4-87 所示。

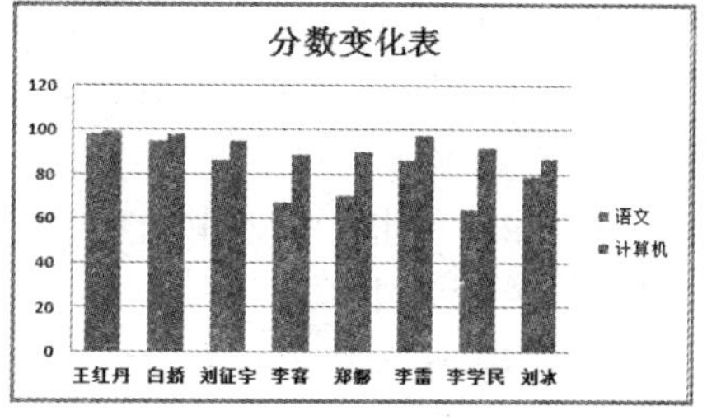

图 4-87　图表组成元素

图表区：整个图表及包含的所有对象。

图表标题：图表的标题。

数据系列：在图表中绘制的相关数据点，这些数据源自数据表的行或列。每个数据系列具有唯一的颜色或图案并且在图表的图例中表示。可以在图表中绘制一个或多个数据系列。饼图只有一个数据系列。

坐标轴：绘图边缘的直线，为图表提供计量和比较的参考模型。分类轴（x 轴）和数值轴（y 轴）组成了图表的边界并包含相对于绘制数据的比例尺。饼图没有坐标轴。

网格线：从坐标轴刻度线延伸开来并贯穿整个绘图区的可选线条系列。

图例：用于标记不同数据系列的符号、图案和颜色，每一个数据系列的名字作为图例的标题，可以把图例移到图表中的任何位置。

（2）图表类型

Excel 提供了 11 种基本图表类型，每种图表类型中又有几种到十几种不等的子图表类型，在创建图表时需要针对不同的应用场景，选择不同的图表类型。

柱形图：用于显示一段时间内的数据变化或显示各项之间的比较情况。在柱形图中，通常沿水平轴组织类别，而沿垂直轴组织数值。

折线图：可以显示随时间而变化的连续数据，非常适用于显示在相等时间间隔下数据的趋势。在折线图中，类别数据沿水平轴均匀分布，所有值数据沿垂直轴均匀分布。

饼图：显示一个数据系列中各项的大小与各项总和的比例。饼图中的数据点显示为整个饼图的百分比。

条形图：显示各个项目之间的比较情况。

面积图：强调数量随时间而变化的程度，也可用于引起人们对总值趋势的注意。

散点图：显示若干数据系列中各数值之间的关系，或者将两组数绘制为 xy 坐标的一个系列。

股价图：经常用来显示股价的波动。

曲面图：显示两组数据之间的最佳组合。

圆环图：像饼图一样，圆环图显示各个部分与整体之间的关系，但是它可以包含多个数据系列。

气泡图：排列在工作表列中的数据可能绘制在气泡图中。

雷达图：比较若干数据系列的聚合值。

2. 创建图表

要创建图表，首先要在工作表中输入用于创建图表的数据，然后选择该数据并选择一种图表类型即可。

Excel 中的图表有两种，一种是嵌入式图表，它和创建图表的数据源放置在同一张工作表中；另一种是独立图表，它是一张独立的图表工作表。

（1）嵌入式图表

当要在一个工作表中查看或打印图表或数据透视图及其源数据或其他信息时，嵌入图表非常有用。创建嵌入式图表操作步骤如下。

步骤 1：打开“图表”工作簿，选择要创建图表的数据区域 A1:A9、E1:E9，如图 4-88 所示。

步骤 2：单击【插入】选项卡【图表】组中的【柱形图】按钮，在展开的列表中选择【簇状柱形图】。

步骤 3：此时在工作表中插入一张嵌入式图表，并显示【图表工具】|【设计】选项卡，如图 4-89 所示。

	A	B	C	D	E
1	姓名	语文	数学	英语	计算机
2	王红丹	98	93	73	99
3	白娇	95	95	82	98
4	刘征宇	86	99	79	95
5	李客	67	87	81	89
6	郑娜	70	64	92	90
7	李雷	86	90	89	97
8	李学民	64	72	57	92
9	刘冰	79	69	58	87

图 4-88　选择数据区域

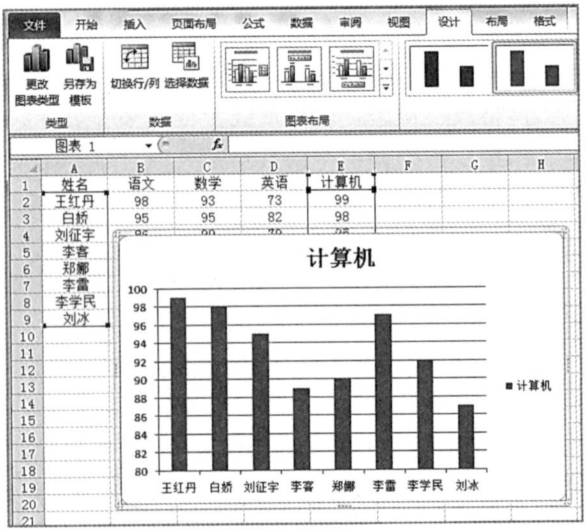

图 4-89　插入的嵌入式图表

（2）独立图表

如果要创建独立的图表，可先创建嵌入式图表，然后选中该图表，单击【图表工具】|【设计】选项卡【位置】组中的【移动图表】按钮，弹出【移动图表】对话框，选中【新工作表】单选按钮，然后单击【确定】按钮，即可在原工作表的前面插入一张“Chart+数字”工作表以放置创建的图表。图 4-90 所示是将上面插入的嵌入式图表转换为独立图表的效果。

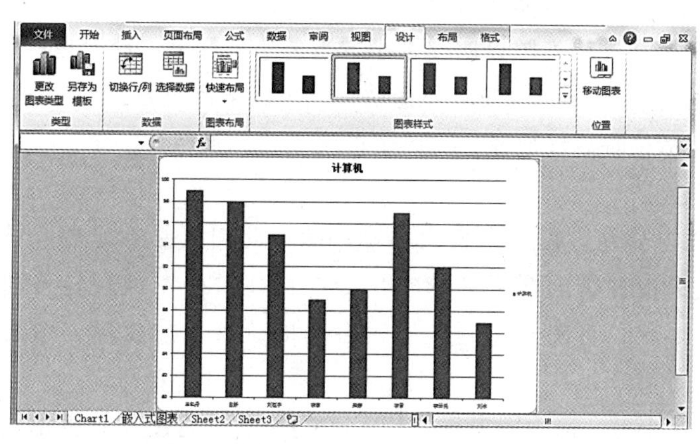

图 4-90　独立图表

3. 编辑图表

创建图表后，【图表工具】选项卡变为可用，并显示【设计】、【布局】和【格式】3 个子选项卡。用户可以使用这些选项中的命令修改图表，以使图表按照用户所需的方式表示数据。

（1）更改图表类型

对于大多数二维图表，可以更改整个图表的图表类型以赋予其完全不同的外观，也可以为任何单个数据系列选择另一种图表类型，使图表转换为组合图表。对于气泡图和大多数三维图表，只能更改整个图表的图表类型。要更改图表类型，操作步骤如下：

步骤 1：打开“图表”工作簿，单击“独立图表”工作表标签，然后单击图表的图表区或绘图区，单击【图表工具】|【设计】选项卡【类型】组中的【更改图表类型】按钮，弹出【更改图表类型】对话框，如图 4-91 所示。

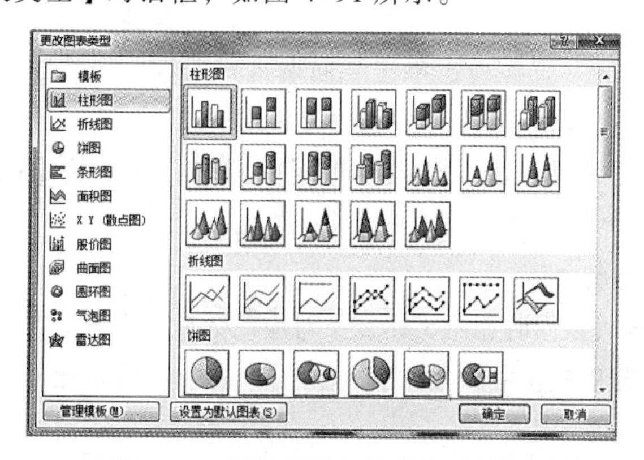

图 4-91 【更改图表类型】对话框

步骤 2：选择【柱形图】中的【簇状圆柱图】选项。

步骤 3：单击【确定】按钮，得到更改图表类型后的图表。

（2）调整图表大小

要调整图表大小，可以利用鼠标拖动法，也可以在【图表工具】|【格式】选项卡【大小】组中的编辑框中直接输入数值进行精确调整。

利用鼠标拖动的具体操作步骤如下：

步骤 1：将鼠标指针移到图表四周带小方点的边框线上，此时鼠标指针变成双向箭头形状，按住鼠标左键不放向内或向外拖动，此时以半透明方式显示图表拖动位置。

步骤 2：到合适位置后释放鼠标，图表的大小得到调整。

（3）移动图表

① 在工作表内移动。在工作表内移动图表（此图表必须是嵌入式图表）的操作非常简单，将鼠标指针指向图表区的空白处，按住鼠标左键轻轻移动，此时鼠标指针变成十字箭头形状，将图表拖到工作表合适的位置释放鼠标，图表即被移到新的位置。

② 在工作表间移动。选中图表后按【Ctrl+X】组合键将图表剪切并放置在剪贴板中，然后单击要移动到的目标工作表的位置，按【Ctrl+V】组合键粘贴图表即可。

（4）向图表中添加新的数据

向图表中添加数据时，嵌入式图表与独立图表的添加方式略有不同。

① 向独立图表中添加数据。若要向独立图表中添加数据，直接将工作表中的数据复制并粘贴到图表中即可，操作步骤如下：

步骤 1：打开“图表”工作簿，单击“嵌入式图表”工作表标签，在工作表中选择 C1:C9 区域，然后复制该列数据。

步骤 2：单击“独立图表”工作表标签，选中图表，然后按【Ctrl+V】组合键，系统自动将复制的数据系列添加到图表工作表中。

② 向嵌入式图表中添加数据。要将数据添加到嵌入式图表中，一般情况下使用拖动方式，但如果嵌入式图表是从非相邻选定区域生成的，则使用复制和粘贴命令。下面介绍使用复制和粘贴方式向图表添加数据的方法，操作步骤如下：

步骤 1：打开“图表”工作簿，单击“向嵌入式图表中添加数据”工作表标签，选中 C1:C9 区域，然后复制该列数据。

步骤 2：单击图表的图表区或绘图区以选中图表，然后按【Ctrl+V】组合键，如图 4-92 所示。

（5）删除图表中的数据

删除图表中的数据可以同时删除工作表中对应的数据，也可以保留工作表中的数据。

要同时删除工作表和图表中的数据，可在工作表中直接删除不需要的数据，图表会自动更新，如图 4-93 所示。

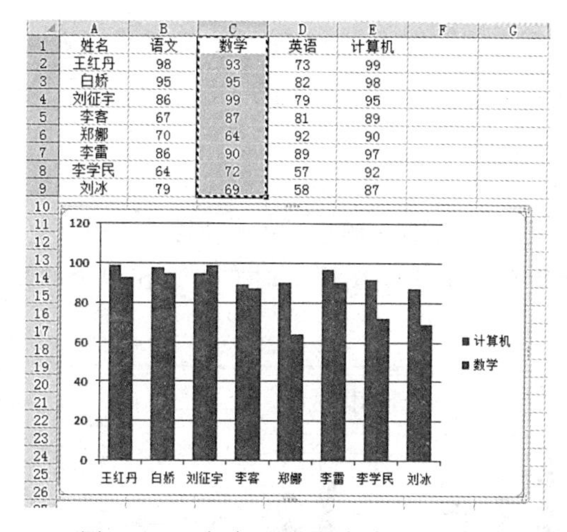

	A	B	C	D	E
1	姓名	语文	数学	英语	计算机
2	王红丹	98	93	73	99
3	白娇	95	95	82	98
4	刘征宇	86	99	79	95
5	李青	67	87	81	89
6	郑娜	70	64	92	90
7	李雷	86	90	89	97
8	李学民	64	72	57	92
9	刘冰	79	69	58	87

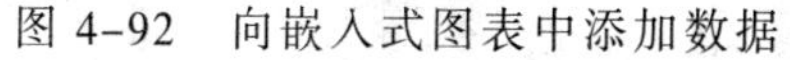

图 4-92 向嵌入式图表中添加数据

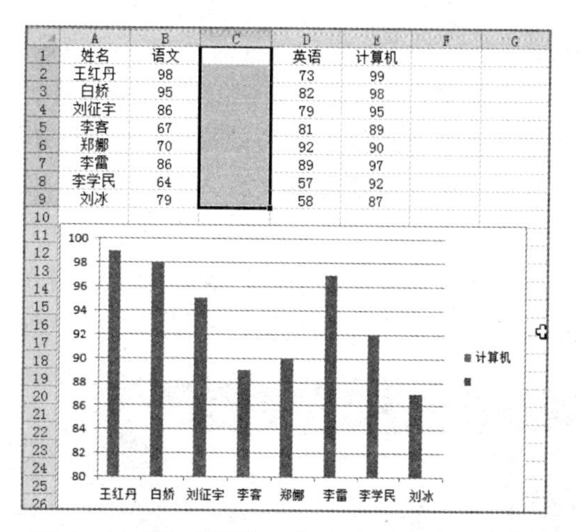

	A	B	C	D	E
1	姓名	语文		英语	计算机
2	王红丹	98		73	99
3	白娇	95		82	98
4	刘征宇	86		79	95
5	李青	67		81	89
6	郑娜	70		92	90
7	李雷	86		89	97
8	李学民	64		57	92
9	刘冰	79		58	87

图 4-93 同时删除工作表和图表中的数据

若要删除图表中的数据，而不改变工作表中数据的操作步骤如下：

步骤 1：在图表中单击要删除的数据系列中的任意一个，如“数学”列，如图 4-94 所示，选中的数据系列顶端呈圆形控制点显示。

步骤 2：按【Delete】键或右击，在弹出的快捷菜单中选择【删除】命令，所选数据系列被删除，结果如图 4-95 所示，图表中的数据被删除，工作表中的数据保持不变。

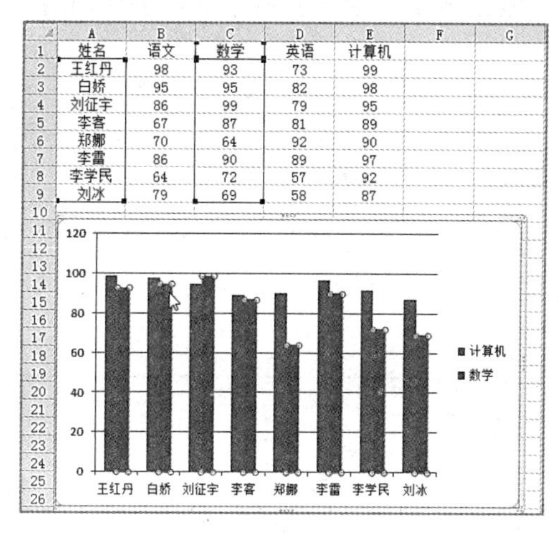

	A	B	C	D	E
1	姓名	语文	数学	英语	计算机
2	王红丹	98	93	73	99
3	白娇	95	95	82	98
4	刘征宇	86	99	79	95
5	李青	67	87	81	89
6	郑娜	70	64	92	90
7	李雷	86	90	89	97
8	李学民	64	72	57	92
9	刘冰	79	69	58	87

图 4-94 选中图表中的数据系列

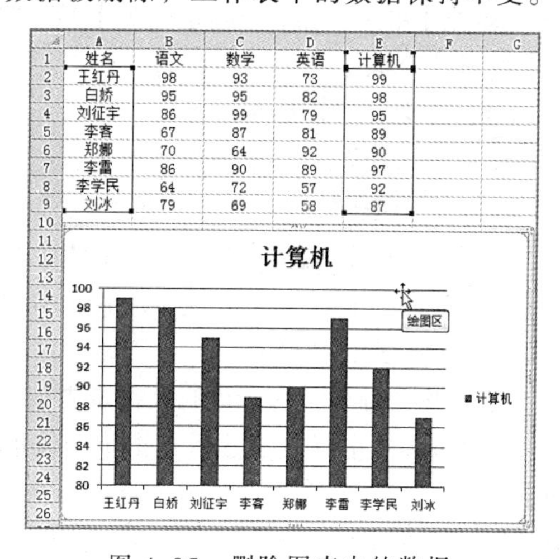

	A	B	C	D	E
1	姓名	语文	数学	英语	计算机
2	王红丹	98	93	73	99
3	白娇	95	95	82	98
4	刘征宇	86	99	79	95
5	李青	67	87	81	89
6	郑娜	70	64	92	90
7	李雷	86	90	89	97
8	李学民	64	72	57	92
9	刘冰	79	69	58	87

图 4-95 删除图表中的数据

4. 格式化图表

创建图表后，利用【图表工具】选项卡中的各个选项卡可以设置图表各元素的格式，如设置图表区、绘图区和坐标轴的格式，为坐标轴添加标题等。下面对删除数据后的图表进行格式化操作。

（1）设置图表区格式

Excel 允许修改整个图表区中的文字字体、设置填充图案以及对象的属性。设置图表区格式的操作步骤如下：

步骤 1：打开“图表”工作簿，单击“格式化图表”工作表标签，再单击图表将其激活，将鼠标指针移到图表中的任意空白处，当显示“图表区”提示文字时单击，以选中图表区。

步骤 2：单击【图表工具】|【格式】选项卡【形状样式】组中的【其他】按钮，在展开的列表中选择【强烈效果-强调颜色 4】，效果如图 4-96 所示。

（2）设置绘图区格式

绘图区的图案默认都采用灰色，也可以将其设置为别的颜色。操作步骤如下：

步骤 1：将鼠标指针移到图表上，待鼠标指针显示【绘图区】时右击，在弹出的快捷菜单中选择【设置绘图区格式】命令，如图 4-97 所示。

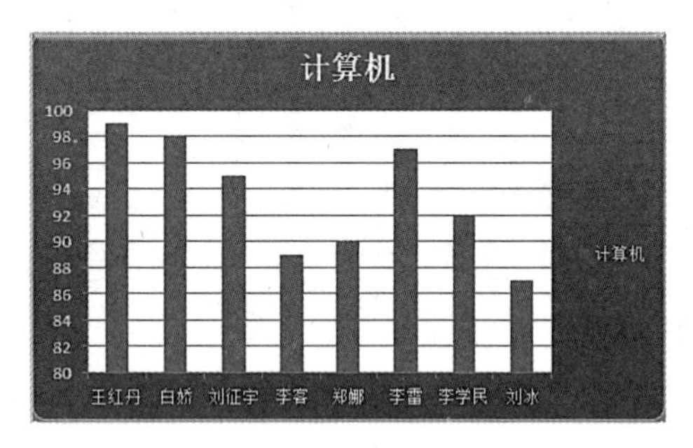

图 4-96　设置图表区格式后的效果

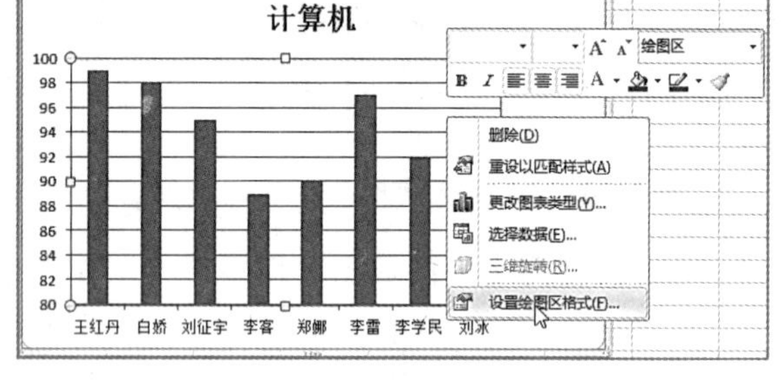

图 4-97　选择【设置绘图区格式】命令

步骤 2：在弹出对话框的左侧设置项目列表区中，单击【填充】按钮，在右侧选中【纯色填充】单选按钮，单击【颜色】下拉按钮，在展开的列表中选择【黄色】，单击【关闭】按钮，完成绘图区格式设置。

（3）设置坐标轴格式

设置坐标轴格式的操作步骤如下：

步骤 1：单击图表中的坐标轴，如水平轴，以选中水平轴。

步骤 2：在【开始】选项卡【字体】组中设置字体为“黑体”，字号为“12”，并单击【下画线】按钮，即设置完成。用同样的方法可设置垂直轴的格式。

（4）添加坐标轴标题

为图表添加坐标轴标题的操作步骤如下：

步骤 1：单击图表，然后单击【图表工具】|【布局】选项卡上【标签】组中的【坐标轴标题】下拉按钮，在展开的列表中单击【主要横坐标轴标题】→【坐标轴下方标题】按钮，如图 4-98 所示。

步骤 2：将坐标轴标题修改为所需要的标题，即完成坐标轴标题的设置。

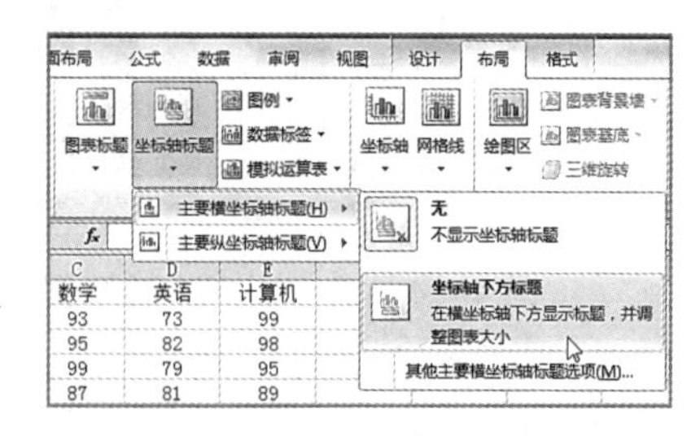

图 4-98　为图表添加坐标轴标题

4.6　页面设置与打印

工作表创建好后，一般都会将其打印出来，但在打印前还需进行一系列的设置。例如，为工作表进行页面设置，设置要打印的区域，以及对多页工作表进行分页预览，打印前进行打印预览等，这样才能按要求完美地打印工作表。

4.6.1 页面设置

打开【页面布局】选项卡，单击【页面设置】组右下角的对话框启动器按钮，弹出【页面设置】对话框，如图 4-99 所示。

1.【页面】选项卡

【方向】和【纸张大小】区域：设置打印方向和纸张大小。

【缩放】文本框：用于放大或缩小打印的工作表，其中【缩放比例】框可在 10%～400%之间选择。100%为正常大小，小于 100%为缩小；大于 100%为放大。【调整为】文本框可把工作表拆分为指定页宽和指定页高打印，如指定 2 页宽、2 页高表示水平方向分 2 页，垂直方向分 2 页，共 4 页打印。

【打印质量】下拉列表框：设置每英寸打印的点数，数字越大，打印质量越好。不同的打印机数字会不一样。

【起始页码】文本框：设置打印首页页码，默认为【自动】，从第一页或接上一页开始打印。

2. 设置【页边距】

页边距是指页面上打印区域之外的空白区域。如果用户对表格在页面中的位置不满意，可对页边距进行相关设置。设置页边距的操作步骤如下：

步骤 1：打开【页面设置】对话框，选择【页边距】选项卡，如图 4-100 所示。

图 4-99 【页面设置】对话框

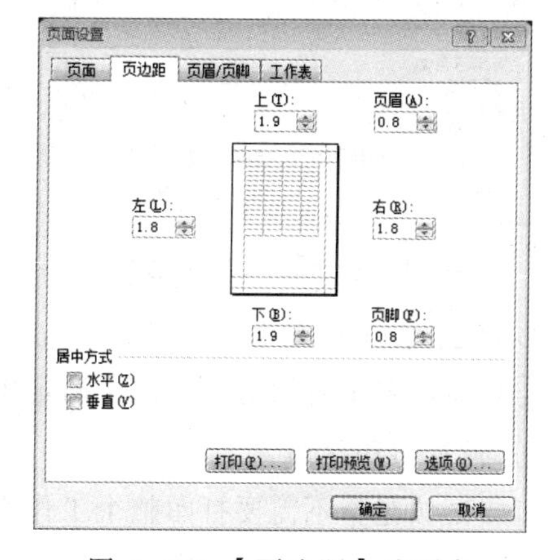

图 4-100 【页边距】选项卡

步骤 2：设置打印数据距打印页四边的距离、页眉和页脚的距离以及打印数据是水平居中、垂直居中方式，默认靠上靠左对齐。

3. 设置页眉页脚

页眉和页脚分别位于打印页的顶端和底端，用来打印表格名称、页号、作者名称或时间等。如果工作表有多页，为其设置页眉和页脚可方便用户查看。

用户可为工作表添加系统预定义的页眉或页脚，也可以添加自定义的页眉或页脚。为工作表设置页眉和页脚的操作步骤如下：

步骤 1：打开【页面设置】对话框，选择【页眉/页脚】选项卡，如图 4-101 所示。

【页眉】、【页脚】文本框：可从其下拉列表中进行选择。

【自定义页眉】、【自定义页脚】按钮：单击该按钮，打开相应的对话框自行定义，在左、中、右框中输入指定页眉、用给出的按钮定义字体、插入页码、插入总页数、插入日期、插入时间、插入路径、插入文件名、插入图片、插入标签名、设置图片格式。

步骤 2：完成设置后，单击【确定】按钮即可。

4.6.2 打印输出

1. 设置打印标题行

如果工作表有多页，正常情况下，只有第一页能打印出标题行，为方便查看后面的打印稿件，通常需要为工作表的每页都加上标题行。具体操作步骤如下：

步骤 1：单击【页面布局】选项卡上【页面设置】组中的【打印标题】按钮，弹出【页面设置】对话框，选择【工作表】选项卡，然后单击【顶端标题行】编辑框右侧的折叠按钮，如图 4-102 所示。

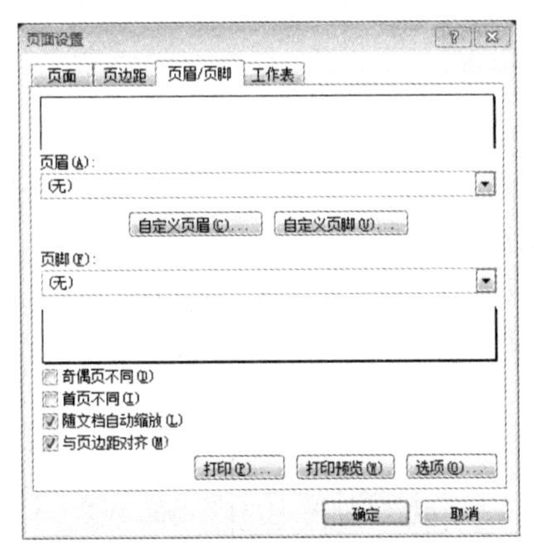

图 4-101 【页眉/页脚】选项卡

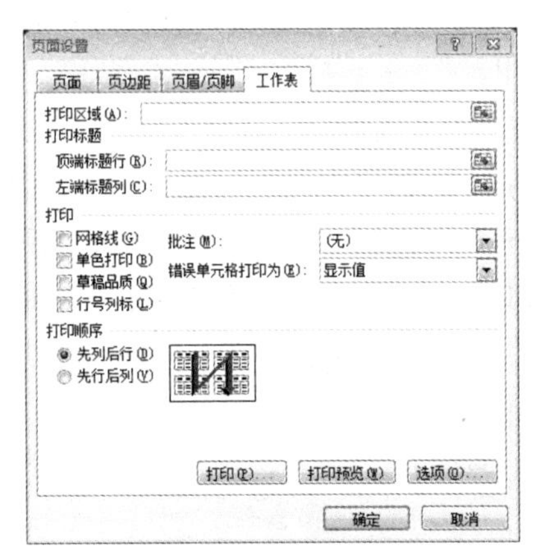

图 4-102 【工作表】选项卡

步骤 2：在工作表中单击或利用拖动方式选中要添加的标题行，然后单击折叠按钮，返回【页面设置】对话框，单击【确定】按钮即可完成设置打印标题行的操作。

2. 设置打印区域

打印区域是指不需要打印整个工作表时，打印一个或多个单元格区域。如果工作包含打印区域，则只打印区域中的内容。用户可以根据需要添加单元格以扩展打印区域，还可以清除打印区域打印整个工作表。一个工作表可以有多个打印区域，每个打印区域都将作为一个单独的页打印。

设置打印区域具体的操作步骤如下：

步骤 1：拖动选定待打印的工作表区域。

步骤 2：选择【页面布局】选项卡，单击【页面】组中的【打印区域】下拉按钮，在下拉列表中选择【设置打印区域】，设置好打印区域，打印区域边框为虚线。

清除打印区域具体的操作步骤如下：

步骤 1：单击要清除其打印区域的工作表上的任意位置。

步骤 2：在【页面布局】选项卡的【页面设置】组中，单击【取消打印区域】按钮。

3. 分页预览与设置分页符

分页预览功能可以使用户在编辑时就能知道哪些数据在哪页，从而帮助用户更加方便地完成工作表打印前的准备工作。

如果需要打印的工作表中的内容有多页，Excel 会自动插入分页符，将工作表分成多页。这些分页符的位置取决于纸张的大小、页边距设置和设定的打印比例。用户可以通过插入水平分页符来改动页面上数据行的数量；也可以通过插入垂直分页符来改动页面上数据列的数量。在分页预览视图中，还可以拖动分页符来调整它在工作表中的位置。

（1）分页预览与调整分页符位置

分页预览并调整分页符位置的操作步骤如下：

步骤 1：打开“打印工作表”工作簿，选择“分页预览”工作表标签。

步骤 2：单击【视图】选项卡【工作簿视图】组中的【分页预览】按钮或单击状态栏上的【分页预览】按钮，可将工作表从【普通】视图切换到【分页预览】视图，如图 4-103 所示。

员工信息表

序号	员工姓名	性别	出生日期	职务	部门	身份证编号	联系电话	E-mail
1	吕红	女	20645	主任	行政部	[illegible]	[illegible]	[illegible]
2	吴慧	女	32199	副主任	人事部	[illegible]	[illegible]	[illegible]
3	孙海	男	33188	经理	市场部	[illegible]	[illegible]	[illegible]
4	吕峰	男	27996	经理	运营部	[illegible]	[illegible]	[illegible]
5	苏玉红	女	32864	主任	策划部	[illegible]	[illegible]	[illegible]
6	贾柏华	女	[illegible]36	职员	市场部	[illegible]	[illegible]	[illegible]
7	宋羽生	男	[illegible]	助理	企划部	[illegible]	[illegible]	[illegible]
8	刘东	男	31106	文员	办公室	[illegible]	[illegible]	[illegible]
9	张兵	男	25510	职员	市场部	[illegible]	[illegible]	[illegible]
10	赵凯	男	33748	职员	市场部	[illegible]	[illegible]	[illegible]
11	吴勋	男	31837	职员	策划部	[illegible]	[illegible]	[illegible]
12	郭静萍	女	34228	文员	办公室	[illegible]	[illegible]	[illegible]
13	吴东	男	32819	职员	行政部	[illegible]	[illegible]	[illegible]
14	吕思薇	女	34836	职员	市场部	[illegible]	[illegible]	[illegible]
15	刘佳	女	29367	文员	办公室	[illegible]	[illegible]	[illegible]
16	[illegible]	女	35512	职员	运营部	[illegible]	[illegible]	[illegible]

欢迎使用“分页预览”视图

通过用鼠标单击并拖动分页符，可以调整分页符的位置。

不再显示此对话框(D)

确定

图 4-103 【分页预览】视图

分页预览视图：显示要打印的区域和分页符位置的工作表视图。要打印的区域显示为白色，自动分页符显示为蓝色虚线，手动分页符显示为蓝色实线。

第一次进入分页预览视图时会出现提示框，单击【确定】按钮即可。

步骤 3：用户可以在分页预览视图中调整分页符的位置，从而调整工作表的打印页数和打印区域。方法是：将鼠标指针移到需要调整的分页符上，此时鼠标指针变成左右双向箭头，按住鼠标左键并拖动，至合适位置后释放鼠标，此时自动虚线分页符就变为手动实线分页符。

（2）插入或删除分页符

当系统默认提供的分页符无法满足要求时，用户可手动插入分页符，从而将一张表格打印成两页或多页；此外，还可以将插入的分页符删除。

① 插入分页符。要在工作表中插入水平或垂直分页符，操作步骤如下：

步骤 1：打开“打印工作表”工作簿，选择“分页预览”工作表标签。

步骤 2：要插入水平或垂直分页符，首先在要插入分页符的位置的下面或右侧选中一行或一列，如选择第 10 行，然后单击【页面布局】选项卡【页面设置】组中的【分隔符】下拉按钮，在展开的列表中单击【插入分页符】按钮。

步骤 3：此时在工作表中插入水平分页符，如图 4-104 所示。插入分页符后，用户可自行调整其位置。

	A	B	C	D	E	F	G	H	I
1							员工信息表		
2									
3	序号	员工姓名	性别	出生日期	职务	部门	身份证编号	联系电话	E-mai
4	1	吕红	女	20645	主任	行政部	[illegible]	[illegible]	[illegible]
5	2	吴娜	女	32199	副主任	人资部	[illegible]	[illegible]	[illegible]
6	3	孙海	男	33188	经理	市场部	[illegible]	[illegible]	[illegible]
7	4	吕峰	男	27996	经理	运营部	[illegible]	[illegible]	[illegible]
8	5	苏玉红	女	32864	主任	策划部	[illegible]	[illegible]	[illegible]
9	6	贾柏华	女	34136	职员	市场部	[illegible]	[illegible]	[illegible]
10	7	宋羽生	男	30598	助理	企划部	[illegible]	[illegible]	[illegible]
11	8	刘东	男	31106	文员	办公室	[illegible]	[illegible]	[illegible]
12	9	张兵	男	25510	职员	市场部	[illegible]	[illegible]	[illegible]
13	10	赵凯	男	33748	职员	市场部	[illegible]	[illegible]	[illegible]
14	11	吴勋	男	31887	职员	策划部	[illegible]	[illegible]	[illegible]
15	12	郭静萍	女	34228	文员	办公室	[illegible]	[illegible]	[illegible]
16	13	吴东	男	32819	职员	行政部	[illegible]	[illegible]	[illegible]
17	14	吕思薇	女	34836	职员	市场部	[illegible]	[illegible]	[illegible]
18	15	刘佳	女	29367	文员	办公室	[illegible]	[illegible]	[illegible]
19	16	贺婷婷	女	35612	职员	运营部	[illegible]	[illegible]	[illegible]
20									

图 4-104　插入水平分页符

步骤 4：单击工作表的任意单元格，然后在【分页符】下拉列表中单击【插入分页符】按钮，Excel 将同时插入水平分页符和垂直分页符，将 1 页分成 4 页，如图 4-105 所示。

	A	B	C	D	E	F	G	H
1							员工信息表	
2								
3	序号	员工姓名	性别	出生日期	职务	部门	身份证编号	联系电话
4	1	吕红	女	20645	主任	行政部	[illegible]	[illegible]
5	2	吴娜	女	32199	副主任	人资部	[illegible]	[illegible]
6	3	孙海	男	33188	经理	市场部	[illegible]	[illegible]
7	4	吕峰	男	27996	经理	运营部	[illegible]	[illegible]
8	5	苏玉红	女	32864	主任	策划部	[illegible]	[illegible]
9	6	贾柏华	女	34136	职员	市场部	[illegible]	[illegible]
10	7	宋羽生	男	30598	助理	企划部	[illegible]	[illegible]
11	8	刘东	男	31106	文员	办公室	[illegible]	[illegible]
12	9	张兵	男	25510	职员	市场部	[illegible]	[illegible]
13	10	赵凯	男	33748	职员	市场部	[illegible]	[illegible]
14	11	吴勋	男	31887	职员	策划部	[illegible]	[illegible]
15	12	郭静萍	女	34228	文员	办公室	[illegible]	[illegible]
16	13	吴东	男	32819	职员	行政部	[illegible]	[illegible]
17	14	吕思薇	女	34836	职员	市场部	[illegible]	[illegible]
18	15	刘佳	女	29367	文员	办公室	[illegible]	[illegible]
19	16	贺婷婷	女	35612	职员	运营部	[illegible]	[illegible]
20								

图 4-105　同时插入水平和垂直分页符

② 删除分页符。删除分页符，一般是指删除手动插入的分页符，操作步骤如下：

步骤 1：单击垂直分页符右侧的单元格，或者单击水平分页符下方的单元格，然后单击【分隔符】下拉列表中的【删除分页符】按钮，可删除插入的垂直分页符或者水平分页符。

步骤 2：单击垂直分页符和水平分页符交叉处右下角的单元格，然后单击【分隔符】下拉列表中的【删除分页符】按钮，可删除同时插入的垂直和水平分页符。

要一次性删除所有手动分页符，可单击工作表上的任一单元格，然后在【分隔符】列表中单击【重设所有分页符】按钮。

4. 打印预览与打印

（1）打印预览

通过 Excel 的【打印预览】功能，可在屏幕上观察其实际打印效果，它能同时看到全部页面，实现所见即所得，而且在打印预览状态下还可以根据所显示的情况进行相应参数的调整，避免时间和纸张的浪费。打印预览的操作步骤如下：

步骤 1：打开“打印工作表”工作簿，选择“分页预览”工作表，然后选择【文件】→【打印】命令，即在窗口的右侧显示打印预览视图，如图 4-106 所示。

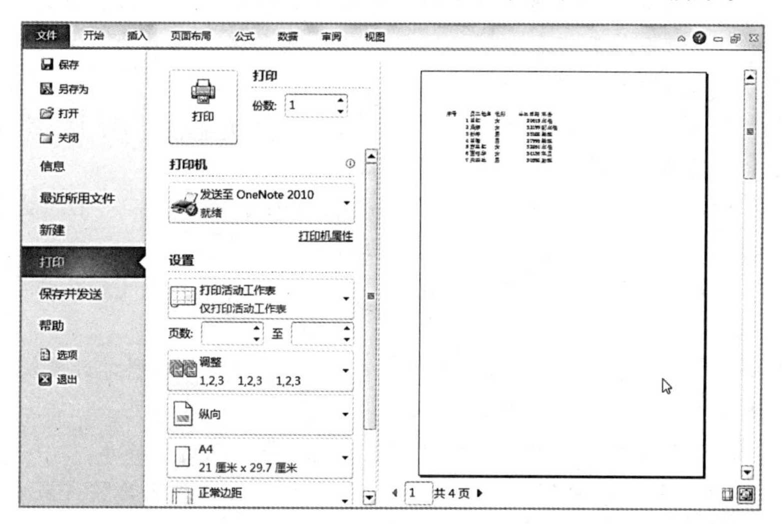

图 4-106　打印及打印预览

步骤 2：从打印预览视图可以看到该工作表有 4 页，并且每一页都只有小部分要打印的数据，为此，用户可以再次调整其打印设置，将其显示在一页中。单击中下方的【页面设置】按钮，弹出【页面设置】对话框。

步骤 3：在【页面】选项卡中选中【调整为】单选按钮，然后在其后的两个编辑框中均输入 1，如图 4-107 所示。

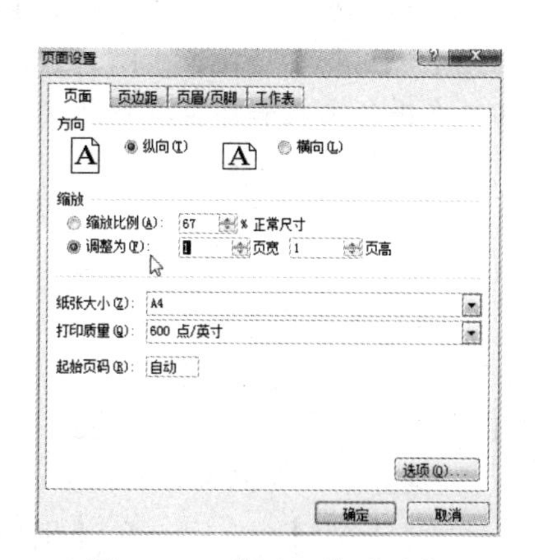

图 4-107 【页面】选项卡

步骤 4：单击【确定】按钮，此时 Excel 会自动缩小到适合纸张的大小，将内容显示在一页中。

此外，也可以设置打印时的缩放以在规定的纸张上完全打印所需内容。方法是：打开要打印的工作表，在【页面设置】对话框的【页面】选项卡中选中【缩放比例】单选按钮，然后更改比例的数值，最后单击【确定】按钮即可。

（2）打印工作表

如果在打印预览窗口看到的效果非常满意，就可以将工作表打印出来。方法是：选择【文件】→【打印】命令，在右侧的窗口单击【打印】按钮即可直接打印当前工作表。

习　题

一、选择题

1. 选中某个单元格后，利用（　　）可以显示、修改或输入单元格中的数据。
   A. 编辑栏　B. 名称框　C. 任务窗格　D. 状态栏
2. 在 Excel 中，下列概念按由大到小的次序进行排列的是（　　）。
   A. 工作表、单元格、工作簿　B. 工作表、工作簿、单元格
   C. 工作簿、单元格、工作表　D. 工作簿、工作表、单元格
3. 下列不属于 Excel 功能的是（　　）。
   A. 制定表格　B. 数据计算　C. 数据分析　D. 制作演示文稿
4. 在 Excel 中，显示当前命令或操作等有关信息的是（　　）。
   A. 快速访问工具栏　B. 编辑栏　C. Office 按钮　D. 状态栏
5. 关于在 Excel 单元格中输入数据，下列说法正确的是（　　）。
   A. 如输入的文本型数据超过单元格宽度，则无论何种条件下 Excel 都会将超出部分的数据隐藏
   B. 如输入的数值型数据长度超过单元格宽度，Excel 会自动以科学计数法的方式表示
   C. 对于数值型数据，最多可以输入 11 位
   D. 如输入的文本型数据超过单元格宽度，Excel 会出现错误提示
6. A1 和 A2 单元格的数据分别为 1 和 2，选定 A1:A2 区域并拖动该区域右下角填充句柄至 A10，问 A6 单元格的值为（　　）。
   A. 2　B. 1　C. 6　D. 错误值
7. 在 Excel 中，不符合日期格式的数据是（　　）。
   A. 09-10-01　B. 09/10/01　C. 09—10—01　D. 2009-10-01
8. 在单元格中输入文本型数据 100098（邮政编码），应输入（　　）。
   A. 100098　B. “100098　C. ‘100098　D. 100098’
9. 在进行查找和替换操作时，若只知道要查找的部分内容，可以使用通配符进行查找，通配符是指（　　）。
   A. *和?　B. *和!　C. ?和!　D. *、，和?
10. 在 Excel 中删除单元格时，可以将（　　）。
    A. 上方单元格下移　B. 下方单元格上移
    C. 右侧单元格左移　D. 左侧单元格右移
11. 要将不相邻的工作表成组，可以先单击第一个要成组的工作表标签，然后按住（　　）键再单击其他工作表标签。
    A.【Alt】　B.【Shift】　C.【Ctrl】　D.【Enter】
12. 在 Excel 中，选定整个工作表的方法是（　　）。
    A. 双击状态栏
    B. 单击左上角的行列坐标的交叉点
    C. 右击任一单元格，在弹出的快捷菜单中选择【选定工作表】命令
    D. 按住【Alt】键的同时双击第一个单元格

13. 若要为表格同时添加内、外边框，并设置边框样式、颜色等，可以利用（　　）对话框。

A.【条件格式】　　B.【选择性粘贴】

C.【插入图片】　　D.【设置单元格格式】

14. 在工作表中绘制图形后，下列（　　）说法是错误的。

A. 不能移动其位置　　B. 可以为其填充颜色

C. 可以改变其线条粗细　　D. 可以进行缩放

15. 在 Excel 工作表中，下列（　　）函数是求最大值的。

A. MIN　　B. AVERAGE　　C. MAX　　D. SUM

16. 下列单元格地址中，属于绝对地址的是（　　）。

A. B5　　B. $B5　　C. B$5　　D. $B$5

17. 用相对地址引用的单元格在公式复制中目标公式会（　　）。

A. 不变　　B. 变化　　C. 列地址变化　　D. 行地址变化

18. Excel 中比较运算符公式返回的计算结果为（　　）。

A. 真　　B. 假　　C. 1　　D. True 或 False

19. 在 Excel 中，分类汇总之前，必须先对数据清单进行（　　）。

A. 筛选　　B. 排序　　C. 查找　　D. 定位

20. Excel 可以对多个关键字进行排序，但不管有多少个排序关键字，排序之后的数据总是按（　　）排序的。

A. 主要关键字　　B. 次要关键字　　C. 第三关键字　　D. 第四关键字

二、判断题

1. 在 Excel 中，不能进行插入和删除工作表的操作。（　　）
2. 当新建一个工作簿时，默认产生 3 个（Sheet1、Sheet2、Sheet3）工作表。（　　）
3. 单元格在绝对引用时，要在列号与行号前添加“&”符号。（　　）
4. 在 Excel 中，按大小概念次序排列的是“工作表、工作簿、单元格”。（　　）
5. 在单元格中输入相同的内容，除了使用填充柄，还可以使用【Ctrl+Enter】组合键。（　　）
6. 当我们需要把单元格中的数值型数字设置为文本型，要在输入前先输入个英文状态下的双引号（“）。（　　）
7. 删除工作表后，还可以在回收站中将其恢复。（　　）
8. 要输入公式必需先输入“=”号。（　　）
9. 在工作簿的标题栏处出现“工作组”字样，因为同时选择了多个工作表。（　　）
10. 使用文本运算符“&”，可将两个或多个文本值串起来产生一个连续的文本。（　　）

三、简答题

1. 简述工作簿、工作表、单元格之间的关系。
2. 单元格引用有哪几种类型？它们各自的用法是什么？
3. 数据筛选有哪些类型？它们各自的用法是什么？高级筛选的条件格式有哪些要求？
4. 什么是函数？函数包含哪几部分组成？请说出常用的函数类型有哪些？

第5章 PowerPoint 2010 演示文稿

PowerPoint 2010 和 Word 2010、Excel 2010 等应用软件一样，都是 Microsoft 公司推出的 Office 系列产品之一，主要用于设计制作演示的电子幻灯片。随着办公自动化的普及，PowerPoint 的应用越来越广泛。

通过本章的学习，要求掌握演示文稿的基本操作，学会如何在幻灯片中插入文本及各种对象，熟练掌握动画的设置方法，并能将制作完成的幻灯片进行放映及打印输出。

5.1 演示文稿的基础知识

5.1.1 前期准备

1. 认识演示文稿和幻灯片

演示文稿由“演示”和“文稿”两个词语组成，主要用于会议、产品展示和教学课件等领域。利用 PowerPoint 制作出来的文件称为演示文稿，而演示文稿中的每一页称为幻灯片，每张幻灯片都是演示文稿中既相互独立又相互联系的内容。

2. 演示文稿的设计流程

设计演示文稿是一个系统性的工程，包括前期的准备工作、收集资料、策划布局方式等工序。

（1）确定演示文稿类型

在设计演示文稿之前，首先应确定演示文稿的类型，然后才能确立整体的设计风格。通常演示文稿可以归纳为演讲稿型、内容展示型和交互型 3 种。

（2）收集演示文稿素材和内容

在确定演示文稿的类型之后，就应该着手为演示文稿收集素材内容，通常包括以下几个方面：

① 文本内容：它是各种幻灯片中均包含的重要内容。收集文本内容的途径主要包括自行撰写和从他人的文章中摘录。

② 图像内容：主要为背景图像和内容图像。演示文稿所使用的背景图像通常包括封面、内容和封底 3 种，选取时应保持之间的色调一致。尽量避免采用内容图像和背景图像相同的图像。

③ 逻辑关系内容：在展示演示文稿中的内容结构时，往往需要组织一些图形来清晰地展示其内容之间的关系。

④ 多媒体内容：包括各种声音、视频等。声音可以在播放时吸引观众注意力；视频可以更加生动的方式展示幻灯片所讲述的内容。

⑤ 数据内容：也是演示文稿的一种重要内容。可以插入 Excel 和 Access 等格式数据，并根据这些数据，制作数据表格和图表等内容。

（3）制作演示文稿

制作演示文稿是演示文稿的设计与实施阶段。在该阶段，用户可以先设计幻灯片的母版，应用背景图像，然后根据母版创建各种样式的幻灯片并插入内容。

5.1.2 启动/退出

安装完 Office 2010 之后，PowerPoint 2010 也将自动安装到系统中，这时用户就可以正常启动与退出 PowerPoint 2010。

1. 启动 PowerPoint 2010

与普通的 Windows 应用程序类似，用户可以使用多种方式启动 PowerPoint 2010，如常规启动、通过桌面快捷方式启动、通过现有演示文稿启动和通过 Windows 7 任务栏启动等。

常规启动：单击【开始】按钮，选择【所有程序】→【Microsoft Office/Microsoft PowerPoint 2010】命令即可。

通过桌面快捷方式启动：双击桌面上的 Microsoft PowerPoint 2010 快捷图标启动。

通过 Windows 7 任务栏启动：在将 PowerPoint 2010 锁定到任务栏之后，单击任务栏中的 Microsoft PowerPoint 2010 图标按钮启动。

通过现有演示文稿启动：找到已经创建的演示文稿，然后双击该文件图标即可。

2. 退出 PowerPoint 2010

当不再需要使用 PowerPoint 2010 编辑演示文稿时，就可以退出该软件。退出 PowerPoint 的方法与退出其他应用程序类似，主要有如下几种方法。

① 单击 PowerPoint 2010 标题栏上的【关闭】按钮。

② 右击 PowerPoint 2010 标题栏，从弹出的快捷菜单中选择【关闭】命令，或者直接按【Alt+F4】组合键。

③ 在 PowerPoint 2010 的工作界面中，选择【文件】→【退出】命令。

5.1.3 操作界面

PowerPoint 2010 采用了全新的操作界面，相比之前的版本，PowerPoint 2010 的界面更加整齐而简洁，也更便于操作。

1. PowerPoint 2010 工作界面

PowerPoint 2010 的工作界面主要由【文件】按钮、快速访问工具栏、标题栏、选项卡和功能区、大纲/幻灯片浏览窗格、幻灯片编辑窗口、备注窗格和状态栏等部分组成，如图 5-1 所示。

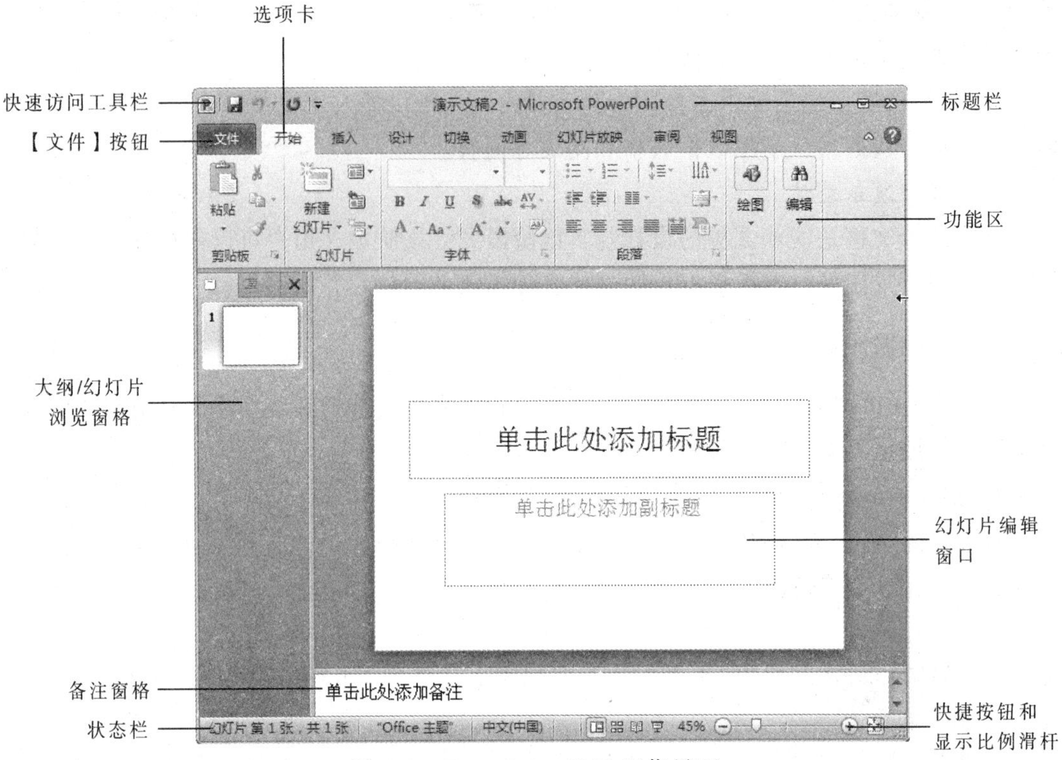

图 5-1　PowerPoint 2010 工作界面

（1）【文件】按钮

【文件】按钮位于 PowerPoint 2010 工作界面的左上角，取代了 PowerPoint 2007 版本中的【Office】按钮，单击该按钮，可以执行新建、打开、保存和打印等操作。

（2）快速访问工具栏

快速访问工具栏位于标题栏界面顶部，使用它可以快速访问频繁使用的命令，如保存、撤销、重复等。

如果在快速访问工具栏中添加其按钮，可以单击其后的【自定义快速访问工具栏】按钮，在弹出的下拉列表中选择所需的命令即可。在其中选择【在功能区下方显示】命令，可将快速访问工具栏调整到功能区下方。

（3）标题栏

标题栏位于 PowerPoint 2010 工作界面的右上侧，显示了演示文稿的名称和程序名，最右侧的 3 个按钮分别用于对窗口执行最小化、最大化和关闭操作。

（4）功能区

功能区将 PowerPoint 2010 的所有命令集成在几个选项卡中。打开选项卡可以切换到相应的功能区，在其中又包含了许多可自动适应窗口大小的工具栏，而不同的工具栏又放置了与其相关的命令按钮或列表框。

为了使 PowerPoint 2010 的工作界面更加简洁美观，功能区中的某些选项卡（如【图片工具】|【格式】选项卡）只有在需要时才显示。

（5）大纲/幻灯片浏览窗格

大纲/幻灯片浏览窗格用于显示演示文稿的幻灯片数量及位置，通过它可更加方便地掌握演示文稿的结构。它包括【大纲】和【幻灯片】选项卡，选择不同的选项卡可在不同的窗格间切换，如图 5-2 所示。默认打开的是【幻灯片】浏览窗格，在其中将显示整个演示文稿中幻灯片的编号与缩略图；在【大纲】浏览窗格中将列出当前演示文稿中各张幻灯片中的文本内容。

（6）幻灯片编辑窗口

幻灯片编辑窗口是编辑幻灯片内容的场所，是演示文稿的核心部分。在该区域中可对幻灯片的内容进行编辑、查看和添加对象等操作，如图 5-3 所示。

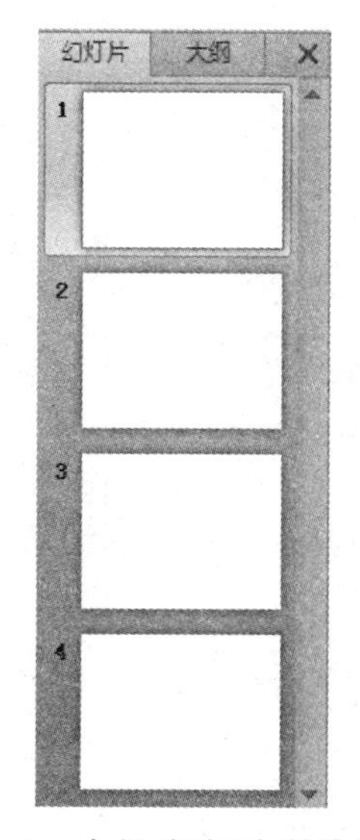

图 5-2　大纲/幻灯片浏览窗格

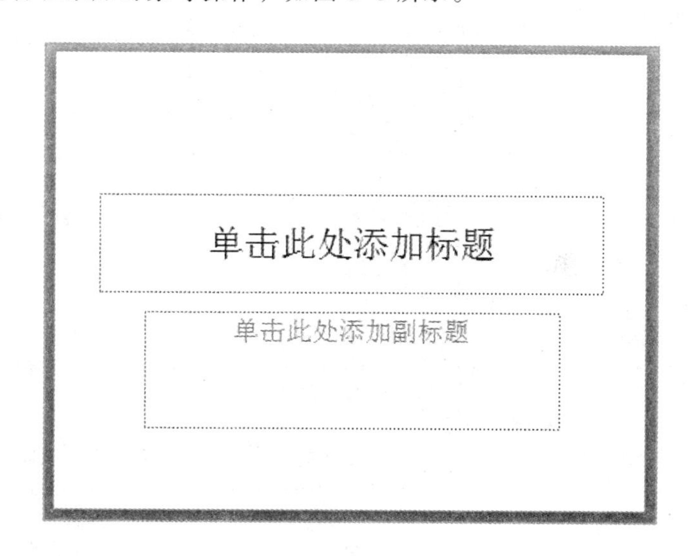

图 5-3　幻灯片编辑窗口

（7）备注窗格

备注窗格位于幻灯片窗格下方，主要用于添加提示内容及注释信息。它可以为幻灯片添加说明，以使演讲者能够更好地讲解幻灯片中展示的内容。

（8）状态栏

状态栏位于界面的最底端，它不起任何编辑作用，主要用于显示当前演示文稿的常用参数及工作状态，如整个文稿的总页数、当前正在编辑的幻灯片的编号以及该演示文稿所用的设计模板名称等。状态栏的右侧为【快捷按钮和显示比例滑杆】区域，拖动幻灯片显示比例栏中的滑块或单击快捷按钮，可以控制幻灯片在整个编辑区的视图比例。

2. PowerPoint 2010 视图方式

为了满足用户不同的需求，PowerPoint 2010 提供了多种视图模式以编辑、查看幻灯片。打开【视图】选项卡，在【演示文稿视图】组中单击相应的视图按钮，或者在视图栏中单击视图按钮，即可将当前操作界面切换至对应的视图模式。

(1)普通视图

普通视图又可分为幻灯片和大纲两种形式，主要区别于 PowerPoint 工作界面最左边的预览窗口。图 5-4 所示为幻灯片的普通视图。

图 5-4　幻灯片的普通视图

普通视图中主要包含 3 种窗口：幻灯片预览窗口(或大纲窗口)、幻灯片编辑窗口和备注窗口。拖动各个窗口的边框即可调整窗口的显示大小。

(2)幻灯片浏览视图

使用幻灯片浏览视图，可以在屏幕上同时看到演示文稿中的所有幻灯片，这些幻灯片以缩略图的形式显示在同一窗口中，如图 5-5 所示。

在幻灯片浏览视图中可以查看设计幻灯片的背景、配色方案或更换模板后演示文稿发生的整体变化，也可以检查各个幻灯片是否前后协调、图标的位置是否合适等问题。

(3)备注页视图

在备注页视图模式下，用户可以方便地添加和更改备注信息，也可以添加图形等信息。

(4)幻灯片放映视图

幻灯片放映视图是演示文稿的最终效果。在幻灯片放映模式下，用户可以看到幻灯片的最终效果，包括演示文稿的动画、声音以及切换等效果。幻灯片放映视图并不是显示单个静止的画面，而是以动态的形式显示演示文稿中的各个幻灯片。当在演示文稿中创建完某一张幻灯片时，就可以利用该视图模式进行检查，从而对不满意的地方及时修改。

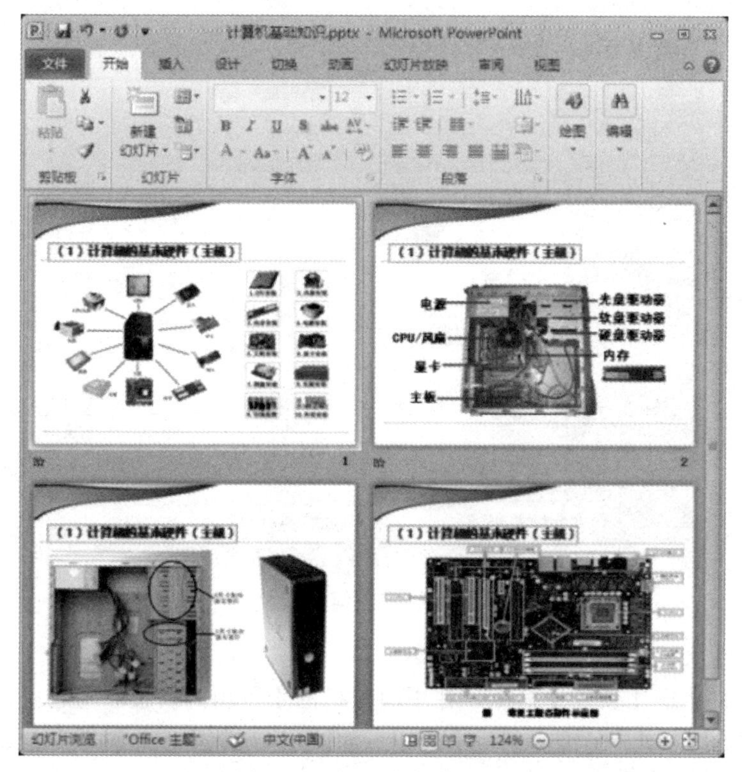

图 5-5　幻灯片浏览视图

（5）阅读视图

如果用户希望在一个设有简单控件的审阅窗口中查看演示文稿，而不想使用全屏的幻灯片放映视图，则可以在自己的计算机中使用阅读视图。

5.2　演示文稿的基本操作

5.2.1　创建与保存演示文稿

在 PowerPoint 2010 中，用户可以创建各种多媒体演示文稿。演示文稿中的每一页称为做幻灯片，每张幻灯片都是演示文稿中既相互独立又相互联系的内容。本节将介绍多种创建演示文稿的方法。

1．创建空白演示文稿

空白演示文稿是由带有布局格式的空白幻灯片组成，用户可以在空白的幻灯片上设计出具有鲜明个性的背景色彩、配色方案、文本格式和图片等。创建空白演示文稿的方法有启动 PowerPoint 自动创建空白演示文稿、使用【文件】按钮创建空白演示文稿和通过快速访问工具栏创建空白演示文稿 3 种。

（1）启动 PowerPoint 自动创建空白演示文稿

无论是使用常规方法启动 PowerPoint，还是通过创建新文档启动，都将自动打开空白演示文稿，如图 5-6 所示。

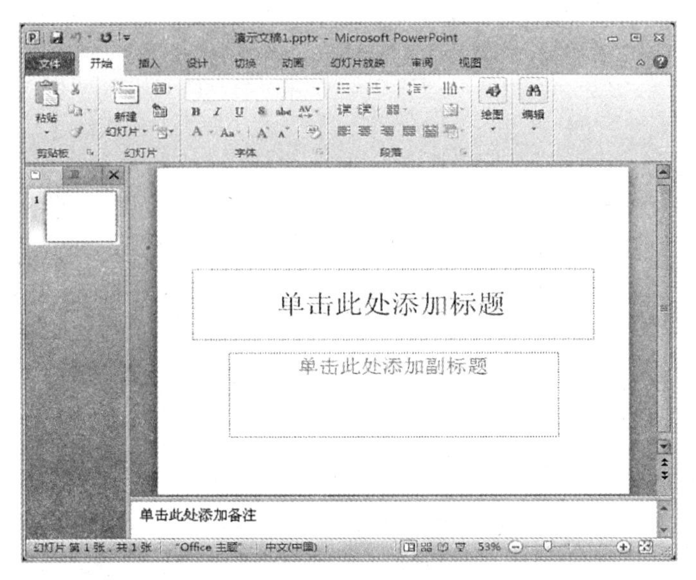

图 5-6　空白演示文稿

（2）使用【文件】按钮创建空白演示文稿

选择【文件】→【新建】命令，在中间窗格的【可用的模板和主题】列表框中选择【空白演示文稿】选项，单击【创建】按钮，如图 5-7 所示，此时即可新建一个空白的演示文稿。

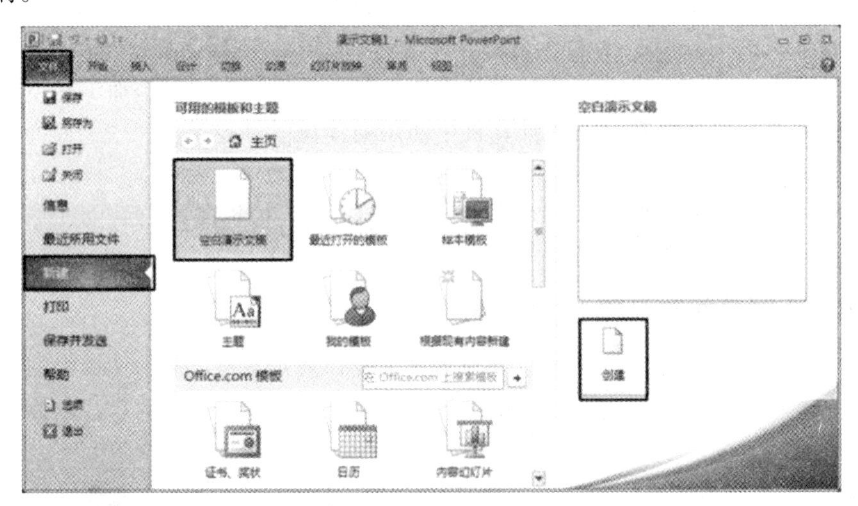

图 5-7　使用【文件】按钮创建空白演示文稿

（3）通过快速访问工具栏创建空白演示文稿

单击快速访问工具栏右侧的下拉按钮，从弹出的菜单中选择【新建】命令，将【新建】命令按钮添加到快速访问工具栏中，然后单击【新建】按钮，即可新建一个空白演示文稿。

2．根据模板创建演示文稿

模板是一种以特殊格式保存的演示文稿，一旦应用了一种模板后，幻灯片的背景图形、配色方案等就都已经确定。通过模板，用户可以创建多种风格的精美演示文稿，PowerPoint 2010 又将模板划分为样本模板和主题两种。

（1）根据样本模板创建演示文稿

样本模板是 PowerPoint 自带的模板中的类型，这些模板将演示文稿的样式、风格，包括幻灯片的背景、装饰图案、文字布局及颜色、大小等均预先定义好。用户在设计演示文稿时可以先选择演示文稿的整体风格，再进行进一步的编辑和修改。根据样本模板创建演示文稿，可按以下操作步骤进行：

步骤 1：启动 PowerPoint 2010 应用程序，选择【文件】→【新建】命令，在【可用的模板和主题】列表框中选择【样本模板】选项。

步骤 2：在中间的窗格中显示【样本模板】列表框，在其中选择【宽屏演示文稿】选项，单击【创建】按钮，如图 5-8 所示。

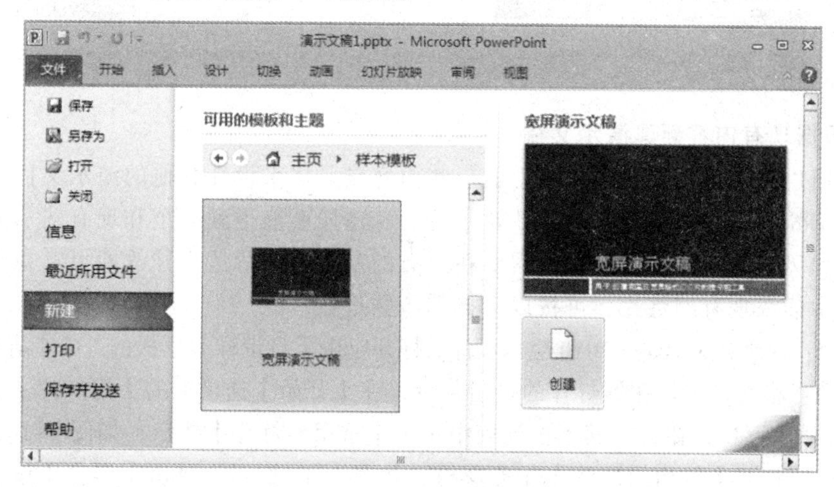

图 5-8　选择样本模板

步骤 3：此时，该样本模板将被应用在新建的演示文稿中。

PowerPoint 2010 为用户提供了具有统一格式与统一框架的演示文稿模板。根据模板创建演示文稿后，只需对演示文稿中相应位置的内容进行修改，即可快速制作出需要的演示文稿。

（2）根据主题创建演示文稿

使用主题可以使没有专业设计水平的用户设计出专业的演示文稿效果。根据主题创建演示文稿，可以按以下操作步骤进行。

步骤 1：启动 PowerPoint 2010 应用程序，选择【文件】→【新建】命令，在【可用的模板和主题】列表框中选择【主题】选项。

步骤 2：在中间的窗格中自动显示【主题】列表框，在其中选择【龙腾四海】选项，单击【创建】按钮，如图 5-9 所示。

步骤 3：此时，即可新建一个基于【龙腾四海】主题样式的演示文稿。

新建空白演示文稿后，打开【设计】选项卡，在【主题】组中单击【其他】按钮，在弹出的下拉列表中选择相应的主题样式，同样可以将其应用到当前演示文稿中。

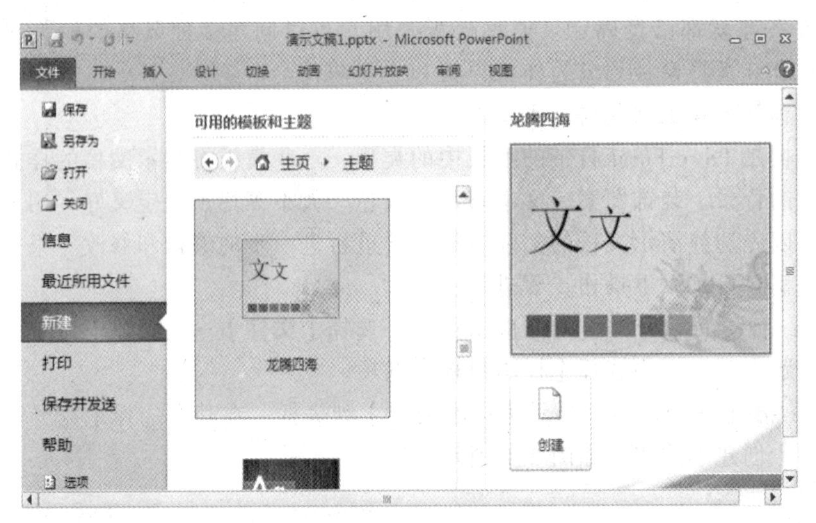

图 5-9　选择主题

3. 根据现有内容新建演示文稿

如果用户想使用现有演示文稿中的一些内容或风格来设计其他的演示文稿，就可以使用 PowerPoint 的【根据现有内容新建】功能。这样就能得到一个和现有演示文稿具有相同内容和风格的新演示文稿，只需要在原有的基础上进行适当修改即可。在已创建的演示文稿中插入现有幻灯片，可按以下操作步骤进行：

步骤 1：启动 PowerPoint 2010 应用程序，打开应用了自带样本模板的“宽屏演示文稿”。

步骤 2：将光标定位在幻灯片的最后位置，在【开始】选项卡的【幻灯片】组中单击【新建幻灯片】下拉按钮，在其下拉列表中单击【重用幻灯片】按钮，如图 5-10 所示。

步骤 3：打开【重用幻灯片】任务窗格，如图 5-11 所示。单击【浏览】按钮，在弹出的下拉列表中选择【浏览文件】选项。

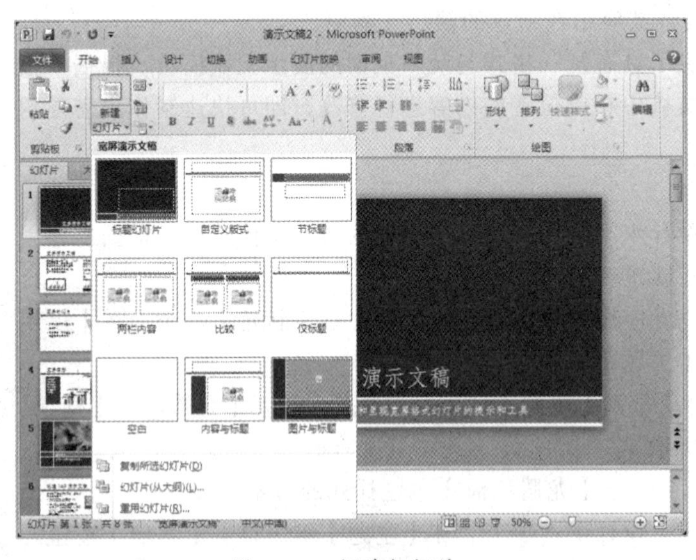

图 5-10　新建幻灯片

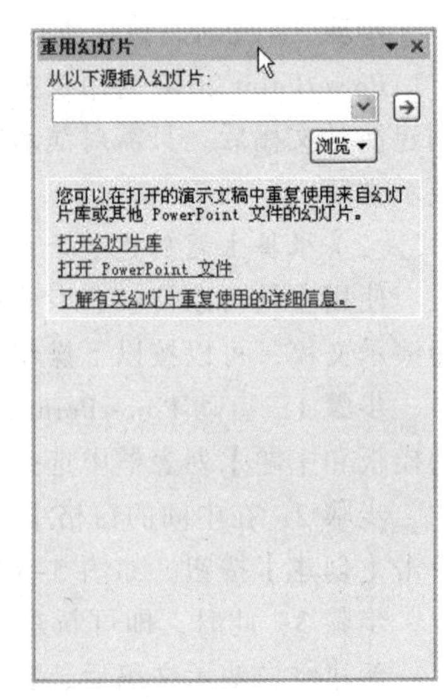

图 5-11 【重用幻灯片】任务窗格

步骤 4：弹出【浏览】对话框，选择需要使用的现有演示文稿，单击【打开】按钮。

步骤 5：此时，【重用幻灯片】任务窗格中显示现有演示文稿中所有可用的幻灯片，在幻灯片列表中单击需要的幻灯片，将其插入到指定位置即可，如图 5-12 所示。

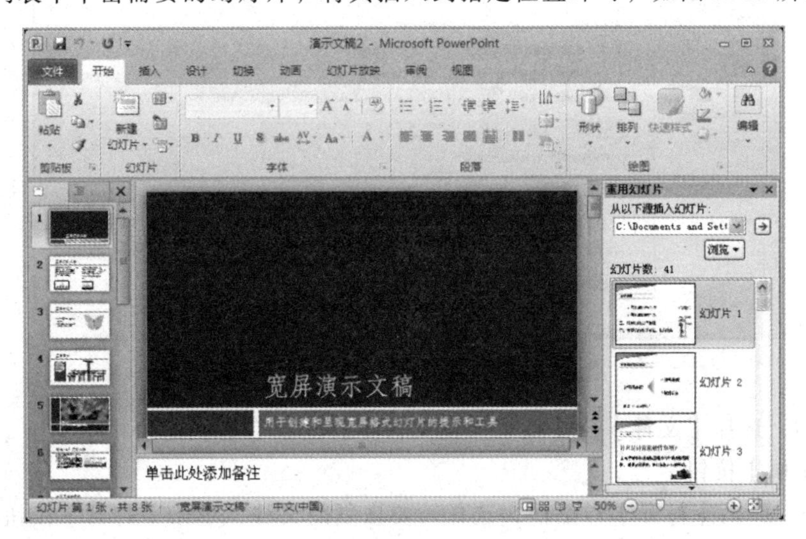

图 5-12　插入现有幻灯片

4. 保存演示文稿

文件的保存是一种常规操作，在演示文稿的创建过程中及时保存工作成果，可以避免数据的意外丢失。保存演示文稿的方式很多，一般情况下的保存方法与其他 Windows 应用程序相似。

（1）常规保存

在进行文件的常规保存时，可以在快速访问工具栏中单击【保存】按钮，也可选择【文件】→【保存】命令。当用户第一次保存该演示文稿时，将弹出【另存为】对话框，供用户选择保存位置和命名演示文稿。

（2）另存为

另存一份演示文稿实际上是指在其他位置或以其他名称保存已保存过的演示文稿的操作。将演示文稿另存为的方法和第一次进行保存的操作类似，不同的是它能保证其编辑操作对原文档不产生影响，相当于将当前打开的演示文稿做一个备份。

（3）自动保存

PowerPoint 2010 新增了一种自动备份文件的功能，每隔一段时间系统就会自动保存一次文件。当用户关闭 PowerPoint 时，若没有执行保存操作，则使用该功能，即使在退出 PowerPoint 之前未保存文件，系统也会恢复到最近一次的自动备份。设置文件的自动保存参数，并自动恢复未保存的文稿，可按以下操作步骤进行：

步骤 1：启动 PowerPoint 2010 应用程序，打开一个空白演示文稿。

步骤 2：选择【文件】→【选项】命令，弹出【PowerPoint 选项】对话框。

步骤 3：选择【保存】选项，设置文件的保存格式、文件自动保存时间间隔为 5 min、自动恢复文件位置和默认文件位置，如图 5-13 所示。

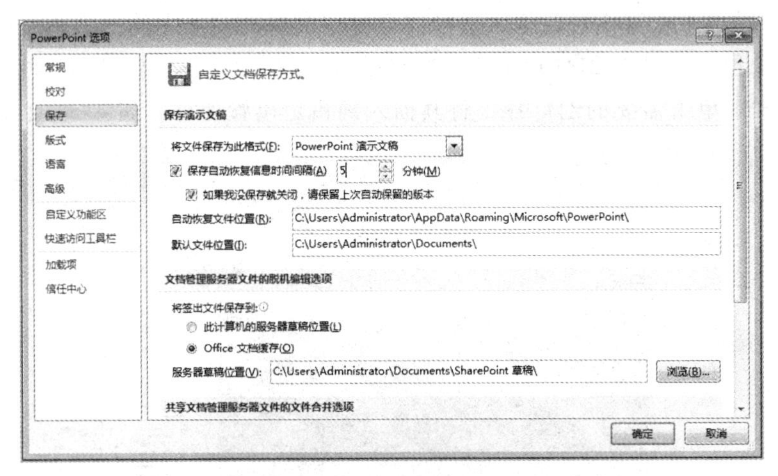

图 5-13 【PowerPoint 选项】对话框

步骤 4：选择【文件】→【最近所用文件】命令，在右侧的窗格中单击【恢复未保存的演示文稿】按钮。

步骤 5：弹出【打开】对话框，选择需要恢复的文件，单击【打开】按钮即可。

5.2.2 关闭与打开演示文稿

要制作出精美的演示文稿，首先必须从最基本的操作开始。基本操作包括打开和关闭演示文稿、保存演示文稿。

1. 打开演示文稿

使用 PowerPoint 2010 不仅可以创建演示文稿，还可以打开已有的演示文稿，以对其进行编辑。PowerPoint 允许用户通过以下几种方法打开演示文稿：

① 直接双击打开：Windows 操作系统会自动为所有 ppt、pptx 等格式的演示文稿、演示模板文件进行关联，用户只需双击这些文档，即可启动 PowerPoint 2010，同时打开指定的演示文稿。

② 通过【文件】菜单打开：选择【文件】→【打开】命令，弹出【打开】对话框，选择演示文稿，单击【打开】按钮即可。

③ 通过快速访问工具栏打开：在快速访问工具栏中单击【自定义快速访问工具栏】按钮，在弹出的列表中选择【打开】选项，将【打开】命令按钮添加到快速访问工具栏中。单击该按钮，弹出【打开】对话框，选择相应的演示文稿，单击【打开】按钮即可。

④ 使用快捷键打开：在 PowerPoint 2010 窗口中，按【Ctrl+O】组合键，弹出【打开】对话框，选择演示文稿，单击【打开】按钮即可。

2. 关闭演示文稿

在 PowerPoint 2010 中，用户可以通过以下方法将已打开的演示文稿关闭：

① 直接单击 PowerPoint 2010 应用程序窗口右上角的【关闭】按钮，关闭当前打开的演示文稿。

② 选择【文件】→【退出】命令，同样可以关闭打开的演示文稿，同时也会关闭 PowerPoint 2010 应用程序窗口。

③ 在 Windows 任务栏中右击 PowerPoint 2010 程序图标按钮，从弹出的快捷菜单中选择【关闭窗口】命令关闭演示文稿，同时关闭 PowerPoint 2010 应用程序窗口。

④ 按【Ctrl+F4】组合键，直接关闭当前已打开的演示文稿；按【Ctrl+F4】组合键，除了关闭演示文稿外，还会关闭整个 PowerPoint 2010 应用程序窗口。

PowerPoint 2010 关联的文档主要包括 6 种，即扩展名为.ppt、.pptx、.pot、.pots、.pps和.ppsx 的文档。除了以上介绍的几种打开演示文稿的方法外，还可直接选择外部的演示文稿，然后使用鼠标将演示文稿拖动到 PowerPoint 2010 窗口中，同样可以打开该演示文稿。

5.2.3 幻灯片的管理操作

幻灯片是演示文稿的重要组成部分，因此在 PowerPoint 2010 中需要掌握幻灯片的管理工作，主要包括选择幻灯片、插入幻灯片、移动与复制幻灯片、删除幻灯片和隐藏幻灯片等。

1. 选择幻灯片

在 PowerPoint 2010 中，用户可以选中一张或多张幻灯片，然后对选中的幻灯片进行操作，以下是在普通视图中选择幻灯片的方法。

① 选择单张幻灯片：无论是在普通视图还是在幻灯片浏览视图下，单击需要的幻灯片，即可选中该张幻灯片。

② 选择编号相连的多张幻灯片：首先单击起始编号的幻灯片，然后按住【Shift】键，单击结束编号的幻灯片，此时两张幻灯片之间的多张幻灯片被同时选中。

③ 选择编号不相连的多张幻灯片：在按住【Ctrl】键的同时，依次单击需要选择的每张幻灯片，即可同时选中单击的多张幻灯片。在按住【Ctrl】键的同时再次单击已选中的幻灯片，则取消选择该幻灯片。

④ 选择全部幻灯片：无论是在普通视图还是在幻灯片浏览视图下，按【Ctrl+A】组合键，即可选中当前演示文稿中的所有幻灯片。

此外，在幻灯片浏览视图下，用户直接在幻灯片之间的空隙中按下鼠标左键并拖动，此时鼠标划过的幻灯片都将被选中。

2. 插入幻灯片

在启动 PowerPoint 2010 应用程序后，PowerPoint 会自动建立一张新的幻灯片，随着制作过程的推进，需要在演示文稿中插入更多的幻灯片。

要插入新幻灯片，可以通过【幻灯片】组插入，也可以通过右击插入，甚至可以通过键盘操作插入。

（1）通过【幻灯片】组插入

在幻灯片预览窗格中，选择一张幻灯片，单击【开始】选项卡【幻灯片】组中的【新建幻灯片】按钮，即可插入一张默认版式的幻灯片。当需要应用其他版式时，单击【新建幻灯片】下拉按钮，在其下拉列表中单击【标题和内容】按钮，即可插入该样式的幻灯片。

（2）通过右击插入

在幻灯片预览窗格中，选择一张幻灯片并右击，从弹出的快捷菜单中选择【新建幻灯片】命令，即可在选择的幻灯片之后插入一张新的幻灯片。该幻灯片与选中的幻灯片具有同样的版式。

（3）通过键盘操作插入

通过键盘操作插入幻灯片的方法是最为快捷的方法。在幻灯片预览窗格中，选择一张幻灯片，然后按【Enter】键，或按【Ctrl+M】组合键，即可快速插入一张与选中幻灯片具有相同版式的新幻灯片。

3．移动与复制幻灯片

在 PowerPoint 2010 中，用户可以方便地对幻灯片进行移动与复制操作。

（1）移动幻灯片

在制作演示文稿时，为了调整幻灯片的播放顺序，此时就需要移动幻灯片。移动幻灯片的基本方法如下：

① 选中需要移动的幻灯片，在【开始】选项卡的【剪贴板】组中单击【剪切】按钮；或者右击选中的幻灯片，从弹出的快捷菜单中选择【剪切】命令；或者按【Ctrl+X】组合键。

② 在需要插入幻灯片的位置单击，然后在【开始】选项卡的【剪贴板】组中单击【粘贴】按钮；或者在目标位置右击，从弹出的快捷菜单中选择【粘贴选项】命令中的选项；或者按【Ctrl+V】组合键。

在 PowerPoint 2010 中，除了可以移动同一演示文稿中的幻灯片外，还可以移动不同演示文稿中的幻灯片。方法为：在任意窗口中，在【视图】选项卡的【窗口】组中单击【全部重排】按钮，此时系统自动将两个演示文稿显示在一个界面中。然后选择要移动的幻灯片，按住鼠标左键不放，拖动幻灯片至另一演示文稿中，此时目标位置上将出现一条横线，释放鼠标即可。

（2）复制幻灯片

PowerPoint 支持以幻灯片为对象的复制操作。在制作演示文稿时，为了使新建的幻灯片与已经建立的幻灯片保持相同的版式和设计风格，可以利用幻灯片的复制功能，复制出一张相同的幻灯片，然后再对其进行适当的修改。

复制幻灯片的基本方法如下：

① 选中需要复制的幻灯片，在【开始】选项卡的【剪贴板】组中单击【复制】按钮；或者右击选中的幻灯片，从弹出的快捷菜单中选择【复制】命令；或者按【Ctrl+C】组合键。

② 在需要插入幻灯片的位置单击，然后在【开始】选项卡的【剪贴板】组中单击【粘贴】按钮；或者在目标位置右击，从弹出的快捷菜单中选择【粘贴选项】命令中的选项；或者按【Ctrl+V】组合键。

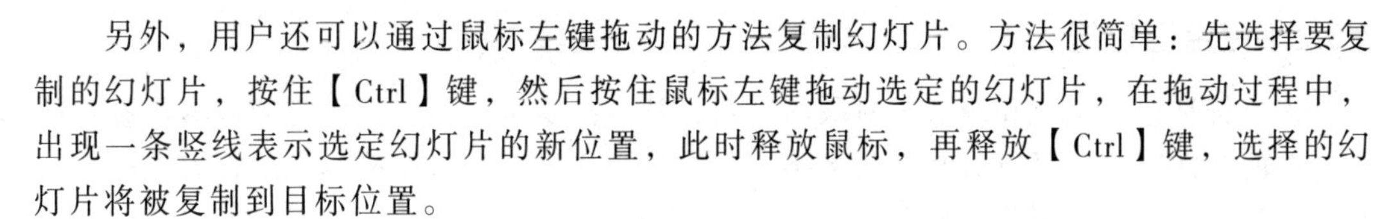

另外，用户还可以通过鼠标左键拖动的方法复制幻灯片。方法很简单：先选择要复制的幻灯片，按住【Ctrl】键，然后按住鼠标左键拖动选定的幻灯片，在拖动过程中，出现一条竖线表示选定幻灯片的新位置，此时释放鼠标，再释放【Ctrl】键，选择的幻灯片将被复制到目标位置。

4. 删除幻灯片

在演示文稿中删除多余幻灯片是清除大量冗余信息的有效方法。删除幻灯片的方法主要有以下两种：

① 选择要删除的幻灯片并右击，从弹出的快捷菜单中选择【删除幻灯片】命令。

② 选择要删除的幻灯片，直接按【Delete】键，即可删除所选的幻灯片。

5. 隐藏幻灯片

制作好的演示文稿中有的幻灯片可能不是每次放映时都需要放映出来的，此时就可以将暂时不需要的幻灯片隐藏起来。

选择需要隐藏的幻灯片缩略图，右击，从弹出的快捷菜单中选择【隐藏幻灯片】命令即可。

5.3 对象元素的插入设置

5.3.1 外部文本导入

用户除了使用复制的方法从其他文档中将文本粘贴到幻灯片中，还可以在【插入】选项卡的【文本】组中单击【对象】按钮，直接将文本文档导入到幻灯片中。

单击【插入】选项卡【文本】组中【对象】命令，弹出【插入对象】对话框，选中【由文件创建】单选按钮，单击【浏览】按钮，如图 5-14 所示。在弹出的【浏览】对话框中选择要导入的文件，单击【确定】按钮。此时，在【插入对象】对话框的【文件】文本框中将显示该文本文档的路径，如图 5-15 所示。单击【确定】按钮导入文本，此时幻灯片中将显示导入的文本文档内容。在导入的文本中右击，在弹出的快捷菜单中选择【文档对象】→【编辑】命令，此时该文本处于可编辑状态，同在 Word 中编辑文本一样，编辑导入的文本，将鼠标指针移动到该文档边框的右下角，当鼠标指针变为双向箭头形状时，拖动导入的文本框，调整其大小。

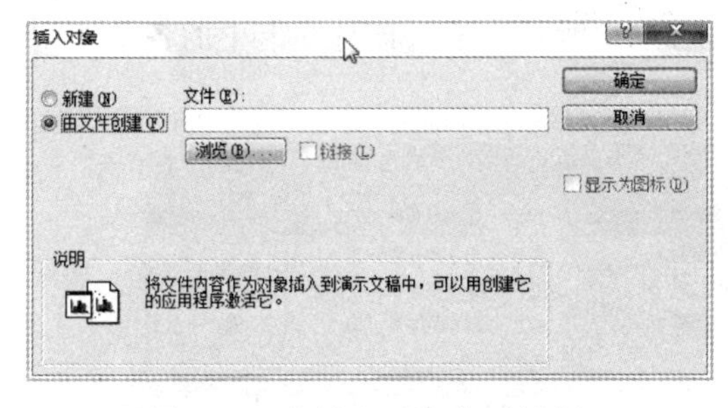

图 5-14 【插入对象】对话框

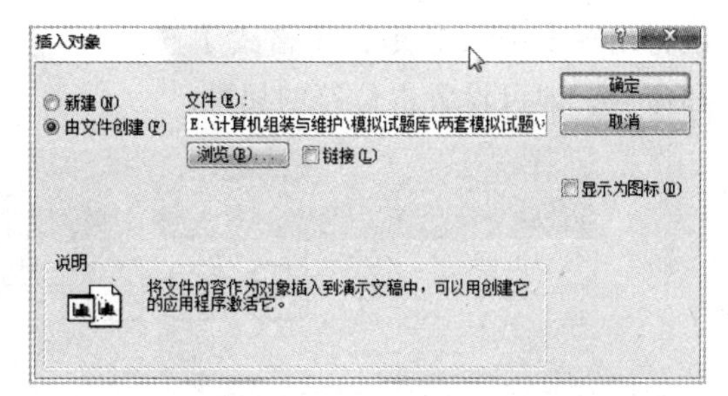

图 5-15 文本框显示插入文件的路径

5.3.2 使用占位符

占位符是包含文字和图形等对象的容器，其本身是构成幻灯片内容的基本对象，具有自己的属性。用户可以对其中的文字进行操作，也可以对占位符本身进行大小调整、移动、复制、粘贴及删除等操作。

1. 添加占位符文本

占位符文本的输入主要在普通视图中进行，而普通视图分为幻灯片和大纲两种视图方式，在这两种视图方式中都可以输入文本。

（1）在幻灯片视图中输入文本

新建一个空白演示文稿，切换到幻灯片预览窗格，然后在幻灯片编辑窗格中单击【单击此处添加标题】占位符内部，进入编辑状态，即可开始输入文本。

（2）在大纲视图中输入文本

新建一个空白演示文稿，在左侧的幻灯片预览窗格中单击【大纲】标签，切换至【大纲】选项卡，将光标定位在要输入文本的幻灯片图标下，直接输入文本即可。

2. 选择占位符

要在幻灯片中选中占位符，可以使用如下方法进行操作：

① 在文本编辑状态下，单击其边框，即可选中该占位符。

② 在幻灯片中可以拖动鼠标选择占位符。当鼠标指针处在幻灯片的空白处时，按下鼠标左键并拖动，此时将出现一个虚线框，释放鼠标时，处在虚线框内的占位符都会选中。

③ 按住【Shift】键或【Ctrl】键时依次单击多个占位符，可同时选中它们。

按住【Shift】键和按住【Ctrl】键的不同之处在于：按住前者只能选择一个或多个占位符，而按住后者时，除了可以同时选中多个占位符外，还可拖动选中的占位符，实现对所选占位符的复制操作。

占位符的文本编辑状态与选中状态的主要区别是边框的形状，单击占位符内部，在占位符内部出现一个光标，此时占位符处于编辑状态。

3. 设置占位符属性

在 PowerPoint 2010 中，占位符、文本框及自选图形等对象具有相似的属性，如对齐方式、颜色、形状等，设置它们属性的操作是相似的。在幻灯片中选中占位符时，功能区将出现【绘图工具】|【格式】选项卡，如图 5-16 所示。通过该选项卡中的各个按钮和命令，即可设置占位符的属性。

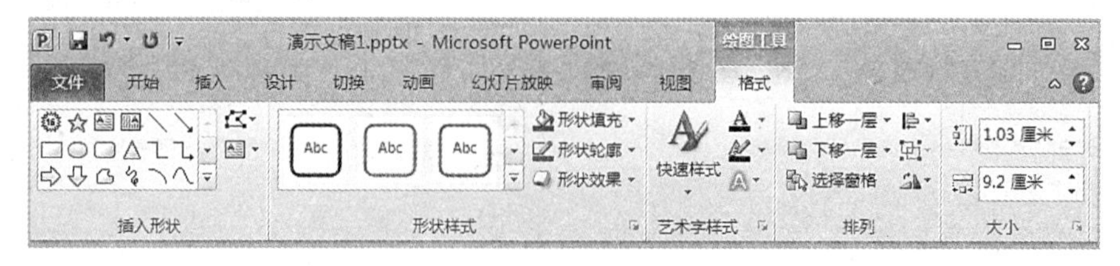

图 5-16 【格式】选项卡

（1）调整占位符

调整占位符主要是指调整其大小。当占位符处于选中状态时，将鼠标指针移动到占位符右下角的控制点上，此时鼠标指针变为斜双箭头形状。按住鼠标左键并向内拖动，调整到合适大小时释放鼠标即可缩小占位符。

另外，在占位符处于选中状态时，系统自动打开【绘图工具】|【格式】选项卡，在【大小】组的【形状高度】和【形状宽度】文本框中可以精确地设置占位符大小。

当占位符处于选中状态时，将鼠标指针移动到占位符的边框时将显示四方向箭头形状，此时按住鼠标左键并拖动文本框到目标位置，释放鼠标即可移动占位符。当占位符处于选中状态时，可以通过方向键来移动占位符的位置。使用方向键移动的同时按住【Ctrl】键，可以实现占位符的微移。

（2）旋转占位符

在设置演示文稿时，占位符可以任意角度旋转。选中占位符，在【格式】选项卡的【排列】组中单击【旋转】下拉按钮，在其下拉列表中单击相应的按钮即可实现按指定角度旋转占位符。

单击【其他旋转选项】按钮，将弹出图 5-17 所示的【设置形状格式】对话框。在【尺寸和旋转】区域中设置【高度】为 2.5 cm，【宽度】为 5.2 cm，【旋转】角度为 30°。单击【关闭】按钮，得到的占位符效果如图 5-18 所示。

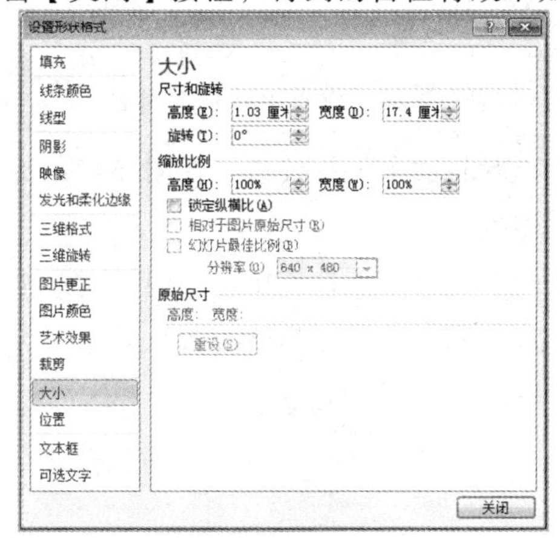

图 5-17 【设置形状格式】对话框

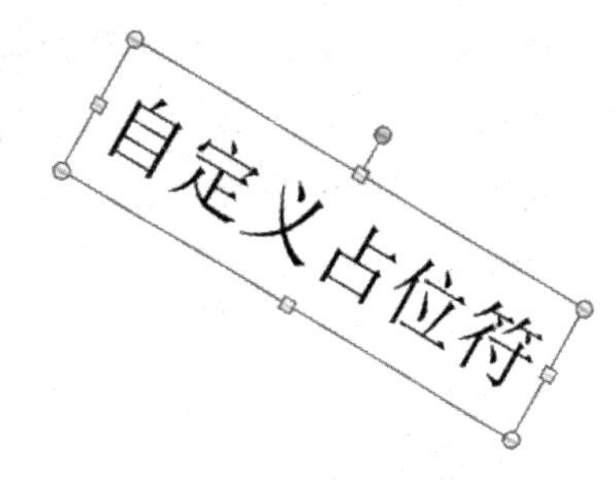

图 5-18 占位符旋转角度

设置占位符旋转的角度，正常为 0°，正数表示顺时针旋转，负数表示逆时针旋转。设置负数后，PowerPoint 会自动转换为对应的 360°内的数值。此外，通过鼠标同样可以旋转占位符：选中占位符后，将光标移至占位符的绿色调整柄上，按住鼠标左键，旋转占位符至合适方向即可。

（3）对齐占位符

如果一张幻灯片中包含两个或两个以上的占位符，用户可以通过选择相应的命令进行左对齐、右对齐、左右居中或横向分布占位符。

在幻灯片中选中多个占位符，在【格式】选项卡的【排列】组中单击【对齐】按钮，此时在打开的下拉列表中选择相应命令，即可设置占位符的对齐方式。

（4）设置占位符的形状

占位符的形状设置包括形状样式、形状填充颜色、形状轮廓和形状效果等设置。通过设置占位符的形状，可以自定义内部纹理、渐变样式、边框颜色、边框粗细、阴影效果、反射效果等。

更改形状样式：PowerPoint 2010 内置 42 种形状样式，用户可以在【形状样式】组中单击【其他】下拉按钮，在图 5-19 所示的列表框中选择需要的样式即可。

设置形状填充颜色：在【形状样式】组中单击【形状填充】按钮，在图 5-20 所示的下拉列表中可以设置占位符的填充颜色。

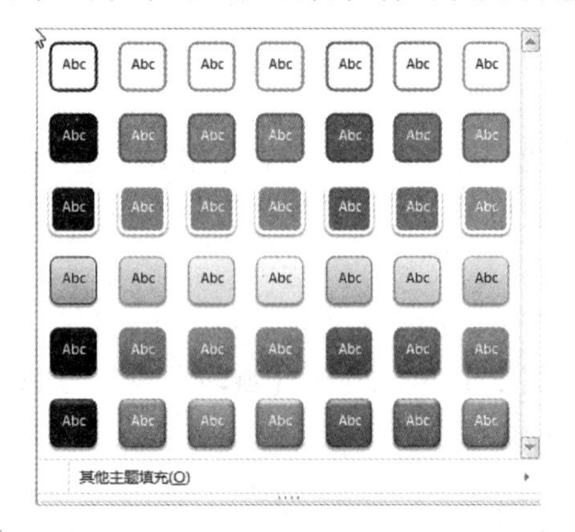

图 5-19　设置形状样式

图 5-20　设置形状填充颜色

设置形状轮廓：在【形状样式】组中单击【形状轮廓】下拉按钮，在图 5-21 所示的下拉列表中可以设置占位符轮廓线条颜色、线型等。

设置形状效果：在【形状样式】组中单击【形状效果】下拉按钮，在图 5-22 所示的下拉列表中可以为占位符设置阴影、映像、发光等效果。

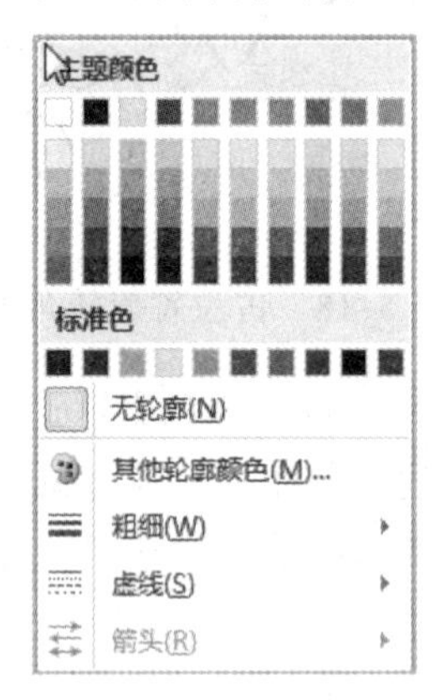

图 5-21　设置形状轮廓

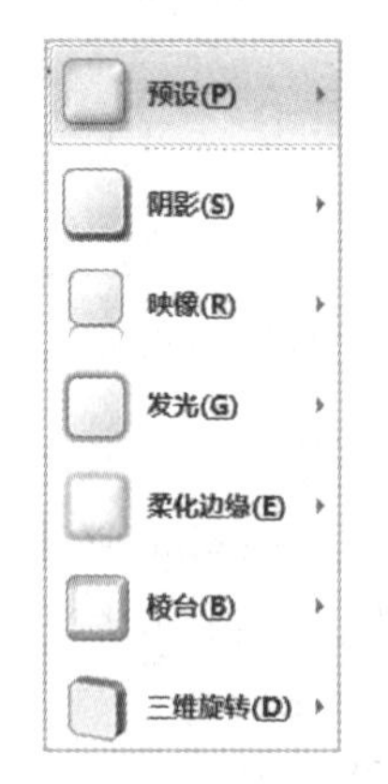

图 5-22　设置形状效果

另外，用户也可以在【开始】选项卡的【绘图】组中为占位符设置形状、样式、形状颜色、形状轮廓和形状效果。

4．复制、剪切、粘贴和删除占位符

用户可以对占位符进行复制、剪切、粘贴及删除等基本编辑操作。对占位符的编辑操作与对其他对象的操作相同，选中占位符后，在【开始】选项卡的【剪贴板】组中单击【复制】、【粘贴】及【剪切】等相应按钮即可。

① 在复制或剪切占位符时，会同时复制或剪切占位符中的所有内容和格式，以及占位符的大小和其他属性。

② 当把复制的占位符粘贴到当前幻灯片时，被粘贴的占位符将位于原占位符的附近；当把复制的占位符粘贴到其他幻灯片时，被粘贴的占位符的位置将与原占位符在幻灯片中的位置完全相同。

③ 占位符的剪切操作常用来在不同的幻灯片间移动内容。

④ 选中占位符，按【Delete】键，可以把占位符及其内部的所有内容删除。

5.3.3 插入文本框

文本框是一种可移动、可调整大小的文字容器，它与文本占位符非常相似。使用文本框可以在幻灯片中放置多个文字块，使文字按照不同的方向排列。

1．添加文本框

PowerPoint 2010 提供了两种形式的文本框：横排文本框和垂直文本框，分别用来放置水平方向的文字和垂直方向的文字。

打开【插入】选项卡，在【文本】组中单击【文本框】→【横排文本框】按钮，移动鼠标指针到幻灯片的编辑窗口，在幻灯片页面中按住鼠标左键并拖动，鼠标指针变成十字形状。当拖动到合适大小的矩形框后，释放鼠标完成横排文本框的插入；同样在【文本】组中单击【文本框】→【竖排文本框】按钮，移动鼠标指针在幻灯片中绘制竖排文本框。绘制完文本框后，光标自动定位在文本框内，输入文本即可。

2．设置文本框属性

文本框中新输入的文字没有任何格式，需要用户根据演示文稿的实际需要进行设置。文本框上方有一个绿色的旋转控制点，拖动该控制点可以方便地将文本框旋转至任意角度。

另外，用户还可以参照设置占位符的方法，对文本框进行复制、移动和删除等操作，以及设置文本框形状效果、大小等属性。

5.3.4 创建艺术字

艺术字是一种特殊的图形文字，常被用来表现幻灯片的标题文字。用户既可以像对普通文字一样设置其字号、加粗、倾斜等效果，也可以像对图形对象那样设置它的边框、填充等属性，还可以对其进行大小调整、旋转或添加阴影、三维效果等操作。

1．插入艺术字

艺术字是一个文字样式库，可以将艺术字添加文档中，从而制造出装饰性效果。在 PowerPoint 2010 中，单击【插入】【文本】组中的【艺术字】按钮，打开图 5-23 所示的

艺术字样式列表。选择需要的样式，即可在幻灯片中插入艺术字，如图 5-24 所示。

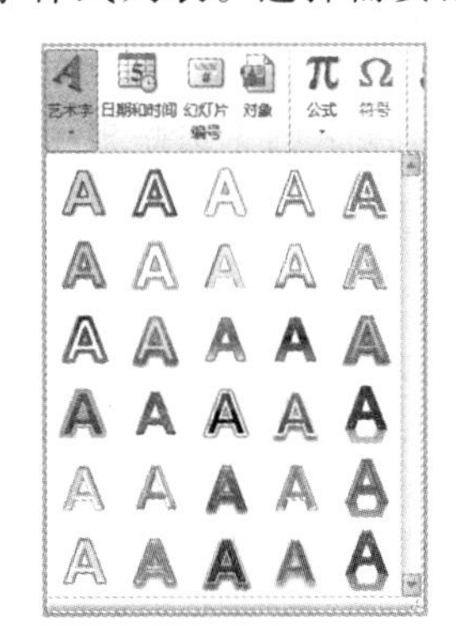

图 5-23　艺术字样式列表

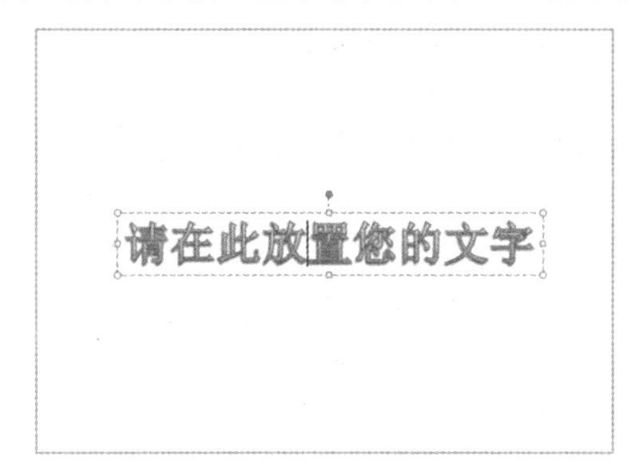

图 5-24　在幻灯片中插入艺术字

除了直接插入艺术字外，用户还可以将文本转换成艺术字。其方法很简单：选择要转换的文本，在【插入】选项卡的【文本】组中单击【艺术字】下拉按钮，从其艺术字样式列表框中选择需要的样式即可。

2. 设置艺术字格式

用户在插入艺术字后，自动打开【绘图工具】|【格式】选项卡，如图 5-25 所示。为了使艺术字的效果更加美观，可以对艺术字格式进行相应的设置，如设置艺术字的大小、艺术字样式、形状样式等属性。

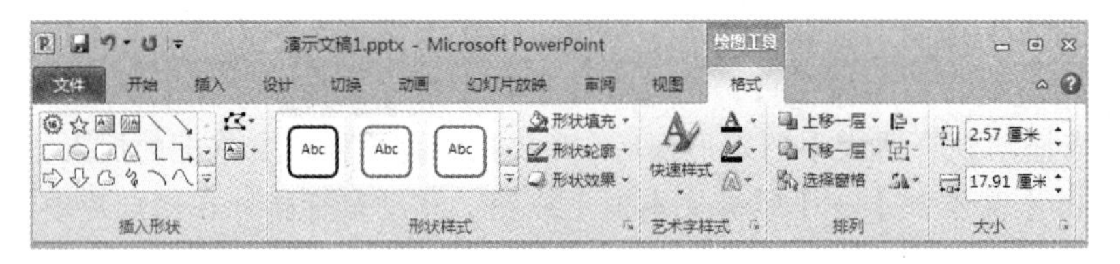

图 5-25 【格式】选项卡

（1）设置艺术字大小

选择艺术字后，在【格式】选项卡【大小】组的【高度】和【宽度】文本框中输入精确的数据即可。

（2）设置艺术字样式

设置艺术字样式包含更改艺术字样式、文本效果、文本填充颜色和文本轮廓等操作。通过在【格式】选项卡的【艺术字样式】组中单击相应的按钮，即可执行对应的操作。

更改艺术字样式：选择艺术字后，在【格式】选项卡的【艺术字样式】组中单击【其他】按钮，从图 5-26 所示的样式列表中选择一种艺术字样式即可。

更改文本效果：选择艺术字后，在【格式】选项卡的【艺术字样式】组中单击【文本效果】下拉按钮，从弹出的列表中选择所需的文本效果即可。图 5-27 所示为发光效果。

更改文本填充颜色：选择艺术字后，在【格式】选项卡的【艺术字样式】组中单击【文本填充】按钮，从弹出的列表中选择所需的填充颜色，或者选择渐变和纹理填充效果即可。

更改文本轮廓：选择艺术字后，在【格式】选项卡的【艺术字样式】组中单击【文本轮廓】按钮，从弹出的列表中选择所需的轮廓颜色，或者选择轮廓线条样式即可。

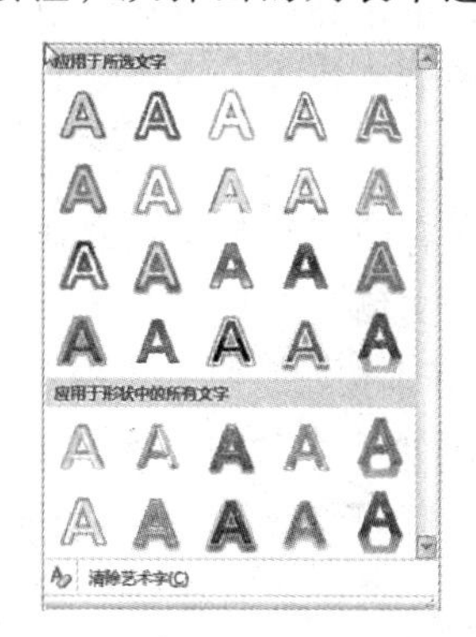

图 5-26　艺术字样式列表

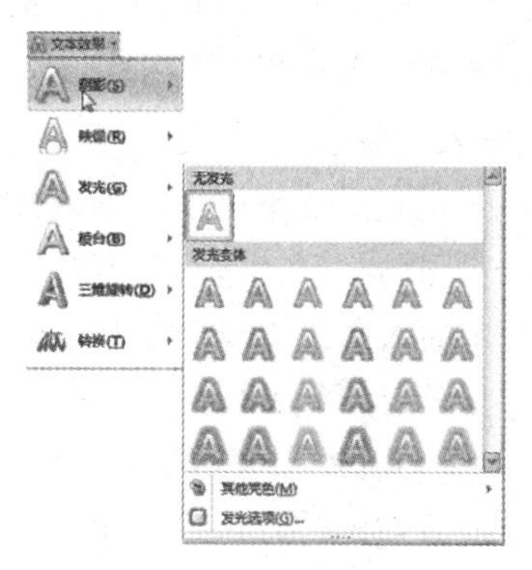

图 5-27　文本效果列表

选中艺术字，在【格式】选项卡的【艺术字样式】组中单击对话框启动器按钮，在弹出的【设置文本效果格式】对话框中同样可以对艺术字进行编辑操作。

（3）设置形状样式

设置形状样式包含更改艺术字形状样式、形状填充颜色、艺术字边框颜色和形状效果等操作。通过在【格式】选项卡的【形状样式】组中单击相应的按钮，执行对应的操作。

更改形状样式：选择艺术字后，在【格式】选项卡的【形状样式】组中单击【其他】按钮，从图 5-28 所示的形状样式列表中选择所需的艺术字形状样式即可。

更改形状效果：选择艺术字后，在【格式】选项卡的【形状样式】组中单击【形状效果】按钮，从打开的列表中选择所需的形状效果即可。图 5-29 所示为发光效果。

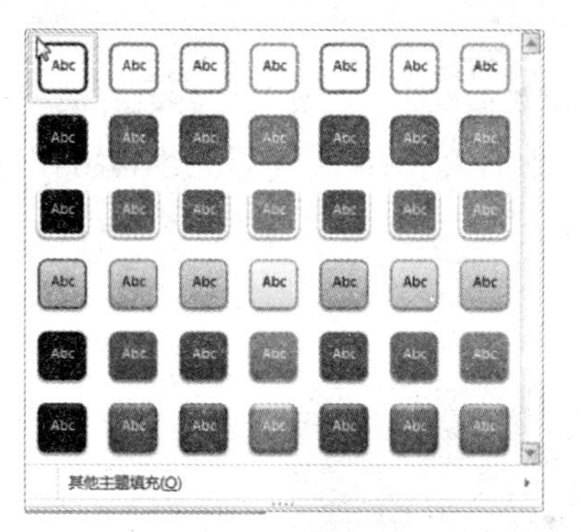

图 5-28　形状样式列表

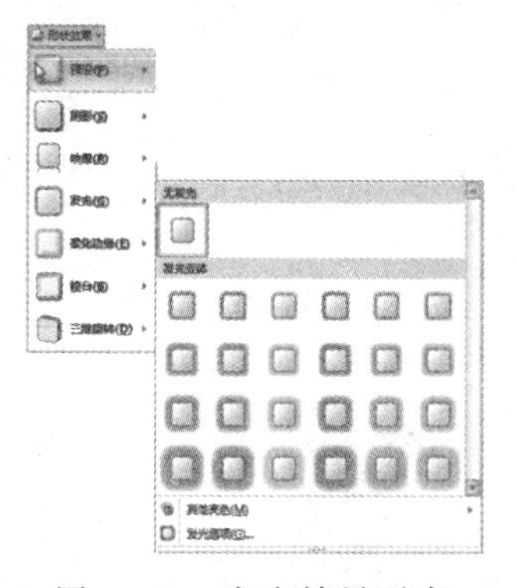

图 5-29　发光效果列表

更改艺术字的填充颜色：选择艺术字后，在【格式】选项卡的【形状样式】组中单击【形状填充】按钮，可从打开的列表中选择颜色、渐变、图片或纹理填充形状等内容。

更改艺术字的边框颜色：选择艺术字后，在【格式】选项卡的【形状样式】组中单击【形状轮廓】按钮，可从打开的列表中设置形状轮廓的颜色、线型和粗细等属性。

5.3.5 使用图片

在演示文稿中使用图片，可以更生动形象地阐述其主题和所需表达的思想。在插入图片时，要充分考虑到幻灯片的主题，使图片和主题和谐一致。

1. 插入剪贴画

PowerPoint 2010 附带的剪贴画库内容非常丰富，所有的图片都经过专业设计，它们能够表达不同的主题，适合于制作各种不同风格的演示文稿。

打开【插入】选项卡，在【图像】组中单击【剪贴画】按钮，打开【剪贴画】任务窗格，在【搜索文字】文本框中输入剪贴画的名称，单击【搜索】按钮，即可查找与之相对应的剪贴画；在【结果类型】下拉列表可以将搜索的结果限制为特定的媒体文件类型。

在搜索剪贴画时，可以使用通配符代替一个或多个字符来进行搜索。输入字符“*”代替文件名中的多个字符；输入字符“？”，代替文件名中的单个字符。

2. 插入来自文件的图片

在演示文稿的幻灯片中可以插入磁盘中的图片。这些图片可以是 BMP 位图，也可以是由其他应用程序创建的图片，或是从因特网下载的或通过扫描仪及数码照相机输入的图片等。

打开【插入】选项卡，在【图像】组中单击【图片】按钮，弹出【插入图片】对话框，选择需要的图片后，单击【插入】按钮即可。

用户可以将幻灯片中的图片保存到计算机中，右击幻灯片中的图片，从弹出的快捷菜单中选择【另存为图片】命令，弹出【另存为】对话框，设置路径，单击【保存】按钮即可。

3. 插入屏幕截图

PowerPoint 2010 新增了屏幕截图功能，使用该功能可以在幻灯片中插入屏幕截取的图片。

打开【插入】选项卡，在【图像】组中单击【屏幕截图】下拉按钮，在打开的列表单击【屏幕剪辑】按钮，进入屏幕截图状态，拖动鼠标截取所需的图片区域，如图 5-30 所示。

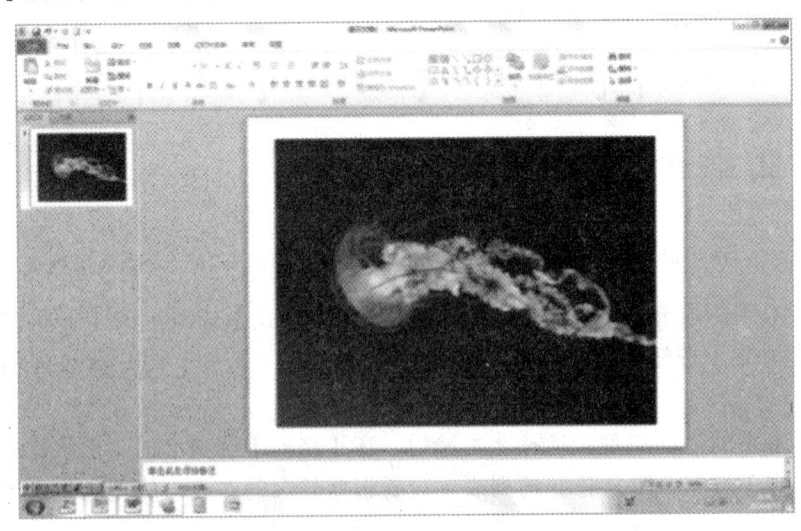

图 5-30　在幻灯片中插入屏幕截图

在【插图】组中单击【屏幕截图】下拉按钮，在打开的列表中选择一个窗口，即可在文档插入点处插入所截取的窗口图片。

4. 设置图片格式

在演示文稿中插入图片后，PowerPoint 会自动打开【图片工具】|【格式】选项卡。使用相应功能工具按钮，可以调整图片位置和大小、裁剪图片、调整图片对比度和亮度、设置图片样式等。

选中图片后，在【格式】选项卡的【大小】组中单击【裁剪】按钮，进入图片裁剪状态，拖动四周的控制点即可自由地裁剪图片。

5.3.6 创建图形

PowerPoint 2010 提供了功能强大的绘图工具，利用绘图工具可以在幻灯片中绘制各种线条、连接符、几何图形、星形以及箭头等复杂的图形。

1. 绘制形状

在 PowerPoint 2010 中，通过【插入】选项卡【插图】组中的【形状】按钮，可以在幻灯片中绘制一些简单的形状，如线条、基本图形。

在【插图】组中单击【形状】下拉按钮，在打开的下拉列表中选择需要的形状，然后拖动鼠标在幻灯片中绘制需要的图形即可。

在绘制自选图形时，单击可插入固定大小的图形，拖动可绘制出任意大小的图形。在绘制相同的自选图形时，可采取复制/粘贴的方法（同复制粘贴文本类似），复制多个自选图形到幻灯片中。

2. 设置形状格式

在 PowerPoint 2010 中，可以对绘制的形状进行个性化的编辑和修改。和其他操作一样，在进行设置前，应首先选中该图形，将打开【绘图工具】|【格式】选项卡，在其中对图形进行最基本的编辑和设置，包括旋转图形、对齐图形、组合图形、设置填充颜色、阴影效果和三维效果等。

在【格式】选项卡的【排列】组中单击【旋转】下拉按钮，在打开的下拉列表中单击相应的按钮来实现形状的旋转操作；在【排列】组中单击【对齐】下拉按钮，在打开的下拉列表中单击相应的按钮实现形状的对齐操作。

5.3.7 SmartArt 图形

使用 SmartArt 图形可以非常直观地说明层级关系、附属关系、并列关系、循环关系等各种常见的逻辑关系，而且所制作的图形漂亮精美，具有很强的立体感和画面感。

1. 插入 SmartArt 图形

PowerPoint 2010 提供了多种 SmartArt 图形类型，如流程、层次结构等。

在【插入】选项卡的【插图】组中单击【SmartArt】按钮，弹出【选择 SmartArt 图形】对话框，如图 5-31 所示。在该对话框中，用户可以根据需要选择合适的类型，单击【确定】按钮，即可在幻灯片中插入 SmartArt 图形。

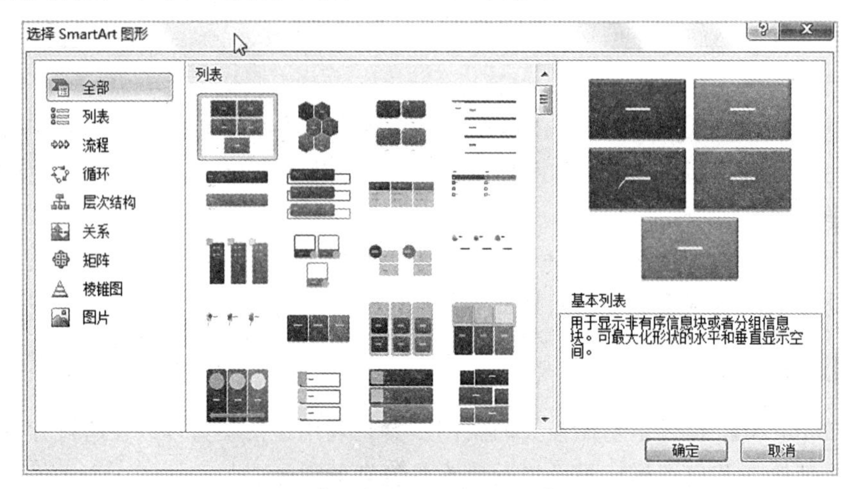

图 5-31 【选择 SmartArt 图形】对话框

在幻灯片占位符中单击【插入 SmartArt 图形】按钮，同样可以打开【选择 SmartArt 图形】对话框。

2. 编辑 SmartArt 图形

创建 SmartArt 图形后，还需要对插入的 SmartArt 图形进行各种编辑，如插入或删除、调整形状顺序以及更改布局等。

（1）添加和删除形状

默认情况插入的 SmartArt 图形的形状较少，用户可以根据需要在相应的位置添加形状。如果形状过多，还可以对其进行删除。

在 SmartArt 图形中直接选中要删除的形状，按【Delete】键，即可将其删除。

（2）调整形状顺序

在制作 SmartArt 图形的过程中，用户可以根据需求调整图形间各形状的顺序，如将上一级的形状调整到下一级等。

选中形状，出现【SmartArt 工具】|【设计】选项卡，在【创建图形】组中单击【升级】按钮，将形状上调一个级别；单击【降级】按钮，将形状下调一个级别；单击【上移】或【下移】按钮，将形状在同一级别中向上或向下移动。

（3）更改布局

当用户编辑完关系图后，如果发现该关系图不能很好地反映各个数据、内容关系，则可以更改 SmartArt 图形的布局。

选中 SmartArt 图形，出现【SmartArt 工具】|【设计】选项卡，在【布局】组中单击【其他】按钮，从图 5-32 所示的列表中可以重新选择布局样式，若单击【其他布局】按钮，弹出【选择 SmartArt 图形】对话框，在该对话框中同样可以更改图形的样式。

PowerPoint 2010 还为用户提供了将 SmartArt 图形转换为形状与文本的功能，在【设计】选项卡的【重置】组中单击【转换】下拉按钮，从打开的下拉列表中单击【转化为形状】和【转换为文本】按钮即可。

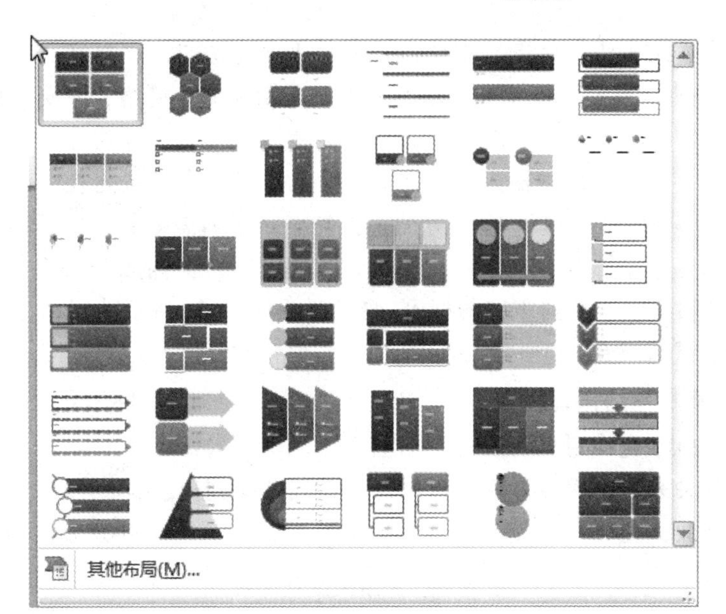

图 5-32　布局样式

5.3.8　制作电子相册

随着数码照相机的普及，使用计算机制作电子相册的用户越来越多，当没有制作电子相册的专门软件时，使用 PowerPoint 2010 也能轻松制作出漂亮的电子相册。

1. 创建相册

要在幻灯片中新建相册，可单击【插入】选项卡【图像】组中的【相册】按钮，弹出【相册】对话框，从本地磁盘的文件夹中选择相关的图片文件，单击【创建】按钮即可。在插入相册的过程中可以更改图片的先后顺序、调整图片的色彩明暗对比与旋转角度，以及设置图片的版式和相框形状等。

2. 编辑相册

对于建立的相册，如果不满意它所呈现的效果，可以在【插入】选项卡【图像】组中单击【相册】下拉按钮，在打开的下拉列表中单击【编辑相册】按钮，弹出【编辑相册】对话框，重新修改相册顺序、图片版式、相框形状、演示文稿设计模板等相关属性。

5.4　多媒体的插入与设置

5.4.1　声音的插入及设置

声音是制作多媒体幻灯片的基本要素。在制作幻灯片时，用户可以根据需要插入声音，从而向观众增加传递信息的通道，增强演示文稿的感染力。

1. 插入剪辑中的音频

剪辑管理器中提供了系统自带的几种声音文件，可以像插入图片一样将剪辑管理器中的声音插入到演示文稿中。

在【插入】选项卡【媒体】组中单击【音频】下拉按钮，在打开的下拉列表中单击【剪辑画音频】命令，此时 PowerPoint 将自动打开【剪贴画】窗格，该窗格显示了剪辑中所有的声音。

在【搜索文字】文本框中输入文本，并在【结果类型】下拉列表中设置类型，单击【搜索】按钮，搜索剪贴画音频。在下方的选择搜索结果列表框中单击要插入的音频，即可将其插入到幻灯片中。插入声音后，PowerPoint 会自动在当前幻灯片中显示声音图标。

将鼠标指针移动或定位到声音图标上，自动弹出图 5-33 所示的浮动控制条，单击【播放】按钮，即可试听声音。

2. 插入计算机中的声音文件

PowerPoint 2010 允许用户为演示文稿插入多种类型的声音文件，包括各种采集的模拟声音和数字音频，表 5-1 列出了一些常用的音频类型。

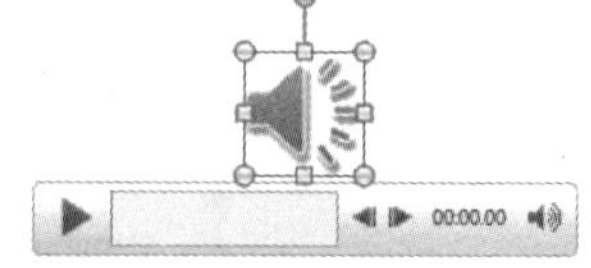

图 5-33 插入的声音图标

表 5-1 音频类型及说明

音频格式	说　　明
AAC	ADTS Audio, Audio Data Transport Stream（用于网络传输的音频数据）
AIFF	音频交换文件格式
AU	UNIX 系统下波形声音文档
MIDI	乐器数字接口数据，一种乐谱文件
MP3	动态影像专家组制定的第三代音频标准，也是互联网中最常用的音频标准
MP4	动态影像专家组制定的第四代视频压缩标准
WAV	Windows 波形声音
WMA	Windows Media Audio，支持证书加密和版权管理的 Windows 媒体音频

从文件中插入声音时，需要在【音频】下拉列表中单击【文件中的音频】按钮，弹出【插入音频】对话框，在该对话框中选择需要插入的声音文件即可。

3. 为幻灯片配音

在演示文稿中不仅可以插入既有的各种声音文件，还可以现场录制声音（即配音），如为幻灯片配解说词等。这样，在放映演示文稿时，制作者不必亲临现场也可以很好地将自己的观点表达出来。

使用 PowerPoint 2010 提供的录制声音功能，可以将自己的声音插入到幻灯片中。在【插入】选项卡【媒体】组中单击【声音】下拉按钮，从打开的下拉列表中单击【录制音频】按钮，弹出【录音】对话框。

在【名称】文本框可以为录制的声音设置一个名称，在【声音总长度】中可以显示录制的声音长度。

准备好麦克风后，在【名称】文本框中输入该段录音的名称，然后单击【录音】按钮，即可开始录音。

单击【停止】按钮，可以结束该次录音；单击【播放】按钮，可以回放录制完毕的声音；单击【确定】按钮，可以将录制完毕的声音插入到当前幻灯片中。

要正常录制声音，计算机中必须要配备有声卡和麦克风。当插入录制的声音后，PowerPoint 将在当前幻灯片中自动创建一个声音图标。

4. 控制声音效果

PowerPoint 不仅允许用户为演示文稿插入音频，还允许用户控制声音播放，并设置音频的各种属性。

5. 试听声音播放效果

用户可以在设计演示文稿时，试听插入的声音。选中插入的音频，此时自动打开浮动控制条，单击【播放】按钮试听声音播放效果。

单击浮动控制条中的各个按钮，以控制音频的播放。

【播放】按钮：用于播放声音。

【向后移动】按钮：可以将声音倒退 0.25 s。

【向前移动】按钮：可以将声音快进 0.25 s。

【音量】按钮：用于音量控制。当单击该按钮时，会弹出音量滑块，向上拖动滑块为放大音量，向下拖动滑块为缩小音量。

【播放/暂停】按钮：用于暂停播放声音。

6. 设置声音属性

在幻灯片中选中声音图标，功能区将出现【音频工具】|【播放】选项卡，如图 5-34 所示。

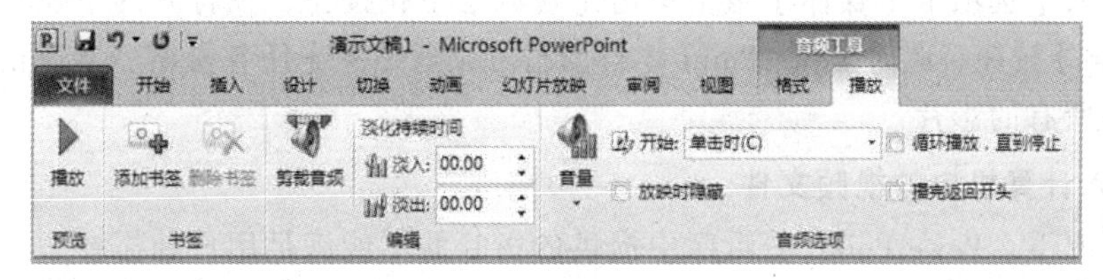

图 5-34 【播放】选项卡

该选项卡中各选项的含义如下：

①【播放】按钮：单击该按钮，可以试听声音效果，再次单击该按钮即可停止收听。

②【添加书签】按钮：单击该按钮，可以在音频剪辑中的当前时间添加书签。

③【剪裁音频】按钮：单击该按钮，弹出【剪裁音频】对话框，如图 5-35 所示，在其中可以手动拖动进度条中的绿色滑块，调节剪裁的开始时间，同时也可以调节红色滑块，修改剪裁的结束时间。

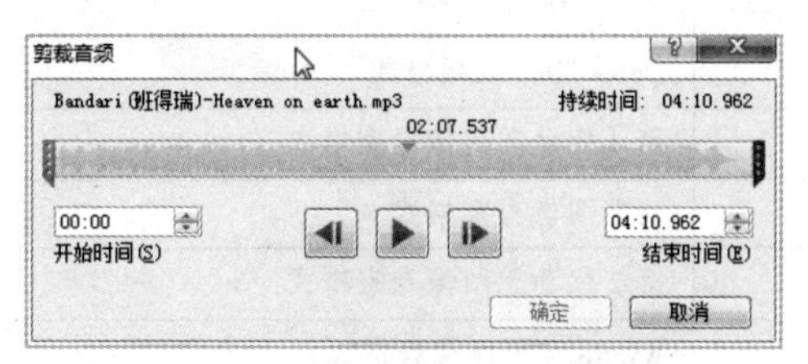

图 5-35 【剪裁音频】对话框

④【淡入】微调框：为音频添加开始播放时的音量放大特效。

⑤【淡出】微调框：为音频添加停止播放时的音量缩小特效。

⑥【音量】按钮：单击该按钮，从弹出的下拉列表中可设置音频的音量大小；选择【静音】选项，则关闭声音。

⑦【放映时隐藏】复选框：选中该复选框，在放映幻灯片的过程中将自动隐藏声音的图标。

⑧【循环播放，直到停止】复选框：选中该复选框，在放映幻灯片的过程中，音频会自动循环播放，直到放映下一张幻灯片或停止放映为止。

⑨【开始】下拉列表：包含【自动】、【在单击时】和【跨幻灯片播放】3 个选项。当选择【跨幻灯片播放】选项时，则该声音文件不仅在插入的幻灯片中有效，而且在演示文稿的设置幻灯片中均有效。

⑩【播完返回开头】复选框：选中该复选框，可以设置音频播放完毕后自动返回至幻灯片的开头。

5.4.2 影片的插入及设置

PowerPoint 中的影片包括视频和动画。用户可以在幻灯片中插入的视频格式有十几种，而插入的动画则主要是 GIF 动画。PowerPoint 支持的影片格式会随着媒体播放器的不同而有所不同。

1. 插入剪辑管理器中的影片

在【插入】选项卡【媒体】组中单击【视频】下拉按钮，在打开的下拉列表中单击【剪贴画视频】按钮，此时 PowerPoint 将自动打开【剪贴画】任务窗格，该窗格显示了剪辑管理器中所有的影片。

2. 插入计算机中的视频文件

很多情况下，PowerPoint 剪辑库中提供的影片并不能满足用户的需要，这时可以选择插入来自文件中的视频文档。

PowerPoint 支持多种类型的视频文档格式，允许用户将绝大多数视频文档插入到演示文稿中。常见的 PowerPoint 视频格式如表 5-2 所示。

表 5-2 视频格式说明

视频格式	说明
ASF	高级流媒体格式，微软开发的视频格式
AVI	Windows 视频音频交互格式
QT，MOV	QuickTime 视频格式
MP4	第 4 代动态图像专家格式
MPEG	动态图像专家格式
MP2	第 2 代动态图像专家格式
WMV	Windows 媒体视频格式

插入计算机中保存的影片有两种方法：一是通过【插入】选项卡的【媒体】组插入，二是通过单击占位符中的【插入媒体剪辑】按钮插入。无论采用哪种方法，都将弹出【插入影片】对话框，像选择声音文件一样，即可将所需的影片插入到演示文稿中。

3．设置影片效果

在 PowerPoint 中插入影片文件后，功能区将出现【视频工具】|【格式】和【播放】选项卡，如图 5-36 所示。使用其中的功能按钮，不仅可以调整它们的位置、大小、亮度、对比度、旋转等格式，还可以对它们进行剪裁、设置透明色、重新着色及设置边框线等简单处理。

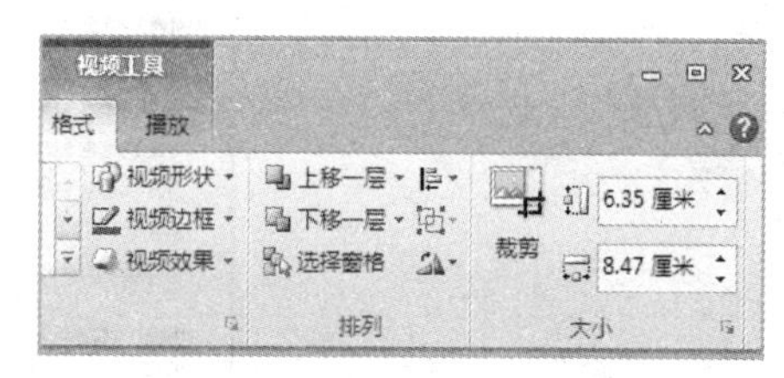

图 5-36 【视频工具】选项卡

5.5 演示文稿的外观设计

5.5.1 主题和背景

PowerPoint 2010 提供了多种主题颜色和背景样式，使用这些主题颜色和背景样式，可以使幻灯片具有丰富的色彩和良好的视觉效果。

1．设置幻灯片主题

幻灯片主题是应用于整个演示文稿各种样式的集合，包括颜色、字体和效果三大类。PowerPoint 预置了多种主题供用户选择。在【设计】选项卡的【主题】组中单击【其他】按钮，从打开的列表中选择预置的主题，如图 5-37 所示。

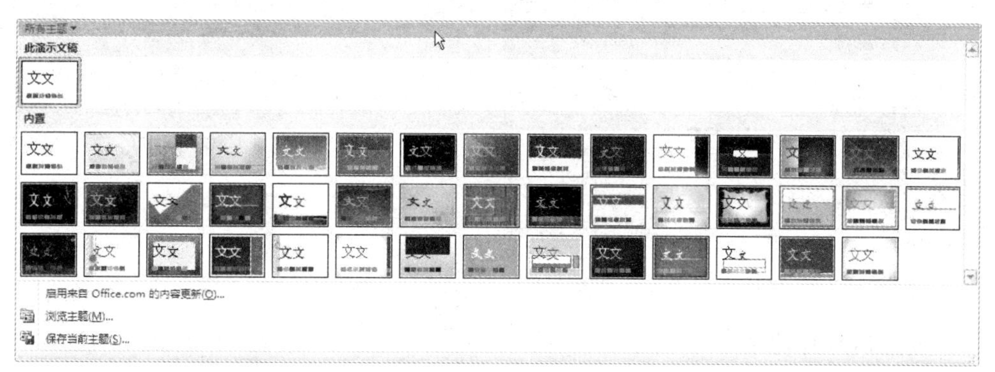

图 5-37 PowerPoint 预置主题

幻灯片主题是指对幻灯片中的标题、文字、图表、背景等项目设定的一组配置，用户可以通过对幻灯片主题的配置将其应用到幻灯片中。

（1）设置主题颜色

PowerPoint 提供了多种预置的主题颜色供用户选择。在【设计】选项卡的【主题】组中单击【颜色】下拉按钮，在打开的下拉列表中选择主题颜色。若单击【新建主题颜色】按钮，弹出【新建主题颜色】对话框，如图 5-38 所示。在该对话框中可以设置各种类型内容的颜色。设置完后，在【名称】文本框中输入名称，单击【保存】按钮，将其添加到主题颜色中。

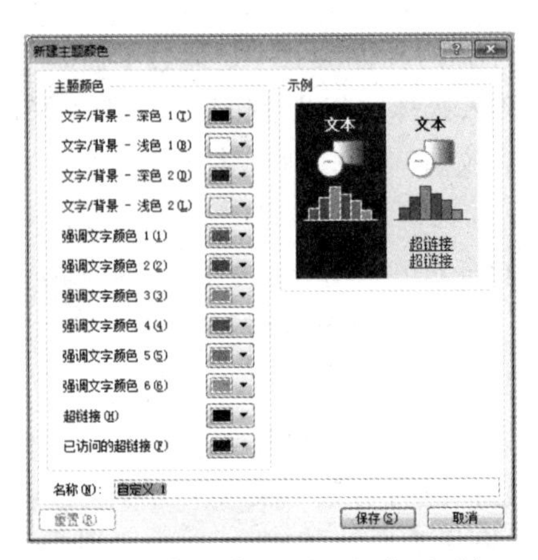

图 5-38 【新建主题颜色】对话框

（2）设置主题字体

字体也是主题中的一种重要元素。在【设计】选项卡的【主题】组单击【主题字体】下拉按钮，从打开的下拉列表中选择预置的主题字体。若单击【新建主题字体】按钮，弹出【新建主题字体】对话框，如图 5-39 所示，可以设置标题字体、正文字体等。

（3）设置主题效果

主题效果是 PowerPoint 预置的一些图形元素以及特效。在【设计】选项卡的【主题】组单击【主题效果】下拉按钮，可从打开的下拉列表中选择预置的主题效果样式，如图 5-40 所示。

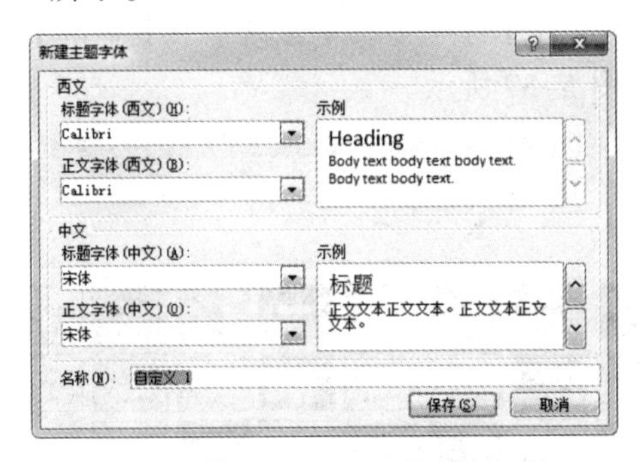

图 5-39 【新建主题字体】对话框

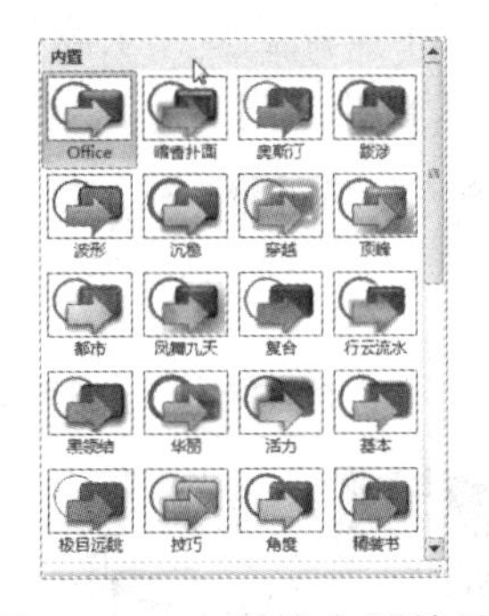

图 5-40 内置的主题效果

2. 设置幻灯片背景

（1）应用内置背景样式

在 PowerPoint 2010 中，可以在演示文稿中应用内置背景样式。所谓背景样式，是指来自当前主题中，主题颜色和背景亮度组合的背景填充变体。默认情况下，幻灯片的背景会应用前一张的背景，如果是空白演示文稿，则背景颜色为白色。

应用 PowerPoint 内置的背景样式，在【设计】选项卡的【背景】组中单击【背景样式】下拉按钮，从打开的下拉列表中选择需要的背景样式即可，如图 5-41 所示。

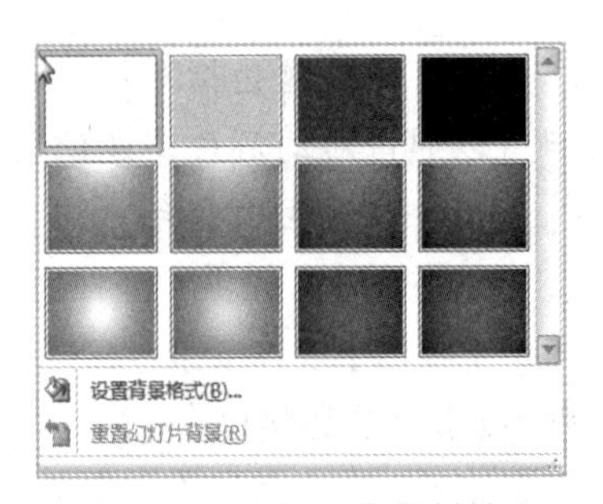

图 5-41 内置背景样式

（2）自定义背景样式

当 PowerPoint 2010 提供的背景样式不能满足需求时，可以在【背景样式】下拉列表中单击【设置背景格式】按钮，弹出【设置背景格式】对话框，在该对话框中可以自定义背景的填充样式、渐变以及纹理格式等。

【纯色填充】单选按钮：选中该单选按钮后，可以在【颜色】下拉列表中选中一种纯色颜色，拖到滑块设置纯色的【透明度】，如图 5-42 所示。

【渐变填充】单选按钮：选中该单选按钮后，可以在【预设颜色】下拉列表中选择一样颜色，在【类型】下拉列表中选择渐变的类型，在【颜色】面板中可以设置其颜色，拖到滑块设置【结束位置】和【透明度】等，如图 5-43 所示。

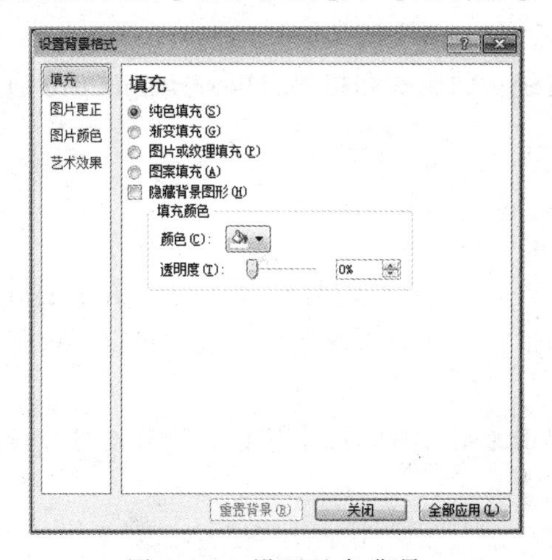

图 5-42　设置纯色背景

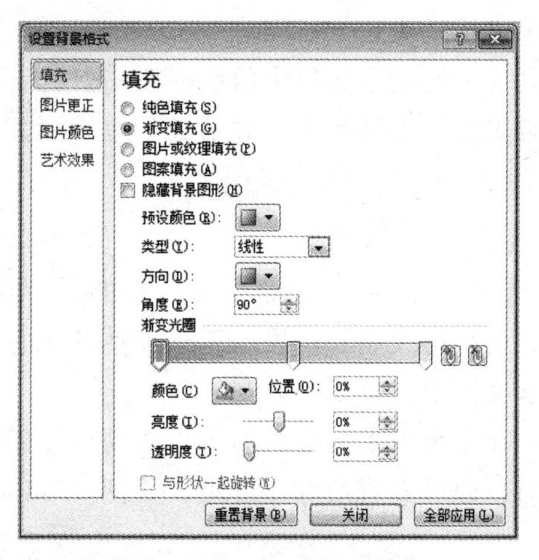

图 5-43　设置渐变色背景

【图片或纹理填充】单选按钮：选中该单选按钮后，可以在【纹理】下拉列表中选择需要的纹理图案，如图 5-44 所示；单击【文件】按钮，弹出【插入图片】对话框，在其中选择作为背景的图片即可。

【图案填充】单选按钮：选择该单选按钮后，可以在【图案】列表框中选择一种图案，在【前景色】下拉列表中选择一种图案颜色，在【背景色】下拉列表中选择一种背景颜色，如图 5-45 所示。

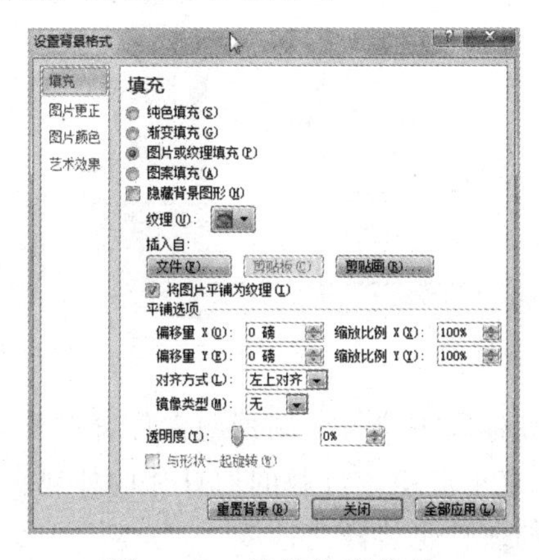

图 5-44　设置纹理背景

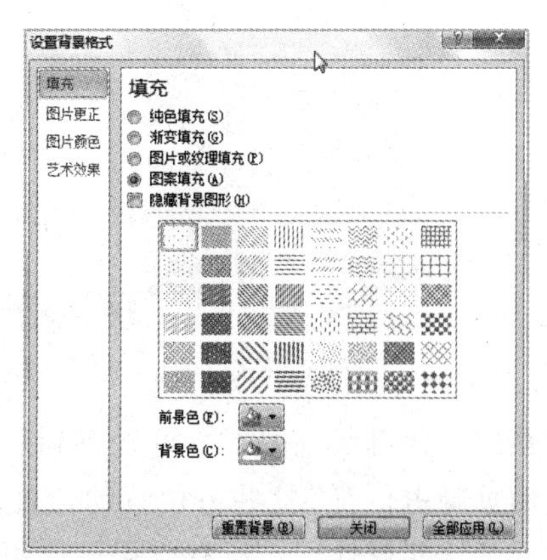

图 5-45　设置图案背景

在【设置背景格式】对话框中选中【隐藏背景图形】复选框，可以忽略当前幻灯片中的背景图形。【隐藏背景图形】复选框只适用于当前幻灯片，当添加新幻灯片时，仍然显示背景图片。如果不需要在当前演示文稿中显示背景图片，可以在幻灯片母版视图中将图片删除。

5.5.2 母版的设置

PowerPoint 2010 提供了 3 种母版，即幻灯片母版、讲义母版和备注母版。当需设置幻灯片风格时，可以在幻灯片母版视图中进行设置；当要将演示文稿以讲义形式打印输出时，可以在讲义母版中进行设置；当要在演示文稿中插入备注内容时，可以在备注母版中进行设置。

为了使演示文稿中的每一张幻灯片都具有统一的版式和格式，PowerPoint 2010 通过母版来控制幻灯片中不同部分的表现形式。

1. 幻灯片母版的种类

（1）幻灯片母版

幻灯片母版是存储模板信息的设计模板的一个元素。幻灯片母版中的信息包括字形、占位符大小和位置、背景设计和配色方案。用户通过更改这些信息，可以更改整个演示文稿中幻灯片的外观。

在【视图】选项卡的【母版视图】组中单击【幻灯片母版】按钮，打开幻灯片母版视图，即可查看幻灯片母版，如图 5-46 所示。

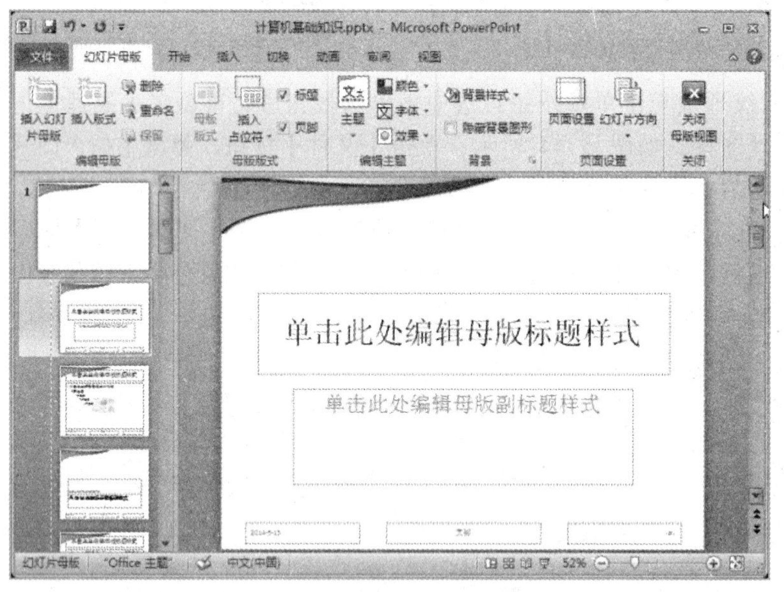

图 5-46 幻灯片母版视图

在幻灯片母版视图下，可以看到所有区域，如标题占位符、副标题占位符以及母版下方的页脚占位符。这些占位符的位置及属性，决定了应用该母版的幻灯片的外观属性。当改变了这些属性后，所有应用该母版的幻灯片的属性也将随之改变。

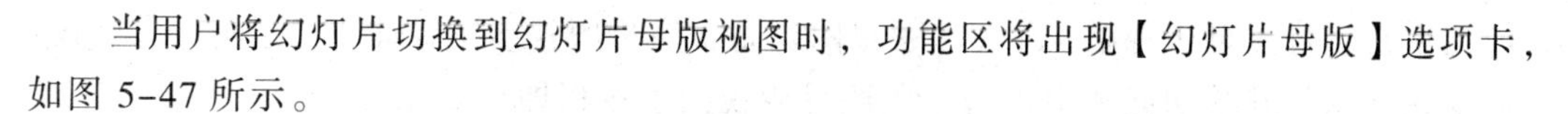

当用户将幻灯片切换到幻灯片母版视图时，功能区将出现【幻灯片母版】选项卡，如图 5-47 所示。

图 5-47 【幻灯片母版】选项卡

单击功能组中的按钮，可以对母版进行编辑或更改操作。【编辑母版】组中 5 个按钮的含义如下：

①【插入幻灯片母版】按钮：单击该按钮，可以在幻灯片母版视图中插入一个新的幻灯片母版。一般情况下，幻灯片母版中包含有幻灯片内容母版和幻灯片标题母版。

②【插入版式】按钮：单击该按钮，可以在幻灯片母版中添加自定义版式。

③【删除】按钮：单击该按钮，可删除当前母版。

④【重命名】按钮：单击该按钮，弹出【重命名版式】对话框，允许用户更改当前模板的名称。

⑤【保留】按钮：单击该按钮，可以使当前选中的幻灯片在未被使用的情况下保留在演示文稿中。

（2）讲义母版

讲义母版是为制作讲义而准备的，通常需要打印输出，因此讲义母版的设置大多和打印页面有关。它允许设置一页讲义中包含几张幻灯片，设置页眉、页脚、页码等基本信息。在讲义母版中插入新的对象或者更改版式时，新的页面效果不会反映在其他母版视图中。

在【视图】选项卡的【母版视图】组中单击【讲义母版】按钮，打开讲义母版视图。此时，功能区自动切换到【讲义母版】选项卡。

在讲义母版视图中，包含有 4 个占位符，即页面区、页脚区、日期区以及页码区。另外，页面上还包含虚线边框，这些边框表示的是每页所包含的幻灯片缩略图的数目。用户可以在【讲义母版】选项卡的【页面设置】组中单击【每页幻灯片数量】下拉按钮，在打开的下拉列表中选择幻灯片的数目选项。

（3）备注母版

备注相当于讲义，尤其是在某个幻灯片需要提供补充信息时。使用备注对演讲者创建演讲注意事项是很重要的。备注母版主要用来设置幻灯片的备注格式，一般也是用来打印输出的，因此备注母版的设置大多也和打印页面有关。

在【视图】选项卡的【母版视图】组中单击【备注母版】按钮，打开备注母版视图。备注页由单个幻灯片的图像和所属文本区域组成。

在备注母版视图中，用户可以设置或修改幻灯片内容、备注内容及页眉/页脚内容在页面中的位置、比例及外观等属性。

当用户退出备注母版视图时，对备注母版所做的修改将应用到演示文稿中的所有备注页。只有在备注视图下，对备注母版所做的修改才能表现出来。

无论在幻灯片母版视图、讲义母版视图还是备注母版视图中，如果要返回普通模式，只需要在默认打开的功能区中单击【关闭母版视图】按钮即可。

2. 设置幻灯片母版

幻灯片母版决定幻灯片的外观，用于设置幻灯片的标题、正文文字等样式，包括字体、字号、字体颜色、阴影等效果；也可以设置幻灯片的背景、页眉/页脚等内容。幻灯片母版可以为所有幻灯片设置默认的版式。

（1）设置母版版式

版式用来定义幻灯片显示内容的位置与格式信息，是幻灯片母版的组成部分，主要包括占位符。在 PowerPoint 2010 中创建的演示文稿都带有默认的版式，这些版式一方面决定了占位符、文本框、图片和图表等内容在幻灯片中的位置，另一方面决定了幻灯片中文本的样式。

母版版式是通过母版上各个区域的设置来实现的。在幻灯片母版视图中，用户可以按照自己的需求来设置幻灯片母版的版式。

（2）设置母版背景图片

一个精美的设计模板需要背景图片或图形的修饰，用户可以根据实际需要在幻灯片母版视图中设置背景。例如，希望让某个艺术图形（学院名称或徽标等）出现在每张幻灯片中，只需将该图形置于幻灯片母版上，此时该对象将出现在每张幻灯片的相同位置，而不必在每张幻灯片中重复添加。

（3）设置页眉和页脚

页眉和页脚分别位于幻灯片的底部，主要用来显示文档的页码、日期、学院名称与徽标等内容。在制作幻灯片时，使用 PowerPoint 提供的页眉/页脚功能，可以为每张幻灯片添加这些相对固定的信息。

要插入页眉和页脚，只需在【插入】选项卡的【文本】组中单击【页眉和页脚】按钮，弹出【页眉和页脚】对话框，如图 5-48 所示，在其中进行相关操作即可。

插入页眉和页脚后，可以在幻灯片母版视图中对其格式进行统一设置。

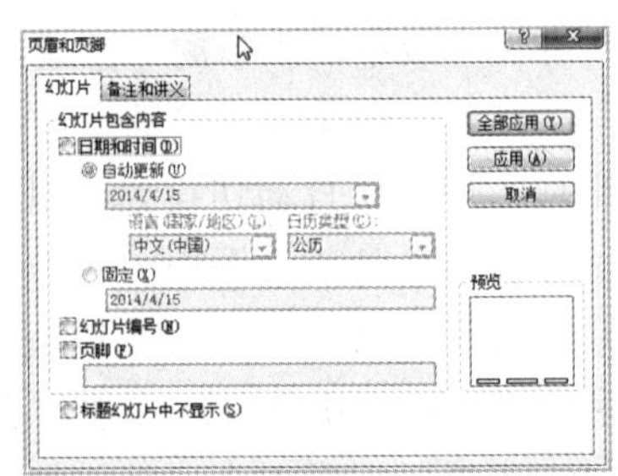

图 5-48 【页眉和页脚】对话框

5.6 演示文稿的动画应用

5.6.1 幻灯片的切换动画

幻灯片的切换动画是指一张幻灯片如何从屏幕上消失，以及另一张幻灯片如何显示在屏幕上的方式。幻灯片切换方式可以是简单地以一个幻灯片代替另一个幻灯片，也可以使幻灯片以特殊的效果出现在屏幕上。

1. 为幻灯片添加切换效果

在演示文稿中，可以为一组幻灯片设置同一种切换方式，也可以为每张幻灯片设置不同的切换方式。

要为幻灯片添加切换动画，可以在【切换】选项卡的【切换到此幻灯片】组中进行设置。在该组中单击【其他】按钮，打开图 5-49 所示的幻灯片动画效果列表，当鼠标指针指向某个选项时，幻灯片将应用该效果，供用户预览。

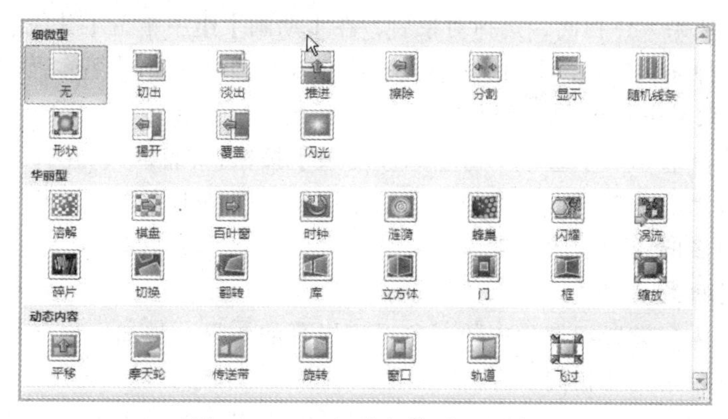

图 5-49　幻灯片切换动画列表

2. 设置切换动画计时选项

PowerPoint 2010 除了可以提供方便快捷的切换方案外，还可以为所选的切换效果配置音效、改变切换速度和换片方式，以增强演示文稿的活泼性，如图 5-50 所示。

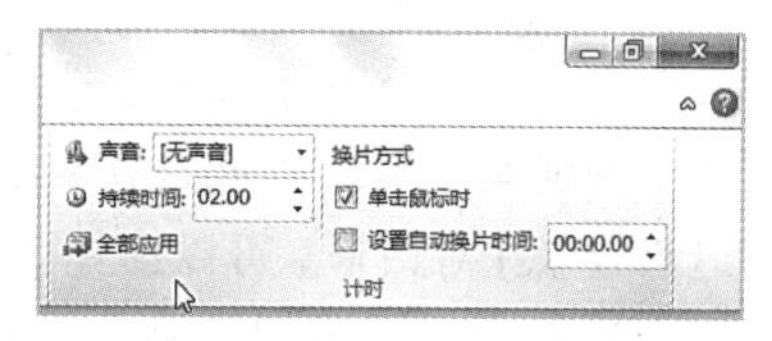

图 5-50　幻灯片切换动画计时选项

在【切换】选项卡【计时】组中选中【单击鼠标时】复选框，表示在播放幻灯片时，需要在幻灯片中单击来换片；而取消选中该复选框，选中【设置自动换片时间】复选框，表示在播放幻灯片时，经过所设置的时间后会自动切换至下一张幻灯片，无须单击。另外，PowerPoint 还允许同时为幻灯片设置单击以切换幻灯片和输入具体值以定义幻灯片切换的延迟时间这两种换片的方式。

5.6.2　添加对象动画效果

在 PowerPoint 中，除了幻灯片切换动画外，还包括幻灯片的动画效果。所谓动画效果，是指为幻灯片内部各个对象设置的动画效果。用户可以对幻灯片中的文本、图形、表格等对象添加不同的动画效果。

1. 对象动画效果的类别

（1）添加进入效果

进入动画是为了设置文本或其他对象以多种动画的效果进入放映屏幕。在添加该动画效果之前需要选中对象。

选中对象后，单击【动画】选项卡【动画】组中的【其他】按钮，在打开的列表中选择一种进入效果，即可为对象添加该动画效果。单击【更多进入效果】按钮，弹出【更改进入效果】对话框，可以选择更多的进入动画效果。

另外，在【高级动画】组中单击【添加动画】按钮，同样可以在打开的列表中选择内置的进入动画效果。若单击【更多进入效果】按钮，则弹出【添加进入效果】对话框，同样可以选择更多的进入动画效果。

（2）添加强调效果

强调动画是为了突出幻灯片中的某部分内容而设置的特殊动画效果。添加强调动画的过程和添加进入效果大体相同，选择对象后，在【动画】组中单击【其他】按钮，在打开的列表中选择一种强调效果，即可为对象添加该动画效果。单击【更多强调效果】按钮，弹出【更改强调效果】对话框，可以选择更多的强调动画效果。

另外，在【高级动画】组中单击【添加动画】按钮，同样可以在打开的列表中选择一种强调动画效果。若单击【更多强调效果】按钮，则弹出【添加强调效果】对话框，同样可以选择更多的强调动画效果。

（3）添加退出效果

退出动画是为了设置幻灯片中的对象退出屏幕的效果。添加退出动画的过程和添加进入、强调动画效果大体相同。

选中需要添加退出效果的对象，在【高级动画】组中单击【添加动画】按钮，在打开的列表中选择一种强调动画效果。若单击【更多退出效果】按钮，则弹出【添加退出效果】对话框，可以选择更多的退出动画效果。

选择对象后，在【动画】选项卡的【动画】组中单击【其他】按钮，在打开的列表中选择一种强调效果，即可为对象添加该动画效果。单击【更多退出效果】按钮，弹出【更改退出效果】对话框，可以选择更多的退出动画效果。退出动画名称有很大一部分与进入动画名称相同，所不同的是，它们的运动方向存在差异。

（4）添加动作路径动画效果

动作路径动画又称路径动画，可以指定文本等对象沿着预定的路径运动。PowerPoint中的动作路径动画不仅提供了大量的预设路径效果，还可以由用户自定义路径动画。

添加动作路径效果的步骤与添加进入动画的步骤基本相同，在【动画】组中单击【其他】按钮，打开图 5-51 所示的列表，选择一种动作路径效果，即可为对象添加该动画效果。若单击【其他动作路径】按钮，弹出【更改动作路径】对话框，可以选择其他的动作路径效果，如图 5-52 所示。

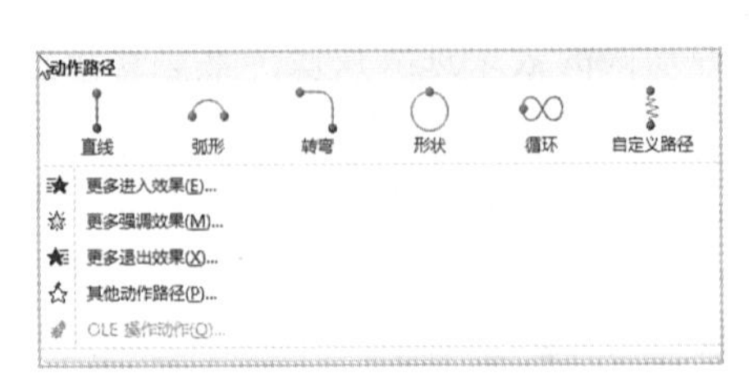

图 5-51 【动作路径】列表

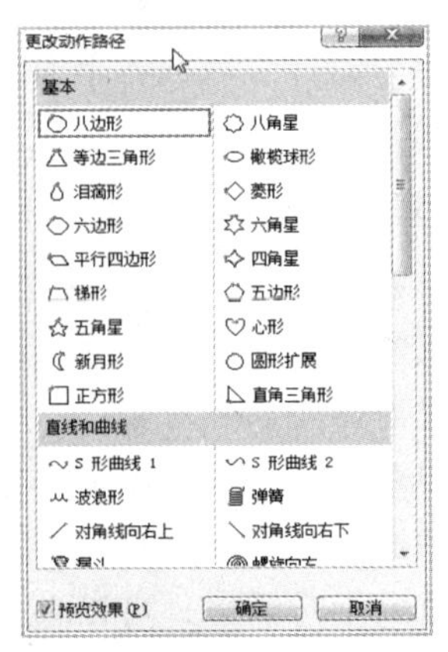

图 5-52 【更改动作路径】对话框

另外，在【高级动画】组单击【添加动画】按钮，在打开的【动作路径】列表中同样可以选择一种动作路径效果；单击【其他动作路径】命令，弹出【添加动作路径】对话框，同样可以选择更多的动作路径。

2．动画刷的使用

在 PowerPoint 2010 中，用户经常需要在同一幻灯片中为多个对象设置同样的动画效果，这时在设置一个对象动画后，通过动画刷复制动画功能，可以快速地复制动画到其他对象中，这是最快捷而有效的方法。

在幻灯片中选择设置动画后的对象，在【动画】选项卡的【高级动画】组中单击【动画刷】按钮，将鼠标指针指向需要添加动画的对象时，鼠标指针变成指针加刷子形状，在指定的对象上单击，即可复制所选的动画效果。

将复制的动画效果应用到指定的对象时，自动预览所复制的动画效果，表示该动画效果已被应用到指定对象中。

3．设置动画计时选项

为对象添加了动画效果后，还需要设置动画计时选项，如开始时间、持续时间、延迟时间等。默认设置的动画效果在幻灯片放映屏幕中持续播放的时间只有几秒钟，同时需要单击才会开始播放下一个动画。如果默认的动画效果不能满足用户的实际需求，则可以通过动画设置对话框的【计时】选项卡进行动画计时选项的设置，如图 5-53 和图 5-54 所示。

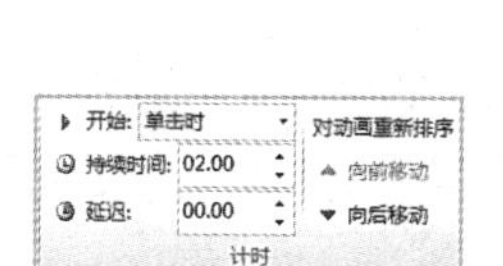

图 5-53　设置持续和延迟时间

图 5-54　设置速度和重复选项

4．重新排序动画

当一张幻灯片中设置了多个动画对象时，用户可以根据需求重新排序动画，即调整各动画出现的顺序，在动画任务窗格中可利用重新排序的按钮和按钮重新来调整幻灯片的位置。

5.6.3　交互效果基本设置

PowerPoint 2010 新增了动画效果高级设置功能，如设置动画触发器、使用动画刷复制动画、设置动画计时选项、重新排序动画等。使用该功能，可以使整个演示文稿更为美观，可以使幻灯片中各个动画的衔接更为合理。

1. 设置动画触发器

在幻灯片放映时，使用触发器功能，可以在单击幻灯片中的对象时显示动画效果。为幻灯片对象设置动画触发器的方法，可按以下操作步骤进行：

步骤 1：启动 PowerPoint 2010 应用程序，打开创建好的演示文稿。

步骤 2：自动显示第 1 张幻灯片，在【动画】选项卡的【高级动画】组中单击【动画窗格】按钮，打开【动画窗格】任务窗格。

步骤 3：选择某一个动画效果，在【高级动画】组中单击【触发】下拉按钮，在打开的下拉列表中单击【单击】→【Picture2】对象，如图 5-55 所示。

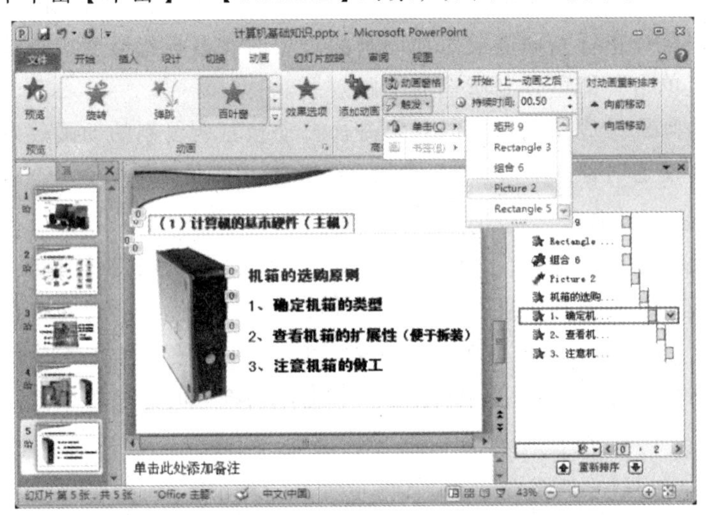

图 5-55　添加动画触发器

步骤 4：此时，对象上产生动画的触发器，并在任务窗格中显示所设置的触发器，如图 5-56 所示。

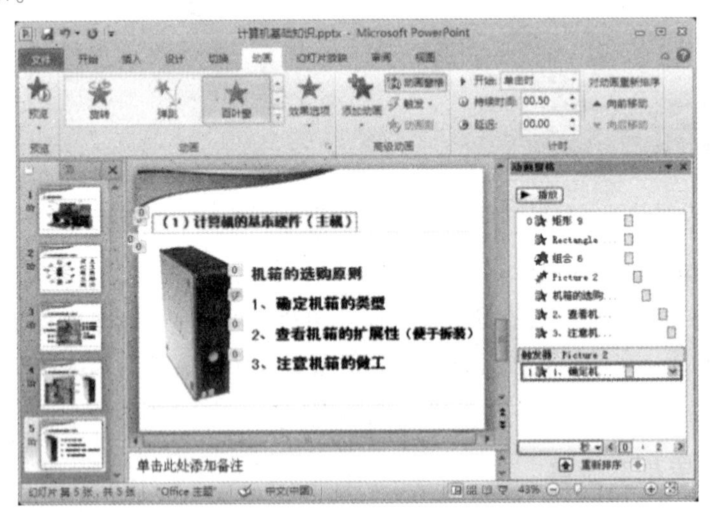

图 5-56　显示设置的触发器

步骤 5：播放幻灯片时，将鼠标指针指向设置的对象并单击，即可启用触发器的动画效果。

单击【动画窗格】任务窗格中设置触发器的动画效果右侧的下拉按钮，在打开的下拉列表中单击【计时】按钮，然后在弹出对话框的【触发器】区域对触发器进行设置，如图 5-57 所示。

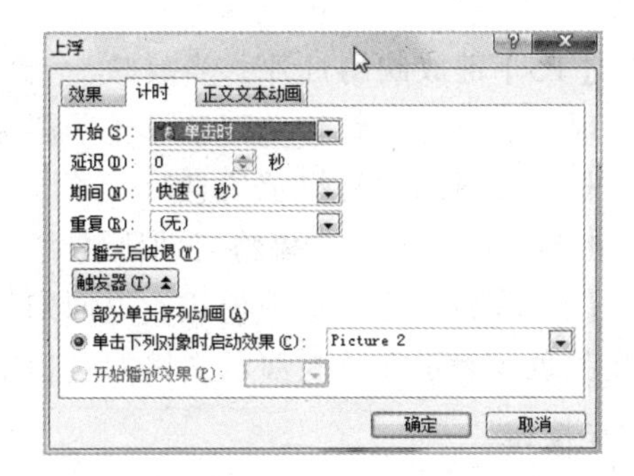

图 5-57　设置触发器

2. 添加超链接

超链接是指向特定位置或文件的一种连接方式，可以利用它指定程序的跳转位置。超链接只有在幻灯片放映时才有效。在 PowerPoint 中，超链接可以跳转到当前演示文稿中的特定幻灯片、其他演示文稿中特定的幻灯片、自定义放映、电子邮件地址、文件或 Web 页上。

只有幻灯片中的对象才能添加超链接，备注、讲义等内容不能添加超链接，幻灯片中可以显示的对象几乎都可作为超链接的载体。添加或修改超链接的操作一般在普通视图中的幻灯片编辑窗口中进行，而在幻灯片预览窗口的【大纲】选项卡中，只能对文字添加或修改超链接。

为文本添加超链接，可按以下操作步骤进行：

步骤 1：启动 PowerPoint 2010 应用程序，打开设置动画效果后的演示文稿。

步骤 2：在普通视图模式下选中第 1 张幻灯片相关的文本内容，在【插入】选项卡的【链接】组中单击【超链接】按钮。

步骤 3：弹出【插入超链接】对话框，选择左侧的“本文档中的位置”选项，在【请选择文档中的位置】列表框中选择【3.幻灯片 3】选项，在屏幕提示的文字右侧单击【屏幕提示】按钮，如图 5-58 所示。

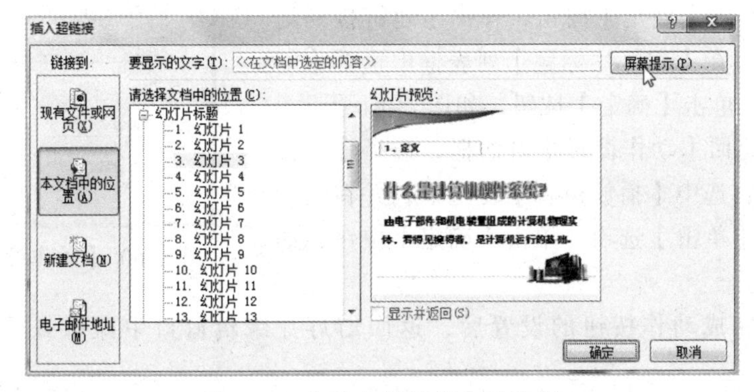

图 5-58 【插入超链接】对话框

步骤 4：弹出【设置超链接屏幕提示】对话框，在【屏幕提示文字】文本框中输入文本，单击【确定】按钮，如图 5-59 所示。

图 5-59 【设置超链接屏幕提示】对话框

步骤 5：返回【插入超链接】对话框，单击【确定】按钮，此时所选中的文字变为蓝色，且下方出现横线。

步骤 6：按【F5】键放映幻灯片，当放映到第 1 张幻灯片时，将鼠标指针移动到已设置了超链接的文本上，鼠标指针变为手形，将弹出一个提示框，以显示屏幕提示信息。

步骤 7：单击超链接，演示文稿将自动跳转到第 3 张幻灯片。

步骤 8：按【Esc】键，退出放映模式，返回幻灯片编辑窗口，此时第 1 张幻灯片中的超链接将改变颜色，表示在放映演示文稿的过程中已经预览过该超链接。

3．添加动作按钮

动作按钮是 PowerPoint 中预先设置好的一组带有特定动作的图形按钮，这些按钮被预先设置为指向前一张、后一张、第一张、最后一张幻灯片、播放声音及播放电影等链接，应用这些预置好的按钮，可以实现在放映幻灯片时跳转的目的。

动作与超链接有很多相似之处，几乎包括了超链接可以指向的所有位置，动作还可以设置其他属性，如设置当鼠标指针移过某一对象上方时的动作。设置动作与设置超链接是相互影响的，在【设置动作】对话框中所做的设置，可以在【编辑超链接】对话框中表现出来。在演示文稿中添加动作按钮，可按以下操作步骤进行：

步骤 1：启动 PowerPoint 2010 应用程序，打开已经创建好的演示文稿。

步骤 2：在幻灯片预览窗格中选择第 5 张幻灯片缩略图，将其显示在幻灯片编辑窗口中。

步骤 3：在【插入】选项卡的【插图】组中单击【形状】下拉按钮，在打开的下拉列表中单击【动作按钮：开始】按钮，在幻灯片的右上角拖动鼠标绘制形状。

步骤 4：当释放鼠标时，弹出【动作设置】对话框，在【单击鼠标时的动作】区域中选中【超链接到】单选按钮，在【超链接到】下拉列表框中选择【幻灯片】选项，如图 5-60 所示。

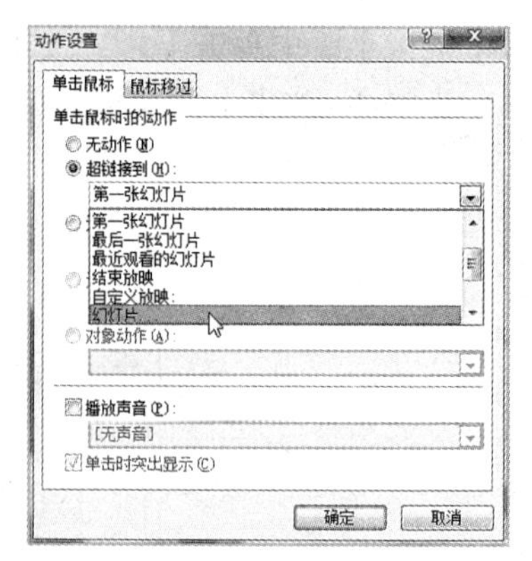

图 5-60 【动作设置】对话框

步骤 5：单击【确定】按钮，弹出【超链接到幻灯片】对话框，在【幻灯片标题】列表框中选择【幻灯片 9】选项，单击【确定】按钮，如图 5-61 所示。

步骤 6：返回【动作设置】对话框，选择【鼠标移过】选项卡，选中【播放声音】复选框，并在其下拉列表中选择【单击】选项，单击【确定】按钮，如图 5-62 所示。

步骤 7：完成动作按钮的设置后，返回幻灯片编辑窗口中即可查看添加的动作按钮。

步骤 8：在幻灯片中选中绘制的动作按钮图形，打开【绘图工具】的【格式】选项卡，单击【形状样式】组中的【其他】按钮，在弹出的列表框中选择形状样式，为图形快速应用该形状样式。

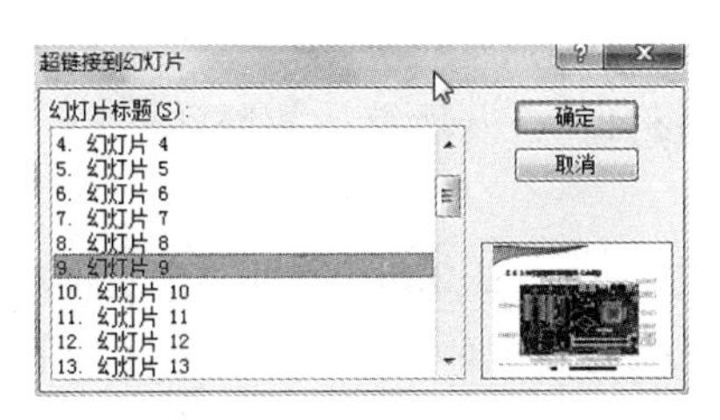

图 5-61 【超链接到幻灯片】对话框

图 5-62 【鼠标移过】选项卡

4. 链接到其他对象

在 PowerPoint 2010 中，除了可以将对象链接到当前演示文稿的其他幻灯片中外，还可以链接到其他对象中，如其他演示文稿、电子邮件和网页等。

（1）链接到其他演示文稿

将幻灯片中的对象链接到其他演示文稿的目的是为了快速查看相关内容。在打开的幻灯片中选中某一对象，然后在【插入】选项卡的【链接】组中单击【超链接】按钮，弹出【插入超链接】对话框，在【链接到】列表框中选择【现有文件或网页】选项，在【查找范围】下拉列表中选择目标文件所在的位置，在【当前文件夹】列表框中选择想链接的其他演示文稿，如图 5-63 所示。

（2）链接到电子邮件

在 PowerPoint 2010 中可以将幻灯片链接到电子邮件中。选择要链接的对象，在【插入】选项卡的【链接】组中单击【超链接】按钮，弹出【插入超链接】对话框，在【链接到】列表框中选择【电子邮件地址】选项，在【电子邮件地址】和【主题】文本框中输入所需文本，单击【确定】按钮，如图 5-64 所示，此时对象中的文本文字颜色变为【绿色】，并自动添加下画线。

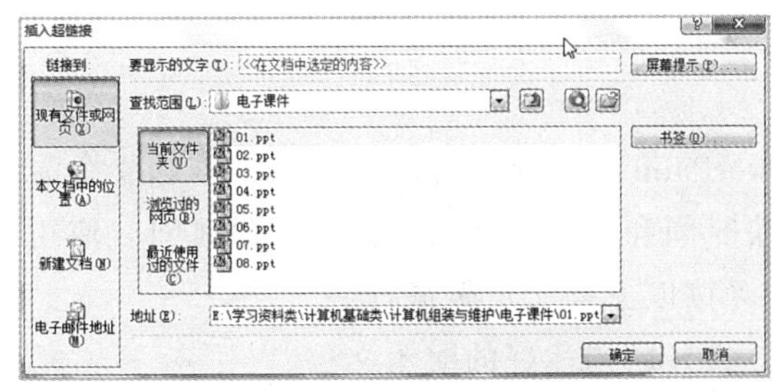

图 5-63 【超链接】对话框

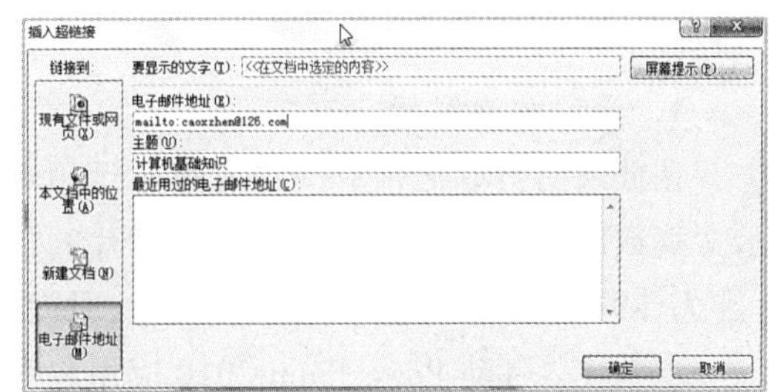

图 5-64 设置电子邮箱地址和主题

放映链接后的演示文稿，单击超链接文本，将自动启动电子邮件软件 Outlook 2010，在打开的写信页面中填写收件人和主题，输入正文后，单击【发送】按钮即可发送邮件。

（3）链接到网页

在 PowerPoint 2010 中，还可以将幻灯片链接到网页中。其链接方法与为幻灯片中的文本或图片添加超链接的方法类似，只是链接的目标位置不同。

其方法为：选择要设置链接的对象，在【插入】选项卡的【链接】组中单击【超链接】按钮，弹出【插入超链接】对话框，在【链接到】列表框中选择【现有文件或网页】选项，在【地址】文本框中粘贴所复制的网页地址，单击【确定】按钮，如图 5-65 所示。

在放映幻灯片时，单击添加超链接的对象后，将自动打开所链接的网站。

（4）链接到其他文件

在 PowerPoint 2010 中还可以将幻灯片链接到其他文件，如 Office 文件。在【插入】选项卡【链接】组中单击【超链接】按钮，弹出【插入超链接】对话框，在【链接到】列表框中选择【现有文件或网页】选项，在【查找范围】右侧单击【浏览文件】按钮，弹出【链接到文件】对话框，在其中选择目标文件，单击【确定】按钮，如图 5-66 所示。

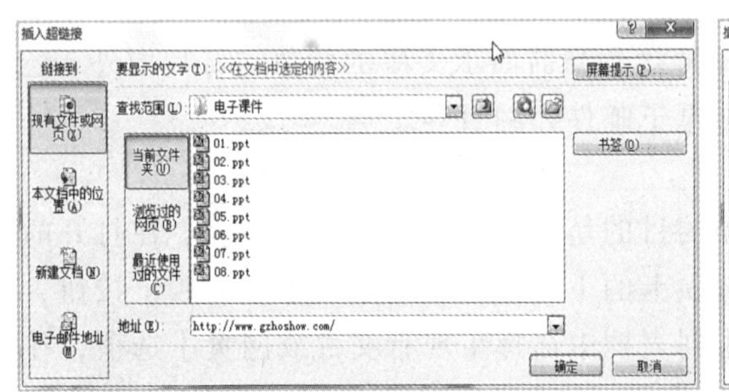

图 5-65　输入网站地址

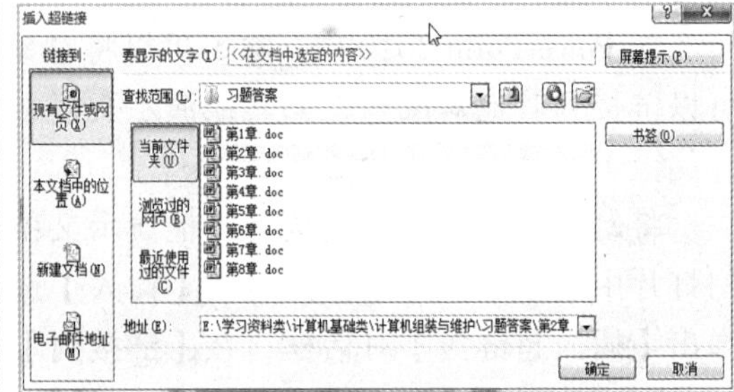

图 5-66　选择要链接的 Word 文档

5.7　幻灯片的放映与审阅

5.7.1　放映的前期设置

制作完演示文稿后，可以根据需要进行放映前的准备，如进行录制旁白、排练计时、放置放映的方式和类型、设置放映内容或调整幻灯片放映的顺序等。本节将介绍幻灯片放映前的一些基本设置。

1. 设置放映时间

在放映幻灯片之前，演讲者可以运用 PowerPoint 的【排练计时】功能来排练整个演示文稿放映的时间，以掌握每张幻灯片的放映时间和整个演示文稿的总放映时间。使用【排练计时】功能排练演示文稿的放映时间，可按以下操作步骤进行：

步骤 1：启动 PowerPoint 2010 应用程序，打开已创建好的演示文稿。

步骤 2：在【幻灯片放映】选项卡的【设置】组中单击【排练计时】按钮，如图 5-67 所示。

图 5-67 【设置】组

步骤 3：演示文稿将自动切换到幻灯片放映状态，效果如图 5-68 所示。与普通放映不同的是，在幻灯片左上角将显示【录制】对话框。

步骤 4：不断单击鼠标进行幻灯片的放映，此时【录制】对话框中的数据会不断更新。

步骤 5：当最后一张幻灯片放映完毕后，弹出【Microsoft PowerPoint】对话框，该对话框显示幻灯片播放的总时间，并询问用户是否保留该排练时间，单击【是】按钮，如图 5-69 所示。

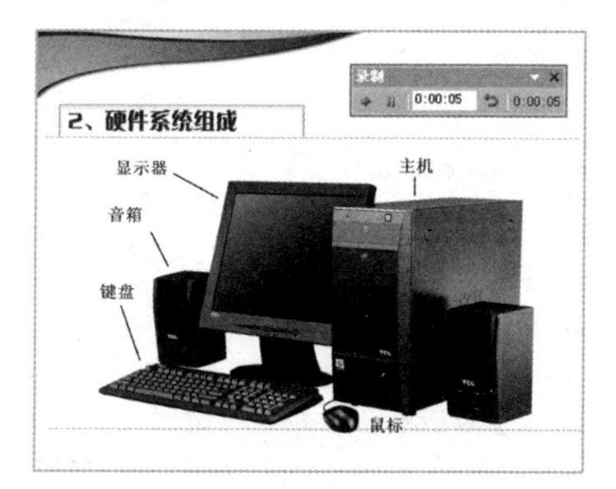

图 5-68 开始排练并打开【录制】对话框

图 5-69 提示信息框

步骤 6：此时，演示文稿将切换到幻灯片浏览视图，从幻灯片浏览视图中可以看到每张幻灯片下方均显示各自的排练时间。

2. 设置放映方式

PowerPoint 2010 提供了多种演示文稿的放映方式，最常用的是幻灯片页面的演示控制，主要有幻灯片的定时放映、连续放映及循环放映 3 种。

（1）定时放映

用户在设置幻灯片切换效果时，可以设置每张幻灯片在放映时停留的时间，当等待到设定的时间后，幻灯片将自动向下放映。

在【切换】选项卡的【换片方式】组中选中【单击鼠标时】复选框，则用户单击鼠标或按【Enter】键或空格键时，放映的演示文稿将切换到下一张幻灯片；选中【设置自动换片时间】复选框，并在其右侧的文本框中输入时间（时间为秒）后，则在演示文稿放映时，当幻灯片等待了设定的秒数之后，将自动切换到下一张幻灯片。

（2）连续放映

在【切换】选项卡的【换片方式】组中选中【设置自动换片时间】复选框，并为当前选定的幻灯片设置自动切换时间，再单击【全部应用】按钮，为演示文稿中的每张幻灯片设定相同的切换时间，即可实现幻灯片的连续自动放映。

需要注意的是，由于每张幻灯片的内容不同，放映的时间可能不同，所以设置连续放映的最常见方法是通过【排练计时】功能完成。

（3）循环放映

用户将制作好的演示文稿设置为循环放映，可以应用于如展览会场的展台等场合，让演示文稿自动运行并循环播放。

在【幻灯片放映】选项卡的【设置】组中单击【设置幻灯片放映】按钮，弹出【设置放映方式】对话框，如图5-70所示。在【放映选项】区域中选中【循环放映，按Esc键终止】复选框，则在播放完最后一张幻灯片后，会自动跳转到第1张幻灯片，而不是结束放映，直到用户按【Esc】键退出放映状态。

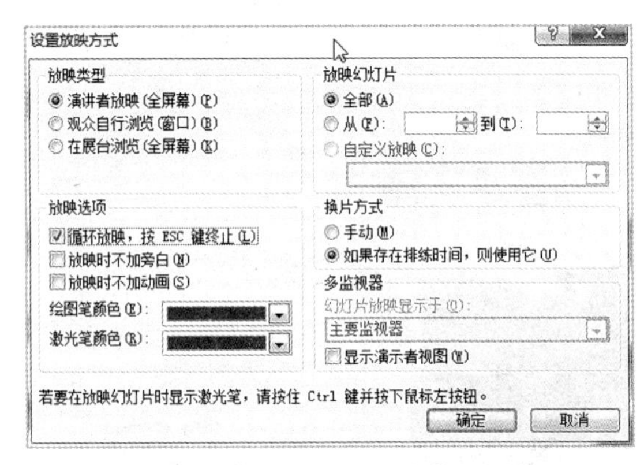

图5-70 【设置放映方式】对话框

3. 设置放映类型

在【设置放映方式】对话框的【放映类型】区域中可以设置幻灯片的放映模式。

【演讲者放映】模式（即全屏幕）：该模式是系统默认的放映类型，也是最常见的全屏放映方式。在这种放映方式下，演讲者现场控制演示节奏，具有放映的完全控制权。用户可以根据观众的反应随时调整放映速度或节奏，还可以暂停下来进行讨论或记录观众即席反应，甚至可以在放映过程中录制旁白。

【观众自动浏览】模式（即窗口）：观众自行浏览是在标准Windows窗口中显示的放映形式，放映时的PowerPoint窗口具有菜单栏、Web工具栏，类似于浏览网页的效果，便于观众自行浏览。

【展台浏览】模式（即全屏幕）：采用该放映类型，最主要的特点是不需要专人控制可自行运行，在使用该放映类型时，如超链接等的控制方法都会失效。播放完最后一张幻灯片后，会自动从第一张重新开始播放，直至用户按【Esc】键才停止播放。

4. 自定义放映

自定义放映是指用户可以自定义演示文稿放映的张数，使一个演示文稿适用于多种观众，即可以将一个演示文稿中的多张幻灯片进行分组，以便对特定的观众放映演示文稿中的特定部分。用户可以用超链接分别指向演示文稿中的各个自定义放映，也可以在放映整个演示文稿时只放映其中的某个自定义放映。为演示文稿创建自定义放映，可按以下操作步骤进行：

步骤 1：启动 PowerPoint 2010 应用程序，打开已创建好的演示文稿。

步骤 2：在【幻灯片放映】选项卡的【开始放映幻灯片】组中单击【自定义幻灯片放映】→【自定义放映】按钮，弹出【自定义放映】对话框，如图 5-71 所示。

步骤 3：弹出【定义自定义放映】对话框，在【幻灯片放映名称】文本框中输入文字“大学计算机基础知识”，在【在演示文稿中的幻灯片】列表框中选择第 1 张和第 3 张幻灯片，然后单击【添加】按钮，将两张幻灯片添加到【在自定义放映中的幻灯片】列表中，单击【确定】按钮，如图 5-72 所示。

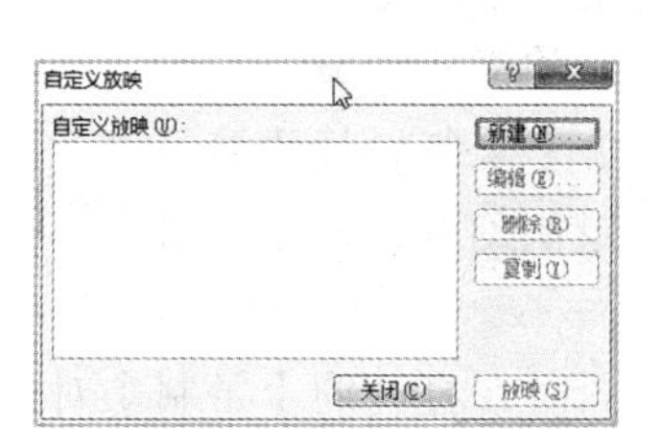

图 5-71 【自定义放映】对话框

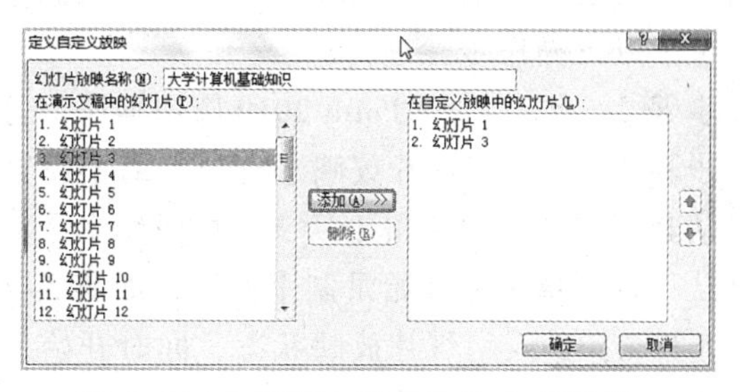

图 5-72 【定义自定义放映】对话框

步骤 4：返回【自定义放映】对话框，在【自定义放映】列表中显示创建的放映，单击【关闭】按钮，如图 5-73 所示。

步骤 5：在【幻灯片放映】选项卡的【设置】组中单击【设置幻灯片放映】按钮，弹出【设置放映方式】对话框，在【放映幻灯片】区域中选中【自定义放映】单选按钮，然后在其下方的列表框中选择需要放映的自定义放映，单击【确定】按钮，如图 5-74 所示。

图 5-73 显示创建的自定义放映

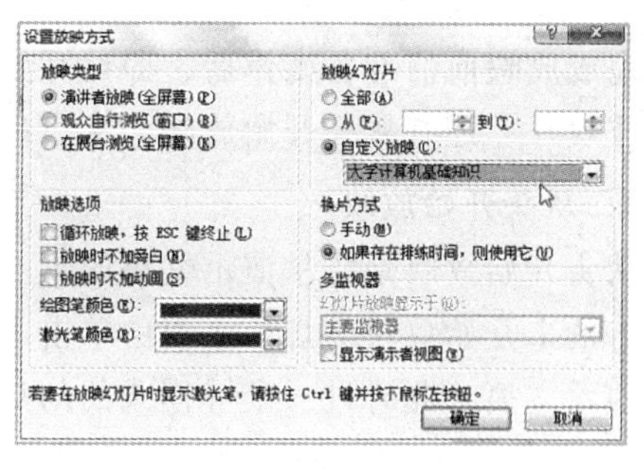

图 5-74 设置自定义放映方式

步骤 6：按【F5】键，将自动播放自定义放映幻灯片。

步骤 7：选择【文件】→【另存为】命令，将该演示文稿以“自定义放映”为名进行保存。

5. 幻灯片缩略图放映

幻灯片缩略图放映是指可以让 PowerPoint 在屏幕的左上角显示幻灯片的缩略图，从而方便用户在编辑时预览幻灯片效果。使演示文稿实现幻灯片缩略图放映，可按以下操作步骤进行：

步骤 1：启动 PowerPoint 2010 应用程序，打开已创建好的演示文稿。

步骤 2：在【幻灯片放映】选项卡的【开始放映幻灯片】组中，按住【Ctrl】键的同时单击【从当前幻灯片开始】按钮，此时即可进入幻灯片缩略图放映模式。

步骤 3：在放映区域自动放映幻灯片中的对象动画。放映结束后，再次单击以退出缩略图放映模式。

6. 录制语音旁白

在 PowerPoint 2010 中，可以为指定的幻灯片或全部幻灯片添加录音旁白。使用录制旁白可以为演示文稿增加解说词，在放映状态下主动播放语音说明。为演示文稿录制旁白，可按以下操作步骤进行：

步骤 1：启动 PowerPoint 2010 应用程序，打开已创建好的演示文稿。

步骤 2：在【幻灯片放映】选项卡的【设置】组中单击【录制幻灯片演示】下拉按钮，从其下拉列表中单击【从头开始录制】按钮，弹出【录制幻灯片演示】对话框，保持默认设置，单击【开始录制】按钮，如图 5-75 所示。

步骤 3：进入幻灯片放映状态，同时开始录制旁白，同时在打开的【录制】对话框中显示录制时间。如果是第一次录音，用户可以根据需要自行调节麦克风的声音质量。

步骤 4：单击或按【Enter】键切换到下一张幻灯片。

步骤 5：当旁白录制完成后，按【Esc】键或者单击即可。此时，演示文稿将切换到幻灯片浏览视图，即可查看录制的效果。

步骤 6：选择【文件】→【另存为】命令，将演示文稿以“旁白”为名进行保存。

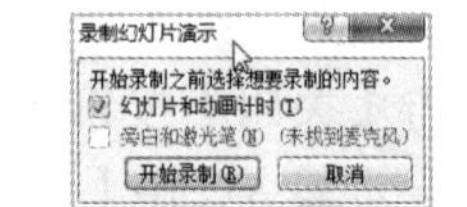

图 5-75 【录制幻灯片演示】对话框

5.7.2 幻灯片放映预览

完成放映前的准备工作后，即可开始放映演示文稿。常用的放映方法很多，除了自定义放映外，还有从头开始放映、从当前幻灯片开始放映和广播幻灯片等。

1. 从头开始放映

从头开始放映是指从演示文稿的第一张幻灯片开始播放演示文稿。在【幻灯片放映】选项卡的【开始放映幻灯片】组中单击【从头开始】按钮，或者直接按【F5】键，开始放映演示文稿，此时进入全屏模式的幻灯片放映视图，如图 5-76 所示。

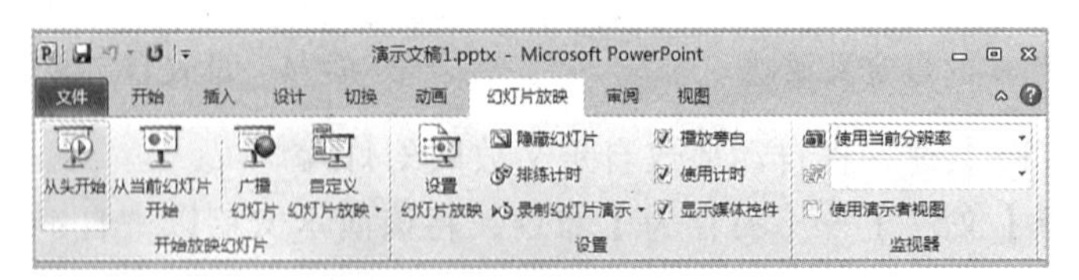

图 5-76　单击【从头开始】按钮

2. 从当前幻灯片开始放映

当需要从指定的某张幻灯片开始放映，则可以使用【从当前幻灯片开始】功能。

选择指定的幻灯片，【幻灯片放映】选项卡的【开始放映幻灯片】组中单击【从当前幻灯片开始】按钮，此时进入幻灯片放映视图，幻灯片以全屏幕方式从当前幻灯片开始放映。

5.7.3 放映的操作控制

在放映演示文稿的过程中，可以根据需要按放映次序依次放映、快速定位幻灯片、为重点内容做上标记、使屏幕出现黑屏或白屏和结束放映等操作。

1. 切换与定位幻灯片

在放映幻灯片时，可以从当前幻灯片切换到上一张幻灯片或下一张幻灯片中，也可以直接从当前幻灯片跳转到另一张幻灯片。

以全屏幕方式进入幻灯片放映视图，在幻灯片中右击，从弹出的快捷菜单中选择【上一张】命令或【下一张】命令，快速切换幻灯片；在幻灯片中右击，从弹出的快捷菜单中选择【定位至幻灯片】→【5 幻灯片 5】命令，定位到所选的第五张幻灯片中。

另外，在左下角出现的控制区域中单击【下一张】按钮，切换到下一张幻灯片中；单击【上一张】按钮，切换至上一张幻灯片中。

2. 为重点内容做标记

使用 PowerPoint 2010 提供的绘图笔可以为重点内容做上标记。绘图笔的作用类似于板书笔，常用于强调或添加注释。用户可以选择绘图笔的形状和颜色，也可以随时擦除绘制的笔迹。

使用绘图笔标注重点，可按以下操作步骤进行。

步骤 1：启动 PowerPoint 2010 应用程序，打开已创建好的演示文稿。

步骤 2：在【幻灯片放映】选项卡的【开始放映幻灯片】组中单击【从头开始】按钮放映演示文稿。

步骤 3：在屏幕中右击，在弹出的快捷菜单中选择【指针选项】/【荧光笔】命令，将绘图笔设置为荧光笔样式；再次右击，在弹出的快捷菜单中选择【墨迹颜色】命令，在打开的【标准色】面板中选择【黄色】选项，如图 5-77 所示。

步骤 4：此时，鼠标指针变为一个小矩形形状，在需要绘制的地方拖动鼠标绘制标记。

步骤 5：当放映到第 5 张幻灯片时，右击空白处，从弹出的快捷菜单中选择【指针选项】→【笔】命令；再次右击，从弹出的快捷菜单中选择【指针选项】→【墨迹颜色】命令，然后从弹出的颜色面板中选择【红色】色块。

步骤 6：此时，拖动鼠标在放映界面中的形状上绘制墨迹，如图 5-78 所示。

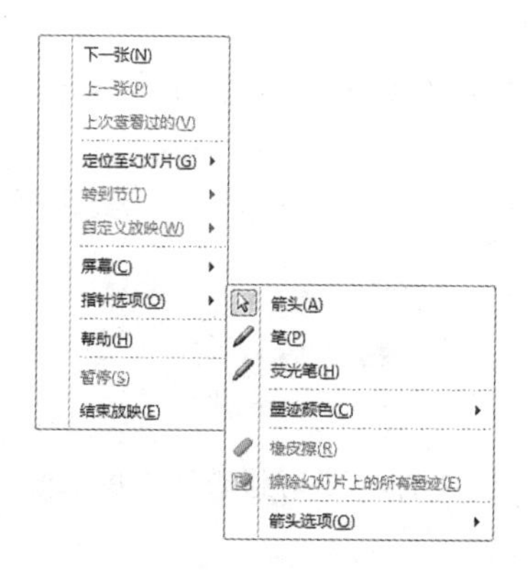

图 5-77 选择荧光笔颜色

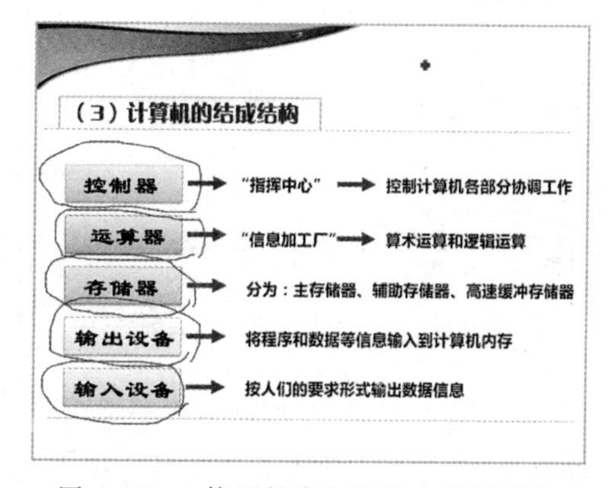

图 5-78 使用笔在幻灯片中绘制重点

步骤 7：当幻灯片播放完毕后，单击以退出放映状态时，系统将弹出提示对话框询问用户是否保留在放映时所做的墨迹注释，如图 5-79 所示。

步骤 8：单击【保留】按钮，将绘制的注释图形保留在幻灯片中，在幻灯片浏览视图中即可查看保留的墨迹。

步骤 9：在快速访问工具栏中单击【保存】按钮，将修改后的演示文稿保存。

图 5-79　提示对话框

3. 使用激光笔

在幻灯片放映视图中，可以将鼠标指针变为激光笔样式，以将观看者的注意力吸引到幻灯片上的某个重点内容或特别要强调的内容位置上。

将演示文稿切换至幻灯片放映视图状态下，在按住【Ctrl】键的同时单击，此时鼠标指针变成激光笔样式，移动鼠标指针，将其指向观众需要注意的内容上。

4. 使用黑屏或白屏

在幻灯片放映的过程中，有时为了隐藏幻灯片内容，可以将幻灯片进行黑屏或白屏显示。具体方法为：在弹出的右键快捷菜单中选择【屏幕】→【黑屏】命令或【屏幕】→【白屏】命令即可。

5.7.4　演示文稿的审阅

PowerPoint 提供了多种实用的工具——审阅功能，允许对演示文稿进行校验和翻译，甚至允许多个用户对演示文稿的内容进行编辑并标记编辑历史等。

1. 校验演示文稿

校验演示文稿功能的作用是校验演示文稿中使用的文本内容是否符合语法。它可以将演示文稿中的词汇与 PowerPoint 自带的词汇进行比较，查找出使用错误的词。校验制作好的演示文稿，可按下以操作步骤进行。

步骤 1：启动 PowerPoint 2010 应用程序，打开已创建好的演示文稿。

步骤 2：在【审阅】选项卡的【校对】组中单击【拼写检查】按钮，弹出【拼写检查】对话框，自动校验演示文稿，并检测所有文本中的不符合词典的单词。

步骤 3：在【不在词典中】文本框中显示不符合词典的单词，同时为用户提供更改的建议，显示在【建议】列表框中，单击【更改】按钮，如图 5-80 所示。

步骤 4：检测完毕后，自动打开 Microsoft PowerPoint 提示框，提示用户拼写检查结束，单击【确定】按钮，如图 5-81 所示。

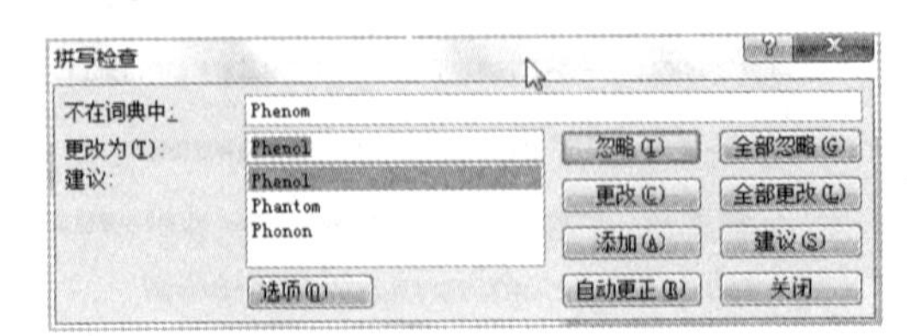

图 5-80　【拼写检查】对话框

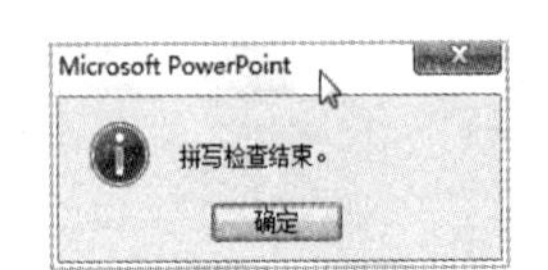

图 5-81　拼写检查结束提示框

步骤 5：完成拼写检查并更改后，按【Ctrl+S】组合键，保存演示文稿。

2. 创建批注

在用户制作完演示文稿后，还可以将演示文稿提供给其他用户，让其他用户参与到演示文稿的修改中。添加对演示文稿的修改意见就需要其他用户使用 PowerPoint 的批注功能对演示文稿进行修改和审阅。为演示文稿创建批注，可按以下操作步骤进行：

步骤 1：启动 PowerPoint 2010 应用程序，打开已创建好的演示文稿。

步骤 2：在幻灯片预览窗格中选择其中一张幻灯片缩略图，并将其显示在幻灯片编辑窗口中。

步骤 3：在【审阅】选项卡的【批注】组中单击【新建批注】按钮，此时自动弹出批注框，在其中输入批注文本，如图 5-82 所示。

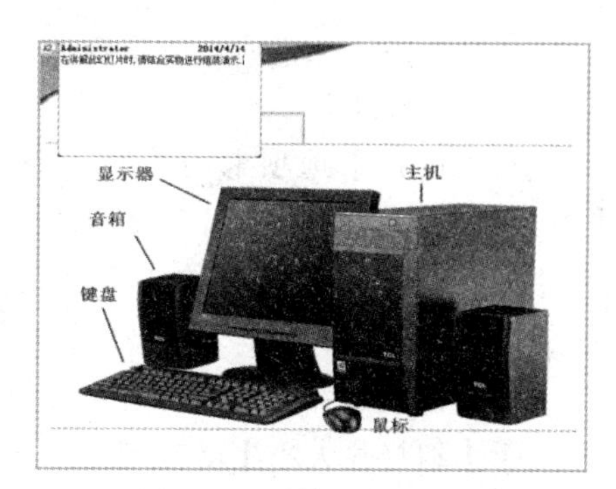

图 5-82　输入批注文本

步骤 4：输入批注内容后，在幻灯片任意位置单击隐藏批注框，当鼠标指针移动到左上角的批注标签上，自动弹出批注框，显示文本信息。

步骤 5：使用同样的方法，为其他幻灯片添加批注。

步骤 6：在快速访问工具栏中单击【保存】按钮，保存创建批注后的演示文稿。

5.8　演示文稿的打印输出

5.8.1　演示文稿的保护

为了更好地保护演示文稿，可以对演示文稿进行加密保存，从而防止其他用户在未授权的情况下打开或修改演示文稿，以此加强文档的安全性。为演示文稿设置权限密码，可按以下操作步骤进行：

步骤 1：启动 PowerPoint 2010 应用程序，打开审阅过的演示文稿。

步骤 2：选择【文件】→【信息】命令，然后在中间的信息窗格中的【权限】区域中单击【保护演示文稿】下拉按钮，从打开的下拉列表中单击【用密码进行保护】按钮。

步骤 3：弹出【加密文档】对话框，在【密码】文本框中输入密码（这里为 123456），单击【确定】按钮，如图 5-83 所示。

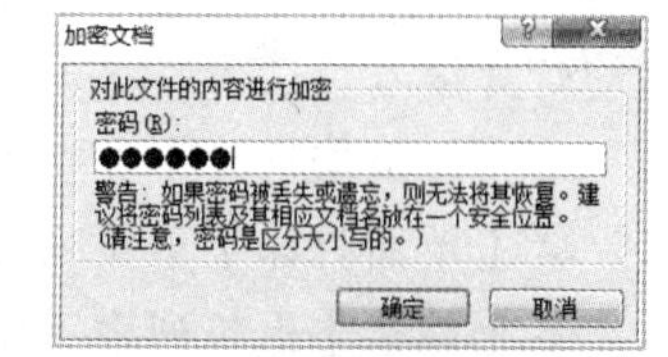

图 5-83 【加密文档】对话框

步骤 4：弹出【确认密码】对话框，在【重新输入密码】文本框中输入密码，单击【确定】按钮。

步骤 5：返回演示文稿界面，在信息窗格中显示“打开此演示文稿时需要密码”权限信息。

步骤 6：关闭演示文稿，再次打开演示文稿时，自动弹出提示框，输入正确的密码才能打开该演示文稿。

5.8.2 演示文稿的打印

在 PowerPoint 2010 中，制作好的演示文稿不仅可以进行现场演示，还可以将其通过打印机打印出来，分发给观众作为演讲提示。

1. 页面设置

在打印演示文稿前，可以根据自己的需要对打印页面进行设置，使打印的形式和效果更符合实际需要。

在【设计】选项卡的【页面设置】组中单击【页面设置】按钮，弹出图 5-84 所示的【页面设置】对话框，对幻灯片的大小、编号和方向进行设置。

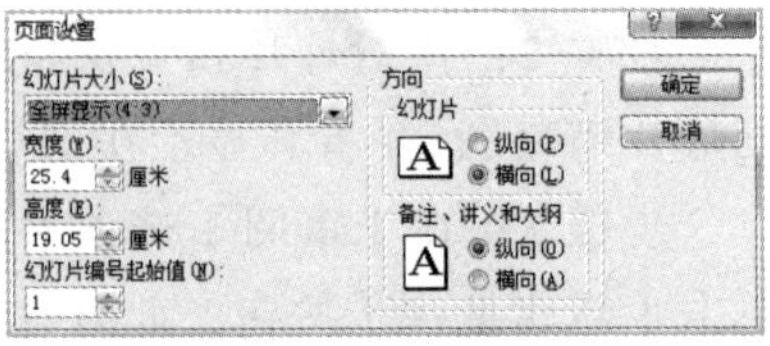

图 5-84 【页面设置】对话框

该对话框中部分选项的含义如下：

①【幻灯片大小】下拉列表：用来设置幻灯片的大小。

②【宽度】和【高度】文本框：用来设置打印区域的尺寸，单位为厘米。

③【幻灯片编号起始值】文本框：用来设置当前打印的幻灯片的起始编号。

④【方向】选项区域：在对话框的右侧，可以分别设置幻灯片与备注、讲义和大纲的打印方向，在此处设置的打印方向对整个演示文稿中的所有幻灯片及备注、讲义和大纲均有效。

2. 预览并打印

在实际打印之前，可以使用打印预览功能先预览演示文稿的打印效果。预览效果满意后，可以连接打印机开始打印演示文稿。选择【文件】→【打印】命令，打开 Microsoft Office Backstage 视图，在右侧的窗格中预览演示文稿效果，在中间的【打印】窗格中进行相关的打印设置。

【打印】窗格中各选项的主要作用如下：

①【打印机】下拉列表：自动调用系统默认的打印机，当用户的计算机上装有多个打印机时，可以根据需要选择打印机或设置打印机的属性。

②【打印全部幻灯片】下拉列表：用来设置打印范围，系统默认打印当前演示文稿中的所有内容，可以选择打印当前幻灯片或在其下的【幻灯片】文本框中输入需要打印的幻灯片编号。

③【整页幻灯片】下拉列表：用来设置打印的版式、边框和大小等参数。

④【单面打印】下拉列表：用来设置单面或双面打印。

⑤【调整】下拉列表：用来设置打印排列顺序。

⑥【灰度】下拉列表：用来设置幻灯片打印时的颜色。

⑦【份数】微调框：用来设置打印的份数。

5.8.3 演示文稿的打包

使用 PowerPoint 2010 提供的【打包成 CD】功能，在有刻录光驱的计算机上可以方便地将制作好的演示文稿及其链接的各种媒体文件一次性打包到 CD 上，轻松实现将演示文稿分发或转移到其他计算机上进行演示。创建完成的演示文稿打包为 CD，可按以下操作步骤进行：

步骤 1：启动 PowerPoint 2010 应用程序，打开已创建好的演示文稿。

步骤 2：选择【文件】→【保存并发送】命令，在中间窗格的【文件类型】选项区域中选择【将演示文稿打包成 CD】选项，并在右侧的窗格中单击【打包成 CD】按钮。

步骤 3：弹出【打包成 CD】对话框，在【将 CD 命名为】文本框中输入“计算机基础知识 CD”，单击【添加】按钮，如图 5-85 所示。

步骤 4：弹出【添加文件】对话框，选择【演示文稿 1】文件，单击【添加】按钮。

步骤 5：返回【打包成 CD】对话框，可以看到新添加的幻灯片，单击【选项】按钮，如图 5-86 所示。

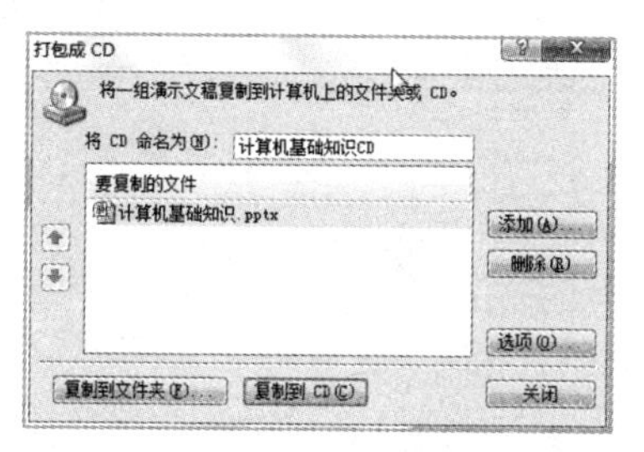

图 5-85 【打包成 CD】对话框

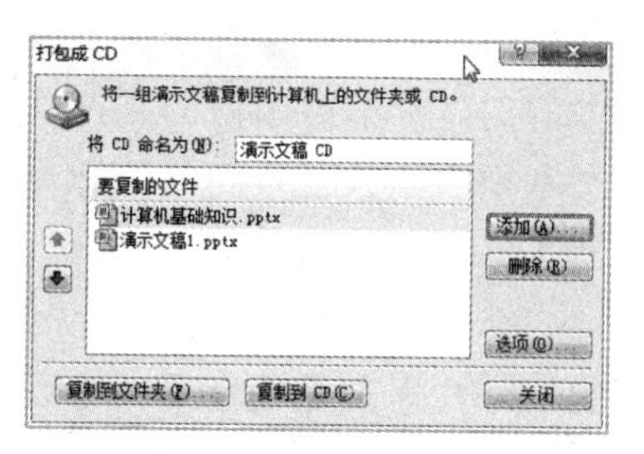

图 5-86 显示添加的演示文稿

步骤 6：单击【选项】按钮，弹出【选项】对话框，保持默认设置，单击【确定】按钮，如图 5-87 所示。

步骤 7：返回【打包成 CD】对话框，单击【复制文件夹】按钮，弹出【复制文件夹】对话框，在【位置】文本框中设置文件的保存路径，单击【确定】按钮，如图 5-88 所示。

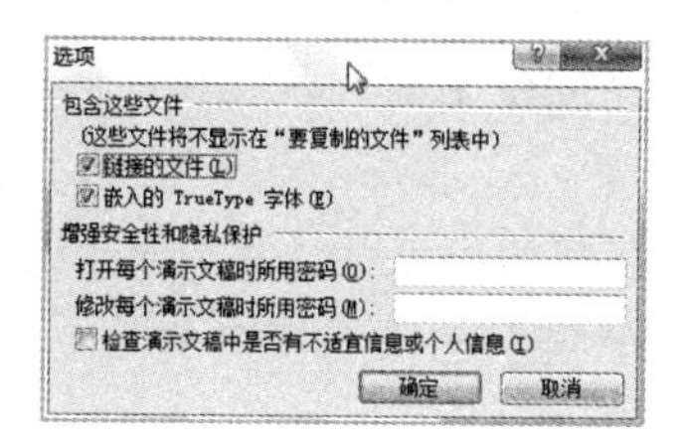

图 5-87 【选项】对话框

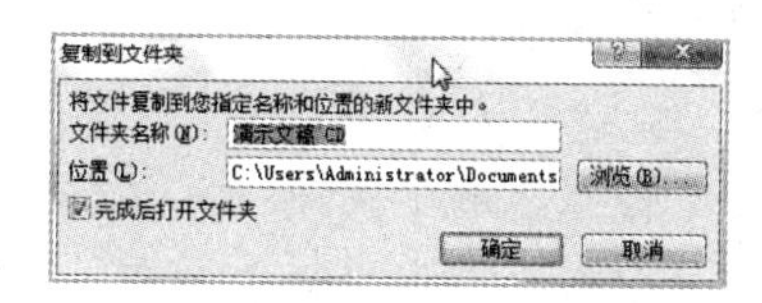

图 5-88 【复制到文件夹】对话框

步骤 8：自动弹出图 5-89 所示的提示对话框，单击【是】按钮。

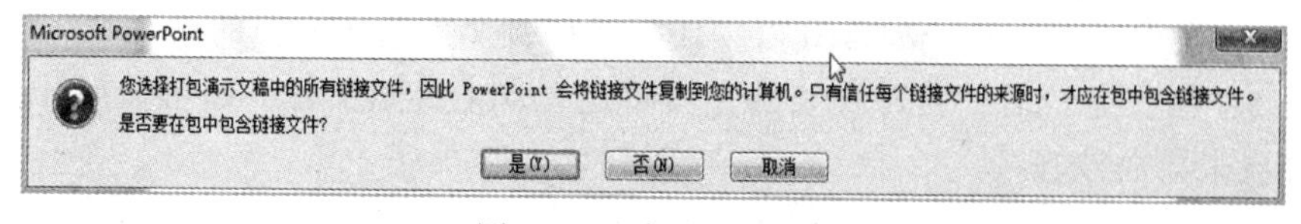

图 5-89 提示对话框

步骤 9：此时，系统将开始自动复制文件到文件夹，如图 5-90 所示。

步骤 10：打包完毕后，将自动打开保存的文件夹“计算机基础知识 CD”，将显示打包后的所有文件。

图 5-90 复制文件到文件夹的提示框

步骤 11：返回【打包成 CD】对话框，单击【关闭】按钮，关闭该对话框。

5.8.4 演示文稿的发布

发布幻灯片是指将 PowerPoint 2010 幻灯片存储到幻灯片库中，以达到共享和调用各个幻灯片的目的。发布演示文稿，可按以下操作步骤进行。

步骤 1：启动 PowerPoint 2010 应用程序，打开已经创建好的演示文稿。

步骤 2：选择【文件】→【保存并发送】命令，在中间窗格的【保存并发送】选项区域中选择【发布幻灯片】选项，并在右侧的【发布幻灯片】窗格中单击【发布幻灯片】按钮。

步骤 3：弹出【选择要发布的幻灯片】对话框，在中间的列表框中选中需要发布到幻灯片库中的幻灯片缩略图前的复选框，在【发布到】文本框中输入发布到的幻灯片库的位置，如图 5-91 所示。

步骤 4：单击【发布】按钮，此时即可在发布到的幻灯片库位置处查看发布后的幻灯片。

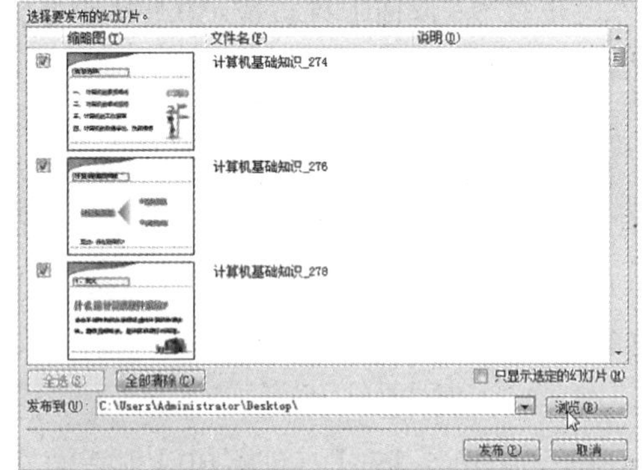

图 5-91 【选择要发布的幻灯片】对话框

5.8.5 视频文件的创建

PowerPoint 2010 还可以将演示文稿转换为视频内容，以供用户通过视频播放器播放该视频文件，实现与其他用户共享该视频。将演示文稿创建为视频，可按以下操作步骤进行：

步骤 1：启动 PowerPoint 2010 应用程序，打开已经创建好的演示文稿，将幻灯片中标记的墨迹删除。

步骤 2：选择【文件】→【保存并发送】命令，在中间窗格的【文件类型】选项区域中选择【创建视频】选项，并在右侧窗格的【创建视频】选项区域中设置显示选项和放映时间，单击【创建视频】按钮。

步骤 3：弹出【另存为】对话框，设置视频文件的名称和保存路径，单击【保存】按钮。

步骤 4：此时，PowerPoint 2010 窗口任务栏中将显示制作视频的进度。

步骤 5：制作完毕后，打开视频的存放路径，双击视频文件，即可使用计算机中的视频播放器来播放该视频。

5.8.6 其他格式的输出

演示文稿制作完成后，还可以将它们转换为其他格式的文件，如图片文件、幻灯片放映以及 RTF 大纲文件等，以满足用户多用途的需求。

1. 输出为图形文件

PowerPoint 支持将演示文稿中的幻灯片输出为 GIF、JPG、PNG、TIFF、BMP、WMF

以及 EMF 等格式的图形文件，这有利于用户在更大范围内交换或共享演示文稿中的内容。

在 PowerPoint 2010 中，不仅可以将整个演示文稿中的幻灯片输出为图形文件，还可以将当前幻灯片输出为图片文件。将演示文稿输出为 JPEG 格式的图形文件，可按以下操作步骤进行：

步骤 1：启动 PowerPoint 2010 应用程序，打开已经创建好的演示文稿。

步骤 2：选择【文件】→【保存并发送】命令，在中间窗格的【文件类型】选项区域中选择【更改文件类型】选项，并在右侧【更改文件类型】窗格的【图片文件类型】选项区域中选择【JPEG 文件交换格式】选项，单击【另存为】按钮。

步骤 3：弹出【另存为】对话框，设置存放路径，单击【保存】按钮。

步骤 4：此时系统会弹出提示对话框，供用户选择输出为图片文件的幻灯片范围，单击【每张幻灯片】按钮，如图 5-92 所示。

步骤 5：完成将演示文稿输出为图形文件，并弹出图 5-93 所示的提示框，提示用户每张幻灯片都以独立的方式保存到文件夹中，单击【确定】按钮。

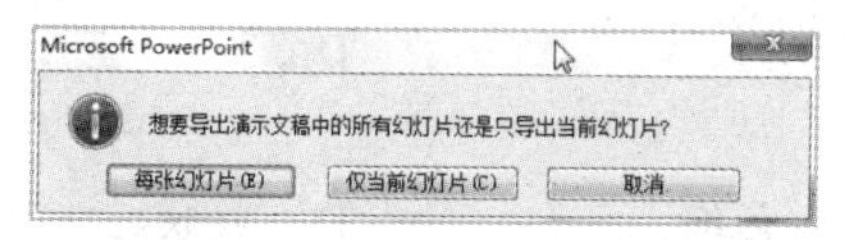

图 5-92　选择导出方式

图 5-93　完成提示框

步骤 6：在路径中双击打开保存的文件夹，此时幻灯片以图形格式显示在文件夹中。

步骤 7：双击某张图片，即可打开该图片，并查看其内容。

2. 输出为幻灯片放映

在 PowerPoint 中经常用到的输出格式还有幻灯片放映。幻灯片放映是将演示文稿保存为总是以幻灯片放映的形式打开演示文稿，每次打开该类型文件，PowerPoint 会自动切换到幻灯片放映状态，而不会出现 PowerPoint 编辑窗口。将演示文稿输出为幻灯片放映，可按以下操作步骤进行：

步骤 1：启动 PowerPoint 2010 应用程序，打开已经创建好的演示文稿。

步骤 2：选择【文件】→【保存并发送】命令，在中间空格的【文件类型】选项区域中选择【更改文件类型】选项，并在右侧【更改文件类型】窗格的【演示文稿文件类型】选项区域中选择【PowerPoint 放映】选项，单击【另存为】按钮。

步骤 3：弹出【另存为】对话框，设置文件的保存路径，单击【保存】按钮。

步骤 4：此时，即可将幻灯片输出为放映文件，在路径中双击该放映文件，可直接进入放映屏幕，放映文件。

3. 输出为大纲文件

PowerPoint 输出的大纲文件是按照演示文稿中的幻灯片标题及段落级别生成的标准 RTF 文件，可以被其他如 Word 等文字处理软件打开或编辑。将演示文稿输出为大纲文件，可按以下操作步骤进行：

步骤 1：启动 PowerPoint 2010 应用程序，打开已经创建好的演示文稿，选择【文件】→【另存为】命令。

步骤 2：打开【另存为】对话框，设置文件的保存路径，在【保存类型】下拉列表中选择【大纲/RTF 文件】选项，单击【保存】按钮。

步骤 3：此时，即可将幻灯片中的文本输出为大纲/RTF 文件，双击该文件，即可启动 Word 2010 应用程序，并可打开该兼容性文件。

习　题

一、选择题

1. PowerPoint 2010 制作的演示文稿是由若干张（　　）连续组成的文档。
   A. 幻灯片　　B. 投影片　　C. 文本　　D. Word 文档
2. 要进行幻灯片页面设置、主题选择，可以在（　　）选项卡中操作。
   A.【开始】　　B.【插入】　　C.【视图】　　D.【设计】
3. PowerPoint 2010 的视图方式有（　　）种，可以随时切换。
   A. 6　　B. 5　　C. 4　　D. 3
4. （　　）视图方式包括幻灯片视图和大纲视图。
   A. 普通　　B. 浏览　　C. 大纲　　D. 放映
5. 从当前幻灯片开始放映幻灯片的快捷键是（　　）。
   A.【Shift+F5】　　B.【Shift+F3】　　C.【Shift+F4】　　D.【Shift+F2】
6. 在幻灯片的（　　）视图中可以从整体上浏览所有幻灯片的效果。
   A. 普通　　B. 浏览　　C. 大纲　　D. 放映
7. PowerPoint 2010 文件的默认扩展名是（　　）。
   A. .pptx　　B. .pdf　　C. .ppt　　D. .docx
8. 要让 PowerPoint 2010 制作的演示文稿在 PowerPoint 2003 中放映，必须将演示文稿的保存类型设置为（　　）。
   A. PowerPoint 演示文稿（*.pptx）　　B. PowerPoint 97-2003 演示文稿（*.ppt）
   C. XPS 文档*.xps）　　D. Windows Media 视频（*.wmv）
9. 在进行幻灯片动画设置时，可以设置的动画类型有（　　）。
   A. 进入　　B. 强调　　C. 退出　　D. A、B、C 都是
10. 播放幻灯片中途若要退出幻灯片放映可按（　　）键退出。
    A.【Esc】　　B.【Home】　　C.【End】　　D.【Enter】
11. 【设置放映方式】对话框中没有的放映类型是（　　）。
    A. 演讲者放映　　B. 观众自行浏览　　C. 在展台浏览　　D. 定时放映
12. 将鼠标指针移到自选图形正上方的实心圆上单击，然后拖动鼠标图形进行（　　）。
    A. 向上调整大小　　B. 旋转　　C. 向下调整大小　　D. 整体调整大小
13. 单击【设计】选项卡的（　　）按钮可设置幻灯片大小、选定方向、选取幻灯片的起始页码等。
    A.【属性】　　B.【形状】　　C.【页面设置】　　D.【幻灯片方向】

14. 要在幻灯片中插入表格、图片、艺术字、视频、音频等元素时，应在（　　）选项卡中操作。

    A.【文件】　B.【开始】　C.【插入】　D.【设计】

15. 单击影片框播放幻灯片中的影片，再次单击，将会（　　）。

    A. 返回幻灯片　B. 暂停播放

    C. 没反应　D. 播放下一张幻灯片

16. 自动设置幻灯片放映时间间隔，应单击【幻灯片放映】选项卡中（　　）按钮。

    A.【排练计时】　B.【设置幻灯片放映】　C.【广播幻灯片】　D.【间隔设置】

17. 图表的显著特点是数据表中数据变化时，图表（　　）。

    A. 随之改变　B. 不出现变化

    C. 自然消失　D. 生成新图表，保留原图表

18. 单击【开始】选项卡中的【新建幻灯片】按钮后，新插入的幻灯片在当前幻灯片（　　）。

    A. 前　B. 后　C. 不确定　D. 不变

19. 按（　　）键并分别单击要删除的幻灯片后，直接按【Delete】键可将选定的多张幻灯片删除。

    A.【Shift】　B.【Esc】　C.【Ctrl】　D.【Delete】

20. 从第一张幻灯片开始放映幻灯片的快捷键是（　　）。

    A.【F2】　B.【F3】　C.【F4】　D.【F5】

二、判断题

1. PowerPoint 2010 如同 Office 2010 系列软件中所包含的其他应用程序一样，启动和运行方式基本相同。（　　）
2. 在 PowerPoint 2010 的“视图”选项卡中，演示文稿视图有普通视图、幻灯片浏览、备注页和阅读视图 4 种模式。（　　）
3. PowerPoint 2010 默认的显示方式是大纲视图。（　　）
4. 在大纲模式下可以方便地对幻灯片内容进行修改和调整。（　　）
5. PowerPoint 2010 可以直接打开 PowerPoint 2003 制作的演示文稿。（　　）
6. 在幻灯片浏览视图中可以对某个幻灯片进行编辑和修改。（　　）
7. 只要幻灯片不切换，幻灯片声音将一直播放下去。（　　）
8. 单击幻灯片上的图片时，可以启动 Word 程序。（　　）
9. PowerPoint 2010 功能区中的命令不能进行增加和删除。（　　）
10. 播放幻灯片中的影片时，单击影片，可将影片放大至全屏。（　　）

三. 简答题

1. 什么是占位符？什么是文本框？它们各自的区别是什么？
2. 幻灯片母版的作用是什么？
3. 在幻灯片中插入超链接与插入动作按钮的区别是什么？
4. 将演示文稿进行打包的作用是什么？

第6章

会声会影视频编辑 «<

会声会影是一套操作简单、功能强悍的DV和HDV影片剪辑软件，它不仅完全符合家庭或个人所需的影片剪辑功能，甚至可以挑战专业级的影片剪辑软件。使用会声会影可以轻松制作出视频影片，随时随地实现数据共享。

通过本章内容的学习，能够了解视频的相关理论知识；了解会声会影工作界面的组成及操作，掌握视频编辑的基本制作流程、对象元素的添加、滤镜及转场特效的设置等知识。

6.1 视频编辑的基础知识

6.1.1 视频的制式

在制作视频之前，要清楚地知道所需制作的视频制式。由于各个国家对视频制定的标准不同，其制式也有一定的区别。制式的区分主要在于场频、分辨率、信号带宽及载频、彩色信息的表述等不同。

1. NTSC制式

NTSC即正交平衡调幅制式，是美国在1953年12月首先研制成功的，并以美国国家电视系统委员会（National Television System Committee）的缩写命名。这种制式的色度信号调制特点为平衡正交调幅制，即包括了平衡调制和正交调制两种。虽然解决了彩色电视和黑白电视广播相互兼容的问题，但存在相位容易失真、色彩不太稳定的缺点。NTSC制式主要在美国、加拿大等大部分西半球国家，以及日本、韩国等国家采用。

2. PAL制式

PAL即正交平衡调幅逐行倒相制式，是为了克服NTSC制式对相位失真的敏感性，于1962年由联邦德国在综合NTSC制式的技术成就基础上研制出来的一种改进方案。PAL（Phase Alteration Line，逐行倒相）对同时传送的两个色差信号中的一个色差信号采用逐行倒相，另一个色差信号进行正交调制方式。如果在信号传输过程中发生相位失真，则会由相邻两行信号的相位相反起到互相补偿作用，从而有效地克服了因相位失真而引起的色彩变化。这种制式主要在英国、中国、澳大利亚、新西兰等地采用。

6.1.2 视频的术语

在进行视频编辑前，应先了解视频编辑的常用专业术语与技术名词，才能在视频剪辑中更加得心应手。

1．帧与帧速率

视频是由一幅幅静态画面所组成的图像序列，而组成视频的每一幅静态图像便被称为“帧”。也就是说，帧是视频内的单幅影像画面，相当于电影胶片上的每一格影像。在播放视频的过程中，播放效果的流畅程度取决于静态图像在单位时间内的播放数量，即“帧速率”，其单位为 fps（帧/秒）。

要生成平滑连贯的动画效果，帧速率一般不小于 8。

① 在电影中，帧速率为 24 fps，严格来说，在电影中应称之为每秒 24 格。

② PAL 制：帧速率为 25 fps，即每秒 25 幅画面。

③ NTSC 制：帧速率为 30 fps，即每秒 30 幅画面。

④ 网络视频：帧速率为 15 fps，即每秒 15 幅画面。

2．场

场就是场景，是各种活动的场面，由人物活动和背景等构成。影视作品中需要很多场景，并且每个场景的对象可能都不同，且要求在不同场景中跳转，从而将多个场景中的视频组合成一系列有序的、连贯的画面。

3．分辨率和像素

分辨率和像素都是影响视频质量的重要因素，它们与视频的播放效果有密切联系。

像素：在电视机、计算机显示器及其他相类似的显示设备中，像素是组成图像的最小单位，而每个像素则由多个不同颜色的点组成。

分辨率：是指屏幕上像素的数量，通常用“水平方向像素数量×垂直方向像素数量”的方式来表示。

4．画面宽高比与像素宽高比

画面宽高比：拍摄或制作影片的长度和宽度之比，主要包括 4:3 和 16:9 两种，由于后者的画面更接近人眼的实际视野，所以应用更为广泛。

像素宽高比：在平面软件所建立的图像文件中像素比基本为 1，电视上播放的视频像素比基本不为 1。

5．镜头

后期制作中，将拍摄的视频进行剪辑或与其他视频段组接，在这一过程中，通过剪辑后得到的每个视频片段，被称为“镜头”。

6．转场

场景与场景之间的过渡或转换，称为“转场”。在会声会影中，常见的转场有交叉淡化、淡化到黑场、闪白等。

7．视频轨与覆叠轨

视频轨与覆叠轨是会声会影中的专有名词。在会声会影中有 1 个视频轨、20 个覆叠轨。

视频轨：视频轨是会声会影中添加视频、图像、色彩的轨道。

覆叠轨：覆叠轨是覆盖叠加的轨道，是制作画中画视频的关键。

8．视频的时间码

视频时间码是摄像机在记录图像信号时，针对每一幅图像记录的唯一时间编码。也就是在拍摄 DV 影像时，准确地记录视频拍摄的时间。

9．项目

项目是指进行视频编辑等加工操作的文件，如照片、视频、音频、边框素材及对象素材等。

10．素材

在会声会影中可以进行编辑的对象称为“素材”，如照片、视频、声音、标题、色彩、对象、边框及 Flash 动画等。

6.1.3 视频的格式

视频的文件格式有很多种，比较常见的视频文件格式包括 AVI、WMV、3GP、FLV、MPEG、RM 等，下面将对一些主要的视频文件格式分别进行介绍。

1．AVI 视频格式

AVI（Audio Video Interleaved，音频视频交错）是由微软公司发表的视频格式，该格式调用方便、图像质量好，压缩标准可任意选择，是应用最广泛的格式。

2．WMV 视频格式

WMV 是一种独立于编码方式的在 Internet 上实时传播多媒体的技术标准，微软公司希望用其取代 QuickTime 之类的技术标准以及 WAV、AVI 之类的文件扩展名。WMV 的主要优点在于：可扩充的媒体类型、本地或网络回放、可伸缩的媒体类型、流的优先级化、多语言支持、扩展性等。

3．3GP 视频格式

3GP 是一种 3G 流媒体的视频编码格式，主要是为了配合 3G 网络的高传输速率而开发的，也是目前手机中最为常见的一种视频格式。

简单地说，该格式是“第三代合作伙伴项目”（3GPP）制定的一种多媒体标准，使用户能使用手机享受高质量的视频、音频等多媒体内容。其核心由包括高级音频编码（AAC）、自适应多速率（AMR）和 MPEG-4 和 H.263 视频编码解码器等组成，目前大部分支持视频拍摄的手机都支持 3GPP 格式的视频播放。

4．FLV 视频格式

FLV（FLASH VIDEO）流媒体格式是一种新的视频格式。由于它形成的文件极小、加载速度极快，使得网络观看视频文件成为可能，它的出现有效地解决了视频文件导入 Flash 后，导出的 SWF 文件体积庞大，不能在网络上很好地使用等缺点。

5．MPEG 格式

MPEG 视频格式包括 MPEG-1、MPEG-2 和 MPEG-4 在内的多种格式。MPEG 格式的视频文件其用途非常广泛，可用于多媒体、PPT 幻灯片演示中。

MPEG-1：该格式是用户接触最多的格式，一般广泛应用在 VCD 制作以及一些网络

视频片段的下载中。一般情况下，VCD 都是以 MPEG-1 格式压缩的。

MPEG-2：该格式主要用在 DVD 制作方面，主要编辑、处理一些高清晰电视广播和一些高要求的视频。

MPEG-4：它是一种新的压缩算法，利用这种算法的 ASF 格式可以把一部 120 min 长的电影压缩到 300 MB 左右。

6. Real Video 格式

Real Video 格式是一种新型流式视频文件格式，主要用来在低速率的广域网上实时传输活动视频影像，可以根据网络数据传输速率的不同而采用不同的压缩比率，从而实现影像数据的实时传送和实时播放。其典型的文件扩展名为“.rm”“.rmvb”。

6.2 工作界面的基本组成

6.2.1 初识工作界面

会声会影特有的工作界面可以让学习者清晰而快速地完成影片的编辑工作。会声会影的工作界面由步骤面板、菜单栏、预览窗口和导览面板、素材库、选项面板、工具栏、时间轴组成，如图 6-1 所示。

图 6-1 会声会影的工作界面

（1）步骤面板

使用会声会影剪辑影片可分成 3 个步骤，分别为捕获、编辑和分享，如图 6-2 所示。

图 6-2 步骤面板

【捕获】：在【捕获】步骤面板中，可以将视频源中的影片或图像素材捕获到计算机中。

【编辑】：【编辑】步骤面板是会声会影的核心部分。在该面板中可以管理、编辑视频素材，也可以为视频添加滤镜及转场效果。

【分享】：影片制作完成后，通过【分享】步骤面板可以创建视频文件，或将影片输出到网络、DVD 中。

（2）菜单栏

会声会影的菜单栏包括文件、编辑、工具及设置菜单，它包含了视频编辑的最基本命令，如图 6-3 所示。

图 6-3　菜单栏

（3）预览窗口与导览面板

预览窗口和导览面板用于预览和编辑项目文件中的素材，使用修整标记和擦洗器可以编辑素材，单击【播放修整后的素材】按钮可以预览当前视频效果，如图 6-4 所示。

图 6-4　预览窗口和导览面板

（4）素材库

素材库用于保存和管理各种素材文件，其中包括视频、图像、音频 3 类媒体素材，还包括转场、标题、滤镜、图形、路径等，如图 6-5 所示。

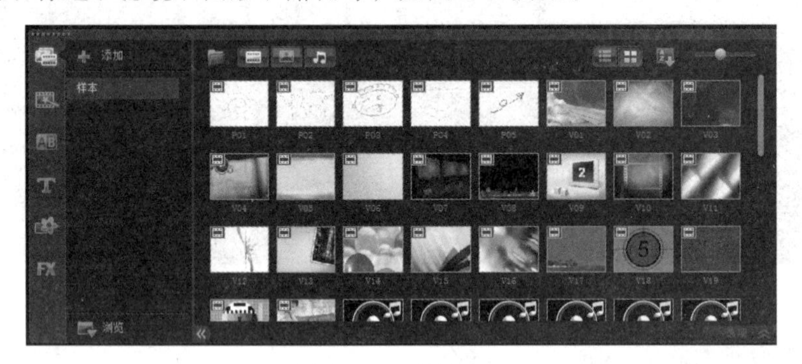

图 6-5　素材库

（5）选项面板

选项面板用于设置视频或素材的属性。面板的内容根据素材类型及素材所在轨道的不同而不同，如图 6-6 所示为视频素材的选项面板。

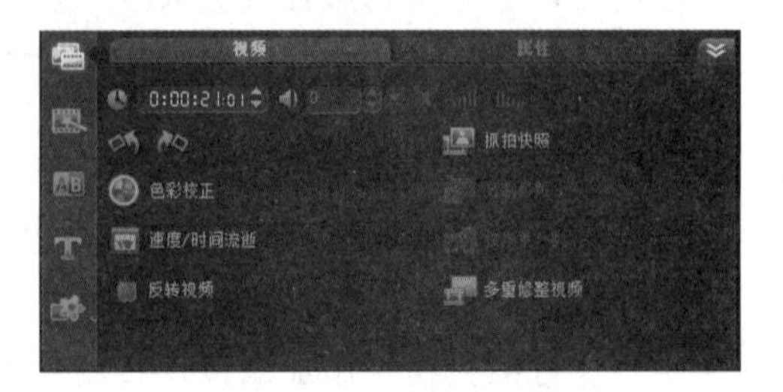

图 6-6　选项面板

（6）工具栏

通过工具栏，用户可以方便、快捷地访

间编辑按钮，还可以在“项目时间轴”上放大和缩小项目视图，以及启动不同工具以进行有效的编辑，如图 6-7 所示。

图 6-7　工具栏

（7）时间轴

时间轴是添加、编辑素材的地方，时间轴中包括了视频轨、覆叠轨、标题轨、声音轨和音乐轨等，如图 6-8 所示。

图 6-8　时间轴

6.2.2　自定义工作界面

在会声会影中，用户可以根据自己的习惯和喜好任意拖动调整各个面板的大小或位置，也可以单独浮动面板，享用更宽广的剪辑环境。

将界面进行修改后，可以将其保存下来，方便日后的调用。

如果想恢复默认界面，选择【设置】→【布局设置】→【切换到】→【默认】命令，或者按【F7】键，也可将界面恢复至默认的状态。

预览窗口默认的背景色为黑色，用户也可以根据需要修改预览窗口的背景色。操作步骤如下：

① 选择【设置】→【参数选择】命令。

② 弹出【参数选择】对话框，在【预览窗口】选项区域单击背景色色块，如图 6-9 所示。

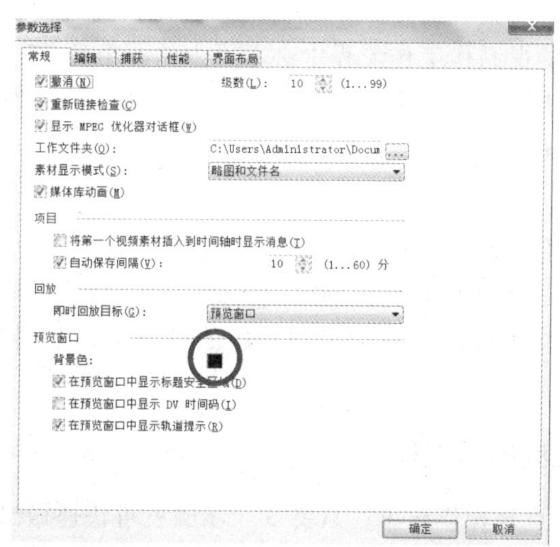

图 6-9　单击色块

③ 在弹出的列表中可以选择不同的颜色，或者单击【Corel 色彩选取器】、【Windows 色彩选取器】按钮，可自定义更多颜色。

6.3 视频编辑的制作流程

了解视频编辑流程，能更快、更准确地进行视频编辑操作。会声会影与常见的视频编辑流程略有不同。

6.3.1 常见的视频编辑制作流程

这里所讲的常见视频编辑是指非线性编辑，任何非线性编辑的工作流程都可以简单地看成输入、编辑、输出 3 个步骤。由于不同软件功能的差异，其使用流程还可以进一步细化。

1. 素材采集

模拟视频、音频信号转换成数字信号存储到计算机中，或者将外部的数字视频存储到计算机中，成为可以处理的素材。输入主要是把其他软件处理过的图像、声音等输入到软件中。

2. 基本编辑

① 素材剪辑：对采集来的素材在相应的视频编辑软件中进行剪切、复制、粘贴等，从而获取有用的镜头片段。

② 素材排列：对镜头进行重新组合、排列，改变镜头之间的组接顺序。

3. 特效编辑

① 场景过渡：利用镜头之间的自然过渡来衔接两个场景，为了体现不同的视觉效果和叙事要求，需要使用特技转场来连接两个场面。

② 特效处理：通过对素材添加滤镜、控制时间的快慢等特效处理，使视频呈现出精彩炫酷的效果。

③ 合成：合成是影视制作工作流程中必不可少的一个环节，是指将多个层上的画面混合，通过修改透明度、遮罩等操作叠加成单一复合画面的处理过程。同时还包括了音频的合成、字幕的合成等。

4. 节目输出

① 节目的生成：经过剪辑、添加特效、转场、音视频合成、字幕合成等步骤之后，编辑的最终效果就体现在视频编辑软件的时间线窗口中，然后将其生成为最终视频。

② 节目的输出：将生成的视频输出到相应的设备中，不同的设备所需的视频格式不同。

6.3.2 会声会影的视频编辑流程

会声会影主要的特点是操作简单，只要 3 个步骤就可快速做出 DV 影片，入门新手也可以在短时间内体验影片剪辑。

1．捕获

在【捕获】面板中，可以从摄影机或其他视频源中捕获媒体素材，将其导入到计算机中，该步骤允许捕获和导入视频、照片和音频素材。

2．编辑

【编辑】步骤是会声会影视频编辑过程中最重要的一步，在【编辑】面板中可以对素材进行排列、编辑、修整视频素材，添加覆叠素材、转场特效、视频滤镜、字幕和音频等效果，使影片精彩纷呈、丰富多彩。

3．输出

在“输出”面板中可以选择将影片输出为视频或单独的音频文件保存到计算机中。也可以选择将视频共享到网络上、刻录成光盘等。会声会影提供了多种输出选项，可以根据不同的需要来创建影片。

6.4 视频编辑的基本操作

6.4.1 了解视图模式

会声会影提供了 3 种视图模式，分别为时间轴视图、故事板视图和混音器视图，用户可以在不同的情况下使用不同的视图模式。

1．时间轴视图

时间轴视图是会声会影默认的也是最常用的编辑模式，在时间轴视图中可以粗略地浏览素材的内容。时间轴中的素材可以是视频文件、静态图像、声音文件或者转场效果及标题等。还可以根据素材在每条轨道上的位置，准确地显示事件发生的时间及位置，如图 6-10 所示。

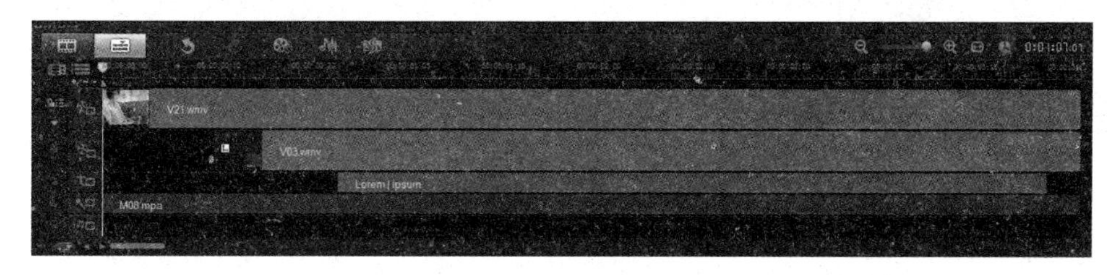

图 6-10　时间轴视图

2．故事板视图

故事板视图的编辑模式是会声会影提供的一种简单明了的视频编辑模式。故事板中的每个缩略图都代表影片中的一个事件。事件可以是视频素材，也可以是静态图像，如图 6-11 所示。

缩略图按项目中事件发生的顺序显示，可以拖动缩略图重新进行排列。在缩略图的底部显示了素材的区间。此外，在故事板视图中选择某一素材后，可以在导览面板中对其进行修整。

图 6-11　故事板视图

3. 混音器视图

混音器视图可以通过混音面板实时调整项目中音频轨的音量，以及音频轨中特定的音量，如图 6-12 所示。

图 6-12　混音器视图

6.4.2　项目基本操作

在会声会影中，项目是指进行视频编辑等加工操作的文件。项目文件的格式是 VSP，是会声会影特有的视频格式。下面介绍关于项目文件的基本操作，包括项目的新建、保存及打开等操作。

1. 新建项目文件

启动会声会影后，系统会自动新建一个项目文件。若须另外新建项目文件，则选择【文件】→【新建项目】命令即可。

2. 新建 HTML 项目

HTML 项目为网页项目文件，新建的 HTML 项目文件输出后将以网页的形式保存。

① 选择【文件】→【新建 HTML5 项目】命令，在弹出的提示对话框中，单击“确定”按钮。

② 即新建一个 HTML5 项目，该项目文件的时间轴与默认的项目文件时间轴不同。

3. 在项目中插入素材

新建项目文件后，即可在项目文件中制作视频。视频制作的第一步就是在项目时间轴中插入素材。插入素材到项目文件中方法有多种。

方法 1：在素材库中选择素材，单击并拖动到时间轴中，释放鼠标即可在时间轴中插入素材。

方法 2：在时间轴空白区域右击，在弹出的快捷菜单中选择【插入照片】命令。

方法 3：选择【文件】→【将媒体文件插入到时间轴】→【插入照片】命令，在弹出的【浏览照片】对话框中选择需要的素材，单击【打开】按钮即可将素材插入到时间轴中。

4．打开项目文件

用户可打开已保存的项目文件，通过编辑该文件中所有的素材，渲染生成新的影片。

① 双击项目文件图标即可打开项目文件；

② 或者选择【文件】→【打开项目】命令，在弹出的对话框中选择需要的项目文件即可。

5．保存项目文件

新建的项目文件是临时存储且未命名的，因此需要用户对项目保存并命名，以方便下次快速找到项目文件。

① 选择【文件】→【保存】命令。

② 在弹出的【另存为】对话框中设置文件的保存路径及文件名称，单击【保存】按钮即可保存项目文件。

6．另存项目文件

对当前编辑完成的项目文件进行保存后，若需要将文件进行备份，只须另外存储一份项目文件即可。

① 选择【文件】→【另存为】命令。

② 在弹出的【另存为】对话框中设置文件的保存路径及文件名称，单击【保存】按钮即可保存备份项目文件。

7．保存为模板

将项目文件制作完成后，还可以将其保存为模板，保存的项目模板可以在即时项目中找到，方便下次直接调用。

① 制作完影片后，选择【文件】→【导出为模板】命令，在弹出的提示对话框中单击“是”按钮。

② 在弹出的【另存为】对话框中设置文件的保存路径及文件名称，单击【保存】按钮即可。

8．保存为智能包

在制作影片时，经常需要从不同的文件夹中添加素材，当文件名称或文件路径发生修改时，程序就无法链接到该素材，程序会弹出【重新链接】对话框。此时就需要重新链接素材，为避免这种情况的发生，就可以在保存项目文件时将项目保存为智能包。

智能包的用处就是将项目文件中使用的所有素材整理到指定的文件夹中。即使是在另外一台计算机上编辑此项目，只要打开这个文件夹中的项目文件，素材就会自动链接。

① 在会声会影中编辑项目后，选择【文件】→【智能包】命令，在弹出的提示对话框中单击【是】按钮。

② 在弹出的【另存为】对话框中设置文件的保存路径及文件名称，单击【保存】按钮。

③ 弹出【智能包】对话框，选择打包类型，选中【文件夹】或【压缩文件】单选按钮。

④ 选择默认选项，单击【确定】按钮，项目进行压缩后弹出提示对话框。

⑤ 单击【确定】按钮即可。找到项目保存的路径，此时可以看到所有素材文件打包为一个文件夹。

6.4.3 设置参数属性

为了成倍提高工作效率，在制作影片前应对参数属性进行相应设置，如设置默认项目保存的路径、默认的素材区间等。

在会声会影中选择【设置】→【参数选择】命令，在弹出的【参数选择】对话框中进行常规参数的设置，如图 6-13 所示。

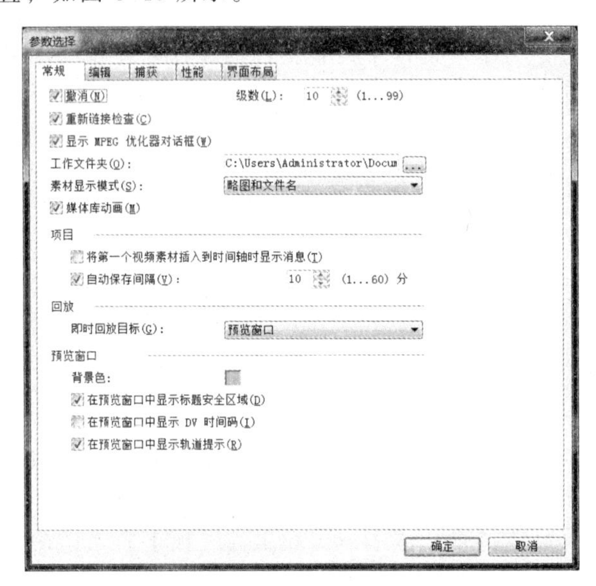

图 6-13 【参数选择】对话框

下面对常规选项中的各参数进行介绍：

①【撤销】：勾选该复选框后可在操作的过程对上一步操作进行撤销操作。

②【级数】：设置可撤销的步骤次数，数值范围在 1～99。撤销的级数越大占用系统的内存越多，因此在设置时应选用一个合适的数值。

③【重新链接检查】：勾选该复选框后，则自动对项目中的素材进行链接检查，若移动素材在计算机中的路径或改变素材的名称，会弹出提示对话框提示无法链接素材。

④【工作文件夹】：当新建的项目未进行保存时，程序默认临时将文件放置在该文件夹内。当非正常关闭软件后，重新打开软件则会弹出对话框，提示是否恢复项目。

⑤【素材显示模式】：用于设置时间轴上的素材显示方式，包括【仅略图】、【仅文件名】、【略图和文件名】，默认以略图和文件名显示。

⑥【媒体库动画】：勾选该复选框可启用媒体库中的媒体动画。

⑦【将第一个视频素材插入到时间轴时显示消息】：会声会影在检测到插入的视频素材的属性与当前项目的设置不匹配时显示提示信息。

⑧【自动保存间隔】：设置自动保存的时间，数值范围为1～60 min。

⑨【实例回放目标】：设置回放项目的目标设备。提供了3个选项，用户可以同时在预览窗口和外部显示设备上进行项目的回放。

⑩【背景色】：可以修改预览窗口的背景颜色。

⑪【在预览窗口中显示标题安全区域】：勾选此复选框，在创建标题时，预览窗口中显示标题安全框，只要文字位于此矩形框内，标题就可完全显示出来。

⑫【在预览窗口中显示DV时间码】：DV视频回放时，可预览窗口上的时间码，这就要求计算机的显卡必须是兼容VMR的。

⑬【在预览窗口中显示轨道提示】：选择不同覆叠轨道的素材，在预览窗口的左上角会显示轨道名称。

习 题

一、选择题

1. 下列不是会声会影时间轴视图模式的是（　　）。

   A. 故事板视图　　B. 时间轴视图　　C. 混音器视图　　D. 缩略视图

2. 会声会影时间轴上有（　　）种轨道。

   A. 2　　B. 3　　C. 5　　D. 6

3. 下列不属于装饰选项中的是（　　）。

   A. 边框　　B. 对象　　C. 动画　　D. 滤镜

4. 在会声会影中，转场的默认区间是（　　）s。

   A. 3　　B. 1　　C. 2　　D. 5

5. 在会声会影中，图像和色彩素材的默认区间是（　　）s。

   A. 3　　B. 2　　C. 4　　D. 5

6. 在会声会影中，转场的区间取值范围是（　　）s。

   A. 1～1000　　B. 1～999　　C. 5～999　　D. 0.1～999

7. 在会声会影中，撤销和重复最多可执行多少（　　）步。

   A. 100　　B. 120　　C. 50　　D. 99

8. 在会声会影中，最多可以添加（　　）个覆叠轨。

   A. 4　　B. 5　　C. 6　　D. 7

9. 在会声会影中，最多可以添加（　　）个标题轨。

   A. 1　　B. 2　　C. 3　　D. 4

10. 在会声会影中，区间的大小顺序是（　　）。

    A. 时：分：秒：帧　　B. 帧：时：分：秒

    C. 时：分：帧：秒　　D. 时：帧：分：秒

11. 会声会影的项目文件扩展名是（　　）。
A. .dos　　B. .vsp　　C. .abd　　D. .uvp
12. 会声会影中，绘图创建器所创建的动画文件的扩展名是（　　）。
A. .vsp　　B. .doc　　C. .uvp　　D. .txt
13. 下列描述错误的是（　　）。
A. 视频素材只能放到视频轨上
B. 色彩也属于一种素材
C. 声音轨可以放置音乐
D. 可以在同一个素材上面使用多个滤镜特效
14. 按钮在会声会影中的作用是（　　）。
A. 将飞梭栏移动到起始帧　　B. 将飞梭栏移动到上一帧
C. 将飞梭栏移动到下一帧　　D. 将飞梭栏移动到结束帧
15. 按钮在会声会影中的作用是（　　）。
A. 复制素材　　B. 删除素材　　C. 剪辑素材　　D. 粘贴素材
16. 按钮在会声会影中的作用是（　　）。
A. 加载素材　　B. 创建素材库
C. 打开素材库　　D. 插入素材到轨道上
17. 按钮在会声会影中的作用是（　　）。
A. 插入素材到轨道上　　B. 创建素材库
C. 打开素材库　　D. 加载素材
18. 下列描述正确的是（　　）。
A. 图片素材只能在视频轨上使用　　B. 色彩素材不可以在覆叠轨上使用
C. 视频素材可以在覆叠轨和视频轨上使用　　D. 声音轨不能放置音乐
19. 下列描述错误的是（　　）。
A. 在会声会影中可以导入视频、图片、音乐
B. 在会声会影中可以导入新的转场效果
C. 在会声会影中不能录音
D. 在会声会影中不能同时在视频轨上的两个素材间使用 2 个转场
20. 在覆叠轨上（　　）可去掉对比度素材较高的背景。
A. 运用色度键　　B. 运用色彩校正　　C. 运用素材剪辑　　D. 运用素材分割

二、简答题

1. 与其他视频编辑软件相比较，会声会影的优缺点有哪些？
2. 会声会影视频制作的基本步骤有哪些？
3. 我国的视频制式是什么？常用的视频格式有哪些？它们各自的特点是什么？
4. 会声会影的轨道有哪几大种类？各个轨道的作用及效果是什么？

第7章 Photoshop图像处理

Photoshop是美国Adobe公司旗下最为著名的图像处理软件之一，被誉为“图像处理大师”，它的功能十分强大且使用方便，毫不夸张地说，凡是有图像的地方，基本都能找到Photoshop的影子。

通过本章内容的学习，能够了解图像处理的相关理论知识；了解 Photoshop 工作界面的组成及操作，掌握图像的基本操作、工具箱中工具的使用、选区的创建、路径的使用及蒙版的应用等知识。

7.1 图像处理的基础知识

7.1.1 图像的基本分类

图像文件可以分为两大类：位图和矢量图。在绘图或处理图像的过程中，这两种类型的图像可以相互交叉使用。

1. 位图

位图图像也称点阵图像，它是由许多单独的小方块组成的，这些小方块又称像素点，每个像素点都有特定的位置和颜色值，位图图像的显示效果与像素点是紧密联系在一起的，不同排列和着色的像素点组合在一起即构成一幅色彩丰富的图像。像素点越多，图像的分辨率越高，相应地，图像的文件也就越大。

一幅位图图像的原始效果如图7-1所示，使用放大镜工具放大后，可以清晰地看到像素的小方块形状与不同的颜色，如图7-2所示。

图7-1 位图图像

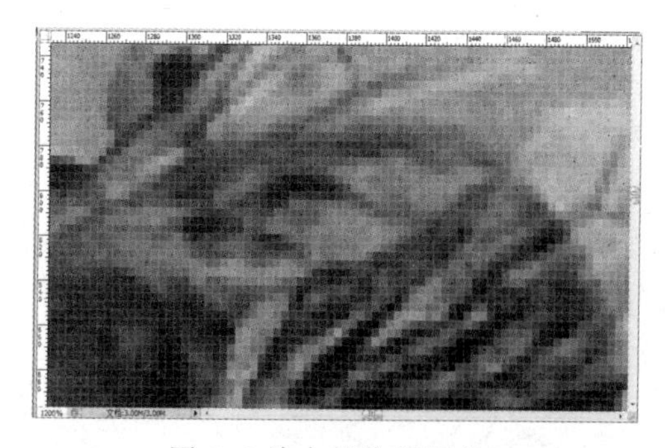

图7-2 放大的位图图像

位图与分辨率有关，如果在屏幕上以较大的倍数放大显示图像，或以低于创建时的分辨率打印图像，图像就会出现锯齿状的边缘，并且会丢失细节。

2. 矢量图

矢量图也称向量图，它是一种基于图形的几何特征来描述的图像。矢量图中的各种图形元素称为对象，每一个对象都是独立的个体，都具有大小、颜色、形状、轮廓等属性。

矢量图与分辨率无关，可以将它设置为任意大小，其清晰度不变，也不会出现锯齿状的边缘。在任何分辨率下显示或打印，都不会损失细节。

矢量图所占的容量较少，但这种图形的缺点是不易制作色调丰富的图像，而且绘制出来的图形无法像位图那样精确地描绘各种绚丽的景象。

7.1.2 图像的分辨率

分辨率是用于描述图像文件信息的术语。分辨率分为图像分辨率、屏幕分辨率和输出分辨率。

1. 图像分辨率

图像分辨率也称图像解析度，不过更为通俗的名称应该为图像的“清晰度”。也就是说，一幅图像的分辨率越高，就意味着这幅图像的清晰度越大，反之亦然。

2. 屏幕分辨率

屏幕分辨率是显示器上每单位长度显示的像素数目。屏幕分辨率取决于显示器大小及像素设置，PC 显示器的分辨率一般约为 96 像素/英寸，Mac 显示器的分辨率一般约为 72 像素/英寸。在 Photoshop 中，图像像素被直接转换成显示器像素，当图像分辨率高于显示器分辨率时，屏幕中显示的图像比实际尺寸大。

3. 输出分辨率

输出分辨率是照相机或打印机等输出设备产生的每英寸的油墨点数（dpi）。打印机的分辨率在 720dpi 以上的，可以使图像获得比较好的效果。

4. 常用的图像分辨率

图像的分辨率主要应用于屏幕显示和打印输出。不同用途的图像，对它们也有不同的分辨率要求，如表 7-1 所示。

表 7-1 常用的图像分辨率

用　途	举例说明	图像分辨率参考
屏幕显示	网页、幻灯片、电子书、计算机桌面	72 ppi
打印输出	一般打印：黑白样稿、办公文件打印等	100～200 ppi
	精确打印：彩色照片等	300 ppi
	彩色印刷：宣传册、书籍封面和彩色插页等	300～350 ppi
	黑白印刷：报刊、杂志内页等	100～200 ppi
	喷绘机输出：大幅喷绘广告	9～45 ppi
	写真机输出：宣传栏中的宣传海报等	72 ppi

7.1.3 图像的色彩模式

Photoshop 提供了多种色彩模式，这些色彩模式正是作品能够在屏幕和印刷品上成功表现的重要保障。这些模式都可以在模式菜单下选取，每种色彩模式都有不同的色域，

并且各个模式之间可以转换。

1. CMYK 模式

CMYK 代表了印刷上用的 4 种油墨颜色：C 代表青色，M 代表洋红色，Y 代表黄色，K 代表黑色。CMYK 模式在印刷时应用了色彩学中的减法混合原理，即减色色彩模式，它是图片、插图和其他 Photoshop 作品中最常用的一种印刷方式，如图 7-3 所示。

2. RGB 模式

与 CMYK 模式不同的是，RGB 模式是一种加色模式，它通过红、绿、蓝 3 种色光相叠加而形成更多的颜色。RGB 模式应是最佳的选择，因为它可以提供全屏的多边 24 bit 的色彩范围，一些计算机领域的色彩专家称之为“True Color（真色彩）”显示，如图 7-4 所示。

3. 灰度模式

当一个彩色文件被转换为灰度模式文件时，所有的颜色信息都将从文件中丢失。尽管 Photoshop 允许将一个灰度文件转换为彩色模式文件，但不可能将原来的颜色完全还原。所以当要转换灰度模式时，应先做好图像的备份。灰度图又称 8 bit 深度图，每个像素用 8 个二进制位表示。

与黑白照片一样，一个灰度模式的图像只有明暗值，没有色相饱和度的颜色信息。0%代表白色，100%代表黑色，如图 7-5 所示。

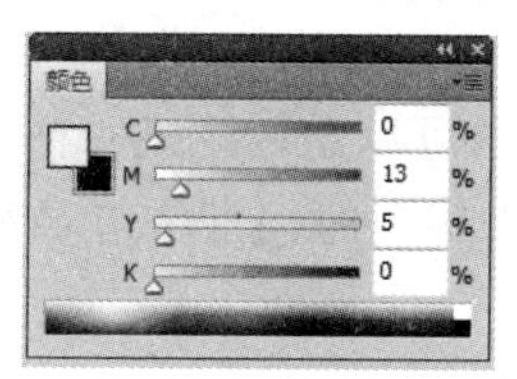

图 7-3　CMYK 模式

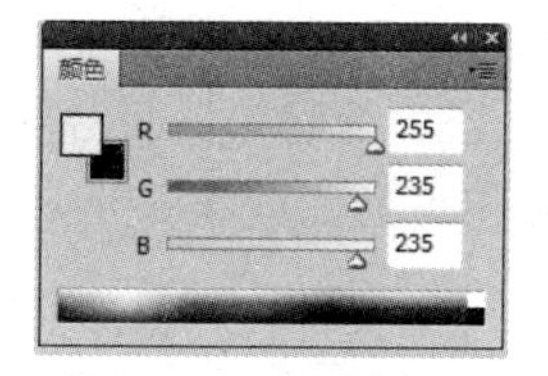

图 7-4　RGB 模式

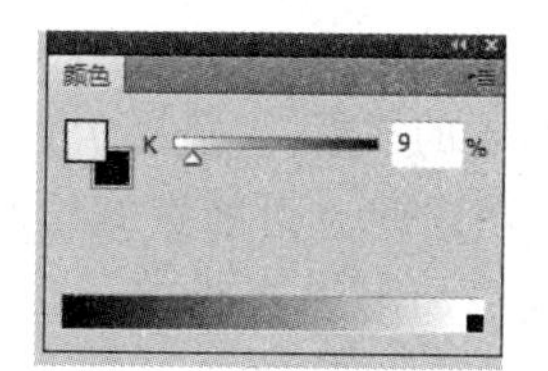

图 7-5　灰度模式

7.1.4　图像的常用格式

1. BMP 格式

BMP（Bitmap，位图）格式用于 PC 上图像的显示和存储，支持任何运行在 Windows 下的软件。BMP 位图文件默认的文件扩展名是.bmp。文件可以包含每个像素 1 位、4 位、8 位或 24 位的图像。

2. GIF 格式

GIF（Graphics Interchange Format，图形交换格式）文件格式是 CompuServer 公司开发的图像文件存储格式，用于大多数 PC 和许多 UNIX 工作站。GIF 文件采用数据块来存储图像的相关数据，并采用了 LZW 压缩算法减少图像尺寸。还可在一个文件中存放多幅彩色图形、图像，这些图形、图像可以像幻灯片那样显示或像动画那样演示。GIF 文件扩展名为.gif。

3. TIFF 格式

TIFF（Tagged Image File Format，标签图像文件格式）是存储扫描的点阵图像（如照片）的标准方法，所占空间比 GIF 格式大，主要用于分色印刷和打印输出。TIFF 文件扩展名为.tiff 或.tif。

4. JPEG 格式

JPEG（Joint Photographic Experts Group，图像专家联合组）格式是以 JPEG 压缩方式产生的图像文件，属 RGB 真彩色格式。JPEG 压缩方式一般可压缩图像 20%左右，支持 Macintosh、PC 和工作站上的软件。JPEG 是最常用的图像文件格式，其扩展名为.jpg 或.jpeg。

5. PNG 格式

PNG（Portable Network Graphic，可移植的网络图像）是为了适应网络数据传输而设计的位图文件存储格式。PNG 文件一般应用于 Java 程序中，或网页或 S60 程序中，是因为它压缩比高，生成文件容量小。其扩展名为.png。

6. PSD 格式

PSD 是 Photoshop 的专用格式，可以存储成 RGB 或 CMYK 模式，也能自定颜色数目存储。PSD 文件可将不同的物件以图层分别存储，适用于修改和制作各种特色效果。其扩展名为.psd。

7.1.5 相关的理论概念

1. 图层

图层是图像处理非常重要的概念。“图”指的是图形、图像，“层”指的是层次、分层。图层相当于若干张可调整透明度的“玻璃纸”，把描绘的物体“化整为零”分配在各个不同的“纸”(图层)上，各个图层上的物体既可独立编辑，也可以通过链接后整体编辑，图层间也可随意调整顺序，图像最后的效果是由各图层叠加实现的，【图层】面板组成部分如图 7-6 所示。

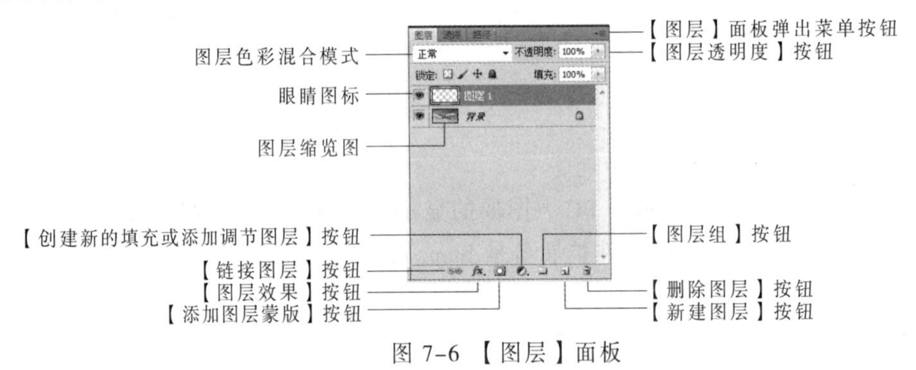

图 7-6 【图层】面板

【图层】面板中各参数的含义如下：

① 图层色彩混合模式：利用它可以制作出不同的图像合成效果。

② 眼睛图标：控制图层的可见性。

③ 图层缩览图：用来显示每个图层上图像的预览。

④【创建新的填充或添加调节图层】按钮：这是图层的高级应用部分，是与 Photoshop 的色彩调整命令相结合的功能。

⑤【链接图层】按钮：选择两个以上的图层，单击该按钮，即建立图层链接。

⑥【图层效果】按钮：为图层添加许多特效的命令，是 Photoshop 图层的强大功能。

⑦【添加图层蒙版】按钮：为图层添加蒙版可以更加方便地合成图像，是图层应用的高级内容。

⑧【新建图层】按钮：新建一个普通的图层。

⑨【删除图层】按钮：删除图层或图层组。

⑩【图层组】按钮：通常我们的文件会有很多个图层，将图层组合便于管理。

⑪【图层透明度】按钮：设定图层的透明程度。

⑫ 图层面板弹出菜单按钮：单击该按钮，弹出面板菜单。

2. 选区

选区就是选择的区域或者范围，而 Photoshop 的选区是指在图像上用来限制操作范围的动态（浮动）蚂蚁线，如图 7-7 所示。

图 7-7 选区

根据选区形状的不同，可以将 Photoshop 的选区分为规则形状的选区和不规则形状的选区两大类。规则选区主要包括矩形、椭圆、单选和单列 4 个选框工具，而不规则选区则主要包括自由套索、多边形套索、磁性套索以及快速选择和魔棒等多个工具。

需要说明的是，无论是规则选区还是不规则选区，其作为限制操作范围的作用将不会有任何改变，两者之间只是形状的不同而已。

3. 路径

路径是由锚点、方向线及方向点构成的，如图 7-8 所示。

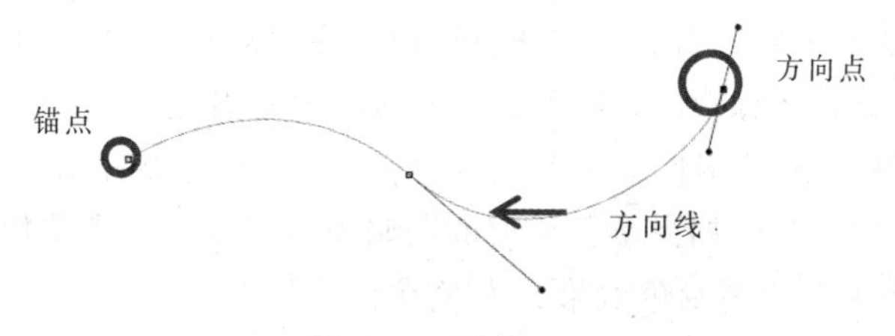

图 7-8 路径

路径上的点被称为锚点或结点，锚点的位置直接影响到路径的形状，位于两个连续锚点之间的路径称为路径段。

一个锚点上最多能出现两条方向线，方向线的长短直接影响到路径弯曲度的大小。

换言之，方向线越长，其所控制的路径弯曲度就越大；反之，方向线越短，其所控制的路径弯曲度就越小。方向线的有无直接决定了路径是直线还是曲线。

在 Photoshop 中，创建路径的工具比较多，包括钢笔工具、自由钢笔工具、添加锚点工具、删除锚点工具、转换点工具、路径选择工具、直接选择工具以及其他形状工具等。

4．蒙版

Photoshop 中的蒙版主要包括四大类：图层蒙版、矢量蒙版、剪切蒙版和快速蒙版，无论是哪种蒙版，其作用都是用来生成选区的。

（1）图层蒙版

图层蒙版的本质是灰度图像，它只是用来制作选区（要显示的部分）和非选区（隐藏的部分）的标识而已。在图层蒙版中，白色表示选区的存在，同时表示图像不透明部分，即盖不住当前图层上的图像；黑色表示选区不存在，同时表示透明图像部分，即盖住当前图层上的图像。介于黑白之间的灰色则表示半透明之意，如果灰色大于 50%则表示非选区部分，而灰色小于或等于 50%则表示选区部分。

使用图层蒙版制作选区和使用基本的选区工具（如套索、魔棒等）制作选区的最大区别在于：图层蒙版对图像没有任何破坏作用，而基本选区工具所绘制的选区将不保留的图像删除后，图像也随之被破坏。

（2）矢量蒙版

由于本身的局限，要么将图像保留（也就是路径范围内显示的部分），要么将图像不保留（也就是路径范围之外被隐藏的部分），而不能像图层蒙版那样制作出图像的半透明效果。

（3）剪切蒙版

剪切蒙版是将一个图层变成其他图层（可以是一个图层，也可以是多个图层）的蒙版，可以透过其下方图层的形状来看到上方图层的颜色。

（4）快速蒙版

快速蒙版可以看作图层蒙版的一个特殊表现形式，两者都与像素有关，其编辑的方法也是相同的。可以在这两类蒙版上使用绘图类工具（如画笔、铅笔等）进行编辑，而矢量蒙版则不能直接使用绘图类工具进行编辑，只能使用钢笔等矢量工具进行编辑。

5．通道

Photoshop 的通道主要分为 3 类，颜色通道、专色通道、Alpha 通道。在 Photoshop 中除了多通道之外的其他图像模式，其颜色通道的数量是固定的。例如 RGB 模式的图像有 3 个颜色通道，CMYK 模式的图像有 4 个颜色通道。颜色通道的位置也不能改变。颜色通道主要用于保存图像的颜色，如果颜色通道的明暗发生了变化，则图像的颜色也随之变。

专色通道主要用于印刷专色效果，专色在计算机屏幕上显示的效果往往和实际印刷后的效果大相径庭。

Alpha 通道主要用于保存选区范围，这也是抠图所用的主要通道。Photoshop 最多允许创建 56 个通道，这意味着，如果是 RGB 模式的图像，则最多还能创建 53 个专色通道或 Alpha 通道。

通道的本质也是灰度图像，与蒙版本质相同。在 Alpha 通道中，白色表示选区，黑色表示非选区。介于黑白之间的是灰色，如果灰色大于 50%则表示非选区部分，而灰色小于或等于 50%则表示选区部分。

7.2 工作界面的基本组成

7.2.1 初识工作界面

熟悉工作界面是学习 Photoshop 的基础，Photoshop 的工作界面主要由菜单栏、选项栏、工具箱、图像及画面工作区、状态栏、控制面板等部分组成。其中，工作区窗口就是绘画和编辑处理图像的主要区域，其他所有工具和命令都是为工作区窗口的图像操作而服务的，如图 7-9 所示。

图 7-9 Photoshop 的工作界面

图 7-9 中各部分的含义如下：

① 菜单栏：利用【菜单】命令可以完成对图像的编辑、调整色彩、添加滤镜效果等操作。

② 工具箱：利用不同的工具可以完成对图像的绘制、观察、测量等操作。工具箱中存放的工具有 70 多个，同时工具箱还可以根据需要在单栏与双栏中自由切换。

③ 属性栏：是工具箱中各个工具的功能扩展。通过在属性栏中设置不同的选项，可以快速地完成多样化的操作。属性栏主要是配合工具箱中的工具使用；当在工具箱中选择不同的工具时，属性栏就会显示不同的内容，相当于对工具属性的设置。

④ 控制面板：是 Photoshop 的重要组成部分。通过不同的功能面板，可以完成图像中填充颜色、设置图层、添加样式等操作。

隐藏与显示控制面板：按【Tab】键，可以隐藏工具箱和控制面板；再次按【Tab】键，可显示出隐藏的部分。按【Shift+Tab】组合键，可以隐藏控制面板；再次按【Shift+Tab】组合键，可显示出隐藏的部分。

⑤ 状态栏：可以提供当前文件的显示比例、文档大小、当前工具、暂存盘大小等提示信息。

⑥ 图像及画布工作区：是 Photoshop 最重要的区域，因为 Photoshop 最终的作品就是通过图像及画布工作区展现出来的。

7.2.2 自定义工作区

自定义工作区的内容主要包括菜单、快捷键以及工具箱、选项栏、控制面板在工作界面中的位置等。

（1）自定义工具箱、选项栏及面板在界面中的位置

可根据自己的喜好和习惯将工具箱、选项栏和面板拖动至界面的某个位置，也可以将面板重新进行组合，但是应用程序的主菜单无法在界面中改变位置。

（2）保存工作区

工作区设置完毕后，就可以保存起来，以后可直接调用。选择【窗口】→【工作区】→【新建工作区】命令，在弹出的对话框中给自定义的工作区命名。

（3）调用自定义的工作区

单击【保存】按钮，就可以将自定义的工作区保存起来。使用上述方法，还可以定义更多的工作区，定义完的工作区会出现在【窗口】→【工作区】的子菜单中，如果以后要在不同的工作区中进行切换，就可以从【窗口】→【工作区】的子菜单中进行选择。

（4）复位自定义的工作区

如果在操作中，将当前自定义的工作区中的工具箱或面板改变了原来的位置，则可以选择【窗口】→【工作区】→【复位工作区】命令复位工作区。

（5）删除工作区

选择【窗口】→【工作区】→【删除工作区】命令，可以将选择的工作区删除。

如果对 Photoshop 的深灰色工作界面不太习惯，可以按【Alt】、【Shift】或【Ctrl】键中的任意一个并配合【F2】键将其变成标准灰或亮灰色；如果配合【F1】键，则又可以将其变成深灰色。

7.3 图像处理的基本操作

7.3.1 文件的基本操作

1. 新建

要新建文件，可选择【文件】→【新建】命令或者按【Ctrl+N】快捷键，弹出【新建】对话框，可以设置图像文件的名称、宽度、高度、分辨率、颜色模式及背景内容等参数，如图 7-10 所示。在设计中，如果经常新建同样参数设置的文档，可以将其设置好的参数通过该对话框右侧的“存储预设”按钮将其保存起来，以后使用时可以直接从“预设”下拉列表中进行选择，这就避免了再次设置参数的麻烦。

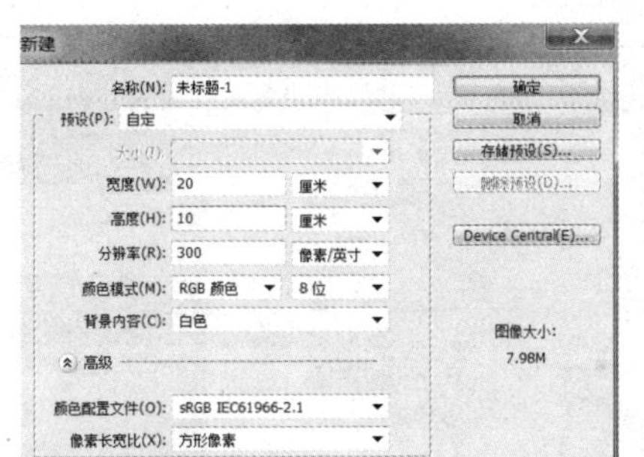

图 7-10　新建文件

2．保存

存储图像的目的是为了防止文件丢失。存储图像文件可以通过选择【文件】→【存储】命令或者按【Ctrl+S】组合键。如果当前 Photoshop 中已经存在一个图像文件，而且之前从未保存过该文件或保存过该文件的修改内容,则也可以单击图像文件标题栏的“关闭”按钮，此时在弹出的对话框中根据需要选择是否保存该文件。对于一个从未保存过的新文件来说，首次保存时需要选择【文件】→【存储】命令，在【存储为】对话框中，可以指定图像的保存路径、图像的命名及图像的保存格式，如图 7-11 所示。

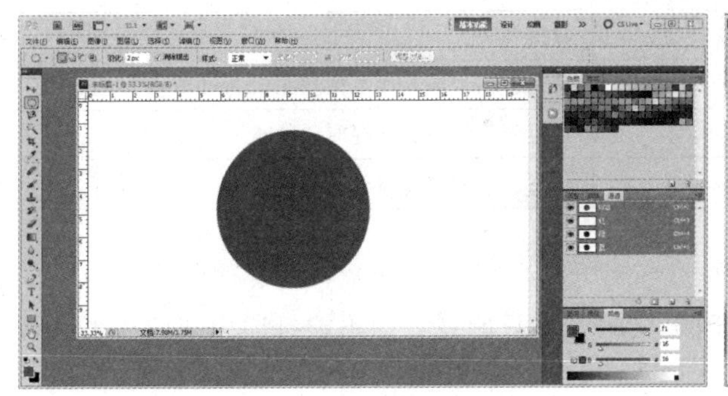

图 7-11　保存文件

3．关闭

要关闭图像文件，可以选择【文件】→【关闭】命令或者按【Ctrl+W】组合键。如果当前 Photoshop 中已经存在一个图像文件，则也可以右击图像文件的标题栏，在弹出的快捷菜单中选择【关闭】命令即可，弹出提示框如图 7-12 所示。如果要一次性关闭所有打开的图像文件，则可以选择【文件】→【关闭全部】命令或者按【Ctrl+Alt+W】组合键来实现。

图 7-12　提示框

4．打开

要打开一个图像文件，可以选择【文件】→【打开】命令或者按【Ctrl+O】组合键。如果当前 Photoshop 中已经存在一个图像文件，也可以右击图像文件的标题栏，在弹出的快捷菜单中选择【打开】命令。另外 Photoshop 还有一个更为快捷的打开图像文件的方法，在程序界面的空白处双击，即可快速执行【打开】命令，也可弹出【打开】对话框，如图 7-13 所示。

图 7-13　打开文件

7.3.2　撤销的操作步骤

编辑图像若出现误操作，可以通过相关组合键或【编辑】菜单中的命令撤销操作或还原被撤销的操作，如表 7-2 所示。

表 7-2　撤销与重做操作有关的快捷键

快　捷　键	作　　用
【Ctrl+Z】	只撤销一次
【Ctrl+Alt+Z】	撤销多次（与其相反的是【Ctrl+Shift+Z】）
【F12】	恢复到最后一次保存时的状态
历史记录	是专门用于存放撤销步骤的面板

7.3.3　参考线的设置

参考线是用来帮助用户完成准确定位的一些只能观看却不能打印出来的参考线段。

1. 标尺参考线

创建标尺参考线的方法有两种：一种是用鼠标左键从标尺上拖动出来水平或垂直的标尺参考线，如图 7-14 所示；另一种是选择【视图】→【新建参考线】命令，在图像上创建位置精确的标尺参考线。

图 7-14　水平和垂直参考线

如果要从标尺上拖动出标尺参考线，则首先需要显示标尺，选择【视图】→【标尺】命令，或者按【Ctrl+R】组合键显示或隐藏标尺。默认状态下，标尺的左边原点位于图像的左上角位置。

将鼠标指针放在水平标尺和垂直标尺交汇处并按下鼠标左键拖动，即可改变坐标原点的位置。如果要恢复坐标原点的位置，双击水平标尺和垂直标尺的交汇处即可。

如果要改变参考线的位置，则可以选择移动工具，将鼠标指针指向参考线，当鼠标指针变成双向箭头时单击并拖动即可移动参考线的位置。

如果要改变标尺的单位，最简单的方法就是在标尺上右击，此时就会弹出一个快捷菜单，可以从中选择标尺的单位，如图 7-15 所示。

图 7-15　右击标尺

标尺参考线使用完毕后，如果要将其删除，则有两种方法：一种是使用移动工具将标尺参考线拖回标尺上，此方法一次只能删除一条参考线；另一种方法是选择【视图】→【清除参考线】命令，该命令可以一次性清除所有标尺参考线。

2. 网络参考线

网络参考线的样子有些类似于下围棋时用的棋盘，要显示或隐藏网格，可以选择选择【视图】→【显示网格】命令。

默认状态下，一个大网格的宽度和高度是 25 mm，并且大网格还被平均分成了 16 个小方格。如果要改变网格的大小及颜色，可以选择【编辑】→【首选项】命令，在弹出的对话框中可以改变网格的颜色、大小、样式，以及子网格的数量等，如图 7-16 所示。

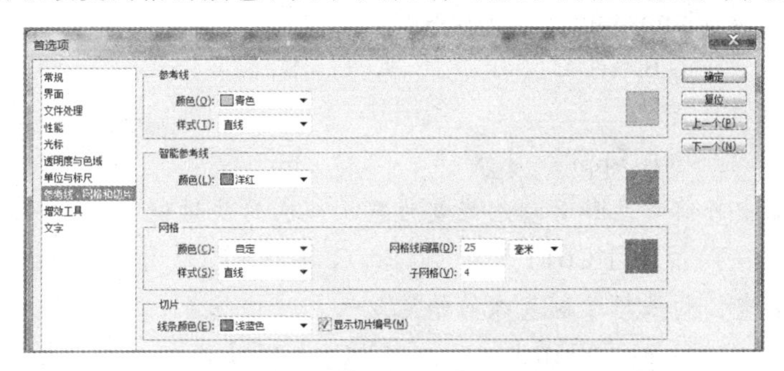

图 7-16 【首选项】对话框

需要说明的是，无论是标尺参考线还是网格参考线，它们都不会随着视图大小的改变而改变。

7.3.4 画面尺寸调整

画布是指绘制和编辑图像的工作区域，也就是图像显示区域。调整画布大小可以在图像的四周增加空白区域，也可将图像不需要的边缘裁切掉，【画面大小】对话框如图 7-17 所示。

该对话框中主要参数含义如下：

①【当前大小】：是当前画布的实际大小。

②【新建大小】：用于输入希望调整后图像的宽度和高度。

③【相对】复选框：选中该复选框，表示【新建大小】栏中的【宽度】和【高度】在原画布的基础上相对增加或是减少的尺寸。正数表示增加尺寸，负数表示减少尺寸。

图 7-17 【画布大小】对话框

7.3.5 图像大小调整

利用 Photoshop 处理图像时，常常需要重新调整图像的尺寸和分辨率，以满足制作或输出的需要。图像的尺寸和分辨率是与图像质量息息相关的，同样大小的图像，其分辨率越高，得到的印刷图像质量就越好。图像的分辨率和尺寸越大，其文件的数据量也就越大，处理速度也就越慢。因此，若图像用于印刷，一般要设置为 300dpi，而用于在屏幕上显示的图像一般要设置为 72dpi，如图 7-18 所示。

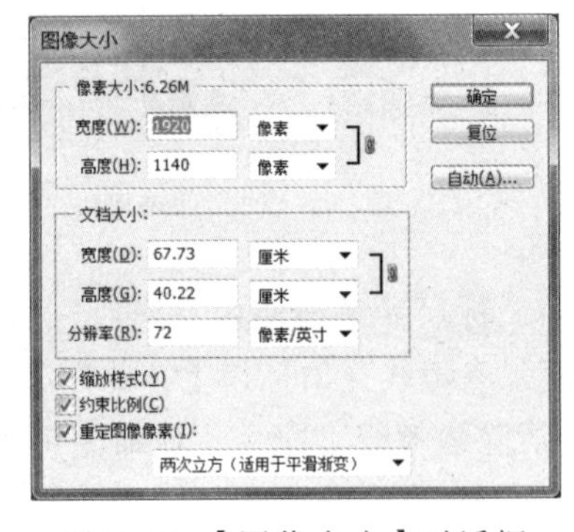

图 7-18 【图像大小】对话框

习　　题

一、选择题

1. 下列（　　）是 Photoshop 图像最基本的组成单元。

   A. 节点　　B. 色彩空间　　C. 像素　　D. 路径

2. 图像分辨率的单位是（　　）。

   A. dpi　　B. ppi　　C. lpi　　D. pixel

3. 在 Photoshop 中将前景色和背景色恢复为默认颜色的快捷键是（　　）。

   A.【D】　　B.【Ctrl】　　C.【Tab】　　D.【Alt】

4. 在 Photoshop 中，如果想绘制直线的画笔效果，应按住（　　）键。

   A.【Ctrl】　　B.【Shift】　　C.【Alt】　　D.【Alt+Shift】

5. 在 Photoshop 中有关修补工具的使用描述正确的是（　　）。
   A. 修补工具和修复画笔工具在修补图像的同时都可以保留原图像的纹理、亮度、层次等信息
   B. 修补工具和修复画笔工具在使用时都要先按住【Alt】键来确定取样点
   C. 在使用修补工具操作之前所确定的修补选区不能有羽化值
   D. 修补工具只能在同一张图像上使用
6. 在 Photoshop 中使用仿制图章工具时，按住（　　）键并单击可以确定取样点。
   A.【Alt】　　B.【Ctrl】　　C.【Shift】　　D.【Alt+Shift】
7. 在 Photoshop 中，【历史记录】面板默认的记录步骤是（　　）。
   A. 10 步　　B. 20 步　　C. 30 步　　D. 40 步
8. 在 Photoshop 中使用【变换】→【缩放】命令时，按（　　）键可保证等比例缩放。
   A.【Alt】　　B.【Ctrl】　　C.【Shift】　　D.【Ctrl+Shift】
9. 在 Photoshop 中复制图像某一区域后，创建一个矩形选择区域，选择【编辑】→【粘贴入】命令，此操作的结果是（　　）。
   A. 得到一个无蒙版的新图层
   B. 得到一个有蒙版的图层，但蒙版与图层间没有链接关系
   C. 得到一个有蒙版的图层，而且蒙版的形状为矩形，蒙版与图层间有链接关系
   D. 如果当前操作的图层有蒙版，则得到一个新图层，否则不会得到新图层
10. Photoshop 中，在当前图层中有一个正方形选区，要想得到另一个与该选区同等大小的正方形选区，下列操作方法正确的是（　　）。
    A. 将光标放在选区中，然后按住【Ctrl+Alt】组合键拖动
    B. 在【信息】面板中查看选区的宽度和高度数值，然后按住【Shift】键再绘制一个同等宽度和高度的选区
    C. 选择【编辑】→【拷贝】、【编辑】→【粘贴】命令
    D. 选择移动工具，然后按住【Alt】键拖动
11. Photoshop 中，在使用矩形选择工具创建矩形选区时，得到的是一个具有圆角的矩形选择区域，其原因是（　　）。
    A. 拖动矩形选择工具的方法不正确
    B. 矩形选择工具具有一个较大的羽化值
    C. 使用的是圆角矩形选择工具而非矩形选择工具
    D. 所绘制的矩形选区过大
12. Photoshop 中利用单行或单列选框工具选中的是（　　）。
    A. 拖动区域中的对象　　B. 图像横向或竖向的像素
    C. 一行或一列像素　　D. 当前图层中的像素
13. Photoshop 中，利用橡皮擦工具擦除背景层中的对象，被擦除区域填充（　　）。
    A. 黑色　　B. 白色　　C. 透明　　D. 背景色
14. Photoshop 中，利用仿制图章工具不可以在（　　）对象之间进行克隆操作。
    A. 两幅图像之间　B. 两个图层之间　　C. 原图层　　D. 文字图层

15. Photoshop 中，在绘制选区过程中想移动选区的位置，可以按（　　）键的同时拖动。
A.【Ctrl】　B. 空格　C.【Alt】　D.【Esc】
16. Photoshop 中，在使用矩形选框工具的情况下，按住（　　）键可以创建一个以落点为中心的正方形的选区。
A.【Ctrl+Alt】　B.【Ctrl+Shift】　C.【Alt+Shift】　D.【Shift】
17. Photoshop 中使用矩形选框工具和椭圆选框工具时，（　　）可以做出正形选区。
A. 按住【Alt】键并拖动　B. 按住【Ctrl】键并拖动
C. 按住【Shift】键并拖动　D. 按住【Shift+Ctrl】组合键并拖动
18. Photoshop 中，为了确定磁性套索工具对图像边缘的敏感程度，应调整（　　）数值。
A. 容差　B. 边对比度　C. 频率　D. 宽度
19. Photoshop 中，按住下列（　　）键可保证椭圆选框工具绘出的是正圆形？
A.【Shift】　B.【Alt】　C.【Ctrl】　D.【Tab】
20. Photoshop 中，移动图层中的图像时，如果每次要移动 10 个像素的距离，应该（　　）。
A. 按住【Alt】键的同时连续点按方向键
B. 按住【Alt】键的同时连续点按方向键
C. 按住【Shift】键的同时连续点按方向键
D. 按住【Tab】键的同时连续点按方向键

二、简答题

1. 什么是图层？它的作用是什么？
2. 图像常用的文件格式有哪些？各自的特点是什么？
3. 在 Photoshop 中蒙版一共有哪几大类？它们各自的用法是什么？
4. 简述位图与矢量图的区别是什么？它们各自的优缺点有哪些？

第 8 章 计算机网络与 Internet

计算机网络是计算机技术与通信技术相互渗透、不断发展的产物，尤其是 Internet 的迅速发展，改变了人们的生产和生活方式。

通过本章内容的学习，能够了解计算机网络的定义、功能、组成和网络协议等基础理论知识；了解 Internet 的相关概念及 Internet 的接入方法，掌握 Internet 基本服务的使用。

8.1 计算机网络基础知识

8.1.1 计算机网络的定义

计算机网络就是若干台独立的计算机通过传输介质相互连接，并通过网络软件逻辑地联系在一起，从而实现资源共享的计算机系统。网络主要包括连接对象、连接介质、连接的控制机制（如约定、协议、软件）和连接方式与结果等。

计算机网络连接的对象是各种类型的计算机（如大型计算机、工作站、微型计算机等）或其他数据终端设备（如各种计算机外围设备、终端服务器等）。计算机网络的连接介质是通信线路（如光缆、同轴电缆、双绞线、微波、卫星）和通信设备（如网关、交换机、路由器、Modem 等），其控制机制是各层的网络协议和各类网络软件。所以，计算机网络是利用通信线路和通信设备，把地理上分散的并具有独立功能的多个计算机系统互相连接起来，按照网络协议进行数据通信，用功能完善的网络软件实现资源共享的计算机系统的集合。即以实现远程通信和资源共享为目的的大量分散但互联的计算机的集合。

8.1.2 计算机网络的产生与发展

计算机网络是计算机技术和通信技术相结合的产物。计算机网络的产生与发展经历了 4 个阶段。

第一阶段：面向终端的计算机网络阶段（以数据通信为主）。

1954 年，美国军方的半自动地面防空系统（SAGE）将远距离的雷达和测控仪器所探测到的信息，通过通信线路汇集到某个基地的一台 IBM 计算机上进行集中的信息处理，再将处理好的数据通过通信线路送回到各自的终端设备。这种以单个计算机为中心、面向终端设备的网络结构，严格地讲，是一种联机系统，只是计算机网络的雏形，一般称为第一代计算机网络。

第二阶段：计算机—计算机网络阶段（以资源共享为主）。

计算机—计算机网络阶段是多台计算机通过通信线路相互连接起来为用户提供服务。20世纪60年代，美国国防部高级研究计划署协助开发了ARPTNET，把分布在加利福尼亚州大学洛杉矶分校、加州大学圣巴巴拉分校、斯坦福大学、犹他州大学的4台大型机连接起来，采用了分组交换技术，实现了计算机之间资源共享、远程通信。ARPTNET是计算机网络技术发展中一个重要的里程碑，它的研究成果对促进计算机网络技术的发展起到了重要的作用，并为Internet的形成奠定了基础。第二代计算机网络是以分组交换网为中心的计算机网络，它与第一代计算机网络的区别在于：一是网络中通信双方都是具有自主处理能力的计算机，而不是终端机；二是计算机网络功能以资源共享为主，而不是以数据通信为主。第二代计算机网络阶段的主要特点是资源共享，分散控制，分组交换，采用专门的通信控制处理机，分层的网络协议。这些特点被认为是现代计算机网络的典型特征，其最大的缺点是网络标准不统一。

第三阶段：开放式标准化网络阶段。

为了使计算机网络都能互相连接和通信，国际标准化组织（International Standards Organization，ISO）于1984年正式颁布了一个能使各种计算机在世界范围内互联成网的国际标准ISO 7498，简称OSI/RM（Open System Interconnection Basic Reference Model，开放系统互连参考模型）。OSI/RM由七层组成，所以也称OSI七层模型。开放式标准化网络指的就是遵循“开放系统互连基本参考模型”标准的网络系统。它具有统一的网络体系结构、遵循国际标准化协议。

第四阶段：以高速和多媒体应用为核心的第四代计算机网络。

进入20世纪90年代之后，随着数字通信的出现，特别是Internet的空前发展及Web技术的广泛应用，计算机网络向高速化、实用化、智能化、集成化、多媒体化的方向发展，整个网络就像一个对用户透明的计算机系统，这就是第四代计算机网络。

8.1.3 计算机网络的组成与功能

1. 计算机网络的组成

一般来讲，计算机网络包括3个主要组成部分：若干个主机，它们为用户提供服务；一个通信子网，它主要由结点交换机和连接这些结点的通信链路组成；一系列的协议，这些协议是为在主机和主机之间或主机和子网中各结点之间的通信而采用的，它是通信双方事先约定和必须遵守的规则。

（1）通信子网

通信子网由通信线路和通信设备组成，负责完成网络数据传输、转发等通信处理任务。通信线路指的是传输介质及其连接部件，包括光缆、同轴电缆、双绞线等。通信设备指的是网络连接设备，包括网卡、集线器，中继器、交换机、网桥、路由器以及调制解调器等。通信线路和通信设备是连接计算机系统之间的桥梁，是数据传输的通道。

（2）资源子网

资源子网包含通信子网所连接的全部计算机（又称主机 Host），由各计算机系统、

终端控制器和终端设备、软件和可供共享的数据库等组成。资源子网负责全网的数据处理业务，向网络用户提供数据处理能力、数据存储能力、数据管理能力、数据输入/输出能力以及其他数据资源。

2. 计算机网络的功能

计算机网络的主要目标是实现资源共享。分析其功能，主要有以下几点：

① 资源共享。计算机资源主要是指计算机的硬件、软件和数据资源。资源共享功能是组建计算机网络的驱动力之一，使得网络用户可以克服地理位置的差异性，共享网络中的计算机资源。共享数据资源可以促进人们相互交流，达到充分利用信息资源的目的。

② 数据通信。是计算机网络最基本的功能，用于实现计算机之间的信息传送。在计算机网络中，人们可以在网上收发电子邮件，发布新闻消息，进行电子商务、远程教育、远程医疗，传递文字、图像、声音、视频等信息。

③ 分布式处理。利用分布式计算技术，网络系统中若干台在结构上独立的计算机可以互相协作完成同一个大型信息处理任务，解决单台计算机无法完成的信息处理任务。在处理过程中，每台计算机独立承担各自的任务。

④ 负载均衡。当网络中某一台计算机的处理负担过重时，可以将部分作业转移到其他空闲的计算机上去执行。

⑤ 提高计算机系统的可靠性和可用性。网络中的计算机可以互为后备，一旦某台计算机出现故障，它的任务可由网络中其他的计算机替代。当网络中某些计算机负荷过重时，网络可以将新任务分配给较空闲的计算机去执行，从而提高了每一台计算机的可靠性和可用性。

8.1.4 计算机网络的分类

1. 按网络覆盖范围分类

计算机网络常见的分类依据是网络覆盖的地理范围，按照这种分类方法，可将计算机网络分为局域网、广域网和城域网三类。

局域网（Local Area Network，LAN）：是连接近距离计算机的网络，覆盖范围从几米到数千米。例如，办公室或实验室的网、同一建筑物内的网及校园网等。

广域网（Wide Area Network，WAN）：其覆盖的地理范围从几十千米到几千千米，覆盖一个国家、地区或横跨几个洲，形成国际性的远程网络。例如，我国的公用数字数据网（China DDN）、电话交换网（PSDN）等。

城域网（Metropolitan Area Network，MAN）：是介于广域网和局域网之间的一种高速网络，覆盖范围为几十千米，大约是一个城市的规模。

计算机网络技术不断发展，利用网络互联设备将各种类型的广域网、城域网和局域网互联起来，形成了称为互联网的网中网。互联网的出现，使全世界的计算机都能连接起来，这就是 Internet 网。

2. 按网络拓扑结构分类

拓扑结构是网络的物理连接形式。把网络中的计算机和终端看作一个结点，把通信线路看作一根连线，这就抽象出计算机网络的拓扑结构。局域网的拓扑结构主要有星状、总线和环状 3 种，如图 8-1～图 8-3 所示。

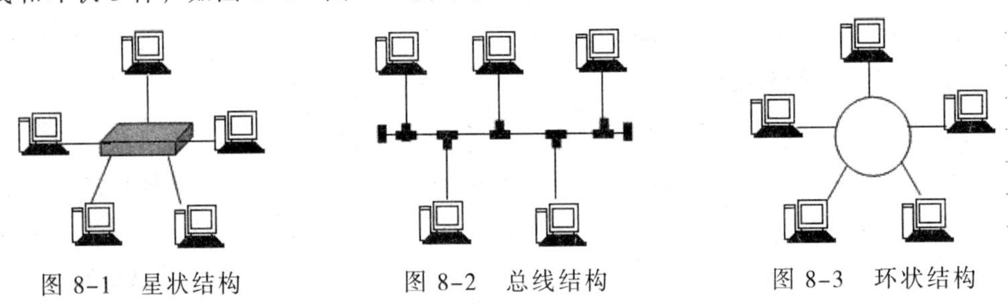

图 8-1　星状结构　　图 8-2　总线结构　　图 8-3　环状结构

（1）星状拓扑结构

这种结构以一台设备作为中央结点，其他外围结点都单独连接在中央结点上。各外围结点之间不能直接通信，必须通过中央结点进行通信，如图 8-1 所示。中央结点可以是文件服务器或专门的接线设备，负责接收某个外围结点的信息，再转发给另外一个外围结点。星状拓扑结构广泛应用于网络中智能集中于中央结点的场合。在目前传统的数据通信中，该拓扑结构仍占支配地位。

（2）总线拓扑结构

这种结构所有结点都直接连到一条主干电缆上，这条主干电缆称为总线。该类结构没有关键性结点，任何一个结点都可以通过主干电缆与连接到总线上的所有结点通信，如图 8-2 所示。

（3）环状拓扑结构

这种结构各结点形成闭合的环，信息在环中做单向流动，可实现环上任意两结点间的通信，如图 8-3 所示。

3．按传输介质分类

传输介质是指用于网络连接的通信线路。根据传输介质的不同，网络可分为有线网和无线网。

有线网采用双绞线、同轴电缆、光纤或电话线做传输介质。采用双绞线和同轴电缆连成的网络经济且安装简便，但传输距离相对较短。以光纤为介质的网络传输距离远，传输率高，抗干扰能力强，安全好用，但成本稍高。

无线网主要以无线电波或红外线为传输介质。联网方式灵活方便，但联网费用稍高，可靠性和安全性还有待改进。另外，还有卫星数据通信网，通过卫星实现无线数据通信。

4．按带宽速率分类

带宽速率指的是“网络带宽”和“传输速率”两个概念。传输速率是指每秒钟传送的二进制位数，通常使用的计量单位为 bit/s、kbit/s、Mbit/s。按网络带宽可分为基带网（窄带网）和宽带网；按传输速率可以分为低速网、中速网和高速网。一般来讲，高速网是宽带网，低速网是窄带网。

5．按网络的使用性质分类

按网络的使用性质可分为公用网和专用网。

公用网（Public Network）是一种付费网络，属于经营性网络，由商家建造并维护，消费者付费使用。

专用网（Private Network）是某个部门根据本系统的特殊业务需要建造的网络，这种网络一般不对外提供服务。例如，军队、银行等系统的网络就属于专用网。

8.1.5 网络传输介质与网络设备

1. 有线传输介质

（1）双绞线

双绞线又称双扭线，是两条相互绝缘的铜导线按一定密度互相绞合在一起。采用绞合的结构是为了减少相邻导线的电磁干扰，否则容易形成电容。绞合次数越多，抵消干扰的功能就越强，制作成本也就越高。

根据双绞线外是否有屏蔽层，可以把双绞线分为屏蔽双绞线（Shielded Twisted Pair，STP）和非屏蔽双绞线（Unshielded Twisted Paired，UTP），如图 8-4 和图 8-5 所示。两者相比，STP 性能更好一些，但价格稍贵。

双绞线的传输速率可达每秒几兆字节，传输距离可达到几千米。由于价格便宜，被广泛应用在电话网和局域网中。

使用双绞线连接局域网时，需要在双绞线的两端固定 RJ-45 接头（又称“水晶头”），如图 8-6 所示，以便连接 Hub 和网卡。

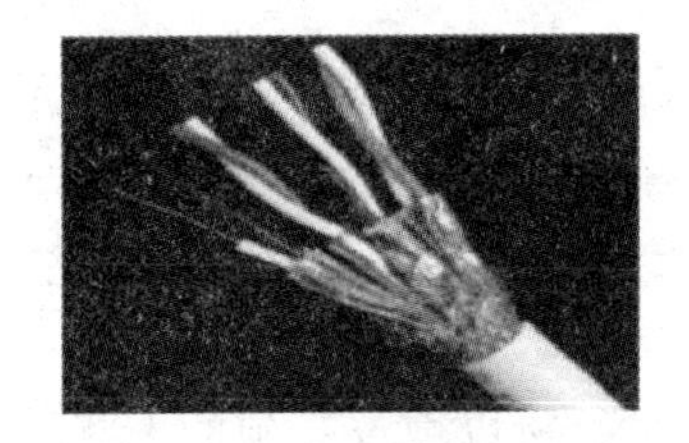

图 8-4 屏蔽双绞线（STP）

图 8-5 非屏蔽双绞线（UTP）

图 8-6 RJ-45 接头

根据 EIA/TIA 接线标准，双绞线在水晶头中的排列顺序有两种，即 EIA/TIA 568A 标准和 EIA/TIA 568B 标准，如表 8-1 所示。

表 8-1 EIA/TIA 568A 标准和 EIA/TIA 568B 标准

EIA/TIA 标准	1	2	3	4	5	6	7	8
EIA/TIA 568A	白绿	绿	白橙	蓝	白蓝	橙	白棕	棕
EIA/TIA 568B	白橙	橙	白绿	蓝	白蓝	绿	白棕	棕

（2）同轴电缆

同轴电缆由内导体（铜芯）、绝缘层、网状编织的外导体（屏蔽层）以及保护塑料外层构成，如图 8-7 所示。由于屏蔽层的作用，同轴电缆有较好的抗干扰能力。

同轴电缆根据直径的大小又分为粗缆和细缆。粗缆的连接距离长，可靠性高，最大传输距离达到 2 500 m，细缆最大传输距离为 925 m。粗缆和细缆均应用于总线型拓扑结构的网络。在现代网络中，同轴电缆正在逐步被非屏蔽双绞线和光纤所替代。

（3）光纤

光纤通常是由非常透明的石英玻璃拉成细丝做成的，利用光全反射原理，传输光脉冲形成的数字信号来实现通信，如图 8-8 所示。光纤是网络传输介质中性能最好、应用前途广泛的一种，光纤的电磁绝缘性能好，信号衰减小、频带宽、传输速度快、传输距离大，主要用于传输距离较长、布线条件特殊的主干网。

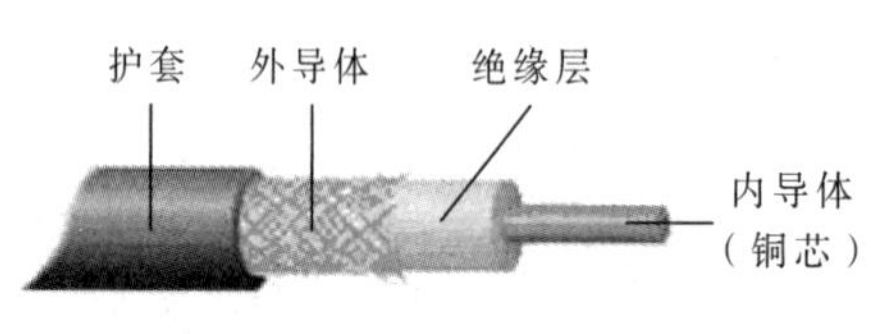

图 8-7　同轴电缆

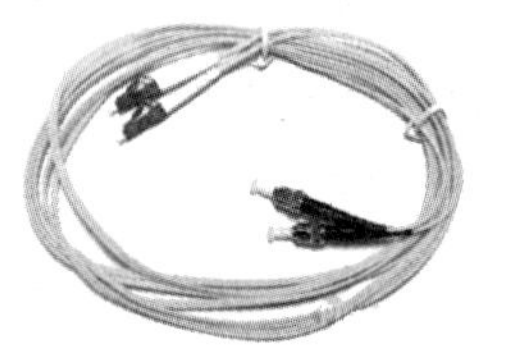
图 8-8　光纤

光纤分为单模光纤和多模光纤。单模光纤由激光做光源，仅有一条光通路，传输距离长，能达到 2 km 以上，中心玻璃芯较细，只能传输一种模式的光。单模光纤没有模间色散，适用于远程通信。多模光纤的光源为发光二极管，低速短距离（2 km 以内），中心玻璃芯较粗，可以传输多种模式的光。

2．无线传输

无线传输介质包括微波、红外线、激光等。其中，微波是最常用的无线传输介质，主要有两种形式：微波接力通信和卫星通信。

（1）微波接力通信

微波是指波长在 1 mm～1m 之间的电磁波。微波是沿直线传播的，收发双方必须直视，而地球表面是一个曲面，因此传播距离受到限制，一般只有 50 km 左右。若采用 100 m 高的天线塔，则传播距离可以增大到 100 km。为实现远距离传输，必须设立若干中继站。中继站把收到的信号放大后再发送到下一站，因此称为接力通信。

因为工业和天气干扰的主要频谱成分比微波的频率低得多，所以微波受到的干扰比短波通信小得多，因而传输质量较高。另外微波有较高的带宽，通信容量很大。微波与通信电缆相比，投资小，可靠性高，但隐蔽性和保密性差。

（2）卫星通信

卫星通信就是指地球上的无线通信站利用卫星作为中继站而进行的通信。卫星通信的最大特点是：通信费用与通信距离无关。卫星使用微波传送信号，双方传输必须至少有一个上行频率和一个下行频率，才能区分开发送信号和接收信号，而不至于混在一起。

3．网络设备

要实现网络的互联，除需要传输介质外，还需要一些互连设备，这些设备除了包含物理层协议外，还可能包含数据链路层和网络层协议。

（1）网卡（NIC）

网卡也称网络适配卡，一般插在机器内部的总线槽上，网线则接在网卡上。每个网卡上都有一个固定的全球唯一地址，又称网卡的物理地址。网卡包含物理层协议和部分数据链路层协议。组建不同的网络，要选择不同的网卡，也就是选择线路的使用方式。在同一个局域网络中，必须使用工作方式相同的网卡。

（2）集线器（Hub）

集线器实际上是一个多口的中继器（信号放大），集线器只包含物理层协议，与中继器处于同一协议层次。集线器一般端口数为 8、12、16、32 不等，其价格便宜，组网灵活。集线器的基本工作原理是信息“广播”，收到信息的各个端口检查该信息是否是发给自己的，若是则接收，不是则丢弃。

（3）交换机

交换机又称 Switch Hub，外观上与 Hub 相同，但工作原理不同。交换机的工作模式是“交换”，即按照通信两端传输信息的需要，把传输的信息送到符合要求的相应路由上。与集线器相比较，交换机降低了整个网络的数据传输量，提高了效率和传输速度。

（4）路由器

路由器是把局域网接入广域网以及广域网主干网中的主要路由选择设备，工作在网络层，并使用网络层地址（如 IP 地址等）。路由器可以通过调制解调器与模拟线路相连，也可以通过通道服务单元/数据服务单元（CSU/DSU）与数字线路相连。路由器的主要工作就是为经过路由器的每个数据包寻找一条最佳的传输路径，并将该数据包有效地传送到目的地。

（5）其他互连设备

中继器：只起信号放大作用，当信号衰减到一定程度时必须进行放大，否则就会失真。中继器属物理层设备，用中继器连接起来的仍是一个网络。

网桥：是广泛用于局域网互连的一种设备，一般在计算机上插多块网卡，安装上支持的软件来构成。属于数据链路层互连设备。

网关：多用软件来实现，工作在传输层以上各层，实现两种差异较大的网络互联。

调制解调器：调制把数字信号转换为模拟信号，解调相反。

8.2 Internet 基础知识

8.2.1 Internet 概述

Internet 是一个全球性的、开放的信息互联网络，它将世界范围内成千上万台相同类型或不同类型的网络或主机连接起来，遵循相同的协议，实现相互之间的通信和资源共享。

Internet 又称因特网或国际互联网，由世界范围内众多计算机网络连接而成，是开放的、全球最大的计算机网络。

8.2.2 TCP/IP 协议

TCP/IP（传输控制协议/互联网协议）是 Internet 赖以存在的基础，是目前计算机网络中最为成熟、应用最为广泛的一种网络协议标准。

TCP/IP 适用于异型机或异型网的互联。其中的互联网协议（IP）的作用是控制网上的数据传输。IP 协议为数据包定义了标准格式，定义了网络中每一台计算机的网络地址

（即 IP 地址），使相互连接的多个网络像一个庞大的单一网络一样运行。IP 协议还包含路由选择协议，使得 IP 数据包通过路由器准确地传送到接收端。传输控制协议（TCP 协议）和 IP 协议协同工作，它的作用是在发送端和接收端的计算机系统之间维持连接，提供无差错的通信服务。包括自动检测网上丢失的数据包并在丢失时重传数据、去除重复的数据包、准确地按原发送顺序重新组装数据等。TCP 协议还自动根据双方计算机的距离修改通信确认的超时值，从而利用确认和超时机制处理数据丢失问题，以此确保数据传输的完整性。

8.2.3 IP 地址与域名

1. IP 地址

Internet 上的每一台计算机都必须指定一个唯一的网络地址，通常称为 IP 地址，它为 Internet 网提供一种全局性的通用地址，是网络通信的基础。

目前使用的 IP 协议的版本为 IPv4，它规定计算机的 IP 地址长度为 32 位（bit），通常显示为用圆点分割的 4 个十进制数，每个十进制数的取值范围是 0～255，例如某个 IP 地址为 195.0.48.66。这种地址格式被称为点分十进制地址。

为便于管理，IP 地址被划分为以下 3 类：

a 类：第一个十进制数的值在 1～126 之间，一般用于大型网络。

b 类：第一个十进制数的值在 128～191 之间，一般用于中型网络或网络设备（如路由器等）。

c 类：第一个十进制数的值在 192～233 之间，一般用于小型网络。

在 Internet 中，一个主机可以有一个或多个 IP 地址，但不能把同一个 IP 地址分配给多个主机，否则将无法通信。

2. 域名系统

用数字表示的 IP 地址不够直观，也难以记忆。为了方便使用，TCP/IP 协议的专家们专门设计了一套用字符表示的网络和主机名字系统，这就是 Internet 的域名系统。每一个域名也必须是唯一的，并和一个 IP 地址一一对应。在 Internet 上有许多专用的域名服务器（Domain Name Server，DNS），能自动完成 IP 地址与其域名间的相互翻译工作（域名解析）。

域名的一般格式为主机名．机构名．机构代码．国家代码。

在域名表示方法中，从右向左，各部分域名依次从大到小排列。例如北京市工商行政管理局网站的域名为“hd315.gov.cn”，其中最高域名为 cn，次高域名为 gov，最后一个域名为 hd315。

域名中的机构名在申请注册时确定。我国的域名注册由中国互联网络信息中心 CNNIC 统一管理。机构代码由 3 个字母组成，常见的机构代码如表 8-2 所示。

表 8-2　常见机构代码表

机构代码	机构类型	机构代码	机构类型
int	国际组织	mil	军事组织
com	商业组织	arts	文艺艺术实体

续表

机构代码	机构类型	机构代码	机构类型
Edu	教育机构	net	网络服务机构
gov	政府部门	Web	与 www 相关的实体
org	非营利性组织	inf	提供信息服务的实体
firm	商业或公司	rec	娱乐休闲资源

国家代码是最高域名，由 Internet 国际特别委员会制定。一般采用两个字符的国家或地区代码如表 8-3 所示。由于美国是 Internet 的发源地，所以美国主机域名中的国家或地区代码常被省略。

表 8-3 域名中的国家或地区代码

国家或地区代码	代表的国家或地区	国家或地区代码	代表的国家或地区
.cn	中国	.de	德国
.hk	中国香港特别行政区	.fr	法国
.kr	韩国	.gr	希腊
.au	澳大利亚	.jp	日本
.ca	加拿大	.uk	英国

8.2.4 Internet 的服务

Internet 之所以具有极强的吸引力，源于其强大的服务功能。

1. WWW 浏览

WWW（World Wide Web）又被称作万维网，把各种各样的信息（文本、图片、音频和视频等）有机地结合起来，组织到超文本文件（Web 页，网页）中，方便用户浏览、查找。用户运行 Web 浏览器软件，就可以浏览 Internet 上的信息。WWW 浏览也称为 Web 浏览，就是浏览存放在 WWW 服务器上的网页信息，是 Internet 提供的最基本的服务。

2. 电子邮件

电子邮件（E-mail）是 Internet 上应用最为广泛的一种服务，是一种在全球范围内通过 Internet 进行互相联系的快速、简便、廉价的现代化通信手段。电子邮件通常采用 SMTP（Simple Mail Transfer Protocol）协议和 POP3（Post Office Protocol Version 3）协议。与传统通信方式相比，电子邮件具有以下明显优点：

① 传递迅速，在分秒之间就可以将邮件传递给对方。

② 费用低廉，使国际长途电话或传真望尘莫及。

③ 不论接收方是否开机，电子邮件都会自动送到接收者的电子邮箱。

④ 同一邮件可以同时方便地发送给多个接收者。

⑤ 收发双方只要知道对方的电子邮件地址（不论实际所在地理位置有何变化），都可以迅速通信联系。

可以将文字、图像、语音等多种信息集中在一封邮件中传送。

3．文件传输

文件传输（FTP）服务提供了 Internet 中任意两台计算机相互之间传输文件的机制。两台计算机只要连入 Internet，并且都得到 TCP/IP 高层协议中的文件传输协议（File Transfer Protocol，FTP）的支持，就可以实现相互之间的文件传输。采用 FTP 传输文件时，可以传输文本文件、各种二进制文件和压缩文件等，并且在传输过程中不需要对这些文件进行复杂的转换，因而具有相当高的传输效率。

Internet 是一个资源宝库，保存有许多共享软件、学术文献、影像资料、图片与动画等，一般都允许用户使用 FTP 软件将它们下载下来。由于使用 FTP 服务时，用户在文件下载到本地计算机之前无法了解文件的具体内容，因而目前人们越来越倾向于直接使用 Web 浏览器去搜索、浏览所需要的文件，然后利用浏览器所支持的 FTP 功能下载文件。

4．远程登录

远程登录（Telnet）是 Internet 最早提供的基本服务之一。远程登录使用 Telnet 协议，它是 TCP/IP 协议的一部分，精确地定义了远程登录客户机与远程登录服务器之间的交互过程。

连接到 Internet 上的用户进行远程登录，是指使用 Telnet 命令使自己的计算机暂时成为远程主机上的一个仿真终端的过程。一旦用户成功地实现了远程登录，用户的本地计算机就可以像一台与对方主机直接连接的终端一样进行工作，可以执行远程主机上的应用程序，并可管理文件、编辑文档、读写邮件等。

目前，Internet 上有许多信息服务机构提供开放式的远程登录服务，登录到这样的主机上时，使用公开的用户名就可以进入系统。

事实上，Internet 提供的服务不可胜数。例如，电子商务、电子政务、电子刊物、网络学校、金融服务、远程会议、远程医疗、网络游戏、VOD 视频点播、ICQ 网络寻呼等。

8.2.5　Internet 的接入

用户想要利用 Internet 资源，必须首先将自己的计算机接入 Internet。接入 Internet 的方法有以下几种：

1．通过电话拨号接入

通过电话拨号入网费用较低，比较适于个人和业务量小的机构使用。用户所需设备简单，只需在计算机前增加一台调制解调器和一根电话线，再到 ISP 申请一个上网账号即可使用。拨号上网的连接速率最大为 56 kbit/s，网络使用费用计入上网的电话号码费用。拨号上网速率较慢，但接入方便、经济。这是我国早期个人用户的 Internet 的接入方式，现在基本被淘汰。

2．通过局域网接入

通过局域网接入 Internet 是指将用户的计算机连接到一个已经接入 Internet 的计算机局域网络中，该局域网的服务器是 Internet 上的一台已经申请并得到域名的计算机，这样用户的计算机就可以通过该局域网服务器访问 Internet。对于单位用户和机关政府部门

来说，通过局域网接入 Internet 是一种行之有效的方法。通过局域网上网不仅速度快，而且用户开机后总是在线的。通过局域网接入 Internet 所需要的条件是：

① 联网的用户计算机需要增加一块合适的网卡。

② 运行相应的驱动程序。

③ 安装 TCP/IP 协议等软件。

④ 正确设置局域网服务器、域名服务器和用户计算机等的 IP 地址。

3. 通过 ISDN 接入

通过电话拨号上网的缺点是速率慢，而且用于上网的电话不能同时进行通话，因此人们又开发出了 ISDN 这种新的上网方式。ISDN（Integrate Service Digital Network，综合业务数字网）俗称“一线通”，能提供端到端的数字连接，它支持一系列广泛的话音和非话音业务，并可提供 128 kbit/s 的数据传输速率。

ISDN 实现了用户网线的数字化，一切信号都以数字形式进行传输和交换。它利用现有的模拟电话用户线，通过在用户端加装标准的用户/网络接口设备，将可视电话、数据通信、数字传真和数字电话等终端通过一根传统的电话线接入 ISDN 网络，使用户的通信手段大大增加，并提供了比拨号上网更高的传输速率。

4. 数字用户环路 xDSL 接入

数字用户环路（Digital Subscriber Loop，DSL）技术的宗旨是通过电子设备和专用软件，使目前使用的电话线成为数字传输线路，并使带宽达到 2 Mbit/s 以上。具体的 DSL 技术可分为 ADSL、VDSL、VADSL 和 HDSL 等，通称 xDSL。

ADSL 是一种不对称数字用户环路技术，适用于广域网的接入，比传统的电话线接入要快许多倍。ADSL 采用专门的调制解调器，在连接双方的两个调制解调器之间的电话线上可以产生 3 个信息通道：

① 一条 1.5～9 Mbit/s 的高速下行通道。

② 一条 16 kbit/s～1 Mbit/s 的中速双工上行通道。

③ 一条普通的（4 kHz）电话服务通道。

ADSL 接入无须拨号，只要接通线路和电源即可，它可以同时连接多个设备，包括普通电话机、计算机等。ADSL 上网速度快，被称为宽带网，是一种相当有前途的接入方式。

5. 其他接入方法

目前，还有其他多种方法可接入 Internet，这些方法有：

① 利用公众数字数据网的 DDN（Digital Data Network）专线接入，可提供点到点和点到多点的半永久性接入。

② 在加装线缆调制解调器（Cable Modem）后，可利用有线电视 CATV 网接入。

③ 由于无线应用协议 WAP 的制定，实现移动通信的手机接入 Internet 已经成为现实。WAP 是在数字移动电话、因特网、计算机及其他个人数字助理（PDA）之间进行通信的开放的全球标准。它由一系列协议组成，用来标准化无线通信设备，可用于 Internet 访问，包括收发电子邮件、访问 WAP 网站上的网页等。

④ 在国外甚至还出现了利用供电局的电源线接入 Internet 的方法。

8.2.6 网络的连接与设置

1. 连接网络

在 Windows 7 中与网络有关的控制程序都被整合在“网络和共享中心”中，相关操作也变得更加简单，用户可以通过可视化的命令，轻松连接 Internet。

步骤 1：打开【控制面板】窗口，单击【网络和 Internet】超链接，打开【网络和 Internet】窗口，如图 8-9 所示。

图 8-9 【网络和 Internet】窗口

步骤 2：在【网络和 Internet】窗口中单击【网络和共享中心】超链接，打开【网络和共享中心】窗口，如图 8-10 所示。在此窗口中，进行各种网络设置，实时了解当前网络的状态。

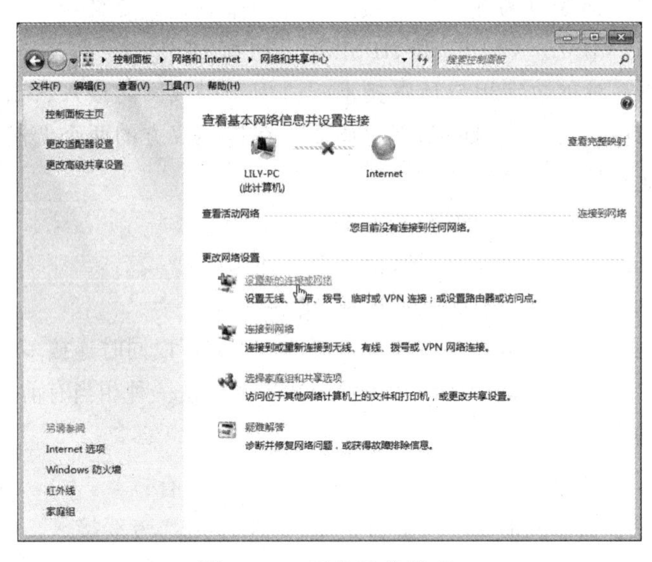

图 8-10 网络连接管理

步骤 3：由于 Windows 7 在安装时已经自动配置了网络协议，所以用户仅需准备用于上网的账号和密码。在【网络和共享中心】窗口中，单击【更改网络设置】中的【设置新的连接和网络】超链接，弹出【设置连接或网络】对话框，选择【连接到 Internet】选项，然后单击【下一步】按钮。

步骤 4：弹出【连接到 Internet】对话框，如果用户计算机配置了内部或外部网络适配器，则在此对话框中还将显示“无线”选项，用户可以根据实际情况选择连接类型。

一般情况下接入互联网的方式为 ADSL 用户或小区宽带用户，这里选择“宽带（PPPoE）”选项即可。

步骤 5：随后在对话框中输入用户名和密码后，单击【连接】按钮即可连接网络。

2．公用文件夹

在 Windows 7 中主要通过公用文件夹和家庭组两种途径实现文件共享，从而简化与家庭网络上的其他人共享文件的方式。如果需要与使用这台计算机的其他家庭成员共享照片，只需将照片拖放到“公用图片”文件夹中。

“公用文件夹”十分有用，但用户需要将文件来回移动，如果用户不想麻烦而又想共享文件，可以使用 Windows 7 的新功能“家庭组”。通过“家庭组”，用户无须将文件移动到“公用文件夹”即可实现共享。

3．家庭组的管理

（1）认识家庭组

家庭组指的是家庭网络中可以实现共享文件与打印机的一组计算机。通过家庭组，用户与家庭网络中的其他成员共享视频、音乐、文档、图片和打印机等，不用再单独配置局域网络。

（2）新建家庭组

如果家庭内多台计算机都安装了 Windows 7 操作系统，并且想利用家庭组功能共享资源，那么首先需要在一台计算机上新建家庭组。

步骤 1：打开【控制面板】窗口，单击【网络和 Internet】超链接，打开【网络和 Internet】窗口，在此窗口中单击【家庭组】超链接。

步骤 2：打开图 8-11 所示的窗口，这时窗口中的【创建家庭组】按钮不可用。

步骤 3：单击【什么是网络位置】超链接，弹出图 8-12 所示的【设置网络位置】对话框。

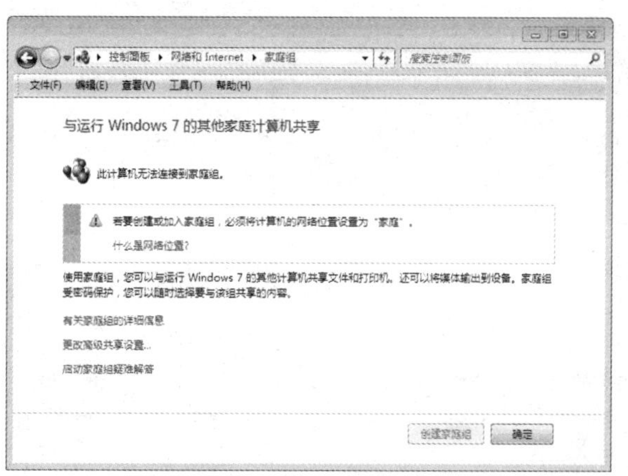
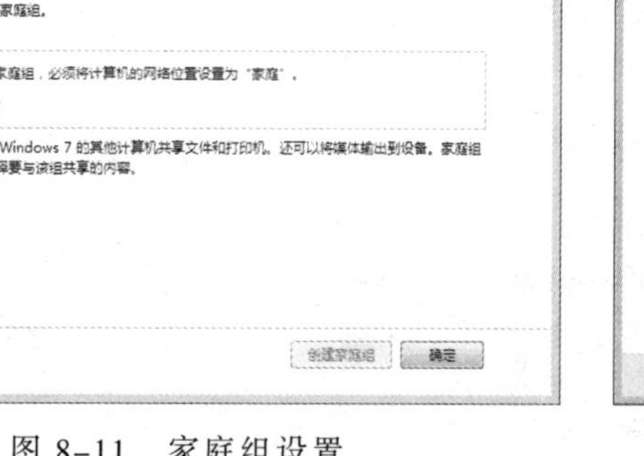

图 8-11　家庭组设置

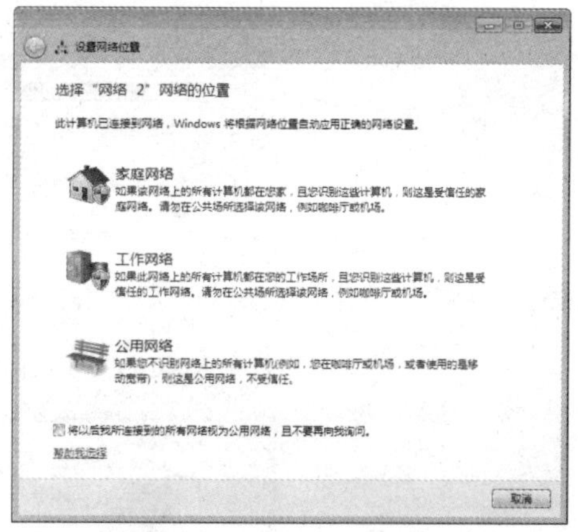

图 8-12　设置网络位置

虽然所有版本的 Windows 7 都可以使用家庭组功能，但是 Windows 7 简易版和家庭普通版无法创建家庭组；另外，若网络类型为“公共网络”或“工作网络”，需将其改为“家庭网络”，才能使用家庭组。

步骤 4：单击【家庭网络】超链接，提示正在连接到网络并应用设置。

步骤 5：随后弹出图 8-13 所示的对话框，在此对话框中，根据实际需要勾选需要共享内容的项目。

步骤 6：设置完成后，单击【下一步】按钮，经过几秒钟的创建后，弹出图 8-14 所示的对话框。在此对话框中，系统将显示一个密码，其他人在加入“家庭组”时会使用这个密码。记下这个密码后，单击【完成】按钮。

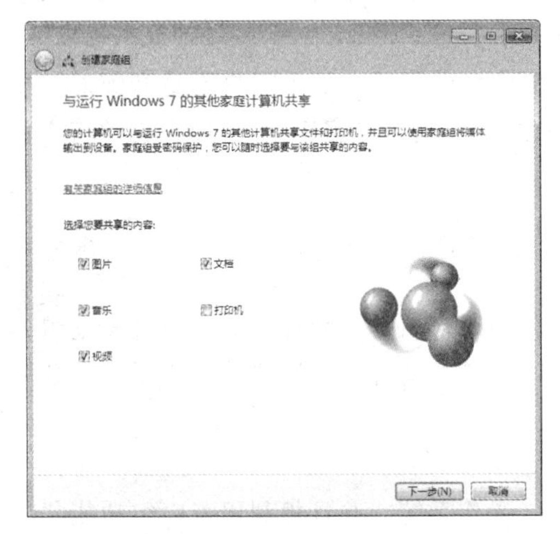

图 8-13　家庭组共享内容设置

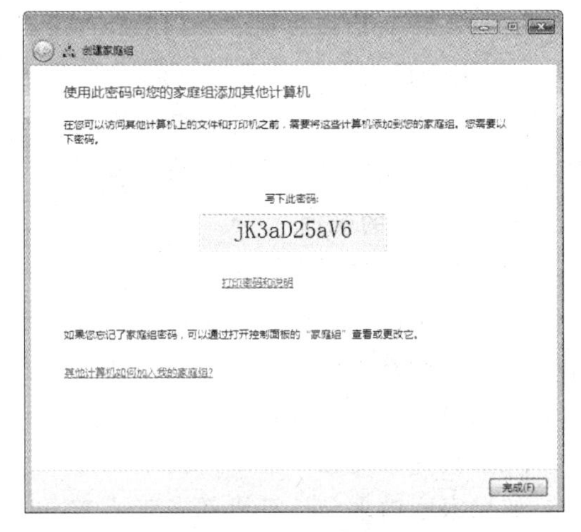

图 8-14　完成家庭组创建

步骤 7：在【控制面板】窗口中单击【网络和 Internet】超链接，打开【网络和 Internet】窗口，在此窗口中再次单击【家庭组】超链接，打开图 8-15 所示的窗口。在此窗口中，用户可以再次调整共享的项目和其他相关设置。用户还可以单击【更改密码】超链接，将之前生成的密码更改为便于记忆的密码。如果用户需要退出家庭组，可以单击【离开家庭组】超链接。修改后单击【保存修改】按钮即可保存设置。

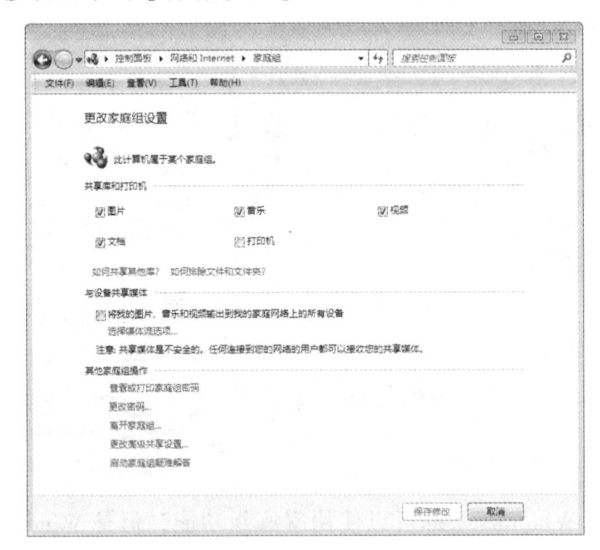

图 8-15　更改家庭组设置

（3）加入家庭组

如果用户所在的家庭网络中已经有了“家庭组”，其他安装了 Windows 7 操作系统的计算机就可以凭密码加入该家庭组共享资源。

步骤 1：在其他计算机上的【控制面板】窗口单击【家庭组】超链接。

步骤 2：打开【家庭组】窗口，如图 8-16 所示。

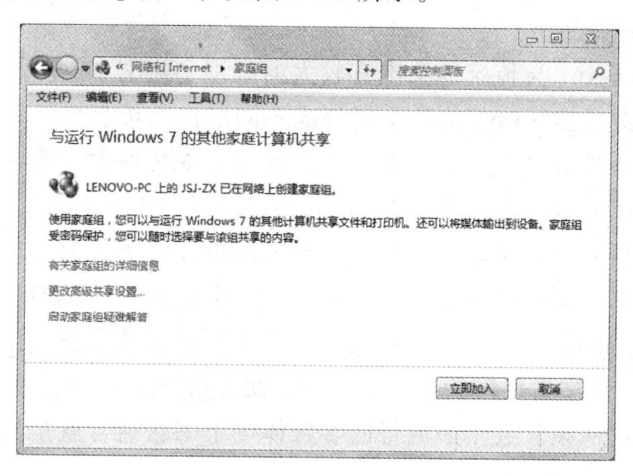

图 8-16　加入家庭组

步骤 3：单击【下一步】按钮，在打开的窗口中选择共享的内容。

步骤 4：单击【下一步】按钮，进入【加入家庭组】界面，输入创建家庭组时提供的密码。

步骤 5：单击【下一步】按钮，进入【您已经加入该家庭组】界面，说明加入成功，单击【完成】按钮。

8.3　Internet 基本应用

8.3.1　Web 浏览器

WWW 信息浏览机制采用的是客户机/服务器结构。Web 服务器是 Internet 上保存 Web 信息的计算机，每个 Web 服务器除了存放与提供自身的网页信息外，还利用超链接指向含有相关信息的其他 Web 服务器，后者又可以指向更多的其他服务器，从而为用户提供了覆盖全球的 WWW 服务。

用户需要浏览网页信息时，必须有网页浏览软件，能实现网页浏览的应用程序被称为 Web 浏览器（Browser）。Web 浏览器采用超文本传输协议（HTTP 协议）与 Internet 上的 Web 服务器相连，而 Web 则是按照 Html 格式进行制作的，只要遵循 HTML 标准和 HTTP 协议，Web 客户机上的 Web 浏览器都可以浏览 Internet 上任何一个 Web 服务器上存放的 Web 页。

8.3.2　统一资源定位器

网页信息是存放在遍布世界各地网站的 Web 服务器上的，每个网页都有它在 Internet

上的唯一标识，这个标识就称为 URL（Uniform Resource Locators）地址，即统一资源定位器地址，一般也可称为网址。

URL 描述了 Web 浏览程序在 Internet 上检索信息时所使用的协议、信息资源所在的 Web 服务器名及在该服务器上存放的路径名和文件名。

8.3.3 超文本

超文本（HyperText）与传统的文本有较大的区别。超文本是一种非线性结构，在制作超文本时可将其素材按其内部的联系划分成不同层次的信息单元，然后通过创作工具或超文本制作语言将其组织成一个文件。在这种超文本文件中，某些文字、符号或图形起着“热链接（HotLink）”或“超链接（HyperLink）”的作用，为了区别于一般的文字，它们在显示时或有颜色变化或标有下画线，当鼠标指针移至其上并单击时，屏幕显示的内容就会迅速跳转到该文本被链接的另一处或另一个被链接的文档。

超媒体（Hyper Media）则进一步扩展了超文本所链接的信息类型。用户不仅能通过单击“热链接”从一个文本跳转到另一个文本，而且可以激活一段声音、显示一幅图画，甚至播放一段动画或视频。近年来流行的多媒体电子书籍通常就是用这种方式来组织其中的信息的。

8.3.4 Internet Explorer 浏览器

是 Internet Explorer（IE）浏览器，是最常用的 Web 网页浏览器之一。IE 9.0 被集成到 Windows 7 系统安装盘中，是默认的网页浏览程序。

1. IE 工作窗口

IE 窗口的组成与其他 Windows 应用程序窗口类似，如图 8-17 所示。

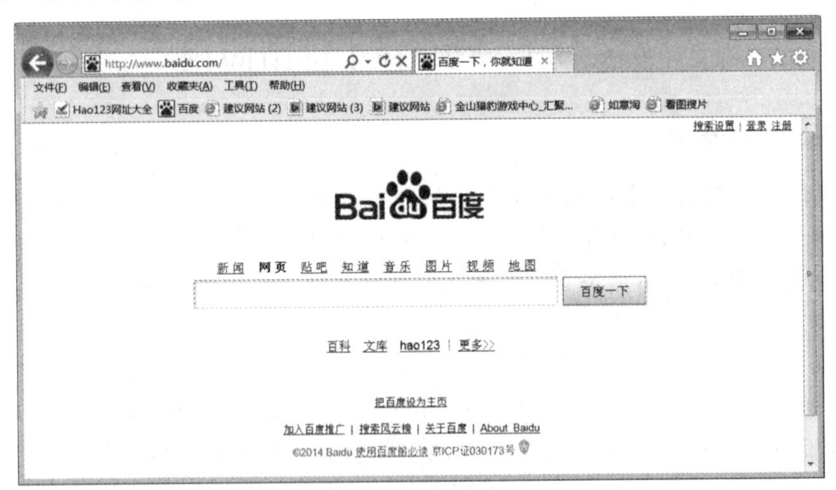

图 8-17 IE9.0 的窗口

（1）地址栏与搜索栏

地址栏是用户与 IE 进行交流的直接途径，用户可以在地址栏输入网址（URL）、文档路径以便访问网页，还可以在地址栏输入关键字进行搜索。

（2）选项卡

IE9.0 是选项卡式的浏览器，可以在一个窗口中同时打开多个网页。如果窗口中有多个选项卡，关闭窗口时会提示“关闭所有选项卡”或“关闭当前的选项卡”，如图 8–18 所示。

（3）页面浏览窗口

浏览窗口是浏览器的核心部分，显示网页内容。启动 IE 后，系统会自动打开一个页面，这就是主页。

与老版本 IE 不同的是，IE 9.0 窗口界面上不直接显示菜单栏、收藏夹栏、命令栏、状态栏等项，若要显示这些工具栏，可以在窗口上方的空白区域右击或在窗口左上角单击，弹出图 8–19 所示的快捷菜单，选择需要显示的工具栏即可。

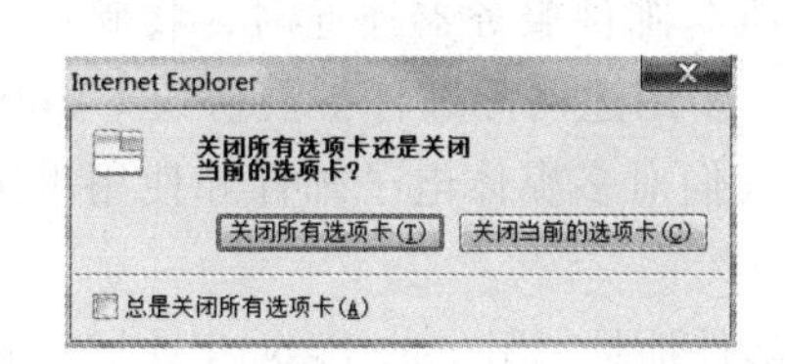

图 8–18　IE 9.0 的关闭提示

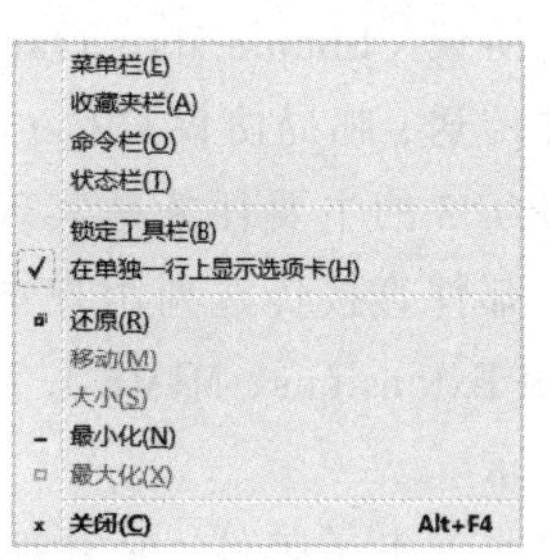

图 8–19　IE 9.0 显示工具栏菜单

2. 浏览网页

（1）输入 Web 地址

将光标插入点移到地址栏内，输入 Web 地址，即可访问相应的网页。IE 为地址输入提高了许多方便。如不必输入“http://”这样的开始部分，IE 会自动补上。

（2）浏览页面

网页中有链接的文字或图片会显示不同的颜色，也许会有下画线，把鼠标指针放到其上，鼠标指针会变成小手形状，单击该链接，IE 即转到链接的内容。

（3）查找页面内容

选择【编辑】→【在此页上查找】命令，或直接按【Ctrl+F】组合键，打开查找栏，在【查找】文本框中输入要查找的关键字，单击【下一个】按钮，IE 窗口会自动滚动到与关键字匹配的部分，并高亮显示关键字。

（4）页面的保存

选择【文件】→【另存为】命令，弹出【保存网页】对话框，根据需要从【网页，全部】、【Web 档案，单个文件】、【网页，仅 HTML】、【文本文件】4 类中选择一种保存类型，即可保存当前的 Web 页面。

（5）更改主页

选择【工具】→【Internet 选项】命令，弹出【Internet 选项】对话框，如图 8–20 所示，可在【常

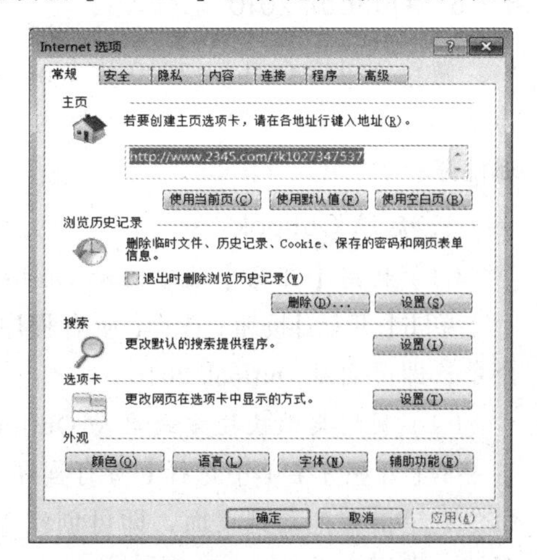

图 8–20 【Internet 选项】对话框

规】选项卡的【主页】项中设置主页。

8.3.5 E-mail 概述

电子邮件（E-mail）是 Internet 上使用最频繁、应用范围最广的一种服务。Internet 用户借助 E-mail 可以在 Internet 上的各主机间发送、接收信息（邮件），即利用 E-mail 可以实现信件的接收和发送。与其他通信手段相比，E-mail 具有方便、快捷、廉价和可靠等优点。

电子邮件是一种存储转发系统。当一封邮件发出后，首先由 Internet 某台计算机接收该邮件（存储），然后该计算机经过地址识别，选择一条最佳路径发送到下一个 Internet 上的计算机（转发），直至到达目的地址。发送和接收电子邮件所用到的主要协议有：简单邮件传输协议（Simple Mail Transfer Protocol，SMTP），SMTP 的主要任务是负责服务器之间的邮件传送；邮局协议（Post Office Protocol，POP），目前主要使用的是 POP 第三版，即 POP3，POP3 的主要任务是实现当用户计算机与邮件服务器连通时，将邮件服务器电子邮箱中的邮件直接传送到用户本地计算机上；多用途网际邮件扩展协议（Multipurpose Internet Mail Extensions，MIME），MIME 能满足人们对多媒体电子邮件和使用本国语言发送邮件的需求。

用户要收发电子邮件，必须拥有一个电子邮件地址。用户的 E-mail 地址格式为用户名@主机名。

电子邮件一般由两个部分组成：邮件头与邮件体。邮件头是由多项内容构成的，其中一部分是系统自动生成的，如发信人地址、邮件发送的日期与时间，另一部分是由发件人自己输入的，如收信人的地址、抄送人地址、邮件主题等。邮件体就是要传输的信函内容，可以是文字，也可以是超文本，还可以包含附件。

目前许多网站都提供免费的邮件服务，用户可以在这些网站上申请免费的邮箱，通过这些网站收发电子邮件，电子邮件就保存到网站的服务器上。如果想把邮件保存到本地计算机硬盘中，必须有相应的收发电子邮件软件支持。常用的收发电子邮件的软件有 Exchange、Outlook Express 等，这些软件提供邮件的接收、编辑、发送及管理功能。

8.3.6 Outlook 2010

微软公司把 Outlook 2010 从 Windows 的系统安装包移到 Office 2010 的安装包中，名为 Microsoft Outlook 2010，不再称为 Outlook Express。Outlook 可以方便地管理多个电子邮件账户。

1. 启动 Outlook

（1）利用【开始】菜单启动 Outlook

单击【开始】按钮，选择【所有程序】→【Microsoft Office】→【Microsoft Outlook 2010】命令，即可启动 Outlook 2010。

（2）利用桌面快捷方式启动 Outlook

从【开始】菜单中选择【所有程序】→【Microsoft Office】→【Microsoft Outlook 2010】命令，单击并拖动到桌面，即可创建 Microsoft Outlook 2010 的快捷方式。双击快捷方式图标，即可启动 Outlook 2010。

（3）利用任务栏的锁定图标启动 Outlook

把 Microsoft Outlook 2010 的快捷方式拖动到任务栏，即锁定到任务栏，单击该图标，即可启动。

2. 创建 Outlook 账户

第一次启动 Outlook 2010 时，需要先创建账户。操作步骤如下：

步骤 1：启动 Outlook 2010，首先进入欢迎界面，如图 8-21 所示，单击【下一步】按钮，弹出【账户配置】对话框，如图 8-22 所示，选中【否】单选按钮，不创建账户，直接打开 Outlook 2010；选中【是】单选按钮，开始创建账户。

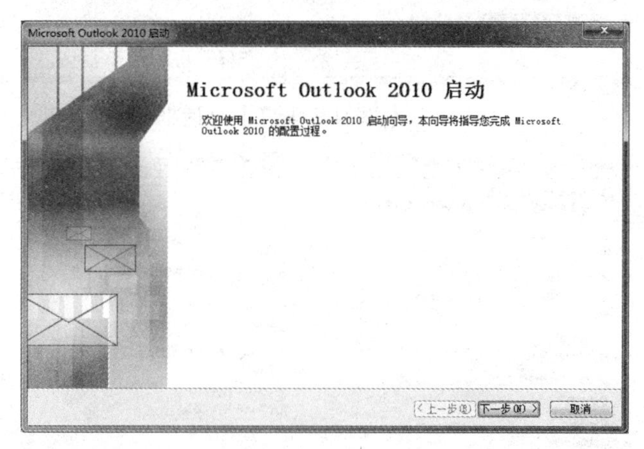

图 8-21　Outlook 2010 欢迎界面

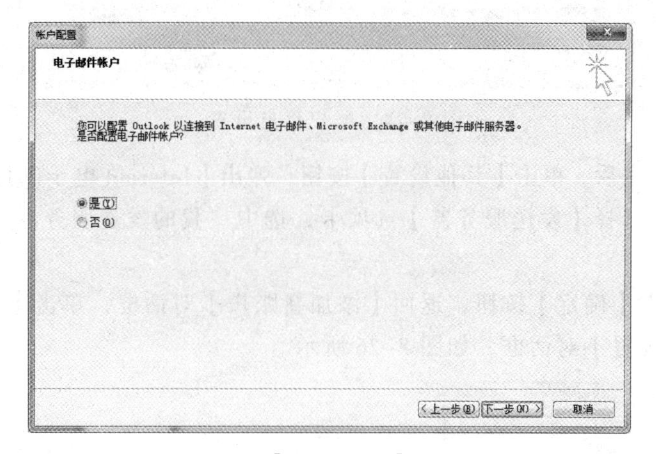

图 8-22 【账户设置】对话框

步骤 2：单击【下一步】按钮，在弹出的【添加新账户】对话框中选中“手动配置服务器设置或其他服务器类型”单选按钮，如图 8-23 所示。

步骤 3：单击【下一步】按钮，在弹出的对话框中选中“Internet 电子邮件”单选按钮。

步骤 4：单击【下一步】按钮，在弹出的对话框中设置账户信息，如图 8-24 所示。在【用户信息】中电子邮件地址要填写正确，【账户类型】为【POP3】，【接收邮件服务器】填写“pop.exmail.sina.com”和【发送邮件服务器】填写“smtp.exmail.sina.com”，登录信息中的用户名为完整的邮件地址。

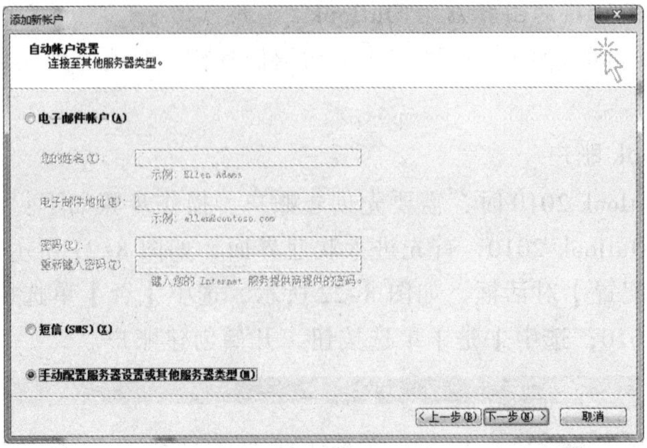

添加新帐户
自动帐户设置
连接至其他服务器类型。
电子邮件帐户(A)
您的姓名(Y):
示例: Ellen Adams
电子邮件地址(E):
示例: ellen@contoso.com
密码(P):
重新键入密码(T):
键入您的 Internet 服务提供商提供的密码。
短信(SMS)(X)
手动配置服务器设置或其他服务器类型(M)
< 上一步(B)
下一步(N) >
取消

图 8-23 【添加新账户】对话框

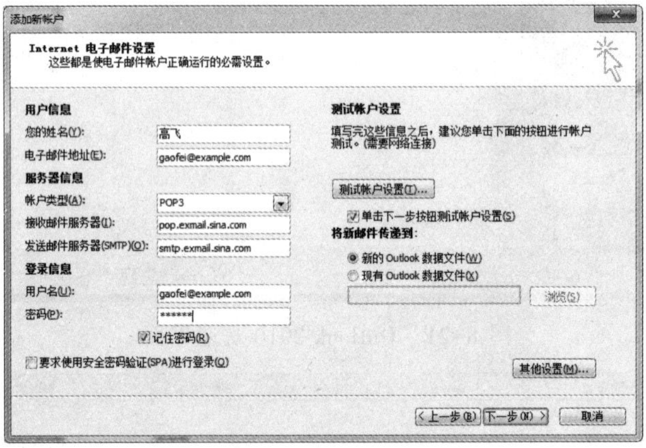

添加新帐户
Internet 电子邮件设置
这些都是使电子邮件帐户正确运行的必需设置。
用户信息
您的姓名(Y):
高飞
电子邮件地址(E):
gaofei@example.com
服务器信息
帐户类型(A):
POP3
接收邮件服务器(I):
pop.exmail.sina.com
发送邮件服务器(SMTP)(O):
smtp.exmail.sina.com
登录信息
用户名(U):
gaofei@example.com
密码(P):
******
记住密码(R)
要求使用安全密码验证(SPA)进行登录(Q)
测试帐户设置
填写完这些信息之后，建议您单击下面的按钮进行帐户测试。(需要网络连接)
测试帐户设置(T)...
单击下一步按钮测试帐户设置(S)
将新邮件传递到:
新的 Outlook 数据文件(W)
现有 Outlook 数据文件(X)
浏览(S)
其他设置(M)...
< 上一步(B)
下一步(N) >
取消

图 8-24 账户信息设置

步骤 5：填写完后，单击【其他设置】按钮，弹出【Internet 电子邮件设置】对话框，如图 8-25 所示。选择【发送服务器】选项卡，选中“我的发送服务器（SMTP）要求验证”复选框。

步骤 6：单击【确定】按钮，返回【添加新账户】对话框，单击【下一步】按钮，弹出【测试账户设置】对话框，如图 8-26 所示。

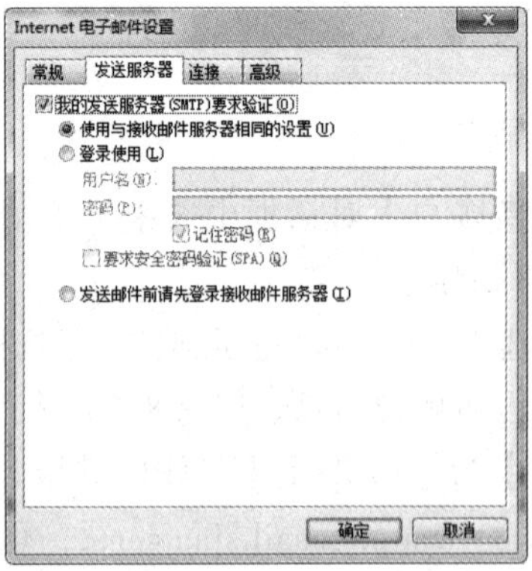

Internet 电子邮件设置
常规
发送服务器
连接
高级
我的发送服务器(SMTP)要求验证(O)
使用与接收邮件服务器相同的设置(U)
登录使用(L)
用户名(N):
密码(P):
记住密码(R)
要求安全密码验证(SPA)(Q)
发送邮件前请先登录接收邮件服务器(I)
确定
取消

图 8-25 【Internet 电子邮件设置】对话框

测试帐户设置
祝贺您！已完成所有测试。请单击“关闭”继续。
停止(S)
关闭(C)
任务
错误
任务
状态
登录到接收邮件服务器(POP3)
已完成
发送测试电子邮件消息
已完成

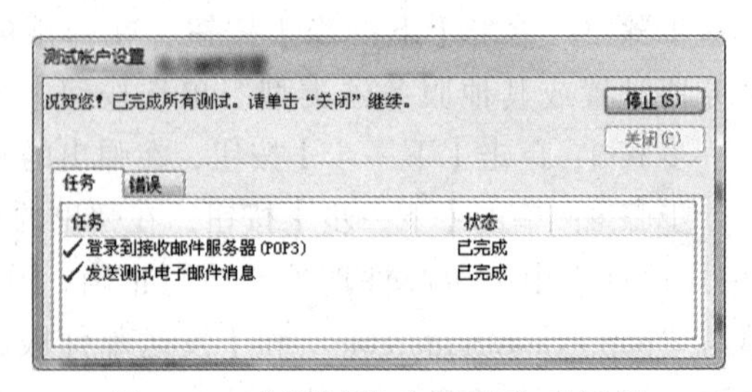

图 8-26 【测试账户设置】对话框

步骤 7：单击【关闭】按钮，在弹出的对话框中单击【完成】按钮，即完成了新账户的添加。

8.3.7 发送/接收邮件

1. 发送电子邮件

必须先创建电子邮件，才能发送邮件。新建电子邮件的步骤如下：

步骤 1：启动 Outlook 2010，打开 Outlook 的工作界面，如图 8-27 所示。

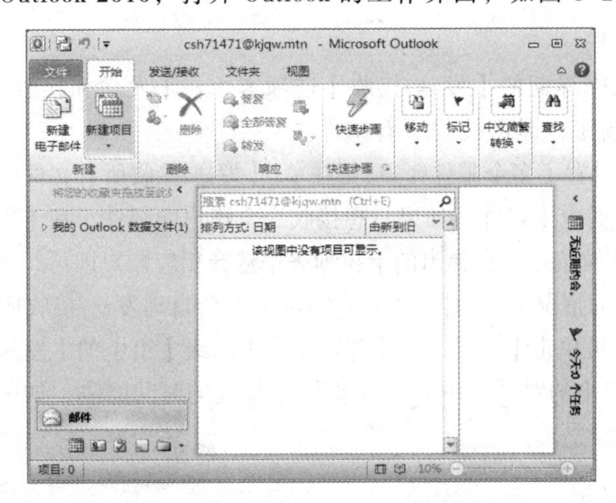

图 8-27 Outlook 2010 工作界面

步骤 2：单击【开始】选项卡【新建】组中的【新建电子邮件】按钮，打开新建邮件窗口，如图 8-28 所示。

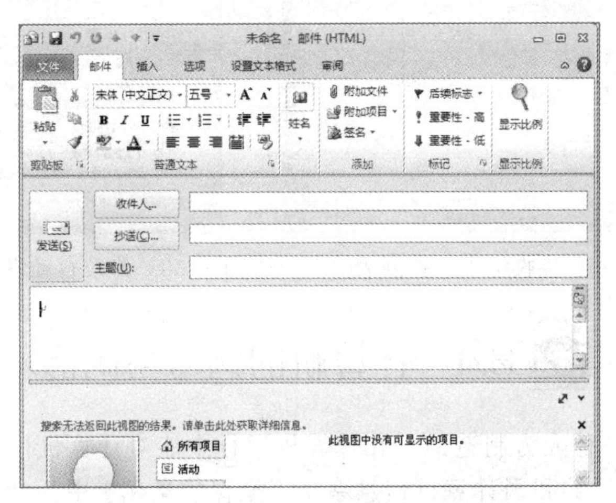

图 8-28 新建邮件窗口

步骤 3：在【收件人】文本框中输入收件人的 E-mail 地址，在【主题】文本框中输入邮件的主题（最好每封邮件都填写主题），在正文区编辑输入邮件的内容，邮件内容的格式设置可以在【邮件】选项卡的【普通文本】组中完成。

步骤 4：如果需要【密件抄送】，则单击【选项】选项卡【显示字段】组中的【密件抄送】按钮。密件抄送和抄送的区别是:【抄送】栏的每个收件人都可以看到这封信同时被发送给了哪些人，而使用【密件抄送】的收件人是其他收件人看不到的。

步骤 5：给邮件添加附件。E-mail 可以发送文字、图像、视频/音频文件，单击【邮件】选项卡【添加】组中的【附加文件】按钮，在弹出的对话框中设置需要发的文件，单击【插入】按钮，即实现了附件的添加。

步骤 6：撰写好邮件后，在新建邮件窗口中单击【发送】按钮，即把邮件发送给收件人。

2. 接收电子邮件

单击 Outlook 工作界面的【发送/接收】选项卡，在【发送和接收】组中单击【发送/接收所有文件夹】按钮，即可接收所有邮件。

如果 Outlook 中设置了多个邮件账户，则在单击【发送/接收所有文件夹】按钮之后，Outlook 会依次接收各个账户的电子邮件。如果只想接收一个账户的邮件，在【发送和接收】组中单击【发送/接收组】下拉按钮，在弹出的下拉列表中选择相应账户即可，如图 8-29 所示。

在 Outlook 打开的情况下，每隔 30 min，Outlook 会自动发送/接收所有邮件一次。如果需要修改间隔时间，可单击【文件】→【选项】→【高级】组中的【发送和接收组】→【发送/接收】按钮，在弹出的对话框中修改自动发送/接收的时间间隔，如图 8-30 所示。

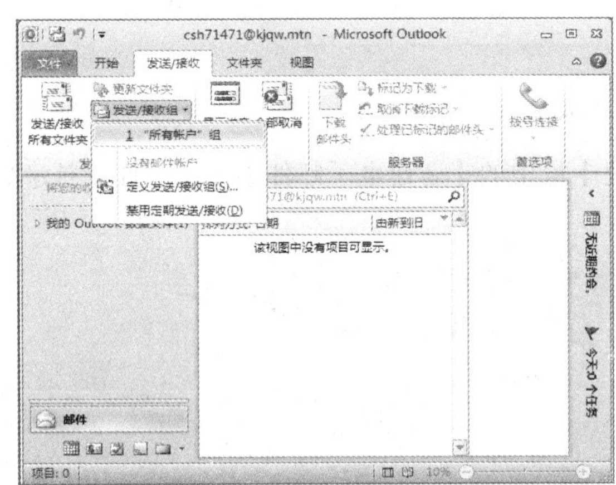

图 8-29 【发送/接收组】下拉列表

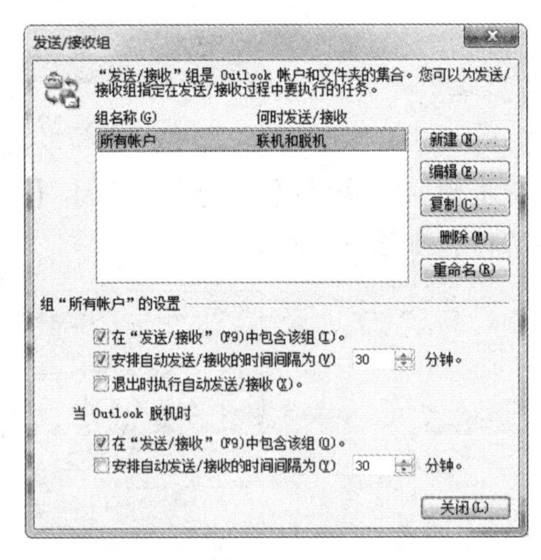

图 8-30 修改自动发送/接收的时间间隔

8.4 计算机的病毒与防治

计算机病毒是一种人为制造的、在计算机运行中能对计算机信息或系统起破坏作用的程序。《中华人民共和国计算机信息系统安全保护条例》中为计算机病毒下过明确的定义：

计算机病毒是指编制或在计算机程序中插入的破坏计算机功能或者破坏数据，影响计算机使用并且能够自我复制的一组计算机指令或程序代码。

1. 计算机病毒的特点

① 破坏性：计算机病毒可以破坏系统、删除或修改数据，甚至格式化整个磁盘、

占用系统资源、降低计算机运行效率。

② 寄生性：计算机病毒寄生在其他程序之中，不易被人发觉。

③ 传染性：计算机病毒不但本身具有破坏性，而且具有传染性，一旦病毒被复制或产生变种，其传播速度之快令人难以置信。

④ 潜伏性：有些病毒像定时炸弹一样，发作时间是预先设计好的。如“黑色星期五”、“CIH”病毒。病毒不到预定时间一点都觉察不出来，等到条件具备时才发作，对系统进行破坏。

⑤ 隐蔽性：计算机病毒具有很强的隐蔽性，如果不依靠特定的杀毒软件，用户一般很难发现和删除它们。

2．计算机感染病毒后的常见症状

计算机病毒虽然很难检测，但只要细心留意计算机的运行状况，往往可以发现计算机感染病毒的一些异常情况。例如：

① 磁盘文件数无故增多。

② 系统的内存空间明显变小。

③ 文件的日期/时间值被修改（用户自己并没有修改）。

④ 可执行文件的长度明显增加。

⑤ 正常情况下可以运行的程序却突然因内存不足而不能装入。

⑥ 程序加载或执行时间比正常状态明显变长。

⑦ 计算机经常出现死机现象或不能正常启动。

⑧ 显示器上经常出现一些莫名其妙的信息或异常现象。

3．计算机病毒的分类

从已发现的计算机病毒来看，小的病毒程序只需几十条指令，不到百字节，而大的病毒程序简直像个操作系统，由上万条指令组成。计算机病毒一般可分成 5 种主要类型：

① 引导区型病毒：主要通过软盘、U 盘、光盘等可移动存储介质在操作系统中传播，感染硬盘的引导区并传染到整个硬盘。

② 文件型病毒：是文件感染者，也称寄生病毒。它隐藏在计算机存储器中，通常感染扩展名为.COM、.EXE、.BAT、.DRV、.OVL、.SYS 等的文件。

③ 混合型病毒：具有引导区型病毒和文件型病毒两者的特征。

④ 宏病毒：是指用 BASIC 语言编写的病毒程序，寄存在 Microsoft Office 文档的宏代码中，影响 Word 文档的各种操作。

⑤ Internet 病毒（网络病毒）：此类病毒大多是通过 E-mail 传播的，破坏特定扩展名的文件，并使邮件系统变慢，甚至导致网络系统崩溃。“蠕虫”病毒是其典型的代表。

4．计算机病毒的清除

一旦发现计算机染上病毒，一定要及时清除，以免造成损失。清除病毒的方法有两种，一是手工清除，二是借助杀毒软件。

用手工方法清除病毒不仅烦琐，而且对用户的计算机技术要求很高，只有少数具备计算机专业知识的人员才能采用此方法。

利用杀毒软件是比较简便的方法。杀毒软件通常提供较好的界面与提示，不会破坏系统中的正常数据，使用方便。杀毒软件依靠病毒库中已知的病毒特征码来查杀病毒，因此，用户要定期更新杀毒软件的病毒库，才能查杀最新的病毒或病毒变种。目前常用的杀病毒软件有360杀毒、金山毒霸、瑞星和卡巴斯基等。

5. 计算机病毒的预防

计算机病毒主要通过移动存储设备（如光盘、U盘或移动硬盘）和计算机网络两大途径进行传播，可以采取以下几条预防措施：

① 专机专用：重要部门应专机专用，禁止与任务无关的人员接触该系统，以防止潜在病毒传入。

② 利用写保护：对那些保存有重要数据文件且不需要经常写入的系统，应使其处于写保护状态，以防止病毒的侵入。

③ 固定启动方式：对配有硬盘的机器，应该从硬盘启动系统，如果其他移动盘启动系统，则一定要保证移动盘无病毒。

④ 慎用网上下载的软件：网上下载的软件一定要检测后再用，更不要随便打开陌生人发来的电子邮件。

⑤ 备份管理数据：对软件复制副本，定期备份重要的文件，以免遭受病毒危害后无法恢复。

⑥ 采用防病毒卡或病毒预警软件：在计算机上安装防病毒卡或病毒防火墙软件。

⑦ 定期检查：定期用杀毒软件对计算机系统进行检测，发现病毒应及时消除。

⑧ 准备系统启动盘：为了防止计算机系统被病毒攻击而无法正常启动，应准备系统启动盘。系统染上病毒无法正常启动时，用系统盘启动，然后用杀毒软件杀毒。

习　题

一、选择题

1. 按网络的范围和计算机之间的距离划分的是（　　）。

   A. Windows 7　　B. WAN和LAN　　C. 星状网络和环状网络　　D. 公用网和专用网

2. 网络的物理拓扑结构可分为（　　）。

   A. 星状、环状、树状和路径型　　B. 星状、环状、路径型和总线型

   C. 星状、环状、局域型和广域型　　D. 星状、环状、树状和总线型

3. 计算机网络最主要的功能是（　　）。

   A. 电子邮件　　B. 资源共享　　C. 文件传输　　D. 打印共享

4. Internet网络协议的基础是（　　）。

   A. Windows NT　　B. NetWare　　C. IPX/SPX　　D. TCP/IP

5. 常用的有线通信介质包括双绞线、同轴电缆和（　　）。

   A. 微波　　B. 红外线　　C. 光纤　　D. 激光

6. 主机域名 public.tpt.hz.cn 由 4 个子域组成，其中（　　）表示最高层域。

A. public　　B. tpt　　C. hz　　D. cn

7.（　　）软件不是浏览器软件。

A. Internet Explorer　　B. Netscape Communicator

C. Lotus 1-2-3　　D. Hot Java Browser

8.（　　）软件是用来接收电子邮件的客户端软件。

A. Internet Explorer　　B. Outlook Express

C. ICQ　　D. NetMeeting

9.（　　）不是 IE 的主要功能。

A. 收集资料　　B. 浏览 Web 网页　　C. 发送电子邮件　　D. 搜索信息

10. 下面关于计算机病毒叙述中，不正确的是（　　）。

A. 计算机病毒是一个标记或一条命令

B. 计算机病毒是人为制造的一个程序

C. 计算机病毒是一种通过磁盘、网络等媒介传输，并能传染其他程序的程序

D. 计算机病毒是能够实现自我复制，并借助一定的媒体存在的具有潜伏性、传染性和破坏性的程序

二、判断题

1. 分布式处理是计算机网络的特点之一。（　　）
2. 网卡是网络通信的基本硬件，计算机通过它与网络通信线路相连接。（　　）
3. 网桥又称协议转换器，不同类型的局域网相连接的设备。（　　）
4. WWW 中的超文本文件是用超文本标识语言写的。（　　）
5. 广域网是一种广播网。（　　）
6. 分组交换网也叫 X.25 网。（　　）
7. 多媒体文件都可以边下载边观看。（　　）
8. Internet 是计算机网络的网络。（　　）
9. 搜索引擎是一个应用程序。（　　）
10. 网络安全的基本需求是信息机密性、完整性、可用性、可控性和不可抵赖性。（　　）

三、简答题

1. 什么是计算机网络？计算机网络的主要作用是什么？
2. 按照网络覆盖范围，网络可以分为哪几类？其特点分别是什么？
3. 什么是 TCP/IP 协议？
4. 简述计算机病毒的特点、分类及预防措施。

习题参考答案

第1章

一、选择题

1. A	2. B	3. C	4. B	5. A	6. C	7. C	8. D	9. A	10. B
11. D	12. D	13. B	14. B	15. B	16. A	17. B	18. C	19. B	20. D

二、简答题

略。

第2章

一、选择题

1. A	2. D	3. C	4. D	5. C	6. D	7. B	8. C	9. A	10. A
11. B	12. B	13. B	14. A	15. A	16. D	17. D	18. B	19. D	20. D

二、简答题

略。

第三章

一、选择题

1. B	2. C	3. A	4. A	5. B	6. B	7. D	8. D	9. B	10. C
11. C	12. A	13. D	14. D	15. D	16. A	17. C	18. B	19. C	20. C

二、判断题

1. √	2. ×	3. ×	4. ×	5. √	6. √	7. ×	8. √	9. ×	10. ×

三、简答题

略。

第4章

一、选择题

1. A	2. D	3. D	4. D	5. B	6. C	7. C	8. C	9. A	10. B
11. C	12. B	13. D	14. A	15. C	16. D	17. B	18. D	19. B	20. A

二、判断题

1. ×	2. √	3. √	4. ×	5. √	6. ×	7. ×	8. √	9. √	10. √

三、简答题

略。

第5章

一、选择题

1. A	2. D	3. C	4. A	5. A	6. B	7. A	8. B	9. D	10. A
11. D	12. B	13. C	14. C	15. B	16. A	17. A	18. B	19. C	20. D

二、判断题

1. √	2. √	3. ×	4. ×	5. √	6. ×	7. ×	8. ×	9. ×	10. ×

三、简答题

略。

第6章

一、选择题

1. D	2. C	3. D	4. B	5. A	6. B	7. D	8. C	9. B	10. A
11. B	12. C	13. C	14. A	15. C	16. A	17. C	18. C	19. C	20. A

二、简答题

略。

第7章

一、选择题

1. C	2. B	3. D	4. B	5. A	6. A	7. B	8. C	9. B	10. B
11. B	12. C	13. D	14. D	15. B	16. C	17. C	18. B	19. A	20. C

二、简答题

略。

第8章

一、选择题

1. B	2. D	3. B	4. D	5. C	6. D	7. C	8. B	9. A	10. A

二、判断题

1. ×	2. √	3. ×	4. √	5. ×	6. √	7. ×	8. √	9. ×	10. √

三、简答题

略。